JN233414

水理学

禰津家久
冨永晃宏
著

朝倉書店

扉のスケッチ：「京都の賀茂川の山紫水明」

　古都ロンドンのテムズ川，パリのセーヌ川，そして京都といえば鴨川（賀茂川）．古都と川は共生している．平安京は約1200年前に桓武天皇によって京都盆地に建都された．京の地形は南に開けた扇状地で，北東（比叡山方向）より高野川が，北の上賀茂より旧賀茂川（現在の堀川）が南に流れていた．御所を水害から守るために，旧賀茂川を上賀茂神社付近から南東方向に付け替え，現在の賀茂川を造り，今出川・出町付近で高野川に合流させ，それより南行させた．そのためきれいなＹ字形をなし，合流後，鴨川と改名した．発音は同じ「かもがわ」である．合流点近くに下鴨神社があったためかもしれない．京都三大祭に葵祭があり，平安時代の風俗で御所→下鴨神社→上賀茂神社と賀茂堤を練り歩く．このように賀茂川はもともと人工河川であるが京にすっかりとけ込み，風物詩となっている．このスケッチのように扇状地特有の落差工がつけられ，また魚道があり，山紫水明である．春には桜並木が美しく，京の町を守っている．

まえがき
―本書の構成と考え方―

　水理学は土木系・環境系・地球系学科には必須な基礎科目である．"civil engineering"ほど邦訳が難しい工学はないとよく言われる．一般的な訳は「土木工学」であり，その省略形の「土木」が日本や中国でも使われている．もともと漢詩の「築土構木」から採った造語といわれ，簡単明瞭である．「市民のための工学」とか，「社会基盤のための工学」であり，その昔は「土で築き，木で構造した」のである．では，水理学はどこに位置づけられるのか．それは，人間と各種の社会基盤（インフラ）とを陰に陽に結びつけているいわば「潤滑油」，人間を取り巻いている「環境」そのものであり，水災害を軽減する治水事業の基礎的学理を与える．また，生命にとって最も不可欠な「水」に関する学問であり，世界各国において各種の水資源開発や水輸送問題などを解決する学理を与える．四大文明の発祥地がすべて河川の周囲にあり，「人間」と「水」との深き関係は論をまたない．「水」を抜きにした社会基盤施設の建設は，まさしく砂上の楼閣であろう．

　21世紀の大きな問題解決の一つに地球環境がある．有限な地球を開発・保全するには sustainable development（持続可能な開発）でなければならず，「**環境**」がキーワードになっている．米国MITをはじめ多くの大学ではだいぶ以前より civil から civil and environmental engineering に改組され，水理学のさらなる重要性が指摘されている．社会的ニーズの変化に伴い大学また学問が多様化している現在でも，その基礎となる学理は少しも揺るがない．もちろん，基礎となる学理から派生した種々の新しい学問は社会の要請を受けて変化し，最適なものに変貌していく．本書で詳述する「水理学（hydraulics）」は「水（hydro）」に関する力学（dynamics）すなわち水力学・水工学（hydrodynamics）であり，人間社会と深い関係のある「河川工学」，「海岸工学」，「環境工学」，「水道工学」，「灌漑工学」，「水資源工学」，「防災工学」などの基礎となる学理を与えるものとして，経験的に発展してきた．

本書では，ルネッサンス期のレオナルド・ダ・ヴィンチを**水理学の父**とよんでいるが，彼以降に水理学は経験的に発展し，現場の要請を受けて，「実学」として各種の水工設計たとえば上下水道の設計や河川改修に活かされたのである．ここにおいて，18世紀のベルヌーイと彼の親友のオイラーの果たした業績は大きい．しかし，歴史とは皮肉である．ベルヌーイ以降の水理学は，① **実験水理学**と，② **理論水理学**とに分かれた．前者が現場に役に立つ経験的な（empirical）水理学であるのに対して，後者は数学を華麗に使いアカデミックな大学の学問となったのである．この「理論」と「実験」との大きな溝は，20世紀初頭にドイツのプラントルによる**境界層理論**で一気に埋められ，ここにおいて「近代流体力学」が誕生し，航空機などの急速な発展に寄与した．しかし残念なことに，この流体力学（fluid mechanics）の恩恵を水理学は長いことほとんど受けてこなかった．空気と水とは同じ学問体系にあるというのに！

「水理学」と「流体力学」とは親子関係にある．科学史的には，水理学の方が先輩であり，親であるが，学問体系からいえば流体力学の方が親である．したがって，この親子関係は相互依存関係といった方が正しく，強いて両者を区別する必要はない．地球環境が最重要となる21世紀では，両者の学問を共生的に体系化し，同じ土俵で議論した方がはるかに実りある成果が得られるであろう．この観点から，著者は1995年『水理学・流体力学』（以下A書とよぶ）を朝倉書店から刊行し，その熱き願いを示した．A書は概ね好評で，よい書評も得られたが，軸足を「流体力学」の方にやや置いたため，従来の「水理学」より難しいとのコメントもいただいた．欧米では，「水理学」と「流体力学」の垣根はあまりなくなったが，わが国ではA書の刊行は若干早かったかもしれない．この反省に立って今度は，「水理学」に軸足を置き，流体力学の知見を最大限に活用しながら，水理学を体系的に詳述したのが本書である．

本書は3編より構成され，その学問体系を図に示す．I編「流れの基礎」では，18世紀に経験的にほぼ確立された**完全流体**に関する巨視的（マクロ）な理論を扱う．**ベルヌーイの定理**がその中心である．完全流体の理論とは，平易にいえば，「摩擦のない架空の流体」の力学であるが，水理学の基礎を学ぶうえで重要である．先述のように，ベルヌーイの時代の流体力学が水理学そのものであった．高校の物理で学習した質点系力学でも，「摩擦のない架空の質点」の力学を

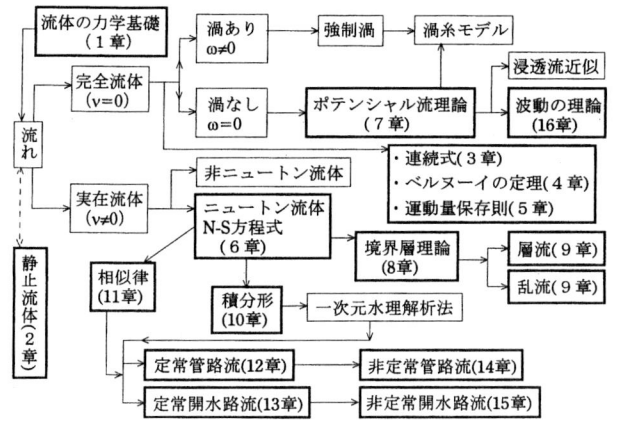

図　水理学の学問体系（各章で扱う）

対象とした．本書では，なじみのある質点（固体）力学と対比させながら，流体（水や空気）の力学基本式，すなわち，①**連続式**（質量保存則，3章），②**ベルヌーイの定理**（エネルギー保存則，4章），③**運動量保存則**（5章）をわかりやすく解説する．そして質点系力学にはない**圧力**の概念が水理学では最も重要であることを学ぶ．2章の静水力学は「流れがない」特殊な場合であり，摩擦の有無に関係なく，圧力と外力（重力が大半である）の釣り合い条件から解ける．第1章は流体の力学基礎で，水理学の準備である．

II編「水理学の体系化」は，19世紀に確立された流体力学の根本式である**ナヴィエ・ストークス（N-S）方程式**からI編の基礎式を理論的に導き，また摩擦のある（粘性のある）**実在流体**の力学体系を図るものである．あとから生まれたN-S方程式から先輩格のベルヌーイの定理を証明するもので，先述の親子関係の逆転が発生する．ニュートンの運動方程式が微分方程式で記述されるから，N-S方程式，またポテンシャル流理論は偏微分で構成され，かなり難しいが，それだけに理解した充実感は格別なものがあろう．「**水理学・流体力学がわかった！**」と．A書では，「水理学の体系化」から順に詳述した．しかし，やはり難しかったようである．この反省から，本書では，「流れの基礎」を第I編に置いて，水理学の発展史に合わせて順に詳述する．したがって，第I編では「水理学の基礎」が簡単な代数の知識のみで十分に理解される．高校の物理のほんの延長

線と思ってよい．

　III編「水理学の実用化」では，経験的に発展してきた管路流および開水路流の水理を N–S 方程式で理論的根拠を与え，新たな展開を図るとともに現場にも適用できるように各種の豊富な例題で工夫されている．水理学の実用化で最も重要なキーポイントは，**一次元水理解析法**と**エネルギー損失水頭の評価**である．これが，微視的（ミクロ）にみた**エネルギー逸散率**であることが示され，経験則といわれる水理学が論理的な学理へと変貌するのである．管路流（12章）は，機械・航空工学分野の流体機器の設計（流体工学という）また化学工学分野のプラント設計（物質輸送工学という）などでも必須な知識であり，水理学での知識とそう変わらない．強いて違いをいえば，水理学の管路の方がそのスケールが概ね大きい点であるが，理論展開は同じである．それゆえ相互に融合して新たな発展をとげればよい．一方，開水路流（13章）は水理学の専売特許である．河川工学・ダム水理・水域環境工学などの根幹であり，治水・利水・環境事業の技術的指針を与えるから，土木系・環境系・地球系の学生や技術者には不可欠な知識である．本書では最も力を入れた章であり，わかりやすく詳述した．

　本を執筆することは，論文を書くよりはるかに難しい．論文は最先端のことを書けばよいが，本とくに教科書の執筆は難しい．読者のニーズをどのようにとらえ，どのレベルで書けばよいかがポイントである．漫画的な安易な解説では単位が取れてもすぐに飽きが来よう．では高等数学を駆使して水理学・流体力学を解説すればよいか．たとえば，境界層理論の有効性を証明したブラジウスの級数展開法と摂動法を詳細に解説する必要はあるのか？　専門書を除いて，一般にノーである．水理学は土木系・環境系の科目の中で最も難しいと定評（？）がある．本書は，A書の経験も踏まえて以下に力点をおいた．

1) 読者が水理学を「楽しむ」こと．したがって，読者に苦痛を与えないこと．
2) 話題を幅広く，また難易をリズミカルに与えてメリハリをつけ，読者に飽きを来させぬこと．
3) 大学低学年を対象におき，水理学の基本・基礎を徹底的にマスターさせること．一方で，大学院や若い技術者にも活用できるように配慮すること．
4) 水理学のおもしろさ・醍醐味を豊富に与えること．

> 5) 研究の最先端を紹介したり，各種の応用水理・水工学に移行できる準備を与えること．
> 6) 水理学の全体像が把握でき，見通しのよい一貫性ある講述にすること．
> 7) そして，流体現象で最も支配的な非線形力学の重要さ・おもしろさをわかりやすく講述すること．

　これらはだぶる点もあるが，要は読者が自分で考え，水理現象に興味をもち，大学院に進学また社会に巣立ってもその基礎が大いに役立つように意図したものである．講義半期制（半年）では，第Ⅰ編と第Ⅲ編の管路（12章）および開水路（13章）の定常流で十分であろう．次の半期に，時間項が入って難しくなる波動の理論（16章）や非定常流（14章，15章），また第Ⅱ編を選択的に扱えばよいであろう．第Ⅱ編を特論にすれば大学院でも使えるであろう．とくに，8章の境界層理論や9章の乱流理論には新規性のある話題が多いので，専門書と併せて活用願いたい．そして，時間がある読者は，図に示した矢印にしたがって，本書をもう一度復習されると，きっと**見通しのよい一貫性ある水理学**がマスターできるであろう．

　以上の執筆目標を実行するために，以下のような様々な創意工夫を行った．
　① 例題を多用し，本文を補完した．
　② 重要な公式には，枠を囲み，読者に注意を喚起した．
　③ 演習問題は，古典的に有名な問題や新作まで幅広く，また難易をつけて作成した．「問題のための問題」は作成せず，本文の理解をいっそうわかりやすくするために新作した．
　④ 難しい問題や重要な問題にはヒントを書き，また解答にはコメント欄を設けた．
　⑤ 演習問題の解答は，て・い・ね・い・す・ぎ・る・ほどていねいに行い，読者が十分に自習できるように配慮した．教育的効果を最大限にねらったのである．水理学の教科書には演習問題がないもの（たとえばA書）やあっても解答がないもの，また解答があっても単に数値や最終結果が簡単に記されたものが多い．著者はこれは少し不親切と思う．これが，「水理学は難しい」との印象を読者に与えていては一大事である．学生の答案をみると，ベルヌーイの定理などの公式は暗記しているようだが，その活用・理解には不十分さが目立つ．ベクトル式である運動量式に至っては，悲惨である．水理学はやさしいとは言わないが，本書ではけっし

て「難しくもない」と理解されよう．

⑥ 本書の大きな特色は，**水理学を楽しむ**ことであり，コーヒーブレイク欄を設け，水理に関するおもしろい話題を提供した．本文では書けないが重要なこと，水理学・流体力学の秘話・歴史のいたずら，最先端の研究寸評，などなど．当初は，執筆の疲れをブレイクし，文字どおりコーヒーで休憩するために設けたものであるが，知らぬ間に本文を書く以上に時間を取られたものがある．本文を読むのは後まわしにして，コーヒーブレイク欄だけを読んでも「水理学はおもしろい．親近感がある」と読者が感じたら大成功である．水理学の歴史は，おおざっぱに言うと，①古代ギリシア(静水力学)→②古代ローマ(ローマの水道)→(約1000年間の西洋の中世の科学暗黒時代，東洋・中国の方が先進的)→③イタリア・ルネッサンス→④フランス→⑤英国→⑥ドイツ→⑦ロシアおよびアメリカ→⑧日本→⑨世界に伝播したようであり，この順でコーヒーブレイク欄に水理学史を寸評した．詳しくは，A書を参照されたい．

水理学で最も重要な点は，数式を変形することではない．重要なことは，**各種の水理現象の物理的解釈であり，メカニズムの解明とその予測，さらに制御である**．数学は道具にすぎず，コンピュータが発達した昨今ではがむしゃらでも数値計算はできる．数値流体力学 (computational fluid dynamics；CFD) は21世紀の花形であり強力な武器であるが（本文11章），単なる数値シミュレーションならば流れのメカニズムの解明には繋がらず，学問の発展にはあまり寄与しないであろう．要は，流れの様子をよくみて，熟考することである．そのためには水理実験をすることを奨める．水理実験は風呂場でも小川でもどこでも簡単にできる．いかように「水面形計算」や「跳水の共役水深計算」ができても，その現象を自分の目でみて確認しなければ，水理学のおもしろさ・楽しさは得られないかもしれない．上述したように「水理学の父であるダ・ヴィンチ」は，偏微分方程式どころか，何の数学も使わなかったが，現象を直視し，現在のスーパーコンピュータで解いた渦の様子を彼はすでに鋭い観察から得ていたのである．学生諸君が皆ダ・ヴィンチになれとは言わない．しかし，水流の観測から思わぬ発見ができ，それが学界をも揺るがす大発見になった先例は，水理学・流体力学の世界では案外多いのである．1883年のレイノルズによる層流・乱流の発見，最近ではバースト現象の発見がそうである．

水理学の歴史は長く，静水力学に関しては2000年以上前からあり，流れの本格的解析が可能になったベルヌーイの定理（1738年）は，江戸時代中頃に発見された古典的力学である．ところが，水理学は近年の環境問題の高揚の中で，人間を取り巻く流体の科学を研究する学問として，再び脚光を浴びている古くて新しい学問である．**自然界の流れの大半は乱流であり，非線形力学で構成されている**．近年のカオス・フラクタル・ソリトン理論には，水理学・流体力学と切っても切れない深い関係がある．このような新しい学問を紹介するのも，水理学の役目であろう．これらのことを意識して，各章には「まとめ」を書き，現在の目でみた場合の各章の総括を行った．このまとめが大学院への橋渡しに役立つだろう．

　以上のように本書では「水理学」教育に関する様々な新たな野心的試みを行ったが，計算力が衰えてきた著者ひとりでは荷が重かった．そこで，著者のかつての教え子である冨永さんに共著として加わっていただき，演習問題の一部を担当してもらった．また，本文の原稿を読者の立場から読み，内容的な偏りや難点がないかを批評してもらった．彼の批評を取り入れ，標準的な教科書になるように本書をよりよく修正したが，まだ著者の個性がかなり反映した本になっているかもしれない．本書の図面はほとんど新作で，冨永さんにパソコンできれいに描いてもらい，本書の値段が上がらぬよう配慮した．著者は，朝倉書店から水理学の標準的な教科書を執筆するよう依頼を受け，20世紀内の完成を目指した．この期限はほぼ守ったが，すこし張り切りすぎて，本書のページがかなり超過してしまった．朝倉書店では，第II編を別冊にして，上巻・下巻の2分冊化も検討されたようだが，読者の負担が大きいと判断された．そこで，超過原稿の圧縮・削除を行い，また例題などの文字を小さく印刷して結果的にメリハリの効いた構成となった．

　このように，本書は「**水理学を楽しむ**」をモットーに一貫性のある水理学を本文・例題・演習問題を駆使してわかりやすく詳述したものだが，読者がそれをやさしいと思うか難しいと思うかは著者の不安でもあり，また知りたいところである．とくに，本書によって，水理学を身近に感じ，それを好きになってくれる学生が現れることが著者の最高の喜びになる．さらに進んで，流れの科学や水系の分野を担う若き技術者・研究者が生まれたら望外の喜びである．いずれにせよ，

読者諸兄の意見を拝聴して，さらによい著書に改訂していきたい．

　最後に，本書の出版・ページの超過に関して，格別なご配慮をいただいた朝倉書店に感謝する．また，著者のよき理解者である実父に，本書の扉のスケッチ画として京都の賀茂川（鴨川）を描いていただいた．併せて感謝したい．

　2000年1月　京都にて

禰　津　家　久

目　次

I　流れの基礎

1　流体の力学基礎 ……………………………………………………………3
　1.1　密度と重量　3
　1.2　流体の圧縮性と非圧縮性　4
　1.3　体積力と面積力　5
　1.4　圧　力　5
　1.5　粘性応力　6
　1.6　ニュートン流体と完全流体　7
　1.7　次元と単位　8
　●まとめ　9
　■演習問題　10

2　静水力学 …………………………………………………………………11
　2.1　静水圧分布　11
　2.2　全圧力と作用点　13
　2.3　曲面に作用する静水圧　14
　2.4　浮力とアルキメデスの原理　15
　2.5　油圧とパスカルの原理　16
　2.6　浮体の安定・不安定問題　17
　2.7　座標変換による静水力学的解析　20
　2.8　表面張力　21
　●まとめ　23
　■演習問題　23

3 流体の質量保存則―連続式― ……………………………………27
 3.1 流体の速度 27
 3.2 流線と流跡線 27
 3.3 オイラー的観測とラグランジュ的観測 28
 3.4 連続式 28
 3.5 フラックス 30
 ◉まとめ 30
 ■演習問題 30

4 流体のエネルギー保存則―ベルヌーイの定理― ………………31
 4.1 完全流体のベルヌーイの定理 31
 4.2 質点系力学と流体力学におけるエネルギー保存則の比較 32
 4.3 ベルヌーイの定理の応用―水理学のおもしろさ・発見― 33
  4.3.1 トリチェリーの原理 33
  4.3.2 霧吹きの原理 36
  4.3.3 圧力分布の不思議さ 37
  4.3.4 流速測定器―ピトー管― 39
  4.3.5 流量測定器―ベンチュリー管― 40
 4.4 実在流体のエネルギー保存則 41
 ◉まとめ 44
 ■演習問題 44

5 流体の運動量保存則―運動量式― ………………………………48
 5.1 質点系の運動量式と流体の運動量式 48
 5.2 漸変流と急変流 50
 5.3 運動量式の応用―急変流の解析に威力― 51
 5.4 ボルダの公式 53
 ◉まとめ 55
 ■演習問題 55

II 水理学の体系化
―流体力学の応用―

6 流体力学の基礎―微分形― ……………………………………… 59
   6.1 ニュートンの運動方程式　59
   6.2 ラグランジュ微分とオイラー微分　59
   6.3 定常流と非定常流　62
   6.4 流れの連続式　63
   6.5 ベクトル解析の初歩　64
      6.5.1 スカラー積　64
      6.5.2 内積　64
      6.5.3 外積　65
   6.6 移流項の変形とその物理的意味　66
   6.7 オイラーの方程式―完全流体の支配方程式―　69
   6.8 ナヴィエ・ストークスの方程式―実在流体の支配方程式―　70
   ●まとめ　71
   ■演習問題　72

7 ポテンシャル流理論 ……………………………………………… 73
   7.1 渦度と循環　73
   7.2 ケルヴィン・ヘルムホルツの不安定性理論　75
   7.3 渦なし流れと速度ポテンシャル　76
   7.4 流れ関数と流線　77
   7.5 ポテンシャル流理論　78
   7.6 拡張されたベルヌーイの定理　79
   7.7 フローネット理論と流れの近似解析　81
   7.8 速度ベクトルと圧力の計算方法　83
   7.9 複素速度ポテンシャル関数とその解析方法　83
   7.10 ポテンシャル流理論の応用―応用数学の華麗さ―　85
      7.10.1 円柱まわりの流れ　85
      7.10.2 ダランベールのパラドックス　86

7.10.3　渦糸モデルとランキン渦　87
　　7.10.4　角を曲がる流れ　91
　●まとめ　93
　■演習問題　94

8　境界層理論と流体力 …………………………………………95
　8.1　境界層理論の誕生　95
　8.2　層流境界層　96
　8.3　乱流境界層　98
　8.4　境界層の厚さ　100
　8.5　境界層近似　101
　8.6　壁面せん断応力と摩擦速度　102
　8.7　カルマンの運動量方程式　102
　8.8　摩擦抵抗係数とブラジウスの1/7乗則　103
　8.9　流れの剥離　105
　8.10　流体力の定義　106
　8.11　完全流体での流体力　107
　8.12　マグナス効果と飛行の原理　108
　8.13　実在流体の抗力　109
　　8.13.1　bluff body と slender body　109
　　8.13.2　層流剥離と乱流剥離　110
　●まとめ　111
　■演習問題　112

9　層流と乱流……………………………………………………113
　9.1　実在流体とレイノルズ数　113
　9.2　レイノルズの層流・乱流実験　114
　9.3　オア・ゾンマーフェルト方程式とレイリーの変曲点不安定性理論　117
　9.4　非線形力学とカオス　119
　9.5　レイノルズ方程式　120

9.6　ハーゲン・ポアズイユ流れ　122
　　9.7　乱れの発生とカスケード過程　124
　　9.8　レイノルズ応力　126
　　9.9　完結問題　128
　　9.10　混合距離モデル　129
　　9.11　壁法則と対数則　130
　　9.12　外層と速度欠損則　134
　　9.13　乱れ特性　136
　　9.14　粗面乱流の特性　139
　　9.15　渦動粘性モデル，$k\text{-}\varepsilon$ モデルと応力モデル　141
　　●まとめ　143
　　■演習問題　144

10　運動方程式の積分形 ……146

　　10.1　ガウスの発散定理　146
　　10.2　一次元水理解析法と3次元流れ　147
　　10.3　連続式の積分形　148
　　10.4　運動量式の積分形　148
　　10.5　エネルギー式の積分形　150
　　●まとめ　156
　　■演習問題　157

III　水理学の実用化

11　次元解析と相似律 ……161

　　11.1　基本的なコンセプト　161
　　11.2　次元解析　162
　　　11.2.1　レイリーの方法　162
　　　11.2.2　バッキンガムの π 定理　163
　　11.3　相似律　166

11.4 レイノルズ相似則とフルード相似則　169

11.5 歪み模型　172

●まとめ　173

■演習問題　173

12　定常管路流の水理学 ……………………………………………………175

12.1　実学と一次元解析法　175

12.2　一次元水理解析法の前提条件　176

12.3　定常管路流の基礎方程式　176

12.4　摩擦損失水頭　177

12.5　ニクラーゼ図表・ムーディ図表　181

12.6　マニングの等流公式と粗度係数　184

12.7　形状損失水頭　185

12.8　単管路の計算　187

12.9　ダムの放水管の計算　189

12.10　水力発電の電力計算　190

12.11　サイフォンの計算　191

12.12　等置管の計算　193

12.13　並列管の計算　193

12.14　複合管の計算　194

12.15　管網計算　195

12.16　管路流と電流のアナロジー　196

●まとめ　197

■演習問題　198

13　定常開水路流の水理学 ……………………………………………………201

13.1　潤辺水理学と界面水理学　201

13.2　比エネルギーと比力　202

13.3　基礎方程式　203

13.4　限界水深と交代水深関係　205

13.5　河川の流量測定の原理　209

13.6　跳水と共役水深関係　210

13.7　跳水現象と減勢工　214

13.8　粗面の抵抗則と流砂現象　216

13.9　等流公式　217

13.10　水理特性曲線と水理学的に有利な断面　220

13.11　水平路床の水理と水面形　222

13.12　漸変流近似　225

13.13　限界勾配，緩勾配および急勾配　227

13.14　水面形方程式と不等流計算　227

13.15　水面形の分類　229

13.16　支配断面　231

13.17　特異点解析　232

13.18　水面形計算の演習例　233

●まとめ　235

■演習問題　236

14　非定常管路流の水理学　239

14.1　概説　239

14.2　非定常流の基礎方程式　239

14.3　水撃作用と過渡現象　240

14.4　サージタンクの水理　242

●まとめ　244

■演習問題　245

15　非定常開水路流の水理学　246

15.1　概説　246

15.2　連続式　246

15.3　エネルギー式　248

15.4　開水路の微小攪乱波　249

15.5　キネマティックウエーブ理論（クライツ・セドンの法則）　251

15.6　洪水流のループ特性　254

xvi　目　　次

　15.7　速水の理論（拡散型洪水波理論）　255
　15.8　ダイナミックウエーブ理論（特性曲線法）　257
　15.9　段波（運動量保存則の応用）　260
　15.10　ダム決壊に伴う段波　262
　●まとめ　265
　■演習問題　265

16　波動の水理学 ……………………………………………………… 267
　16.1　波の一般的特性　267
　16.2　微小振幅波理論（エアリ波の理論）　268
　16.3　位相速度　271
　16.4　表面張力波　272
　16.5　重力波の分類　273
　16.6　水粒子の運動　275
　16.7　波のエネルギー　277
　16.8　群速度　278
　16.9　波のエネルギー輸送　279
　16.10　重複波　280
　16.11　津　波　282
　●まとめ　282
　■演習問題　283

演習問題解答 ………………………………………………………………… 285
付　表 ……………………………………………………………………………… 310
参考図書 ………………………………………………………………………… 313
索　引 ……………………………………………………………………………… 314

I　流れの基礎

1 流体の力学基礎

1.1 密度と重量

流体の質量 m をその体積 V で割った値を**密度**といい，水理学・流体力学では ρ（ローとよむ）と書く習慣になっている．

$$\rho \equiv \frac{m}{V} \tag{1.1}$$

水理学では質量よりも密度を使って解析することが構造力学などの固体力学と相違する点である．MKS 単位系では，質量は kg，密度は kg/m³ となる（巻末の付表 1 参照）．重量 G は質量 m の重力場での重さであり，

$$G = mg. \tag{1.2}$$

重量や力の単位は，N（ニュートン）である．SI 単位系（国際単位系）では，N＝kg·m/s² である（巻末の付表 1）．たとえば，1 kg の水の重量（重さ）は，重力加速度 g が 9.8 m/s² であるから，9.8 N である．日常生活では，質量と重量とを混同して使いがちであるが，水理学は科学であり，両者を混同してはならない．

> **例題 1.1** 水の密度 ρ は水温の弱い関数であり，4℃のとき 1 g/cm³ である（巻末の付表 3）．これを MKS 単位系で表せば，いくらになるか．

[解] 1 g/cm³＝10⁻³ kg/(10⁻²m)³＝1000 kg/m³．これは基礎中の基礎である．

> ●コーヒーブレイク1.1　ニュートン（Newton：1642-1727，英）はニュートン力学の創始者で，運動方程式 $ma=F$ を初めて定式化した偉大な学者である．水理学・流体力学はこの運動方程式に立脚するから，ニュートン力学の一分野である．彼にちなんで，力の単位を N（ニュートン）という．

1.2 流体の圧縮性と非圧縮性

水（一般には液体）を容器に入れて圧縮してもほとんど水の体積は変化しない．すなわち，密度は ρ 一定である．このような流体を**非圧縮性**という．一方，空気に代表される気体は**圧縮性**である．しかし，風速 v が音速（粗密波の伝播速度）c より小さければ（$Ma \equiv v/c$ を**マッハ数**と定義し，$Ma<1$ を亜音速流，$Ma>1$ を超音速流という），空気も非圧縮の流体と近似してよく，水と空気とはまったく同一の運動方程式に支配される．したがって，水と空気を形式上同一として扱うのが通常の流体力学である．一方，$Ma>1$ の超音速流では，空気の圧縮性を考慮しなければならない．日常の風速は亜音速であり，非圧縮性流れと考えてよい．すなわち，ρ は一定である．圧縮・非圧縮の基準となる粗密波（圧縮波）の**伝播速度** c は以下で与えられる．

$$c \equiv \sqrt{\frac{E}{\rho}} \qquad (1.3)$$

ここで，E は**体積弾性係数**（N/m²）で，巻末の付表7を参照してほしい．

例題 1.2 水と空気の圧縮波の伝播速度 c を求めよ．

[解] 巻末付表3の密度 ρ と付表7より，20℃の水の密度と体積弾性係数は $\rho=998.2$ [kg/m³] および $E=2.2\times10^9$ [N/m²] であるから，

$$c_\text{water} = \sqrt{\frac{E}{\rho}} = \sqrt{\frac{2.2\times10^9}{0.9982\times10^3}}\ [\text{m/s}] = 1485\ [\text{m/s}] \quad （水の圧縮波） \qquad (1.4)$$

通常の水流の速度は 10 m/s 以下であり，水は非圧縮性流体と考えてよい．一方，空気の体積弾性係数は1気圧断熱変化で $E=1.418\times10^5$ [N/m²] であり，密度は $\rho=1.205$ [kg/m³] であるから，

$$c_\text{air} = \sqrt{\frac{1.418\times10^5}{1.205}} = 343\ [\text{m/s}] \quad （空気の圧縮波すなわち音速） \qquad (1.5)$$

通常の風速も 50 m/s 以下であり，気流も非圧縮性流体と考えてよい．なお，水の圧縮波の伝播速度の方が音速より**約4.3倍**も大きいことに注目されたい．

●**コーヒーブレイク1.2** 風船や注射器に入れた空気が圧縮することはすぐ実験で確認される．しかし，流れがあると，マッハ数が1以下の日常生活では空気の圧縮性は無視してよい．一方，非常に大きな圧力を水に作用させると，水は若干収縮する．水力発電所などで，水を流している高圧鉄管のバルブを急に閉めると，水は収縮する．この圧縮波（一般に衝撃波 (shock wave) という）は，高圧管内を式 (1.4) の非常に速い速度で上流に伝播し，高圧管系を破損する場合がある（14章）．空気でもマッハ数が1で衝撃波が起こり，ジェット戦闘機からドンという衝撃波を受けた諸君も多いだろう．このように，水理学・流体力学にはハッと思わせる現象が多くあり，水理学をおもしろくさせている．

1.3 体積力と面積力

固体や流体に作用する力は，次の2つに大別される．

① **体積力**：作用する体積 V に比例する力 F を体積力という．F は「作用する力の方向とその力の大きさ」の**2つの変数**を決めねばならないから，ベクトルである．代表例として，重力や遠心力がある．流体の密度を ρ，重力加速度を g とすれば，単位体積あたりの重力は式 (1.2) より ρg となる．このように，水理学・流体力学では質量 m よりも密度 $\rho \equiv m/V$ を使う．

② **面積力**：作用する面積 A に比例する力 F を面積力という．したがって，$\tau \equiv F/A$ を**応力** (stress) と定義する．3次元的に厳密にいうと，「作用する面積の方向 i と作用する力の方向 j とその応力の大きさ」の**3つの変数**を決めねばならないから，応力は τ_{ij} $(i,j=1,2,3)$ と**テンソル表示**される．代表例として，圧力および粘性応力がある．なお τ はタウとよむ．

> ●コーヒーブレイク1.3　変数には，スカラー，ベクトルおよびテンソルがある．スカラーには温度や濃度などがあり，1変数である．スカラーは，a のようにイタリックの1つの記号で表示される．ベクトルには速度などがあり，速度の方向とその大きさの2つを表さなければならない．v とゴチックで表したり，v_i と成分表示される．テンソルはせん断応力が代表例で，作用する面の方向 i と作用する力の方向 j とせん断応力の大きさの3つの情報が必要である．このため，τ_{ij} と表示される．テンソルは，マトリックスで表示されることもある．

1.4 圧　　力

静止流体中に作用する応力を**圧力** (pressure) といい，図1.1に示すように，面に垂直に作用する．圧力 p は，作用する面の向きによらず一定であり，このことを**等方性**という．圧力は，水理学では圧縮方向を正と定義する．構造力学では圧縮方向を負にとり，引っ張り応力を正に取っている．一般に，流体が運動していても，この運動とともに移動する面を考えれば，圧力はやはり等方性を示すことがわかる．圧力の単位はパスカル Pa である．すなわち，SI 単位では，$Pa=N/m^2=kg/(m \cdot s^2)$ である．大気圧 p_0 は1気圧で，1013.3 hPa（ヘクトパスカル）である．

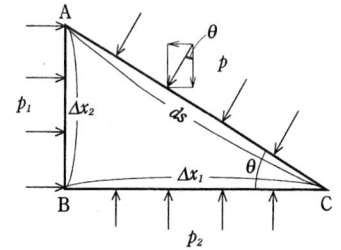

図 1.1 静止流体中の圧力の関係

例題 1.3 1 気圧を水の重さ（水柱）で表せば，何メートルか．

[解] 水柱の高さ h を**水頭**（head）という．水理学の基礎中の基礎である．このとき，水頭と圧力の関係は以下で与えられる．

$$p = \rho g h \tag{1.6}$$

1 気圧は $p_0 = 1013 \text{ hPa}$ であるから

$$\therefore h = \frac{p_0}{\rho g} = \frac{1013 \text{ [hPa]}}{1000 \text{ [kg/m}^3\text{]} \times 9.8 \text{ [m/s}^2\text{]}} = \frac{1013 \times 10^2 \text{ [N/m}^2\text{]}}{9800 \text{ [N/m}^3\text{]}} = 10.34 \text{ [m]} \tag{1.7}$$

すなわち，1 気圧は約 10 m の水の重さに等しい．

●**コーヒーブレイク 1.4** パスカル（Pascal；1623-1662，仏）は，油圧の原理などを発見し，静水力学に寄与した（2章）．彼にちなんで，パスカル Pa は圧力の単位として命名された．天気予報などで気圧の単位として用いられるものがヘクトパスカルであり，hPa = 100 Pa である．

例題 1.4 圧力が等方性であることを証明せよ．

[解] 図 1.1 に示すように，静止流体中に微小な三角柱 ABC を考える．いま，x_1 方向および x_2 方向の力の釣り合いから

$$p_1 \Delta x_2 = p \Delta s \sin\theta \tag{1.8}$$
$$p_2 \Delta x_1 = p \Delta s \cos\theta \tag{1.9}$$

が成立する．一方，幾何学条件から，$\Delta x_2 = \Delta s \sin\theta$ および $\Delta x_1 = \Delta s \cos\theta$ であるから，

$$\therefore p = p_1 = p_2 \tag{1.10}$$

したがって，圧力は作用面の方向によらずに一定であり，すなわち等方性を示す．なお，三角柱 ABC に体積力である重力 $\rho g (\Delta x_1 \Delta x_2)/2$ が作用していても，式（1.8）および式（1.9）より無限小であるから，無視できる．

1.5 粘性応力

流体が静止していれば，面積力は圧力のみである．一方，流体が運動すれば，圧力以外に**粘性応力**（viscous stress）も働く．流体に粘性があると，速い流れの層は遅い流れの層を引っ張るように力が働き，逆に遅い流れの層は速い流れの層を遅らせるように働く．これは，粘性による**せん断応力**（shear stress）が働いているからである．せん断応力の概念は若干難しいが，ある作用面に沿って働く**摩擦力**と考えればよい．一般的には，座標系を (x_1, x_2, x_3) とすれば，一つの面 i に沿って j 方向に働くせん断応力は，τ_{ij} $(i, j = 1, 2, 3)$ と定義される．せん断応力の成分は対称マトリックスであり，すなわち $\tau_{ij} = \tau_{ji}$ となる．したがって，せん断応力は，τ_{12}，τ_{13}，τ_{23} の 3 つであり，面に垂直な応力（圧力に似ている）

は，τ_{11}, τ_{22}, τ_{33} の 3 つの合計 6 つの成分から粘性応力は成り立つ．

> **例題 1.5** せん断応力が対称なマトリックスで表されることを証明せよ．

[解] 図 1.2 に示すように，微小な直方体（奥行きを 1 と考えてもよい）に作用する力を考える．このとき，面 1（$i=1$ 方向の面のこと，x_1 に垂直な面と定義される）および面 2（$i=2$ の面）にそれぞれ垂直に作用する応力 τ_{11} および τ_{22} は，それぞれ力の釣り合いにある．一方，せん断応力 τ_{12}, τ_{21} は偶力の関係にあり，O 点まわりのモーメントの釣り合いから，

$$(\tau_{12} \Delta x_2) \times \Delta x_1 = (\tau_{21} \Delta x_1) \times \Delta x_2$$
$$\therefore \quad \tau_{12} = \tau_{21} \tag{1.11}$$

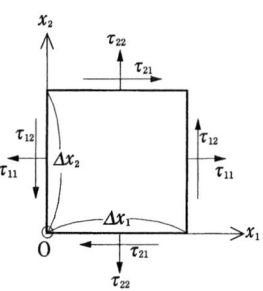

図 1.2 応力 τ_{ij} の関係

1.6 ニュートン流体と完全流体

粘性応力 τ_{ij} と速度 u_i とを関係づけないと，運動方程式が閉じない．構造力学や弾性体力学では，「応力と歪みは直比例する」という有名な**フックの法則**が基本である．この特性を流体に翻訳すると，「粘性応力と流速勾配とは直比例する」となり，この法則を**ニュートンの法則**という．ニュートンは流体力学も研究したのである．ニュートンの法則を満足する流体を**ニュートン流体**という．空気や水などの通常の流体はニュートン流体と考えてよい．ニュートンの法則に従わない流体を**非ニュートン流体**とよぶ．たとえば，セメントミルクやアスファルトなどのきわめて粘性の高い流体や，あるいは流体のようなまた固体のような中間的物質（粘弾性あるいは粘塑性という）は，非ニュートン流体であるが，現在でも定式化が確立されていない．

本書では，水に代表されるニュートン流体を対象とする．ニュートンの法則を

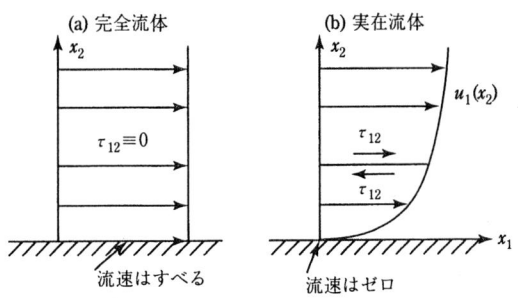

図 1.3 せん断応力の説明図

簡単のために1次元的に書くと，図1.3を参照して座標系を (x_1, x_2) とすれば，以下のようになる．

$$\tau_{12} = \mu \frac{\partial u_1}{\partial x_2} \tag{1.12}$$

あるいは常用座標 (x, y) で書くと，

$$\tau = \mu \frac{\partial u}{\partial y} \tag{1.13}$$

ここで，μ（ミューとよむ）は**粘性係数**（viscosity）とよばれ，フックの法則のヤング率に対応するものである．μ は流体の温度によって若干変化するが，流体の物性値であり，流体の種類と温度がわかれば，一定値である（巻末の付表4および付表6を参照）．

さて，$\mu = 0$ の流体を**完全流体**（perfect fluid）あるいは**理想流体**（ideal fluid）とよぶ．完全流体では，式 (1.12) よりせん断応力あるいは摩擦力はゼロになり，図1.3に示すように壁面があっても流速分布は一定となる．すなわち，壁面で流れは滑る（slipという）．しかし，現実にはこのような流体は存在せず，壁面があると流速はかならずゼロになり（この条件を**ノンスリップ条件**という），摩擦が生じる．このような流体を**実在流体**（real fluid）という．もしも摩擦がない流れがあれば，水理学・流体力学が数学的に華麗に展開される．したがって，流体力学の基礎を最初に学ぶには粘性応力がゼロとなる完全流体を対象にした方がよく，本書の特徴となっている．

●コーヒーブレイク1.5 「理想流体」とは，流れに摩擦がなく，「エネルギーの損失がない」という意味を込めて「理想」と命名された．また，流体として「完全」である．実在流体ではどんなに粘性係数が小さくても摩擦は無視できず，かならず力学エネルギーが損失する．演習問題12.21に，おもしろい問題がある．

1.7 次元と単位

11章で詳しく学ぶが，物理量は**次元**をもっている．流速や粘性応力などの各種の水理量は，**長さの次元** L，**質量の次元** M，および**時間の次元** T のべき乗で表すことができる．温度が関与すれば，温度の次元も考慮する．たとえば，流速 v の次元は $[LT^{-1}]$ である．これに単位をつければ，MKS単位系（SI単位）では，[m/s] として，日常何気なしに使っている．

例題1.6 粘性係数の次元を示せ．

[解] ニュートンの運動方程式 $ma=F$ から，力 F の次元は $[MLT^{-2}]$ である．したがって，応力の次元は $\tau=F/A$ より，$[ML^{-1}T^{-2}]$ となる．この次元の単位名は付いていない．これと同じ次元でも，圧力なら単位名はパスカルである．次に，式 (1.12) より，

$$[\mu]\cdot[LT^{-1}]\cdot[L^{-1}]=[\mu]\cdot[T^{-1}]\equiv[\tau]=[ML^{-1}T^{-2}]$$
$$\therefore\quad [\mu]=[ML^{-1}T^{-1}] \tag{1.14}$$

CGS単位系では，**粘性係数**の単位が**ポアズ**（Poise）とよばれる．SI単位系では，$kg\cdot m^{-1}\cdot s^{-1}=Pa\cdot s$（パスカル・秒）である（巻末の付表6参照）．

●**コーヒーブレイク1.6** 粘性係数の単位であるポアズは，9.6節で述べるように，円管の粘性流体を研究したポアズイユ（Poiseuille；1799-1869，仏）にちなんだ命名である．

後述する流体の運動方程式では，粘性係数 μ より，以下で定義される**動粘性係数**（kinetic viscosity）ν（ニューとよむ）をよく使う．

$$\nu\equiv\frac{\mu}{\rho} \tag{1.15}$$

動粘性係数の次元は，容易に以下となる．

$$[\nu]=[L^2T^{-1}]=[L]\cdot[LT^{-1}] \tag{1.16}$$

すなわち，動粘性係数は，長さの次元と速度の次元を掛けた単純な形になっている．このことは，水理学・流体力学を学ぶうえで，非常に重要なことである．したがって，単位は cm^2/s である．粘性係数 μ が非常に小さい空気でも密度 ρ で割るから，動粘性係数は水よりかなり大きくなる．たとえば，温度が20°Cのとき，空気の動粘性係数は $0.15\,cm^2/s$ であるが，水の動粘性係数は $0.01\,cm^2/s$ であり（巻末の付表4参照），運動方程式上からいうと，空気の方が15倍も水より「粘っこい」．これは，一般常識を覆すパラドックスであり，水理学・流体力学をよりおもしろくさせている．

●**コーヒーブレイク1.7** 巻末の付表2に示すように，単位の接頭語は記憶した方がよい．大きい方はコンピュータの世界でよく使うテラ（10^{12}），小さい方は環境微量汚染物質，たとえばダイオキシンの濃度としてピコグラム（10^{-12}）がよく使われる．

●**ま と め**

本章では流体の物性とそれに働く力，すなわち体積力と面積力を学んだ．水理学で現れる体積力の大半は重力である．面積力は，①圧力と，②粘性応力である．粘性応力の概念は大学で

初めて習う物理量であるが，水理学・流体力学では中心的学理を展開するきわめて重要なものである．流れが静止していれば粘性応力はゼロであり，流体に働く力は重力と圧力と考えてよく，力の釣り合い条件から問題が解決できる．この課題すなわち静水力学を次章で学ぶ．

流れがあると，粘性応力が発生する．この粘性応力のうちでもせん断応力が最も重要な水理量であり，流体間に摩擦すなわちせん断応力が働いて，力学エネルギーは熱へと損失する．この世に存在する実在流体は，一見，空気のような粘性係数が小さな流れでも，エネルギーはかならず損失する．流体間の摩擦がゼロとなり，エネルギーの損失がない「架空の」流体を完全流体とよぶ．厳密にいうと，完全流体の理論は実在流体には適用できないが，定性的また概略的に適用できる流れ場があり，この理論を学ぶことは水理学の初歩の段階で特に重要である．第Ⅰ編「流れの基礎」では，この完全流体の理論を学ぶ．

■演習問題

1.1 水の1g（グラム）の重さは，MKS単位系でいくらになるか．

1.2 圧力の次元を調べよ．また，ニュートン単位Nで示せ．

1.3 大気圧 p_0 は，ゼロ圧力（すなわち真空）ではなく，水銀柱で760 mmHgであることをガリレオの弟子のトリチェリーが実験で示した．このように，大気圧は1気圧である．この1気圧 p_0 を水で表せば，水柱にして10.336 mH₂Oである．これを圧力の単位であるパスカルPaで表せば，いくらになるか．なお，水銀の比重は13.6である．

1.4 1気圧 p_0 は1013 mb（ミリバール）と以前用いられていた．現在使用されるhPa（ヘクトパスカル）ではいくらになるか．なお，1 mb=10^3 dyn/cm²，1 hPa=100 Paである．

1.5 体積力と面積力の次元を示せ．体積力と面積力とを釣り合わせるためには，どのような数学的操作が必要か述べよ．

1.6 河川工学では，次のマニング公式がよく使われる（12.6節を参照）．

$$v = \frac{1}{n} R^{2/3} \sqrt{I_e} \quad \text{(m-s 単位)} \tag{1.17}$$

ここで，v は断面平均流速で $[LT^{-1}]$，R は径深で $[L]$，I_e はエネルギー勾配で無次元である．マニングの粗度係数 n の次元を求めよ．次に，式（1.17）をm-s単位からft-s単位に変換しても同一の n（単位系に依存しない同一の数値）を使用できるためには，以下のような変換が必要であることを示せ．なお，1 ft（フィート）=0.3048 mである．

$$v = \frac{1.49}{n} R^{2/3} \sqrt{I_e} \quad \text{(ft-sec 単位)} \tag{1.18}$$

この公式は，米国で慣用されている．なお，n 値は表13.2を参照のこと．

1.7 温度が20℃で1気圧のとき，水および空気の密度 ρ はそれぞれ998.2 kg/m³と1.205 kg/m³，粘性係数 μ はそれぞれ 1.002×10^{-3} Pa·sと 0.01822×10^{-3} Pa·sである（巻末の付表3および付表4）．このときの水および空気の動粘性係数 ν はCGS単位でいくらか．

1.8 図1.4のように間隙0.5 cmの平板の間に水があり，上の板を10 cm/sで動かすとき，水の速度勾配は直線分布となる．水の粘性係数を $\mu = 1.0 \times 10^{-3}$ Pa·sとするとき，板に働くせん断応力 τ_w はN/m²の単位でいくらになるか．なお，この流れを**クエット流**という．

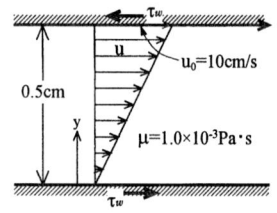

図 1.4

2 静水力学

2.1 静水圧分布

　流体が運動している本来の力学を学ぶ前に，流体が静止している特殊な場合をまず考えよう．前者を水の動力学すなわち**水力学**（hydrodynamics）または**水理学**（hydraulics）というのに対して，後者を**静水力学**（hydrostatics）という．静水力学の基礎式は，流速が常にゼロであるから，ニュートンの第二法則の加速度項（慣性力項ともいう）はゼロとなる．外力として，1章で学んだように，体積力，圧力および粘性応力があるが，流体は静止しているから，粘性応力も常にゼロとなる．したがって，静水力学の基本式は，ニュートンの第二法則を使って，

$$0 = [体積力\ F] + [圧力\ p] \tag{2.1}$$

　図 2.1 に示すように，静水中に微小な直方体を考え，これに作用する力の釣り合い式（2.1）を定式化する．x_1 軸方向の体積力の成分を単位質量あたり F_1 とすれば，式（2.1）の x_1 軸方向の力の釣り合いから次式が得られる．テイラー展開式を適用し，高次の微小項を無視すれば，式（2.2）となる．

$$\rho F_1 \cdot \varDelta x_1 \varDelta x_2 \varDelta x_3 - \{p(x_1+\varDelta x_1, x_2, x_3) - p(x_1, x_2, x_3)\} \cdot \varDelta x_2 \varDelta x_3 = 0$$

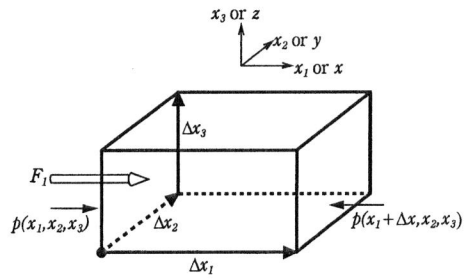

図 2.1　圧力 p と体積力 F_1 の釣り合い

$$\rho F_1 \cdot \Delta x_1 \Delta x_2 \Delta x_3 - \left\{ \frac{\partial p}{\partial x_1} \Delta x_1 + O(\Delta x_1^2) \right\} \cdot \Delta x_2 \Delta x_3 = 0$$

$$\therefore \quad \frac{\partial p}{\partial x_1} = \rho F_1 \tag{2.2}$$

x_2, x_3 軸方向も同様であり，一般に次式が成立する．

$$\frac{\partial p}{\partial x_i} = \rho F_i \quad (i=1, 2, 3) \tag{2.3}$$

また，ベクトル表示すれば，線形作用素 $\nabla = \partial/\partial x_i$ を用いて（∇ 記号の説明に関しては，コーヒーブレイク 6.2 を参照）

$$\nabla p = \rho \boldsymbol{F} \tag{2.4}$$

式 (2.3)，(2.4) は圧力勾配が体積力と釣り合っていることを示し，この式が**静水力学の基本式**であり，容易に理解できる．いま，図 2.2 に示すように，体積力として重力のみを考え，重力方向と反対方向に z 軸をとれば，常用座標を用いて次式となる．

$$\frac{\partial p}{\partial x} = 0, \quad \frac{\partial p}{\partial y} = 0, \quad \frac{\partial p}{\partial z} = -\rho g \tag{2.5}$$

底面を座標 $z=0$，水深を $z=h$ とすれば（図 2.3），式 (2.5) は容易に積分できて

$$p = \rho g(h-z) + p_0 \tag{2.6}$$

ここで，g は重力加速度である．積分定数 p_0 は大気圧で，1013 hPa を示す（1.4 節）．式 (2.6) が**絶対圧力**とよばれる．水理学では古来より「大気圧 p_0 をゼロ基準とする」のが慣習である．このとき，静水圧は，$p_0=0$ とおいて

$$p = \rho g(h-z) \tag{2.7}$$

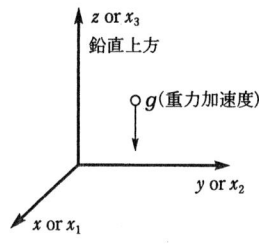

図 2.2 重力と座標系

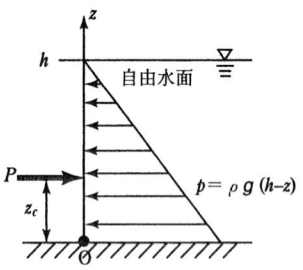

図 2.3 開水路の静水圧分布

となる．式 (2.7) の分布式を図 2.3 に示す．図から明らかに「静水圧は三角形分布する」ことがわかる．すなわち，静水圧は線形分布する．底面での水圧は，$z=0$ を代入して，$p=\rho g h$ となる．水の ρg は日常慣用で 1 g（グラム）の重さであるが，MKS 単位で正確にいうと，$\rho g = 9.8 \times 10^3$ [N/m³] となる．

●コーヒーブレイク 2.1　昔の教科書では $w=\rho g$ と書き，これを重さ (weight) の単位系として「グラム重」としていたが，現在では国際単位系 (Système International d'Unités を略記して SI 単位系という) を使用する．巻末の付表 1 を参照．したがって，ρg を使わず，w を式中に用いることは避けた方がよい．

●コーヒーブレイク 2.2　水理学では，自由水面の存在が非常に重要である．このため，自由水面の存在とその位置を示す記号（アイコン，icon）として，図 2.3 以降に図示したように ▽ を用いる．これは，万国共通の記号であり，▽ と書けば，自由水面の存在を特に述べなくてもよい．

2.2　全水圧と作用点

開水路における静水圧の基礎方程式は単に式 (2.7) のみであり，あとはこれを各種の境界条件に合わせて適用するだけである．式 (2.7) に示すとおり，圧力は高さ座標 z のみの関数で，作用面積の向きにはよらない．すなわち，圧力は**等方性**を示すことが再確認される．図 2.3 に示すように，**全水圧** P は，式 (2.7) を積分して，

$$P = \int_0^h p\,dz = \int_0^h \rho g(h-z)\,dz = \rho g \frac{h^2}{2} \tag{2.8}$$

すなわち，全水圧は「三角形の面積の水の重さ」となっている．

静水力学では，式 (2.1) に示すように，力の釣り合いのみで問題解決できるから，形式的には構造力学と同じで，後者の知識を援用できる場合が多い．たとえば，式 (2.7) の「分布荷重 p」よりこれと等価の「集中荷重 P」を考えた方が計算が簡単になる場合が多い．この場合，**集中荷重の作用点** z_c は，O 点まわりのモーメントの釣り合いから，

$$P \cdot z_c = \int_0^h p \cdot z\,dz = \int_0^h \rho g(h-z)\,z\,dz = \rho g \frac{h^3}{6} \tag{2.9}$$

$$\therefore \quad z_c = \frac{1}{3} h \tag{2.10}$$

式 (2.10) は，作用点 z_c が三角形の**重心**（正確には，**図心**という）の位置に

相当していることがわかる．

　以上は，簡単のために単位奥行きあたり $dy=1$ の結果である．奥行き方向の座標 y によって p が変化すれば，式 (2.9) を y 方向に関しても積分しなければならない．すなわち，面積素分 $dA=dydz$ に関する面積分を行うのである．演習問題 2.2 にこのような問題がある（図 2.15）．重要なのでぜひやってほしい．

例題 2.1 図 2.4 に示すような水平軸をもつピン Q のまわりに回転できるゲートを作り，水を貯留した．ピン Q より h の水深まで水が貯留したとき，ゲートがちょうど回転する構造になっている．このときの水深 h を求めよ．

コメント：水が h まで貯留すると自動的に放流され，ピンのバネによってゲートが閉まり，再び貯留が起こる．「自動放水器の原理」である．

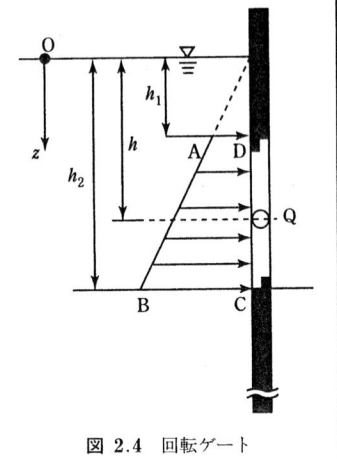

図 2.4　回転ゲート

[解] この例では，座標原点を水面 O，座標軸 z を鉛直下方に選んだ方が計算が楽である．このとき，式 (2.7) は $p=\rho g z$ と書き換えられる．
　全水圧 P は，

$$P=\int_{h_1}^{h_2} p\,dz = \rho g \int_{h_1}^{h_2} z\,dz = \frac{\rho g}{2}(h_2{}^2 - h_1{}^2) \tag{2.11}$$

これは，台形 ABCD の面積の水の重さに相当する．
　作用点の深さ z_c は，

$$z_c = \frac{1}{P}\int_{h_1}^{h_2} (p\cdot z)\,dz = \frac{2}{3}\cdot\frac{h_1{}^2 + h_1 h_2 + h_2{}^2}{h_1 + h_2} \tag{2.12}$$

となる．したがって，$h=z_c$ となったとき，ゲートは回転を始める．

2.3　曲面に作用する静水圧

　例題 2.1 は平面に作用する全水圧の例であったが，図 2.5 に示す曲面 BC に作用する全水圧と作用点は圧力 $p=\rho g z$ を曲線 BC（3 次元の場合は曲面）に沿って積分すればよいが，計算が繁雑である．この場合は図解的に解いた方がよい．
　まず，全水圧を**水平成分** P_H と**垂直成分** P_V とで表す．水平成分 P_H は，台形 EFGH の面積の水の重さに等しい．作用点の鉛直距離 z_c は，この台形の重心の

高さである．一方，鉛直成分 P_V は，曲面 BC の上に乗っている水の重さに等しい，すなわち，図形 ABCD の面積の水の重さである．鉛直成分の作用点は図形 ABCD の重心を通る．曲面が円弧の場合には，作用点の水平距離 x_c は円の中心に関する水平成分と垂直成分のモーメントの釣り合いから，

$$x_c = \frac{P_H \cdot z_c}{P_V} \quad (2.13)$$

と求められる．

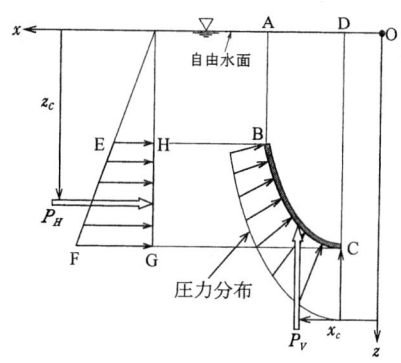

図 2.5　曲面 BC に作用する静水圧

例題 2.2　図 2.6 のような半径 a の 4 分の 1 のラジアルゲートに作用する水平力 P_H，鉛直力 P_V および作用点の位置 (x_c, z_c) を求めよ．

コメント：このような問題では必ず P_H と P_V に分けて考える．合力は，$\sqrt{P_H^2 + P_V^2}$ である．

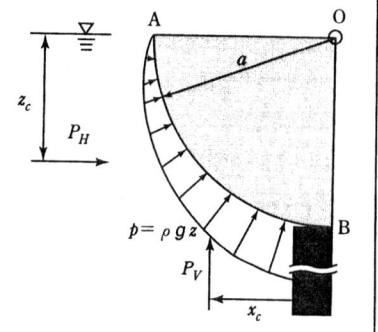

図 2.6　ラジアルゲートの圧力分布

[解] 分布荷重を積分して求める正攻法は，計算が繁雑で得策ではない．これも図解法が便利である．まず，水平成分 P_H とその作用点 z_c は，三角形の面積とその重心点であり，$P_H = \rho g a^2/2$，$z_c = (2/3)a$ となる．

一方，鉛直成分 P_V は，ちょうど ABO の 4 分の 1 円の面積の水の重さになっている（すなわち，アルキメデスの浮力に相当する）．したがって，$P_V = \rho g(\pi a^2/4)$ となる．作用点 x_c は，P_H と P_V との O 点まわりのモーメントの釣り合いから，式 (2.13) と同様に，

$$\therefore \quad x_c = \frac{P_H \cdot z_c}{P_V} = \frac{4a}{3\pi} \quad (2.14)$$

2.4　浮力とアルキメデスの原理

図 2.7 に示すように，物体 ABCD が浮いている場合は，これに作用する全圧力 B は，形式的に

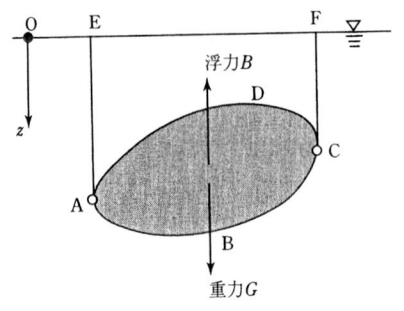

図 2.7 浮力の説明図

$$B = \iint_{ABCD} p\,ds = \iint_{ABC} p\,ds - \iint_{ADC} (-p)\,ds$$
$$= \rho g [\text{EABCF の体積}]$$
$$\quad - \rho g [\text{EADCF の体積}]$$
$$= \rho g \cdot V_B \quad (\because \ p = \rho g z) \quad (2.15)$$

すなわち，全圧力 B は「流体に没した物体の体積 V_B に流体の重さ ρg を乗じた力」に等しい．この力を**浮力**（buoyancy）といい，式 (2.15) を**アルキメデスの原理**という．

物体に作用する重力すなわち重さ G は，物体の体積 V と密度 ρ_s を用いて式 (1.2) より

$$G = (\rho_s V) \cdot g \quad (2.16)$$

となる．したがって，物体が流体中に浮く条件は $B = G$ であるから，式 (2.15)，(2.16) を使って，

$$\therefore \ \sigma \equiv \frac{\rho_s}{\rho} = \frac{V_B}{V} < 1 \quad (2.17)$$

となる．σ（シグマとよむ）は，流体の密度 ρ に対する物体の密度 ρ_s の比であって，特に流体が水の場合は，σ を**比重**という．水に物体が浮いている場合は，その比重 σ は 1 より小さいことが式 (2.17) で証明されたことになる．

2.5 油圧とパスカルの原理

図 2.8 に示すように，断面積 A_1, A_2（$A_1 < A_2$）が異なる U 字管を考える．U 字管に油を入れ，ピストンを作る．2 つのピストンは流体に接し，自由に U 字管を上下移動できる．いま，静止状態からピストン I に圧力 p をかけると，他のピストン II に作用する圧力はいくらか．

答は「まったく同一の p」である．ただし，圧力の方向は上向きとなる．このように，U 字管のどの位置でも作用する圧力の変化は等しくなる．このことを**パスカル**（Pascal; 1623-1662）

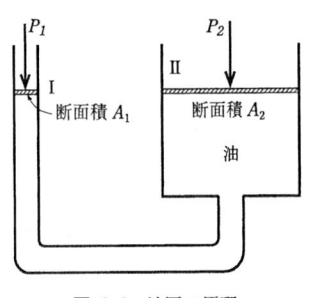

図 2.8 油圧の原理

の原理という．これは，作用した圧力変化が瞬時（たとえば水の圧力波は，式 (1.4) から速度 $c \cong 1500\,[\text{m/s}]$ で伝播する）に全水域に伝わるからである．この原理も圧力の等方性を示す一例である．全圧力で示すと，$p \equiv P_1/A_1 = P_2/A_2$ であるから，

$$P_2 = \frac{A_2}{A_1} P_1 > P_1 \tag{2.18}$$

つまり，作用した全圧力より大きな力がピストンから得られる．通常，作用流体として水より粘着性のある油が使われるから式 (2.18) を**油圧の原理**という．

このように，油圧によって重いものを軽い力で押し上げることができ，各種の建設重機などで応用されている．

> ● **コーヒーブレイク 2.3** 圧力 p（小文字で書く）と全圧力 P（大文字で書く）とを混同してはならない．水理学では，圧力といったら，$p\,(\text{Pa}=\text{N/m}^2)$ のことを指す．このような「圧力の不思議さ・おもしろさ」を 4 章で学ぶ．

2.6　浮体の安定・不安定問題

前節までの知識は，小学校以来よく学んできた．ところで，図 2.9 のように流体に浮いている物体が何かの影響である軸のまわりに微小回転したとき，復元して安定の状態になるのか，逆に回転をさらに増して転倒するのかといった浮体の安定・不安定問題は難しく，大学で初めて学ぶ知識である．この問題は，造船工学などに限らず，ケーソンの海上輸送・沈埋工などの土木工学でも重要である．

図 2.9(b) に示すように，ケーソンが水面上のある軸 O のまわりに微小回転した場合を考えよう．物体の重さ（重力 G で表す）は，物体に固有なものであるから，その**重心**の位置 G も物体に固有である．しかし，浮力 B は，アルキメ

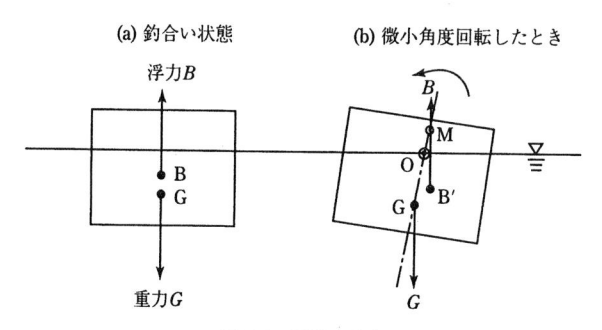

図 2.9　浮体の安定

デスの原理より流体に没した体積の重心の位置（これを**浮心**といい，B で表す）であるから，流体に没する体積形状が微小回転により変化すると浮心は B′ に変化する．

浮心 B′ の鉛直上方と，物体が回転する前の釣り合い状態での重心を通る鉛直線（物体の対称軸となることが多い）との交点を M とする．この交点 M を**傾心** (metacenter メタセンタ) という．M が重心 G より上方にあれば，重力と浮力による偶力は復元力となり，物体は微小回転によっても安定に浮いている．

一方，M が G より下にくれば，偶力が逆向きになり，物体は転倒する．したがって，$\overline{\mathrm{GM}}$ が符号を含めて正ならば安定，負ならば不安定となる．$\overline{\mathrm{GM}}$ を計算すると次の結果が得られる．

$$\begin{aligned}\overline{\mathrm{GM}} &= \frac{I_0}{V_B} - \overline{\mathrm{GB}} > 0 \quad (\text{安定}) \\ &= 0 \quad (\text{中立}) \\ &< 0 \quad (\text{不安定})\end{aligned} \tag{2.19}$$

ここで，V_B は前述のように流体に没した体積，I_0 は物体を静水面であたかも切った断面での回転軸 O のまわりの物体の**断面 2 次モーメント**であり，構造力学などでよく使用される量である．簡単な形状の I_0 は，記憶しておいた方がよい．

●コーヒーブレイク 2.4　重心の公式は次の式 (2.20) で，断面 2 次モーメントの公式は式 (2.21) でそれぞれ与えられる．

$$x_G = \iiint_V x\,dV \Big/ \iiint_V dV \tag{2.20}$$

$$I_0 = \iint x^2 dA \tag{2.21}$$

式 (2.21) の x は，回転軸に垂直な距離である．一般に，I_0 は回転軸によって異なった値をもつ．たとえば，静水面で切った断面が長方形断面（図 2.10）で，短辺 a のまわりの I_0 は，次式となる．

$$I_0 = \frac{a^3 b}{12} \tag{2.22}$$

一方，静水面で切った断面が円ならば，回転軸によらずに一定であり，次式で与えられる．

$$I_0 = \frac{\pi}{4} a^4 \tag{2.23}$$

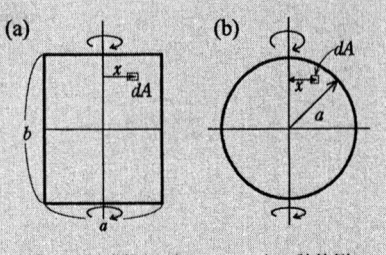

図 2.10　断面 2 次モーメントの計算例

例題 2.3 図 2.11 のような長さ h_0, 頂角 2θ の円錐体（比重を σ とする）が逆さに水面に浮いている。角度 θ によって、この物体の安定・不安定を検討せよ。

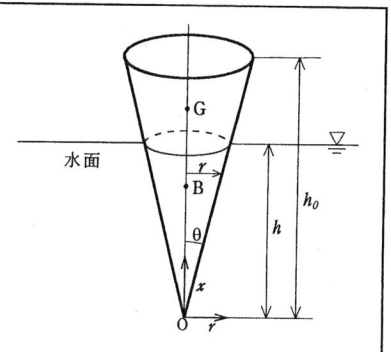

図 2.11 円錐体の安定・不安定問題

[**解**] 重心の公式 (2.20) から、

$$\overline{\text{OG}} = \frac{\int_0^{h_0} x \cdot \pi r^2 dx}{\int_0^{h_0} \pi r^2 dx} = \frac{\int_0^{h_0} x^3 dx}{\int_0^{h_0} x^2 dx} = \frac{3}{4} h_0 \tag{2.24}$$

同様にして、$\overline{\text{OB}} = \frac{3}{4} h$

$$\therefore \quad \overline{\text{GB}} = \overline{\text{OG}} - \overline{\text{OB}} = \frac{3}{4}(h_0 - h) \tag{2.25}$$

次に、式 (2.19) の V_B は、水中に没した体積であるから、

$$\therefore \quad V_B \equiv \int_0^h \pi r^2 dx = \frac{\pi}{3} h^3 \tan^2 \theta \tag{2.26}$$

断面 2 次モーメント I_0 は円形の値であり、式 (2.23) で与えられる。すなわち、

$$I_0 = \frac{\pi}{4}(h \tan \theta)^4 \tag{2.27}$$

これらを式 (2.19) の安定条件式に代入すれば、

$$\therefore \quad h \tan^2 \theta \geqq (h_0 - h) \tag{2.28}$$

一方、浮体の釣り合い条件は、式 (2.17) より、

$$h^3 = h_0^3 \cdot \sigma \tag{2.29}$$

式 (2.28) と式 (2.29) より、$(1+\tan^2\theta)\sigma^{1/3} \geqq 1$ となる。
したがって、$\cos^6\theta \leqq \sigma < 1$ で中立・安定、$\cos^6\theta > \sigma$ で不安定となる。

$\cos\theta$ が大きいほど、すなわち角度 θ が小さいほど不安定となって、転倒することがわかる。いま、O 点に錘をつければ浮体はより沈むから、式 (2.25) の $\overline{\text{GB}}$ はより小さくなり、安定になる。これが、「つりの浮きに錘をつければ安定化する」という**浮きの原理**である。日常の生活の中には、水理学の学理が多く隠され、また活用されている。再発見してみよう！

2.7 座標変換による静水力学的解析

前節までは,流体(水)が文字どおり「静止」している場合を考えたが,流体が運動していても座標系を流体運動の移動と同一に選ぶことができれば,この**移動座標系**からみれば流体は「静止」と考えてよい.換言すれば,静水力学の式(2.3)が適用できる移動座標系がもし存在すれば,流れの解析は非常に簡単となる.

このように流れが一体的に運動する場合は少ないかもしれないが,以下でこの代表例を考えよう.

例題2.4 図2.12のような半径 a,高さ b なる円筒の遠心分離器がある.いま,水を h の深さまで入れ,O軸のまわりに角速度 ω で回転したところ,$\omega = \omega_0$ で水がちょうど b までせり上がり,こぼれ始める瞬間であった.このときの ω_0 と水面形を求めよ.

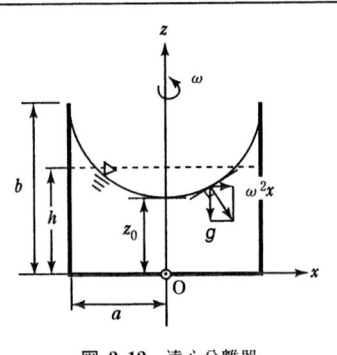

図2.12 遠心分離器

[解] 鉛直O軸を z 軸,半径方向(動径)を x 軸,これに直角方向を y 軸にとり,ω なる回転座標系を考えれば,水は見かけ上「静止」しているから,式(2.3)が適用できる.このとき,外力は $F_x = \omega^2 x$, $F_y = 0$, $F_z = -g$ となる.F_x は**遠心力**であり,回転座標系による見かけの力である.式(2.3)に代入すれば,

$$dp \equiv \frac{\partial p}{\partial x}dx + \frac{\partial p}{\partial y}dy + \frac{\partial p}{\partial z}dz = \rho\omega^2 x dx - \rho g dz = d\left(\frac{\rho\omega^2 x^2}{2}\right) - d(\rho g z)$$

$$\therefore \quad p = \rho\left(\frac{\omega^2 x^2}{2} - gz\right) + C \tag{2.30}$$

自由水面の位置 $x = x_s$, $z = z_s$ で,圧力 p はゼロであるから,積分定数 C が決まり,水面形は以下のように回転放物曲面で与えられることがわかる.

$$z_s = z_0 + \frac{\omega^2 x_s^2}{2g} \tag{2.31}$$

ここで,z_0 は $x = 0$ なる中心軸上での水深である.

さて,回転しても水の体積は不変であるから

$$\pi a^2 h = \int_0^a 2\pi z_s x_s dx_s = \pi a^2 z_0 + \frac{\pi\omega^2 a^4}{4g}$$

$$\therefore \quad z_0 = h - \frac{\omega^2 a^2}{4g} \tag{2.32}$$

円筒壁面 $x_s = a$ で,水がこぼれ始める角速度 ω は,$z_s = b$ とおき,以下のように計算される.

$$\therefore \quad \omega_0 = \frac{2}{a}\sqrt{g(b-h)} \tag{2.33}$$

2.8 表面張力

表面張力（surface tension）の用語は小学生以来よく知っているが，これを数式化するのは大学生からであろう．波だった水面のように気体に接した液体表面が曲面をなすとき，表面に沿って表面張力が発生する．これは気体と液体との分子間引力の差違によるものである．表面張力が水理学で問題となるのは，以下で示す**毛管現象**や16.4節で学ぶ**表面張力波**などであり，通常は重力に比べて無視される（重力波という，16.5節）．表面張力の効き具合は**ウェーバ数** We で表すが，これは11.3節で学ぶ．

図2.13は，表面張力を示す模式図である．微小曲面 $\Delta x \times \Delta y$ に働く表面張力は，x方向には両端に $\sigma \Delta y$ である．表面張力の単位は，力を長さで割った [N/m] であり，圧力とはまったく異なるから注意されたい．主要な液体の表面張力 σ の値を巻末の付表8に示す．

いま，**主曲率半径**を R_1，R_2 とし，上方への圧力差を Δp とすれば，表面近傍の体積は微小であり，重力（体積力）は無視できるので，以下の釣り合い式が成り立つ．

$$2\sigma \times \Delta y \sin\theta_1 + 2\sigma \times \Delta x \sin\theta_2 = \Delta p \times \Delta x \times \Delta y \tag{2.34}$$

角度 θ_1，θ_2 は微小であり，以下の近似が可能である．

$$\Delta x = 2R_1 \times \sin\theta_1, \quad \Delta y = 2R_2 \times \sin\theta_2 \tag{2.35}$$

式（2.35）を式（2.34）に代入すれば，

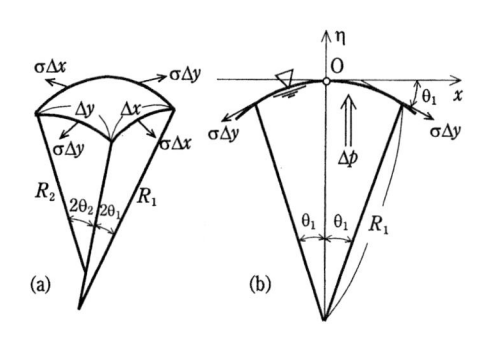

図 2.13　表面張力の模式図

$$\therefore \Delta p = \sigma \times \left(\frac{1}{R_1} + \frac{1}{R_2}\right) \tag{2.36}$$

表面が平面の場合は $R_1 \to \infty$, $R_2 \to \infty$ であるから，圧力差 $\Delta p = 0$ となり，表面張力は発生しない．すなわち，表面張力が発生するには気液界面が曲率をもって波立つことが必要であり，**毛管現象**や**表面張力波**などが典型例となる．

界面が2次元の円筒状では，

$$\Delta p = p_{\text{in}} - p_{\text{out}} = \frac{\sigma}{R} \tag{2.37}$$

ここで，p_{in}, p_{out} はそれぞれ液面内および液面外（気体）の圧力である．なお，液面が凹の場合でも曲率半径を負にとれば式 (2.36) がそのまま成立する．

例題 2.5 2次元の円筒状曲面の関数が $\eta(x)$ のとき，曲率半径 R との関係を求めよ．

[解] 図 2.13(b) の O 点で接する円の半径がちょうど R であるから，この円を座標表示すれば，円の中心は $(0, -R)$ であるから

$$x^2 + (\eta + R)^2 = R^2 \tag{2.38}$$

これを x で2回微分すれば，

$$2 + 2\eta'^2 + 2\eta\eta'' + 2R\eta'' = 0 \tag{2.39}$$

O 点 ($x=0$, $\eta=0$) で，$\eta'=0$ （接する条件）であるから

$$\therefore \eta'' \equiv \frac{\partial^2 \eta}{\partial x^2} = -\frac{1}{R} \tag{2.40}$$

したがって，

$$\Delta p = p_{\text{in}} - p_{\text{out}} = -\sigma \frac{\partial^2 \eta}{\partial x^2} \tag{2.41}$$

この関係式は，表面張力波を求めるとき必要になる（16.4節）．

例題 2.6 図 2.14 に示すように，静止水面に直径 D のガラス管を鉛直に挿入したところ，管内の水面が高さ h だけ上昇して静止した．このとき，h を求めよ．

ヒント：表面張力 T と重力との釣り合い式を考える．

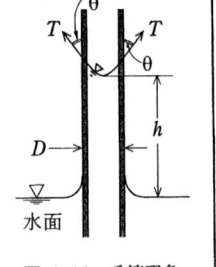

図 2.14 毛管現象

[解] この場合は，水面が凹であるから曲率半径は負となり，式 (2.36) から $\Delta p<0$，すなわち負圧が生じ，水面が上昇するのである．この現象がいわゆる**毛管現象**である．表面張力 T とガラス面とがなす角度 θ を**接触角**という．力の釣り合いから，

$$\rho g \frac{\pi D^2}{4} h = T\cos\theta = \pi D \times \sigma \cos\theta \tag{2.42}$$

$$\therefore\ h = \frac{4\sigma\cos\theta}{\rho g D} \tag{2.43}$$

すなわち，表面張力が同一な気液面では，管径 D に反比例して毛管高 h は大きくなることがわかり，このことは日常体験することである．水・空気の表面張力は巻末付録の付表8より $\sigma=0.0728$ [N/m] である．$D=0.1$ [mm]$=10^{-4}$ [m] とし，接触角 θ は常温で約 $8.5°$ であるから，式 (2.43) に代入すると，

$$h = \frac{4\times 0.0728\,[\text{N/m}]\times\cos 8.5°}{10^3\,[\text{kg/m}^3]\times 9.8\,[\text{m/s}^2]\times 10^{-4}\,[\text{m}]} = 29.4\,[\text{cm}] \tag{2.44}$$

●**コーヒーブレイク2.5** 表面張力 σ は力 T を長さ L で割ったものと定義したが（$\sigma\equiv T/L$），その表面張力を求めるのにどの長さをとればよいかを明記した本は案外少なく，初心者はまごつく．実は，長さ L として，張力が働く方向に垂直な方向の長さをとるのである．図2.13では x 方向の表面張力は $\sigma\Delta y$ であって，$\sigma\Delta x$ ではないことに注意してほしい．図2.14で表面張力は「$\sigma\times$円周の長さ」となっており，「垂直な方向の長さ」の意味がよくわかるであろう．

◉ **ま　と　め**

静水力学は圧力勾配と外力である体積力との釣り合いで解決できる最も基本的な力学であり，多くの演習問題がある．体積力の大半は重力のみであるから，静水の圧力は三角形分布し，等方性である．したがって，全圧力とその作用点を求めるには，**水平成分**と**垂直成分**に分け，全圧力の水平成分は三角形（一般には台形）分布から計算し，鉛直成分は浮力の原理を利用して図式的に求める方が簡単である．作用点は，モーメントの釣り合いから簡単に計算される．

浮体の安定・不安定問題は大学で初めて学習する内容であり，十分にマスターしてほしい．また，表面張力の定式化も大学で初めて習う内容で，表面張力波（16章）や，生態系や土壌における毛管現象などを解析するとき重要となる．好奇心をもって学習してほしい．

■ **演 習 問 題**

2.1 断面2次モーメントの式 (2.22)，(2.23) を導け．

2.2 図2.15に示すように，水中に鉛直に置かれた任意形状の断面に働く全圧力 P は $P=\rho g h_G A$（h_G は水面から図心（重心）までの距離）となることを示せ．また，圧力の作用点の深さ z_c は $z_c=h_G+I_0/(h_G A)$（I_0 は図心まわりの断面2次モーメント）となることを示せ．なお，上記の P と z_c の算定は，**公式**として記憶した方が望ましい．

ヒント：$P=\int_{z_1}^{z_2}\rho g z\cdot B(z)\,dz$，モーメント $M=\int_{z_1}^{z_2}\rho g z\cdot z\cdot B(z)\,dz = P\cdot z_c$ である．

2.3 図2.16に示すように，奥行き $B=2$ [m] の水槽が下面をヒ

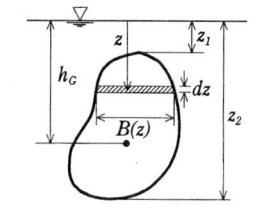

図 2.15

ンジで固定した高さ $L=3$ [m] の板で仕切られている．左側水面の高さ $h_1=2.5$ [m]，右側水面の高さ $h_2=1.5$ [m] のとき，この板を垂直に保つためには，板の上端をいくらの力 F で引っ張る必要があるか．

2.4 図 2.17 のように，水路の側岸形状が $z=h-ax^2$ で与えられるとき，側岸にかかる全圧力と作用点の位置を求めよ．

ヒント：水平成分 P_H と鉛直成分 P_V に分けて考える．

2.5 図 2.18 のように，水槽の鉛直壁に内径 $d=50$ [cm] の円管を取り付けた．円管上部の深さ $h=2.5$ [m] のとき，円管の流入口の弁を全閉した．弁に作用する全圧力はいくらか．また，圧力の作用点の位置を求めよ．

ヒント：演習問題 2.2 の公式を使わないと，かなり難しい．

2.6 図 2.19 のように，重さ W，奥行き B のローラーゲートがある．水平反力 R_H および鉛直反力 R_V を求めよ．

2.7 図 2.20 に示すように，水槽に設けられた半径 r の半球状の観測ドームにかかる全圧力および作用点の位置を求めよ．

ヒント：これも演習問題 2.2 の公式を使った方がよい．

2.8 図 2.21 に示す 2 つのタイプのテンターゲートの単位幅に作用する全水圧とその作用点の

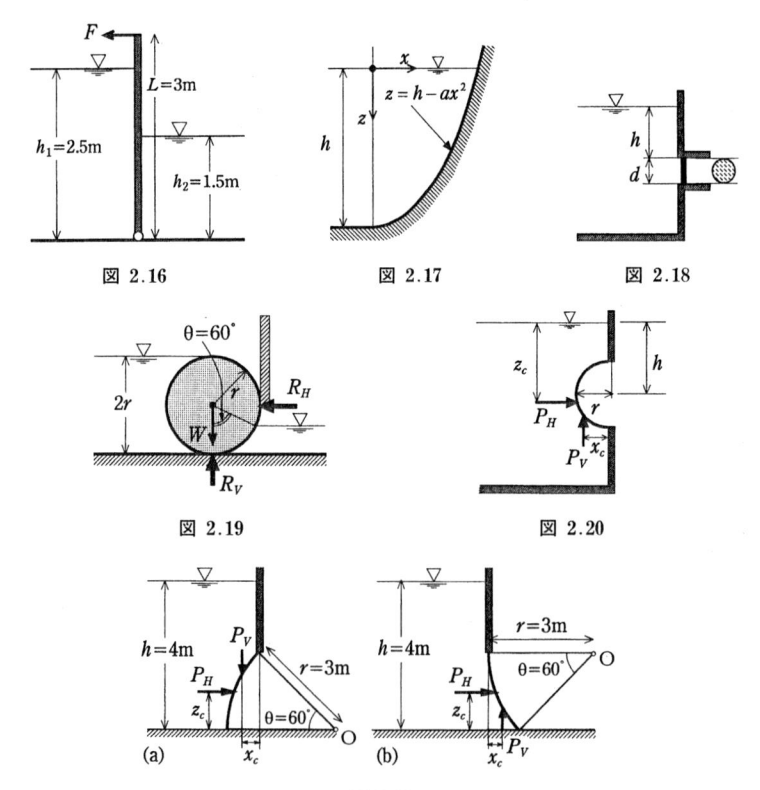

図 2.16

図 2.17

図 2.18

図 2.19

図 2.20

図 2.21

位置を求め，比較せよ．

ヒント：モーメントの釣り合い式を使う．

2.9 図2.22のように，下層が密度 ρ_2，上層が密度 ρ_1 の水域に立つ鉛直板に働く全圧力と作用点の位置を求めよ．

ただし，$H_1=2.5$ [m]，$H_2=0.8$ [m]，$\rho_1=1000$ [kg/m^3]，$\rho_2=2000$ [kg/m^3] とする．

2.10 図2.23に示すように，4種類の容器の底の栓（同一断面積 A）に働く全圧力が大きい順に並べ，その理由を述べよ．

コメント：これを「パスカルのパラドックス」ということがある．手品ではない．

2.11 図2.24に示すように，密度 ρ_1 の液体が流れている水平に置かれた管路のA点とB点の差圧を密度 ρ_2 の液体を入れた**傾斜マノメータ**で読む．傾斜角度が θ のとき，読みが h であった．AB点の圧力差はいくらか．また，差圧を拡大して読むためにはどうすればよいか．

2.12 図2.25に示す連通管のAは開放，Bは空気が密閉されている．Bの上層には密度の異なる液体（$\rho_2<\rho_1$）が入っている．A，B，C，D点の圧力を求めよ．

2.13 図2.26で，エチルアルコール（比重 $\sigma_1=0.79$）とグリセリン（比重 $\sigma_2=1.26$）の入ったマノメータの読みから，水が入っているA点とB点の圧力差を求めよ．

2.14 図2.27に示すように，密度 ρ_0，高さ h，直径 D の円柱を密度 ρ の液体に浮かべたときの安定・不安定性を調べよ．

2.15 図2.28のように，一辺が a の正方形断面のケーソン（奥行き b は，a より十分長いとする）が水に浮いている．比重を0.5としたとき，(a) 辺が水面と平行な浮体，(b) 辺の対角線が水面と平行な浮体の各場合の安定・不安定性を調べよ．

2.16 本文中の図2.11の円錐を逆にして浮かせた場合（図2.29）の安定・不安定性を調べよ．

2.17 角度 θ の斜面を滑り落ちる容器に水が入っている（図2.30）．水面形はどうなるか．

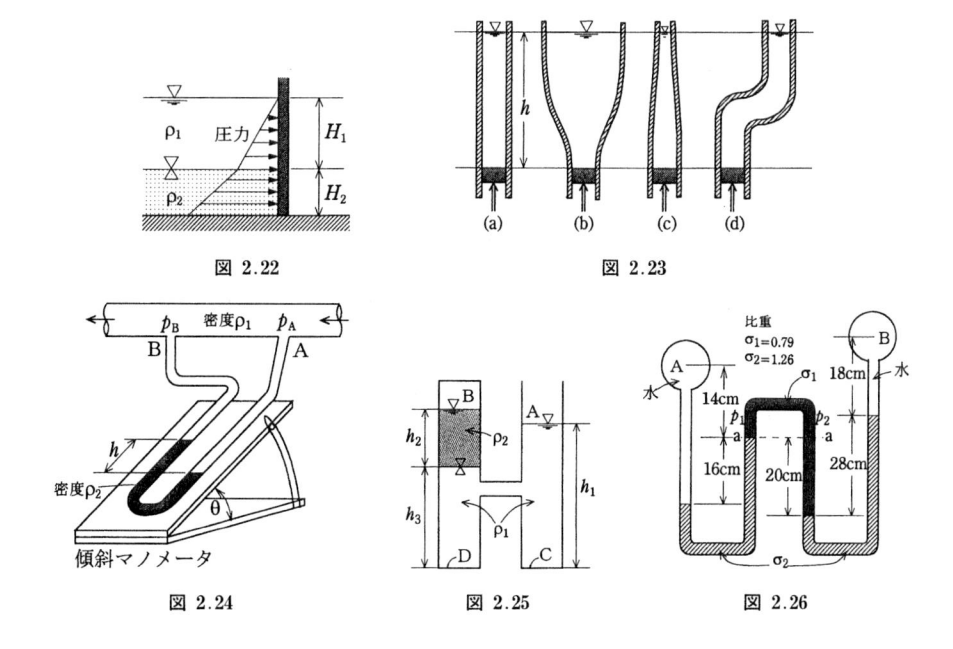

図 2.22

図 2.23

図 2.24　傾斜マノメータ

図 2.25

図 2.26

2.18 図2.31に示すU字管を一方の管を軸として角速度 ω で回転させたとき，もとの水面からの増減高さ a はいくらになるか．

2.19 図2.32に示すように，内岸および外岸の曲率半径がそれぞれ $R_1=20$ [m]，$R_2=30$ [m] である開水路の湾曲部がある．いま，一様な流速 v で水が流れるとき，内岸・外岸の水位差 $\Delta h=0.2$ [m] となった．このときの流速 v を求めよ．

コメント：この湾曲流は，河川工学の基礎問題である．

2.20 スペースシャトルでの実験で自明のように，無重力の世界では空間に放出された水滴は球形になる．いま，水滴の内外の圧力差が $\Delta p=100$ [Pa] のとき，水滴の直径 D を求めよ．

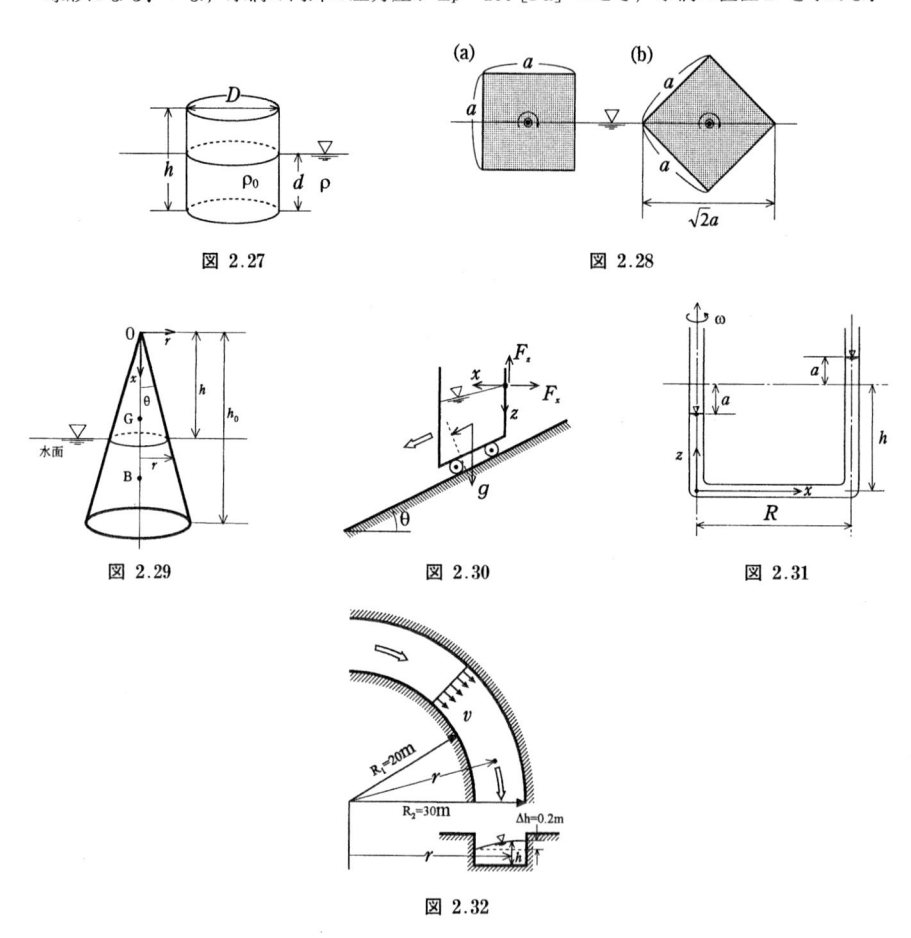

図 2.27

図 2.28

図 2.29

図 2.30

図 2.31

図 2.32

3
流体の質量保存則
連続式

3.1 流体の速度

流体の速度すなわち流速はベクトルであり，その成分は一般に 3 次元である．$u\equiv(u,v,w)\equiv u_i\ (i=1,2,3)$ と記載される．前者がベクトル表示，後者がテンソル表示である．(u,v,w) が常用座標 (x,y,z) での流速成分である．一般に，(u,v,w) は 3 次元座標 (x,y,z) と時間 t の関数である．しかし，いきなり 3 次元の一般式を誘導するのは初心者には難解なので，いちばん簡単な一次元水理解析法を以下で考えてみよう．3 次元の一般式による水理学の体系化は第 II 編で論ずることにする．

3.2 流線と流跡線

図 3.1 に示すように，流れ場に固定した座標 (x,y,z) を考える．流体がある瞬間に空間中において流れる線を**流線** (stream line) という．流線の接線方向が流速ベクトルである．流れが時間的に変化しない流れを**定常流** (steady flow) といい，変化する流れを**非定常流** (unsteady flow) という．非定常流は座標 (x,y,z) および時間 t の関数であり，最も一般的であるが，それだけに難しく，現在でも世界の第一線で盛んに研究されている．

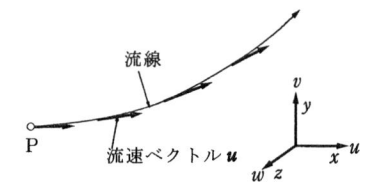

図 3.1 流線と流速ベクトル u

例題 3.1 定常流と非定常流の簡単な例を示せ．

[**解**] 図 3.1 に示すように，定常流のある点 P から微小なトレーサ（浮きやアルミ粉末など）を流し，この軌跡を追っていく．これは，トレーサの残した軌跡であるから，**流跡線** (path line) という．定常流では流れ場が時間的に変化しないから，流線は流跡線と一致する．一方，非定常流ではトレーサの跡は時間的にも変化するから，流跡線は流線と一致しない．

● コーヒーブレイク 3.1　流線，流跡線のほかに，**痕跡線**（streak line）が定義される場合がある．痕跡線は，ある一点 P より，染料を連続的に流し続けてできた線をいう．定常流では流線，流跡線，痕跡線はともに一致する．これに対し，非定常流では三者は一般に一致しない．なお，トレーサなどを水中に流して，流れの様子を観測する方法を**流れの可視化**（flow visualization）という．最近では，CCD カメラを用い，コンピュータ支援の可視化・画像解析（PIV という）が最先端の実験水理学・流体力学実験である．

3.3　オイラー的観測とラグランジュ的観測

　流体中に座標軸を固定して，流体の運動を観測する方法を**オイラー**（Euler）**的観測**という．一方，流体粒子の運動を追跡して観測する方法を**ラグランジュ**（Lagrange）**的観測**という．質点系力学では質点の運動を時間の関数としてその軌跡を求めるから，ラグランジュ的観測である．流体は時間とともに変形するから，この軌跡を求めることは一般に困難であり，オイラー的観測を行う場合が大半である．この場合，空間のある断面を考え，この断面を通過する水理量の変化を解析する．流体を検査する意味から，この断面を**検査面**（test section）といい，検査面間に挟まれた流管（次節参照）の体積を**コントロールボリューム**（control volume）という．前者はうまい訳語があるが後者にはなく，そのままカタカナで書くのが慣習である．

3.4　連　続　式

　入門として当面，定常流を考える．このとき，流線によって囲まれた曲面を**流管**（stream tube）という．したがって，図 3.2 に示すように，流管の壁を横切る流体は存在しない．この壁が流線によって構成されているからである．

　このとき，検査面 I（断面積を A_1 とする）と検査面 II（断面積を A_2 とする）で，**質量保存則**を考えてみる．このとき，検査面 I を流れる質量 $\rho_1 Q_1$ と検査面 II を流れる質量 $\rho_2 Q_2$ とは等しい．これは，流管の壁から漏れる質量がゼロであるから，「当たり前」かもしれない．式で書くと，

$$\rho_1 Q_1 = \rho_2 Q_2 = \text{const.} \quad (3.1)$$

　流体が非圧縮性であれば $\rho = \rho_1 = \rho_2 =$ 一定であるから，

$$\therefore \quad Q \equiv Q_1 = Q_2 = \text{const.} \quad (3.2)$$

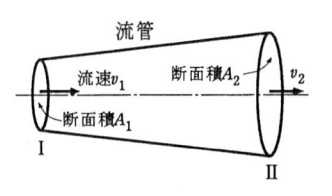

図 3.2　流管と断面平均流速

すなわち，流量 Q は一定（constant であり，式中では const. と略記する）となる．これを流れの**連続式**（continuity equation）という．

さて，流量 Q は，**流水横断面積** A と**断面平均流速** v（一次元水理解析では，単に「流速（velocity）」と略記してもよい）との積で定義されるから次式が得られる．

$$Q \equiv A_1 \cdot v_1 = A_2 \cdot v_2 = \text{const.} \tag{3.3}$$

式（3.3）が連続式である．$v_2 = (A_1/A_2) \cdot v_1$ であるから，断面積 A_2 が A_1 より大きければ，流速 v_2 は v_1 より小さくなる．連続式（3.3）で重要な点は，これが粘性には無関係に成立することである．すなわち，流体が「完全流体」でも「実在流体」でも連続式はともに成り立つ．

例題 3.2 水道栓にゴムホースをつけて草木に水やりを行っている場合を考えよう．水を遠くの草木に散水するには，どうしたらよいか．

[解] 手元のゴムホース端を手で絞ればよい．その理由は，ホースの断面積が小さくなり，連続式から流速がより大きくなり，水がより遠くまで散水されるからである．この「水やりの手順」は日常無意識にやっていることであるが，連続式の好例である．

このように，連続式（3.3）は「当たり前」と思う諸君が多いだろう．しかし，この連続式が明記されたのは，そんなに大昔ではなく，ルネッサンス時代のレオナルド・ダ・ヴィンチ（1452-1519）以降である．彼の本職は河川技術者であり，

●**コーヒーブレイク 3.2** レオナルド・ダ・ヴィンチ（Leonardo da Vinci）は斜塔で有名なイタリアのピサ近郊のヴィンチ村で生まれ，絵画・芸術に優れた人物というのが一般的評価であるが，実は彼は優秀な河川技術者でもあった．フィレンチェやピサを流れるアルノ川の河川改修を行った技術者であることはあまり知られていない．この方がむしろ本業であり，余暇としてモナリザなどの名画を残したと著者には思える．彼は科学に万能であったことは確かである．ダ・ヴィンチの河川技術は当時最高で，彼は晩年にフランスのフランソワ1世に招聘されて，ロアール川（パリから 100 km 程度離れた，現在，古城めぐりの名所）やソーヌ川の河川改修また運河の設計に当たり，そしてこの地で没した．彼は中世の神学から解き放され，実験科学を重視し，鋭い観察で科学を直視した．『水の運動と測定』という遺稿を残し，開水路流れや水の運動すなわち水理学に初めて科学のメスを入れたのである．この意味で，著者はダ・ヴィンチを「水理学の父」とよびたい．なお，ダ・ヴィンチは私生児であり，両親をにくんでいたといわれる．このためか，彼は生涯独身であり，弟子も作らなかった．「水理学」も彼一代で終わったのである．

連続式を流れの実験から導いたのである．

3.5 フラックス

検査面を垂直に単位面積あたりおよび単位時間あたりに通過する任意の水理量を ϕ（ファイとよむ）とすれば**フラックス**（flux）は $\phi \times u$ で表わせる．ここで，u は局所流速である．水理学では，検査面 A で面積積分した量をマクロなフラックスまたは簡単にフラックスとよぶ．すなわち，

$$\Phi \equiv \iint_A \phi \times u \, dA \tag{3.4}$$

ϕ が密度 ρ のとき，Φ を**質量フラックス**という．同様に，$\phi = \rho u$ のとき，**運動量フラックス**，$\phi = u^2/2$ のとき，**エネルギーフラックス**という．$\rho =$ 一定のとき，式 (3.3) と式 (3.4) から，

$$\rho Q = \rho v \times A = \iint_A \rho \times u \, dA \quad (\text{質量フラックス}) \tag{3.5}$$

$$\therefore \quad v = \frac{1}{A} \iint_A u \, dA \quad (v \text{ は断面平均流速}) \tag{3.6}$$

式 (3.6) が，**局所流速** $u(x, y, z)$ と**断面平均流速** $v(x)$ との重要な関係式である．

●まとめ

一次元水理解析法で最も重要な基本式は，**流れの連続式**である．これは，物質保存則から「当たり前」の式であるが，これが明示されたのは，何と16世紀初頭のダ・ヴィンチ以降のことであった．**フラックス**も重要な用語であり，定義式を確実にマスターしてほしい．

■演習問題

3.1 河川の水流の様子を橋の上から観測すれば，これがオイラー的観測になる．では，ラグランジュ的観測をするにはどうすればよいか．

3.2 物質不滅の法則より質量フラックスは保存される．このとき，どのような条件で連続式が成立するのかを示せ．

3.3 図3.3に示す拡大管に初期流速 v_1 で流れが流入するとき，拡大管の中の流速を $v(x)$ 求めよ．

3.4 一辺の長さ D の正方形断面の水槽の底に直径 d の円管を取り付けて排水する．円管出口の流速が v であるとき水槽水面の降下速度 V はいくらか．

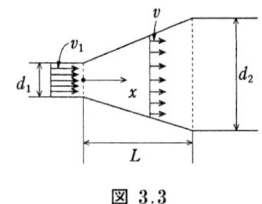

図 3.3

4
流体のエネルギー保存則
ベルヌーイの定理

4.1 完全流体のベルヌーイの定理

図 4.1 に示すように，ある流管の断面 I と断面 II を考える．流管内の一つの流線 $\overline{O_1O_2}$ 上の**力学エネルギー**の総和は保存される．力学エネルギーには，**運動エネルギー**，**位置エネルギー**および**圧力エネルギー**があり，この総和が保存される．エネルギーの単位を長さの次元 [L] で表すには，エネルギーを ρg で割ればよい．この長さ次元に変換したエネルギーを**水頭** (head) という．すなわち，エネルギーの保存則は，次式で与えられる．

$$H \equiv \frac{v^2}{2g} + z + \frac{p}{\rho g} = \text{const.} \tag{4.1}$$

式 (4.1) を**ベルヌーイの定理**という．$v^2/(2g)$ を**速度水頭**，z を**位置水頭**，$p/(\rho g)$ を**圧力水頭**とよび，これらの総和 H を**全水頭** (total head) という．ベルヌーイの定理は，「ある流線に沿って全水頭は一定である」といえる．しかも，完全流体では，どの流線でも全水頭 H は同一である．したがって，流速として，断面平均流速 v を用いればよい．検査面 I と II の水理量を添字 1, 2 を付けて区別すれば，1 つの流線に沿って，

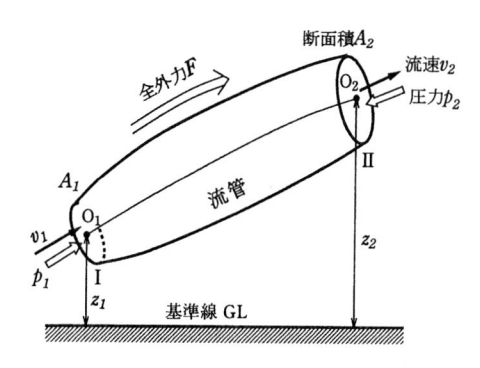

図 4.1 流管に作用する水理量

$$H \equiv \frac{v_1^2}{2g} + z_1 + \frac{p_1}{\rho g} = \frac{v_2^2}{2g} + z_2 + \frac{p_2}{\rho g} = \text{const.} \quad (全水頭) \qquad (4.2)$$

となる．多くの問題では，連続式 (3.3) とベルヌーイの式 (4.2) を連立させれば，流速および圧力を容易に解くことができる．具体的な例題は，次節で述べる．

流体のエネルギー保存則を最初に指摘したのは，ダニエル・ベルヌーイ (Daniel Bernoulli; 1700-1782) であり，彼の鋭い観測眼から導いたものと思われる．しかし，当時は「圧力というの概念」が難しく，式 (4.2) の第 3 項の「圧力水頭」は必ずしも明確にされなかったようである．この圧力水頭を明確にし，式 (4.2) のベルヌーイの定理を証明したのは，実はオイラー (Euler; 1707-1783) であった．ダニエルとオイラーは，無二の親友で，両者は完全流体の力学を誕生させたのである．流体力学の支配方程式は，第 II 編で述べるように，**ナヴィエ・ストークス (N-S) の方程式**であり，この N-S 方程式から誘導される一般化されたエネルギー式より約 1 世紀も前に式 (4.2) をダニエルは発見した．このため，彼の偉業をとって，式 (4.2) を**ベルヌーイの定理** (Bernoulli theorem) とよぶ．

> ●コーヒーブレイク 4.1　音楽のバッハの家系は音楽家が多く，有名である．ベルヌーイの家系は，数学者・水理学者で有名である．たとえば，ベルヌーイの微分方程式やベルヌーイの数などがあるが，誰の業績かはファーストネーム（苗字ではなく，名前）を挙げないと誤解を招く．式 (4.2) のベルヌーイの定理は，ダニエル (Daniel; 1700-1782) によって提唱された定理である．彼の父ヨハン (Johann Bernoulli; 1667-1748) も水理学を研究した．父ヨハンと息子ダニエルの研究における確執は激しかったようである．ダニエルが名著 "Hydrodynamica"（当時書籍はラテン語で書かれた）を 1738 年に出版すると，父ヨハンは 1742 年に "Hydraulica" を負けまいと出版したが，なんと出版年を「1732 年」と偽って印刷させ，自分の優位性を示そうとしたのである．なお，ダ・ヴィンチと同様にダニエルも独身をとおし，名門ベルヌーイの家系は彼で絶えたのである．

4.2　質点系力学と流体力学におけるエネルギー保存則の比較

質点系力学は高校時代から学び，得意の諸君も多かろう．摩擦のない質点系力学では，エネルギー保存則は，

$$E \equiv \frac{1}{2} mv^2 + mgh = \text{const.} \qquad (4.3)$$

であり，すなわち運動エネルギー $mv^2/2$ と位置エネルギー mgh の和は一定である．いま，エネルギーの次元を長さ次元に変換するためには，式 (4.3) を mg で割ればよい．

$$\therefore \quad H \equiv \frac{E}{mg} = \frac{v^2}{2g} + h = \text{const.} \tag{4.4}$$

したがって，**質点系の位置エネルギー**は，流体の位置エネルギーと圧力エネルギーの和に対応している．すなわち，形式的に

$$h = z + \frac{p}{\rho g} \tag{4.5}$$

このように，位置水頭 z と圧力水頭 $p/(\rho g)$ の和 h を**ピエゾ水頭**という．このとき，ベルヌーイの定理は，「速度水頭とピエゾ水頭との和 H が空間のどこでも一定である」と換言できる．そして，この定理は，式 (4.4) の質点系力学のものと酷似している．

● コーヒーブレイク 4.2　ピエゾ (piezo) とは，一種の圧力を表す用語．圧力は「pressure」であるが，位置水頭を含めるとピエゾ水頭となる．後述するように，圧力と重力（位置水頭の原因）とはペアで現れるから，この和を広義の「圧力」とすることもある．ピエゾ水頭は，この「広義の圧力水頭」と考えればよい．空気の重さが無視できる空気力学（流体力学の一分野）では，ピエゾ水頭と圧力水頭はほぼ等しい．

ここで特に強調したいことは，質点系力学でも流体力学でも，**摩擦がないこと**が本質的である．流体力学では，1.6 節で学んだように，摩擦のない流体を**完全流体**といい，現実には存在しない流体であるが，水理学・流体力学の基礎を学ぶには不可欠である．質点系力学でも，現実には摩擦は存在するが，その基礎を学ぶ入門では摩擦を無視する場合が多い．

● コーヒーブレイク 4.3　ガリレオが発見した振り子の等時性は，厳密には正しくない．空気中で振り子を振らせると，振幅は徐々に減少し，やがて静止する．これは，空気と振り子の運動間に摩擦が働くからである．より詳細は，コーヒーブレイク 7.5 を参照のこと．

4.3　ベルヌーイの定理の応用—水理学のおもしろさ・発見—

4.3.1　トリチェリーの原理

例題 4.1　図 4.2 に示すように，直径 D の大きなタンクに水が h まで貯留されている．いま，タンクに細管（直径 d，$D \gg d$）を水平に取りつけ，水を流した．このとき，細管から流出する速度と流量を求めよ．また，細管の

途中に垂直に立てたガラス管 A の水位 h_A を求めよ．

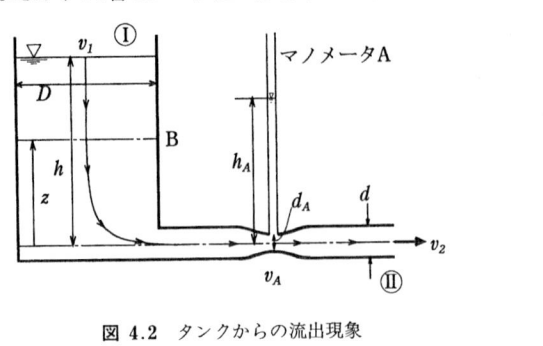

図 4.2 タンクからの流出現象

[解] いま，タンクの水面を検査面 I，細管の流出口を検査面 II とする．検査面 I の流速を v_1，検査面 II の流速を v_2 とすれば，流れの連続式は，式 (3.3) より，

$$Q = \frac{\pi D^2}{4} \times v_1 = \frac{\pi d^2}{4} \times v_2 \tag{4.6}$$

ベルヌーイの定理は，図に示したように，水面から流出口に至る一つの流線上でエネルギーが保存され，すなわち全水頭がどこでも等しい．したがって，検査面 I と II で全水頭を表せば，以下となる．

$$全水頭\ H = \frac{v_1^2}{2g} + h + \frac{p_1}{\rho g} = \frac{v_2^2}{2g} + 0 + \frac{p_2}{\rho g} \tag{4.7}$$

検査面 I，II における圧力 p_1，p_2 は大気圧であるから，それぞれゼロである．
したがって，式 (4.6) と式 (4.7) より，流出流速 v_2 と流量 Q は，次式となる．

$$\therefore\ v_2 = \sqrt{\frac{2gh}{1-(d/D)^4}} \tag{4.8}$$

$$\therefore\ Q = \frac{\pi d^2}{4}\sqrt{\frac{2gh}{1-(d/D)^4}} \tag{4.9}$$

いま，細管の直径 d は，タンクの直径 D に比べて十分に小さければ，式 (4.8) の分母を 1 と近似してよい．すなわち，以下のようになる．

$$\therefore\ v_2 = \sqrt{2gh} \tag{4.10}$$

このように，「流出速度 v は，水位 h の平方根に比例する」．この関係を**トリチェリー**（Torricelli；1608-1647）**の原理**という．彼は，ダ・ヴィンチ（1452-1519）流の観察を重視するルネッサンス時代の科学者の一人であり（ガリレオの弟子），中世の「流出速度は水深に直比例する」という誤りを正したのである．なお，トリチェリーの時代には，ニュートン（1642-1727）の法則は生まれておらず，式 (4.10) の比例定数 $\sqrt{2g}$ は求められなかった．流出速度を正確に計測できれば，重力加速度 g の概数を求めることができる．

次に，A細管のピエゾ水頭（圧力水頭と位置水頭の和）を h_A，A細管の付け根の流速を v_A（図4.2）として，検査面Aと検査面IIとでベルヌーイの定理を用いれば，次式が得られる．

$$\frac{v_A^2}{2g} + h_A = \frac{v_2^2}{2g} + 0 \tag{4.11}$$

Aの付け根の水平管の直径を d_A とすれば，検査面IIと検査面Aに関する連続式より次式が得られる．

$$v_A = \left(\frac{d}{d_A}\right)^2 v_2 \tag{4.12}$$

式 (4.8)，(4.11)，(4.12) より，

$$\therefore h_A = \frac{1-(d/d_A)^4}{1-(d/D)^4} \times h \cong \{1-(d/d_A)^4\} \times h \tag{4.13}$$

式 (4.13) は**非常に重要な式**である．すなわち，以下の関係式が得られる．

$$\left.\begin{array}{l} d_A > d \text{ のとき，} \quad 0 < h_A < h \\ d_A = d \text{ のとき，} \quad h_A = 0 \\ d_A < d \text{ のとき，} \quad h_A < 0 \quad (\text{負圧という}) \end{array}\right\} \tag{4.14}$$

直径 d_A を水平管 d より大きく取れば，ピエゾ水頭 h_A は，タンクの水位 h より小さくなる．つまり，A管の付け根に穴をあければ，当然，水は噴き出す．d_A が d と同一ならば，Aのピエゾ水頭はゼロとなり，水はちょうど噴き出すのをやめる．一方，d_A を d より小さくとれば，ピエゾ水頭 h_A は負圧となる．すなわち，A管の付け根に穴をあければ，空気が吸い込まれる．

●**コーヒーブレイク4.4** 図4.2のようにピエゾ水頭を測るガラス製の細管を「マノメータ」とよぶ．マノメータの内部では，大気圧に接し，流体が静止しているから，ピエゾ水頭が計測できるのである．この改良版として傾斜マノメータ（図2.24）がある．

例題4.2 図4.2では，$D \gg d$ と仮定し，タンクの水位はほぼ静止していると考えたが，長時間たてば，タンクの水は流失してなくなる．このように，水位が h よりゼロになるまでの時間 T を求めよ．

[解] タンクの水面の速度 v_1 が無視できない好例である．いま，基準線から鉛直上方を z 軸にとれば（図4.2を参照），任意の水面位置Bでの速度は，定義式より

$$\frac{dz}{dt} = -v_1 \tag{4.15}$$

連続式 (4.6) と式 (4.8) より，

$$v_1 = \left(\frac{d}{D}\right)^2 \times v_2 = \sqrt{\frac{2gz}{(D/d)^4 - 1}} \tag{4.16}$$

式 (4.15) を使うと，

$$\frac{dz}{dt} = -\sqrt{\frac{2gz}{(D/d)^4 - 1}} \tag{4.17}$$

初期条件は，$t=0$ で $z=h$ であるから，式 (4.17) を積分すれば，

$$2(\sqrt{h} - \sqrt{z}) = \sqrt{\frac{2g}{(D/d)^4 - 1}} \times t \tag{4.18}$$

$t=T$ で $z=0$ を代入すれば，

$$\therefore \quad T = \sqrt{\frac{2h}{g}\left\{\left(\frac{D}{d}\right)^4 - 1\right\}} \cong \left(\frac{D}{d}\right)^2 \times \sqrt{\frac{2h}{g}} \tag{4.19}$$

したがって，$D \gg d$ ならば，タンクが空となる時間 T は，細管の直径 d の 2 乗に反比例して非常に長くなる．

4.3.2 霧吹きの原理

「速度水頭とピエゾ水頭の和が一定である」というベルヌーイの定理は，日常の生活で発見するちょっと不思議な現象をみごとに解決してくれる．

例題 4.3 図 4.3 のような直径が異なる異径管が水平に置かれている．いま，断面 I に速度 v_1，圧力 p_1（密度 ρ_1）で空気を送ったとき，断面 III から管の下に置かれたボトルの水（密度 ρ_2）をちょうど吸い上げるには，断面 III の管径をいくらにすればよいか．

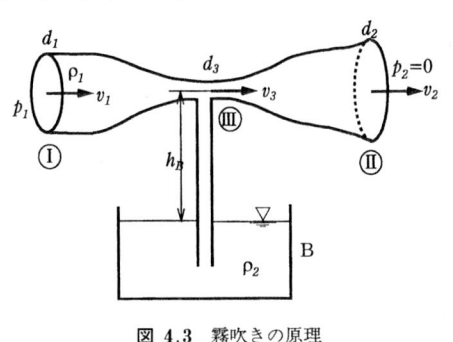

図 4.3 霧吹きの原理

[解] 断面 I と断面 II と断面 III の水理量に添字 1，2 および 3 をそれぞれ付ければ，連続式は，

$$d_1^2 v_1 = d_2^2 v_2 = d_3^2 v_3 \tag{4.20}$$

I 断面，II 断面および III 断面にベルヌーイの定理を適用すれば，

$$\frac{v_1^2}{2g} + 0 + \frac{p_1}{\rho_1 g} = \frac{v_2^2}{2g} + 0 + 0 = \frac{v_3^2}{2g} + 0 + \frac{p_3}{\rho_1 g} \tag{4.21}$$

ボトル B から III 断面までの高さを h_B とすれば，この間では流体の密度は ρ_2 であるから，ベルヌーイの定理を適用して，

$$0 + 0 + \frac{p_3}{\rho_2 g} = 0 + (-h_B) + 0 \tag{4.22}$$

以上を整理すると，次式が得られる．

$$\therefore \quad \frac{d_3}{d_2} = \frac{1}{\left\{1 + \frac{2g}{v_2^2}\left(\frac{\rho_2}{\rho_1}\right) \times h_B\right\}^{1/4}} \tag{4.23}$$

式 (4.23) の分母は 1 より大きいから $d_3 < d_2$ であって，管を絞らなければならない．ピエゾ水頭 h_B が大きいほど，また，密度比 ρ_2/ρ_1（水/空気比は，約 8.3×10^2）が大きいほど d_3/d_2 は小さくなるから，III 断面をより絞らなければ，水は III 断面まで上がってこない．一方，速度 v_2 が大きければ，III 断面の絞りも小さくて済む．

このように，断面を絞ることによって負圧を生じさせ，水を吸引させるものとして，霧吹きがある．絞りが小さい場合は，風速 v_2 を大きくしなければならない．この**霧吹きの原理**は，日常生活でよく見かける．たとえば，歯科医院に行き，歯の治療中に唾液を吸引する器具がある．これは，水道管を絞って負圧を生じさせ，唾液を吸引するのである．また，化学実験で，吸引器としてガラス管を絞り，水道の速度を適宜調整すれば，最適な吸引力が得られる．

●コーヒーブレイク4.5　ベルヌーイの定理で密度 ρ が入ってくる項は，圧力水頭項である．したがって，上記のように密度 ρ が異なる現象には，ベルヌーイの定理の基本式に戻って正確に定式化しなければならない．たとえば，演習問題4.10をぜひ行ってほしい．

4.3.3 圧力分布の不思議さ

前節のように，水理学では圧力がきわめて重要な役割を演じる．すなわち，流水断面を絞っていくと速度水頭が増加し，その結果，圧力は負圧になり奇妙な挙動を演じる．水理学で**負圧**というのは大気圧（1気圧，1013 hPa）を基準とした**相対圧**であり，真空をゼロとおく圧力は**絶対圧**で，気象学などで用いられる．

例題4.4　図4.4に示すように，タンク（直径 D）の底面に長さ h_2 の細管（直径 d，$D \gg d$）をつけて水を排出する場合を考えよう．タンクの水深が h_1 のとき，この細管からの排出速度とタンクおよび細管にかかる圧力分布を求め，図示せよ．

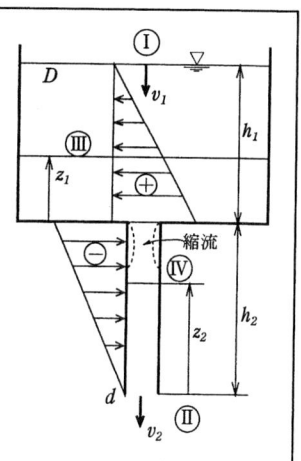

図 4.4　タンクと細管に働く圧力分布

[**解**] いま，検査面をタンクの水面Iと排出口IIにとり，水理諸量を添字 1, 2 で区別すれば，連続式は式 (4.6) と同一である．ベルヌーイの定理をI, II検査面でたてれば，

$$全水頭 H = \frac{v_1^2}{2g} + (h_1 + h_2) + \frac{p_1}{\rho g} = \frac{v_2^2}{2g} + 0 + \frac{p_2}{\rho g} \tag{4.24}$$

検査面I, IIは大気圧に接するから，$p_1 = p_2 = 0$ である．よって，式 (4.6) と式 (4.24) より，

$$\therefore v_2 = \sqrt{\frac{2g(h_1+h_2)}{1-(d/D)^4}} \cong \sqrt{2g(h_1+h_2)} \qquad (4.25)$$

式 (4.25) もトリチェリーの原理である．

次に，圧力分布を求めよう．まず，タンクの底面から鉛直上向きを z_1 座標にとれば，検査面 I と III の連続式より，流水断面が変化しないから流速 v_1 は一定である．そこで，ベルヌーイの定理から，

$$\frac{v_1{}^2}{2g}+0+h_1=\frac{v_1{}^2}{2g}+\frac{p}{\rho g}+z_1 \qquad (4.26)$$

$$\therefore p=\rho g(h_1-z_1) \qquad (4.27)$$

式 (4.27) はまさしく式 (2.7) と一致し，タンク内の圧力は静水圧分布することがわかる．同様に，細管の出口から鉛直上向きを z_2 として，II と IV 断面にベルヌーイの定理を適用すれば，

$$\frac{v_2{}^2}{2g}+0+0=\frac{v_2{}^2}{2g}+\frac{p}{\rho g}+z_2 \qquad (4.28)$$

$$\therefore p=-\rho g z_2 \qquad (4.29)$$

すなわち，圧力は細管中では負圧となり，高さ z_2 に比例して負圧は大きくなる．これも静水圧分布になっている．式 (4.27)，(4.29) で特に興味ある点は，タンクの底面と細管の入口で，圧力が激変することである．すなわち，タンクの底面では，式 (4.27) より，

$$p^+ = \rho g h_1 > 0 \qquad (4.30)$$

一方，細管の付け根では，式 (4.29) より

$$p^- = -\rho g h_2 < 0 \qquad (4.31)$$

このように，タンクの底面から管路に少しでも入ると，式 (4.31) の負圧となる．実際に，タンクの底面に穴をあけると水が噴き出る．では，管の付け根に穴をあけると，どうなるか？ 答は，水が噴き出るどころか逆に空気が吸い込まれるのである．したがって，管の高さ h_2 が 10 m 近くになれば，管の付け根の圧力は絶対圧でゼロ近くになり，「真空になる」という計算となる（例題 1.3）．水中に空気が溶け込んでおれば，h_2 が約 8 m の負圧でも微細な気泡が発生する．すなわち，気泡発生の負圧を**極限負圧水頭**といい，約 -8 m である（演習問題 12.20 参照）．このように，水圧が極限負圧となり，微細な気泡ができる現象を**キャビテーション** (cavitation) という．こうなると，キャビテーションによって水の流水断面が小さくなり，速度水頭はかえって大きくなる．すると，負圧はますます増加する．しかし，気泡が流下すると圧力が上がるから，気泡は破裂音を発しながら潰れて再び水中に溶け込む．以上の結果は完全流体に関するものだが，実在流体では管の付け根で圧力は滑らかに接続する．また，タンクから管路に流線が入り込むと図 4.4 の破線のように縮流して（**ベナコントラクタ**という），管壁から流れが剥離し，キャビテーションが起きやすくなる．

●**コーヒーブレイク4.6** キャビテーションは恐ろしい現象である．速度が非常に大きくなると，ベルヌーイの定理より負圧が生じ，キャビテーションが発生する．気泡（キャビティ）が流下して圧力が増加すると，ものすごい破裂音を出しながら水中に消える．この破裂音は大きなエネルギーをもっており，周囲の壁面をボロボロにさせる．たとえば，巨大ダムの下部にあるパイプから水を放流させると，キャビテーションが生じ，パイプがボロボロに破損することがある．水力発電機のプロペラが破損する事故もある．また，船のスクリューの回転速度が大きいと，キャビテーションが発生し，スクリュー自体が破損する場合がある．相手の原子力潜水艦の位置を発見するには，スクリューのキャビテーションの破裂音から探知するといわれ，軍事機密である．このため，キャビテーションが発生しないように水理構造物や流体機器を設計しなければならない．冷戦期の米ソ間の原子力潜水艦探知技術はものすごく，どんな小さなキャビテーションも軍事機密になっていたといわれている．

4.3.4 流速測定器―ピトー管―

例題4.5 図4.5に示すように，ある速度 v で流れているパイプの中に，先端が開いたL型細管Aを z の高さに置いたとき，そのピエゾ水頭が h_A となった．一方，同じ高さ z に，先端が閉じていて流れに平行な細管部の途中に微細な孔（**静圧孔**という）が開いているL型細管Bを置いたとき，そのピエゾ水頭が h_B となった．このときの高さ z における速度 v を求めよ．

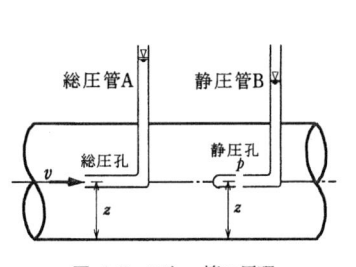

図4.5 ピトー管の原理

[解] A管が計測する全水頭は，細管の上端の流体が静止で，しかも大気に接しているからちょうど h_A である．すなわち，ベルヌーイの定理より，

$$h_A = \frac{v^2}{2g} + z + \frac{p}{\rho g} \tag{4.32}$$

一方，B管では静圧孔向きの速度成分はゼロであるから，

$$h_B = z + \frac{p}{\rho g} \tag{4.33}$$

式 (4.32) と式 (4.33) から，

$$\therefore \quad v = \sqrt{2g(h_A - h_B)} \tag{4.34}$$

このようにして，速度は計測できる．A管を，全水頭を計測する意味から**総圧管**とよぶ．B管は，流速成分がゼロを示すとの意味から**静圧管**とよぶ．式 (4.34) から，総圧から静圧を引いた圧力が流速であるから，これを**動圧**という．

A管とB管を別々に計測するのは繁雑なので，1本の細管（細管の内部で総圧管と静圧管とに分かれている）にまとめたものを**ピトー管**（Pitot tube）という．これは，フランスのピトー（Pitot）が1732年にピトー管を発明し，流速を初めて計測したことにちなんだ命名である．

●コーヒーブレイク4.7　ピトーは「まっすぐな管を90°に曲げて流れの来る向きに立てれば，ピエゾメータは速度水頭値だけ大きくなるだろう」と頭にひらめきがおき，我を忘れて小川に行き，この実験をしたと伝えられている．これが，世界最初の流速計であった．

現在でも，空気流の計測にはピトー管がよく用いられる．たとえば，飛行機の速度は，ピトー管を機体に取り付けて容易に機中から計測される．フライト中に飛行機の速度がスクリーンに映されているのを知っている方も多いであろう．あれは，式 (4.34) によるピトー管の値である．

一方，水流計測には，細管中の水の粘性が効きすぎて，計測が空気流に比べてかなり困難である．**レーザ流速計**などの最先端計測機器（コーヒーブレイク9.10）が得られる昨今では，あまり用いられなくなった．

●コーヒーブレイク4.8　先述したようにピエゾ水頭を測るガラス管をマノメータという．速度は総圧管と静圧管のマノメータの差（これを「差圧 Δh」という）から式 (4.34) を使って計算できる．たとえば，差圧 Δh が10mmのときは，式 (4.34) に代入して $v=44.3$ cm/sとなる．しかし，速度が小さいときは，差圧に相対的に大きな誤差が生じやすい．このため，マノメータを傾斜して（傾斜角度 θ とする）差圧表示を拡大することが多い．このとき，差圧は $\Delta h/\sin\theta$ となる．また，差圧計という便利な機器もある（図2.24）．

4.3.5　流量測定器—ベンチュリー管—

ピトー管は，ある点での流速を計測できる（これを**流速の点計測**という）．したがって，流水断面Aに関して点計測し，流速分布を求め，それを積分すれば流量が算定される．式 (3.6) を参照してほしい．流速の点計測は研究面では大切であるが，点計測に時間がかかり実用的でない．では，流量 Q はいかにして求められるのか？

例題4.6　図4.6に示すように，管路（断面積 A_1）の一部（II地点，断面積 A_2）を流線が剥離しないように滑らかに絞ると，I断面およびII断面のピエゾ水頭がそれぞれ h_1, h_2 となった．このとき，管路を流れている流量 Q を求めよ．

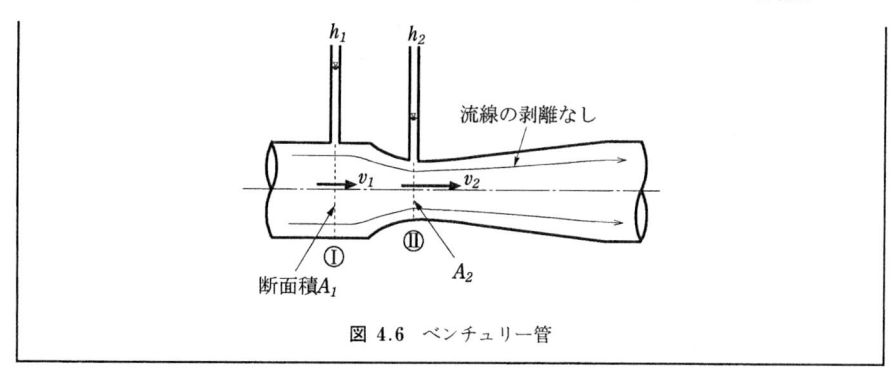

図 4.6 ベンチュリー管

[解] 連続式は，
$$Q = A_1 v_1 = A_2 v_2 \tag{4.35}$$

ベルヌーイの定理より
$$H = \frac{v_1^2}{2g} + h_1 = \frac{v_2^2}{2g} + h_2 \tag{4.36}$$

式 (4.35) と式 (4.36) より，
$$v_1 = \frac{\alpha}{\sqrt{1-\alpha^2}} \sqrt{2g(h_1 - h_2)} \tag{4.37}$$

$$\therefore \quad Q = A_1 v_1 = \frac{\alpha}{\sqrt{1-\alpha^2}} \times A_1 \sqrt{2g(h_1 - h_2)} \tag{4.38}$$

ここで，$\alpha = A_2/A_1 (<1)$ は，管路の絞り比である．

差圧 $\Delta h \equiv (h_1 - h_2)$ の平方根で流量が決まる．絞り比 α の値が小さくなれば，同じ流量でも差圧は大きくなる．換言すれば，管路を大きく絞れば，差圧は拡大し，計測精度はよくなる．しかし，絞りすぎると流れが剥離しやすくなり，エネルギー損失を無視できなくなる．すなわち，式 (4.36) が成立しなくなるから注意が必要である．図 4.6 のように管を滑らかに絞って流量を計測する管を**ベンチュリー管**という．これは，ベンチュリー (Venturi；1746-1822) が「管を絞ることによってピエゾ水頭が降下する現象」を発見したことにちなんで命名された．

●コーヒーブレイク4.9　ベンチュリー管のマノメータの開放口どうしを連結すれば，差圧マノメータとなり，液柱の値を直読すれば，式 (4.38) より流量が直ちにわかる．デジタル差圧計（ひずみゲージなどを応用する）を用いれば，式 (4.38) を使って，流量 Q がデジタル表示される．化学プラントなどでよく用いられている（図 4.11）．同様な原理で，オリフィスでも流量が計測できる（図 4.14）．

4.4　実在流体のエネルギー保存則

これまでの議論は，粘性が無視される完全流体に対する**エネルギー保存則**であ

った．では，粘性が無視できない**実在流体**（real fluid）のエネルギー保存則はどのようになるのか．粘性があると，力学エネルギー（運動エネルギー，位置エネルギーおよび圧力エネルギーをいう）は熱エネルギーに変換されて逸散される．第II編で詳述するように，流体力学では単位時間，単位体積あたりの**エネルギー逸散率**（energy dissipation）ε を N-S 方程式からミクロに**理論的に**導くが，水理学ではマクロにとらえて，**エネルギー損失水頭**を**経験的**に導入する．すなわち，図 4.1 の検査面 I から検査面 II まで流れると，水頭は損失する．この**損失水頭**（loss head）を h_L と定義すれば，エネルギー保存則は次式で与えられる．

$$\frac{v_1^2}{2g}+z_1+\frac{p_1}{\rho g}=\frac{v_2^2}{2g}+z_2+\frac{p_2}{\rho g}+h_L \tag{4.39}$$

全水頭 H_total は，

$$H_\text{total}\equiv\frac{v^2}{2g}+z+\frac{p}{\rho g}+h_L=\text{const.} \tag{4.40}$$

となる．式 (4.39) は，流体の運動方程式すなわち N-S 方程式から理論的に誘導できる（10.5 節）．

例題 4.7 図 4.1 の流管に関して，検査面 I と検査面 II で成り立つ実在流体のエネルギー保存則の内訳を模式図に描け．

[解] 図 4.7 に示すように，検査面 I での全水頭は，

$$H_1\equiv\frac{v_1^2}{2g}+z_1+\frac{p_1}{\rho g} \tag{4.41}$$

である．一方，x だけ下流の検査面 II ではエネルギーの損失があるから，ここでの全水頭は以下となる．

$$H_\text{total}\equiv H_2+h_L \tag{4.42}$$

ここで，

$$H_2\equiv\frac{v_2^2}{2g}+z_2+\frac{p_2}{\rho g} \tag{4.43}$$

すなわち，x だけ流下すると，力学エネルギーが熱エネルギーに逸散され，損失水頭 h_L だけエネルギーを失うのである．実在流体に適用できる拡張されたベルヌーイの定理は，

$$H_\text{total}\equiv H_1=H_2+h_L=\text{const.} \tag{4.44}$$

となる．以上のことから，エネルギー保存則の内訳は図 4.7 に示すとおりである．

ここで最も重要な点は，損失水頭 h_L が

$$h_L=0 \quad（完全流体のとき） \tag{4.45}$$

$$h_L>0 \quad（実在流体のとき） \tag{4.46}$$

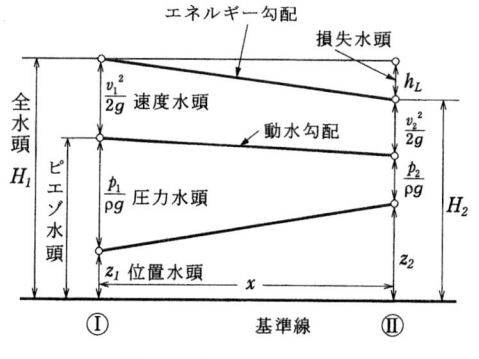

図 4.7 各水頭間の関係図

と表されることである．式 (4.44) に示すように，下流のエネルギーの損失を損失水頭 h_L の形で全水頭に単に加算するだけでよいのはエネルギーがスカラーであるためであり，次章の運動量保存則と比べて簡単明瞭である．

したがって，問題になる点は，いかにして損失水頭 h_L を評価するかである．水理学の醍醐味は，**この損失水頭 h_L の評価法を合理的に確立すること**にあり，**実学**としての水理学が流体力学より簡単明瞭になり，その威力を発揮する点にある．このように，現場でもすぐに使える水理学に関しては，第Ⅲ編の「水理学の実用化」で詳述しよう．

さらにつけ加えると，図 4.7 に関して，**ピエゾ水頭** h_p は，

$$h_p \equiv z + \frac{p}{\rho g} \tag{4.47}$$

で定義される．流下距離 x に対するピエゾ水頭 h_p の勾配 I_h を**動水勾配** (hydraulic gradient) という．また，ピエゾ水頭に速度水頭を加算したものがベルヌーイの定理での全水頭 H であり，流下距離 x に対する全水頭 H の勾配 I_e を**エネルギー勾配** (energy gradient) という．すなわち，以下のように定義される．

$$I_h \equiv -\frac{dh_p}{dx} \quad (動水勾配) \tag{4.48}$$

$$I_e \equiv -\frac{dH}{dx} = \frac{dh_L}{dx} \geq 0 \quad (エネルギー勾配) \tag{4.49}$$

式 (10.36) で証明するが，エネルギー勾配 I_e は，実在流体では常に正であ

4　流体のエネルギー保存則

●コーヒーブレイク4.10　水理学・流体力学で使う数式記号やその添字には「慣用」があり，できるだけ先人が用いた記号を使うことになっている．研究者の醍醐味は，自分が先陣を切って新しい数式を提案し，後発の研究者や学会がこれらを使わねばならない，いわば紳士協定にある．したがって，数式記号には自ずと意味内容をもっているものが多く，本書もこの紳士協定を守っている．たとえば，水頭の h や H は，head から来ている．損失水頭 (loss head) は，h の添字に l (エル) を付けると，1 (いち) と混同するから，エルの大文字を添字に使って，h_L と記すことが慣用になっている．読者も，数式記号の意味を考えて水理学を学べば，さらに楽しい学問になるであろう．

り，一方，完全流体では常にゼロである．動水勾配は正負をとる．したがって，一般に，動水勾配はエネルギー勾配と異なる値をもつが，速度 v_1 と v_2 とが等しい場合に限って，動水勾配とエネルギー勾配は等しくなる．

●まとめ

ベルヌーイの定理は，水理学・流体力学の中で，いわば「大黒柱」である．流れの連続式と連立すれば，多くの問題を解くことができる．「速度水頭」と「ピエゾ水頭」の和が一定という簡単な定理であるが，その内容は豊富である．各水頭はスカラーであるから，次章で学ぶ運動量式で代表されるベクトルに比べて取り扱いやすい．ベルヌーイの定理は完全流体に関するエネルギー保存則であるが，実在流体に対してはこれらに「損失水頭」を考慮すれば，同様の手法で問題を解くことができる．この意味で，**ベルヌーイの定理は水理学・流体力学の中で最も重要な学理**であり，完全にマスターしてほしい．

なお，以下の演習問題や各種の試験問題には，採点がしやすいように，各種の変数が故意に数値で与えられている場合が多い．解答が数値で算定されるから，採点者にとっては短時間で採点でき，都合がいい．しかし，水理学を学ぶ学生諸君にとっては，すこし意地悪である．たとえば，速度が 4.2 m/s とか，直径が 2.5 m とか，また角度が 60° とか与えられた問題があったならば，必ず記号に置き換えて計算すべきである．すなわち，この場合は，速度を v，直径を D，角度を θ と置き換えて，計算を実行し，最終結果に数値を代入することを**強く奨める**．まさしく「代数 (algebra)」であり，記号を使っての数学演算の方がはるかに一般性があるからである．問題に与えられた数値から直接に計算を行うことは，非常に繁雑であり，また電卓がないと計算間違いをおこしやすく，この方法はまったく奨められない．以上は，著者らが永年にわたって，学生に水理学を教育してきた経験からいえる感想である．また，最終結果に数値を代入する段階で，単位を間違う学生がかなりいるのが現状である．大学の通常の試験では計算のプロセスもみるから，途中が合っていれば，正解でなくても配点を与えよう．しかし，各種の採用試験などでは結果のみをみることが多く，代入単位を間違えて，零点になるシビアな場合がある．このようなケアレスミスをおかしてはならない．

■演習問題

4.1　コーヒーブレイク 4.2 で述べたように，空気力学では，ピエゾ水頭と圧力水頭はほぼ等しいことを示せ．

ヒント：密度を水と空気で比較せよ．

4.2 コーヒーブレイク4.3に関して，水中で振り子を振らせれば，どうなるか考察せよ．

4.3 トリチェリーの原理式（4.10）から，「流出速度を正確に計測できれば，重力加速度gの概数を求めることができる」と述べたが，なぜgの概数しか求められないか考察せよ．

4.4 本文中の図4.2の水平細管の出口IIにコックをつけて，その直径をad（$a<1$）と絞ったとき，流出速度はいくらになるか．また，ピエゾ水頭h_Aは，いくらになるか．

4.5 本文中の図4.3で，吸引管の絞りを，I断面の値を使って，求めよ．

4.6 本文中の図4.6で管路に沿ってピエゾ水頭がどのように変化するのか図示せよ．

コメント：ピエゾ水頭を連ねた線を**動水勾配線**という．

4.7 式（4.49）のエネルギー勾配は必ず正となることを示せ．また，完全流体では，エネルギー勾配がゼロになることを示せ．

4.8 多くの場合，動水勾配I_hは正値をとるが，負値をとる場合もある．動水勾配が$I_h \leq 0$となる条件を述べよ．また，負になる場合の流れの構造を例示せよ．

4.9 図4.8のように噴水の真上にピンポン玉を落としたとき，ピンポン玉が噴水のジェットに乗ってサーカスのように踊り回るが，この噴水から落下しないのはなぜか？

4.10 図4.9のような水槽からの流出速度の大小関係を示せ．ただし，油の密度ρ_1は水の密度ρ_2より小さく，両者は混合しないとする．水・油境界面と大気面までの高さをhとする．

4.11 図4.10の水槽の底面からhの高さに設けた十分小さな孔から放出される水の水平到達距離xが最大となるのは，hがいくらのときか．また，そのときのxはいくらか．

4.12 図4.11に示すように，鉛直に置かれた**ベンチュリー管**があり，**ピトー管**も取り付けられている．2つのマノメータの読みx, yをそれぞれ用いてA点の流速v_AとB点の速度v_Bお

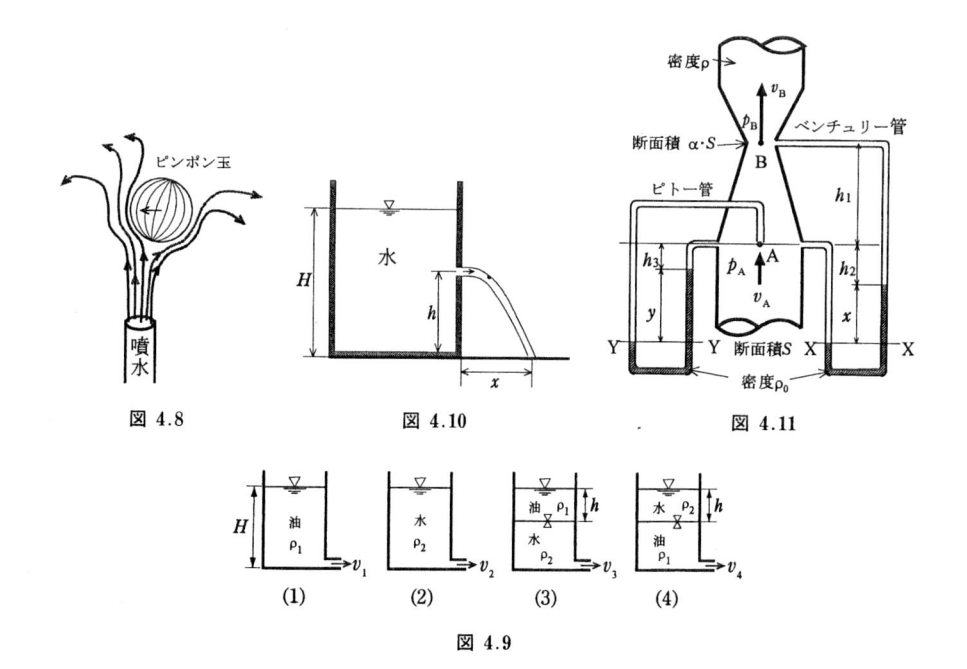

図4.8

図4.10

図4.11

図4.9

よび流量 Q を求めよ．ただし，本管の断面積を S，ベンチュリー管のしぼり率を α とする．（図 4.11 をみよ）．

コメント：v_A は**局所流速**，v_B は**断面平均流速**である．

4.13 図 4.12 の (a)，(b) のような水槽に管の直径が直線的に変化する管が取り付けられている．それぞれ，管入口における流速 v_1，流量 Q および圧力 p_1 を求めよ．(b) において，もし圧力水頭が $-10.33\,\mathrm{m}$ 以下になるならば流れはどうなるか述べよ．

4.14 図 4.13 のように，水平に置かれた分岐管から大気中に水を放流している．各管の流量配分率および A 点の圧力を求めよ．

4.15 図 4.14 に示すように，直径 $D=40\,[\mathrm{cm}]$ の管に開口径 $d=10\,[\mathrm{cm}]$ のオリフィスを水平に設置して空気を流したところ，水柱圧力計の差が $h=5\,[\mathrm{cm}]$ となった．このときの流量 Q を求めよ．ただし，縮流係数 $C=0.6$ とする．

ヒント：オリフィスの開口面積を A とすると，流水断面積は $C\times A$ となり，C を**縮流係数**という．

4.16 図 4.15 のように，直径 $D=30\,[\mathrm{cm}]$ の円管の一部が直径 $d=10\,[\mathrm{cm}]$ にくびれている．この狭窄部 B でキャビテーションを生じさせないように $Q=0.15\,[\mathrm{m^3/s}]$ の水を流すためには，A 点の圧力 p_A はいくら以上でなければならないか．

ヒント：通常のキャビテーションは圧力水頭が約 $-8\,\mathrm{m}$ で発生する．すなわち，極限負圧水頭である．

4.17 図 4.16 のように，水槽が小さな孔をもつ板で仕切られている．両側の水位差が H の状態から，水位が等しくなるまでの時間 T を求めよ．水槽の断面積は両方とも等しく A で，小孔の断面積を a とし，$A \gg a$ とする．

ヒント：水面の相対速度に注意すること．

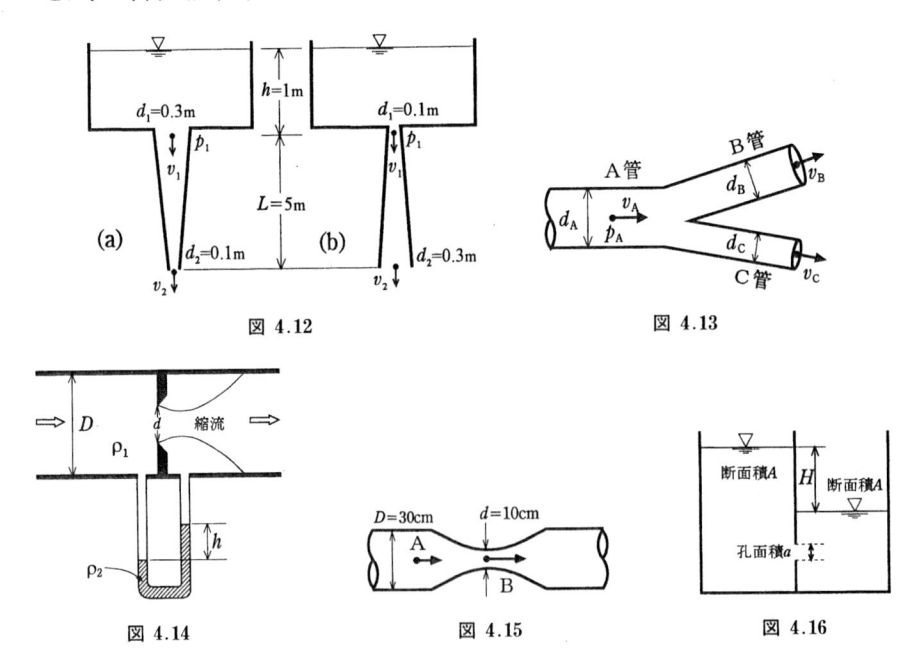

図 4.12

図 4.13

図 4.14

図 4.15

図 4.16

図 4.17

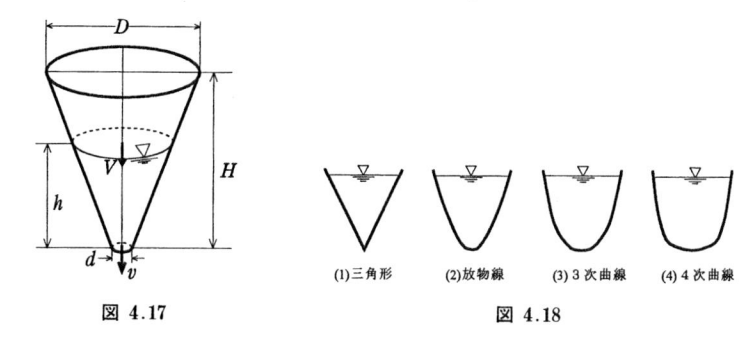

図 4.18 (1)三角形 (2)放物線 (3)3次曲線 (4)4次曲線

4.18 図4.17に示すように，下に直径 d の小孔の開いた円錐形容器から水が流出している．水深 h のとき水面の降下速度 V を求めよ．また，容器の水深 H から空になるまでの時間 T を求めよ．ただし，小孔の流量係数を C とし，d は容器上部の直径 D に比べて十分小さいものとする．

4.19 図4.18に示す4種類の水槽の下の小孔から水が流出するとき，水面の降下速度を一定とするには側面の形状がどのような場合か．ただし，水槽の平面形状は円形とする．

4.20 図4.19のような装置において流出流量および密閉空気部分の圧力 p の時間変化を求めよ．

ヒント：ガラス管の下端 O の圧力が大気圧になるように空気が供給される．これを**マリオットのピン**という．

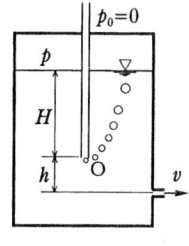

図 4.19

5
流体の運動量保存則
運動量式

5.1 質点系の運動量式と流体の運動量式

高校から慣れ親しんできた質点系力学によると，**運動量**（momentum）mv はベクトルであり，スカラーで表現されるエネルギー式（4.3）より繁雑である．水理学・流体力学でも，その基本式がニュートンの法則に基づいている以上，4.2節で述べたように，流体の運動量式に関しても質点系力学と酷似している．表5.1は，これらの結果をまとめたものである．

質点系の運動量式は，運動量の変化が**力積**であり，その系に作用した全外力に等しくなる．すなわち，4.2節の記号を用いて

$$[m \cdot v]_1^2 = \int_1^2 F dt = 力積 \tag{5.1}$$

一方，水理学では，**圧力 p が必ず作用し**，これが根元的であるから，圧力を外力から分離して表現する．圧力の符号に注意すれば，式（5.1）に対応する**運動量保存式**が以下のように得られる．

$$[\rho Q \cdot v]_1^2 + [p \cdot A]_1^2 = 系に作用する全外力 F \tag{5.2}$$

式（1.1）より，ちょうど質量 m が ρQ に対応している．ここで，添字1およ

表 5.1 質点系力学と水理学の比較（摩擦がゼロの場合）

	比較項目	質点系力学 (高校までの知識)	水理学 (大学での知識)
1	連続式	質量保存則 $m = $ 一定	$\rho Q = \rho A v = $ 一定
2	エネルギー式 (ベルヌーイの定理)	$H \equiv \dfrac{v^2}{2g} + h = $ 一定 (mgh は位置エネルギー)	$H \equiv \dfrac{v^2}{2g} + h_p = $ 一定 (h_p はピエゾ水頭)
3	運動量式	$[mv]_1^2 = \int_1^2 F dt = $ 力積	$[\rho Q v]_1^2 + [pA]_1^2 = $ 全外力 F

び2は，検査面Ⅰおよび II を意味し，検査面での値である（図4.1を参照）．すなわち，式 (5.2) は以下となる．

$$\rho Q(v_2-v_1)+(p_2A_2-p_1A_1)=\rho(A_2v_2^2-A_1v_1^2)+(p_2A_2-p_1A_1)=F \quad (5.3)$$

外力 F として，流管の壁面に作用する摩擦力（せん断応力）が代表的であるが，完全流体ではゼロとなる．また，流管内（体積を V とする）の流体の重さ $\rho g V$ の流線方向の成分が外力として加わるが，一般にこの値は小さく，簡単のために無視される場合が多い．したがって，外力として完全流体では垂直応力のみが重要となる．なお，式 (5.2) の運動量式はナヴィエ・ストークス（N-S）の方程式から厳密に誘導できる（10.4節）．

いま，

$$M\equiv\rho Qv+pA=(\rho v^2+p)A \quad (5.4)$$

と定義すれば，M を**拡張された運動量**という．通常の運動量は ρQv であり，これに全圧力 pA が加算されたものである．外力 F がゼロのとき，式 (5.3) と式 (5.4) より，

$$M_1=M_2=\text{const.} \quad (5.5)$$

すなわち，外力がゼロのとき，**拡張された運動量** M は一定であり，運動量保存則が成立する．ここで注意すべき点は，**エネルギーはスカラー演算**で，符号を考慮せずに単に加算すればよいのに対して，**運動量はベクトル演算**をしなければならず，成分表示して，その符号に注意して計算しなければならない．詳しい応用問題は，5.3節で行う．

●コーヒーブレイク5.1 「拡張された運動量」は，「通常の運動量」に「全圧力」を加算したものである．第Ⅲ編の「水理学の実用化」で詳述するが，開水路流れでは，この「拡張された運動量」を**比力**（specific force）という．同様に，「河床から測ったエネルギー」を**比エネルギー**（specific energy）という．「specific」を英和辞書で調べると，「特定の…」とか「特殊の…」とかに訳される．比エネルギーは，「河床から測った特定のエネルギー」の意味であり，比力とは，「開水路に拡張された特定の運動量」を意味している．このように含蓄のある「specific」を簡単明瞭に「比」と訳された先人の水理学者には頭が下がる．学生諸君，決して「比」を「くらべる」との意味に取ってはならない．たとえば，比重とはまったく違うコンセプトである．専門用語とは，かくのごとく，簡単明瞭でなくてはならない．

5.2 漸変流と急変流

図 5.1 に，流れの解析方法を模式的に示す．流れは，**漸変流**（gradually varied flow）と**急変流**（rapidly varied flow）とに大別される．

まず，完全流体ではベルヌーイの定理が厳密に成立し，連続式と連立させて，速度と圧力が算定される．次に，これらの値を用いて，運動量式（5.3）からこの系に作用している外力が算定できる．しかし，実在流体では，ベルヌーイの定理は成立せず，式（4.39）で学んだように，**エネルギー損失水頭 h_L が大きな意義をもつ**．h_L を経験的に評価できれば，やはり運動量式（5.3）から外力が計算できる．このように，損失水頭を経験的に与えて，エネルギー式から速度，圧力を求め，次に運動量式から外力が算定できる流れを**漸変流**という．流れの変化が「ゆっくり（gradual）」であり，エネルギーの損失が良好にモデル化できるからである．第III編で詳述する．

一方，流れの変化が激しい場合は，h_L を事前に評価することは困難である．しかし幸いなことに，流れがこのように急変する区間は「漸変流の区間」にくらべて短く，摩擦力などの外力を無視できる場合が多い．あるいは，外力を仮定できる場合が多い．このような場合は，まず運動量式（5.3）から速度，圧力など

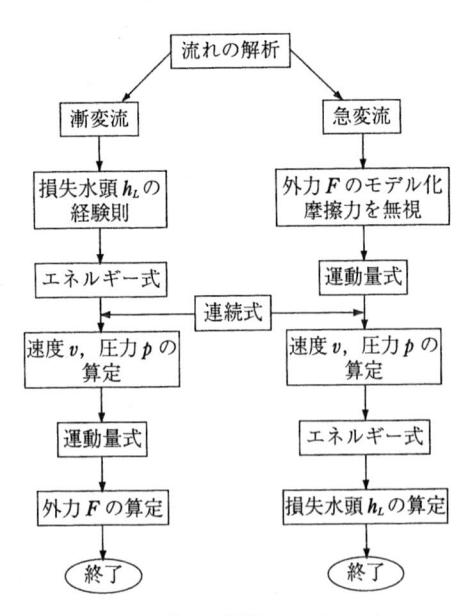

図 5.1 流れの解析フローチャート

を求め，次にエネルギー式を適用して，逆にエネルギー損失水頭 h_L を算定するのである．このように流れが急変し，エネルギーの損失が大きな流れを**急変流**という．あるいは，このような急変流が発生する場所がある局部に限られているとの意味から**局所流**（local flow）ともいう．たとえば，橋脚のまわりの流れは，急変し，局所流になる．橋脚の前面では流れが橋脚に衝突して，よどみ，渦が発生する（ベルヌーイの定理より，圧力は最大となる）．一方，橋脚のサイドでは，流速が最大となり，よどみ点で発生した渦が発達して橋脚をくるむように下流に移流される．この渦型が「馬のひずめ」に似ていることから，**馬蹄型渦**（horse-shoe vortex）という．洪水時に馬蹄型渦によって橋脚周辺が局所洗掘され，落橋する河川災害が起きる場合がある．このように，局所流は，水災害と深い関係があり，現在，世界各国で局所洗掘などの防止工法の研究が盛んに行われている．

5.3 運動量式の応用―急変流の解析に威力―

例題 5.1 図 4.2 の流出口 II にバルブを取り付け，流出流量を調節できるようにした．その拡大図を図 5.2 に示す．バルブの開口率を α ($\equiv d_v/d_2$) と定義したとき，バルブに作用する力を求めよ．

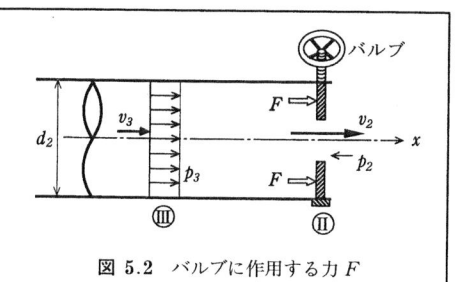

図 5.2 バルブに作用する力 F

［解］ 図 5.2 のように，バルブの直前に検査面 III をとり，II と III で構成されるコントロールボリュームに運動量式を適用する．座標軸 x の正の向きを水平流出方向にとれば，式 (5.3) は，以下のようになる．

$$\rho\frac{\pi}{4}(d_v^2 v_2^2 - d_2^2 v_3^2) + \left(p_2\frac{\pi}{4}d_v^2 - p_3\frac{\pi}{4}d_2^2\right) = F \tag{5.6}$$

圧力 p_2 は大気圧であるから，ゼロである．III 断面の速度 v_3 と圧力 p_3 は，II と III での連続式とベルヌーイの定理から，次式が得られる．

$$v_3 = \alpha^2 v_2, \quad p_3 = \frac{\rho}{2}(1-\alpha^4)v_2^2 \tag{5.7}$$

式 (5.7) を式 (5.6) に代入して，

$$\therefore\ F = -\frac{\pi}{8}d_2^2(1-\alpha^2)^2 \times \rho v_2^2 \cong -\frac{\pi}{4}d_2^2(1-\alpha^2)^2 \times \rho g h < 0 \tag{5.8}$$

すなわち，水流は，力の反作用としてバルブから $-F(>0)$ の力を受ける．バルブを全開すれば $\alpha=1$ となるから，当然 $F=0$ である．

●**コーヒーブレイク5.2** 外力 (F_x, F_y) の方向が事前にわからないときは，これを適宜仮定し，この反作用が水理構造物に作用する力とすればよい．また，式 (5.3) では，全圧力 pA を左辺に移項して**拡張された運動量**を定義したが，全圧力を右辺に残したままで計算した方がわかりやすい諸君も多かろう．この場合，I 断面では正方向に圧力が作用し，II 断面では負方向に圧力が作用することに注意されたい．例題では，式 (5.3) の一般的方法を，演習問題では後者の移項しない方法で解答を示す．どちらの方法を使うかは，その人の趣味の問題である．わかりやすい方法を使えばよい．

例題5.2 図 5.3 に示すように，水平面内に配管された直径 D_1 のパイプを角度 θ だけ曲げて直径 $D_2 = a \cdot D_1$ なる異径パイプに接続させた．検査面 I に圧力 p_1 をかけて流量 Q を流したとき，曲がり管に作用する力 F を求めよ．

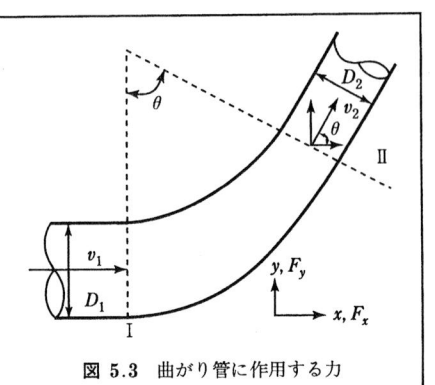

図 5.3 曲がり管に作用する力

[解] この問題は，運動量式を成分表示しなければ解けない．すなわち，**ベクトル解析**が必要な好例である．座標系を (x, y) にとり，本来ベクトル表示される運動量式 (5.3) を成分ごとに記述すれば，以下のようになる．

$$x \text{方向}: \rho Q(v_2 \cos\theta - v_1) + (p_2 A_2 \cos\theta - p_1 A_1) = F_x \quad (5.9)$$

$$y \text{方向}: \rho Q(v_2 \sin\theta - 0) + (p_2 A_2 \sin\theta - 0) = F_y \quad (5.10)$$

したがって，v_2 と p_2 とがわかれば，外力 $\boldsymbol{F} = (F_x, F_y)$ が計算できる．このためには，ベルヌーイの定理と連続式を連立させて，v_2 と p_2 をまず求める．連続式より，

$$v_2 = \left(\frac{D_1}{D_2}\right)^2 v_1 = a^{-2} v_1 \quad (5.11)$$

ベルヌーイの定理はスカラー表示であり（流れの方向には無関係であることを再確認せよ），また位置水頭 z は I -II 間で等しいから（なぜか？）

$$\frac{v_1^2}{2g} + z + \frac{p_1}{\rho g} = \frac{v_2^2}{2g} + z + \frac{p_2}{\rho g} \quad (5.12)$$

$$\therefore \ p_2 = p_1 + \frac{1-a^{-4}}{2} \rho v_1^2 \quad (5.13)$$

式 (5.11) と式 (5.13) を式 (5.9) および式 (5.10) に代入すれば，

$$F_x = \frac{\rho Q^2}{A_1}\left(\frac{a^2 + a^{-2}}{2} \cos\theta - 1\right) + p_1 A_1 (a^2 \cos\theta - 1) \quad (5.14)$$

$$F_y = \frac{\rho Q^2}{A_1}\left(\frac{a^2 + a^{-2}}{2} \sin\theta\right) + p_1 A_1 a^2 \sin\theta \quad (5.15)$$

よって，曲がり管が受ける力は流体に作用する力の反作用であるから，$(-F_x, -F_y)$ が答となる．力の絶対値 F は，$F = \sqrt{F_x^2 + F_y^2}$ となる．$\theta = 0$ の直線状のパイプならば，これを式

(5.14), 式 (5.15) に代入して,

$$F_x = (a^2-1)\left(\frac{a^2-1}{2a^2}\frac{\rho Q^2}{A_1}+p_1 A_1\right), \quad F_y = 0 \qquad (5.16)$$

$F_y=0$ となるのは, 直結管だから当然である. また, $a>1$ の**拡大管**(ディフューザー (diffuser) という) ならば $F_x>0$ となり, この反作用として管は負の力 $(-F_x(<0))$ を受ける. すなわち, 流れは管から剝離しやすくなる. この**剝離現象**は, 日常よく見かける. 一方, **縮流管** $(a<1)$ では, 初期圧力 p_1 が小さければ $F_x>0$ となり, 同様に管は負の力を受ける. しかし, 初期圧力 p_1 が大きければ $F_x<0$ となって, 管は正の力を受ける. すなわち, 縮流管では, 初期圧力を大きくとれば流れにくくなる.

本例題はかなり難しく, これを解ける諸君は, 連続式, エネルギー式および運動量式の合計 3 つの基本式を完全に理解したと考えてよいであろう.

● **コーヒーブレイク 5.3** すでに指摘したように, 運動量はベクトルである. したがって, x, y, z の成分表示を行い, 軸の正方向も厳密に定義しなければ, 問題は解けない. これが, エネルギー式に比べて, 運動量式の取り扱いを難しくしている. たとえば, 図 5.2 では, 流出方向が x 軸の正方向と定義した. 例題 5.2 では, (x, y) の 2 成分に分けて計算した. これらが, 運動量解析の**定石法**である.

5.4 ボルダの公式

図 5.1 で示した急変流の解析では, 外力 F の評価が本質的である. 一般には, 外力 F の事前評価はかなり困難であり, 経験(実験)によらなければ問題が解けない. この事前評価がうまくいく代表的な問題が, 急拡損失に関する**ボルダ** (Borda; 1733-1799) **の公式**である. ボルダ・カルノーの公式ともいう.

例題 5.3 図 5.4 に示すように, 流水断面積が A_1 から A_2 に急変する場合のエネルギー損失水頭 h_L を求めよ. すなわち, ボルダの公式を導け.

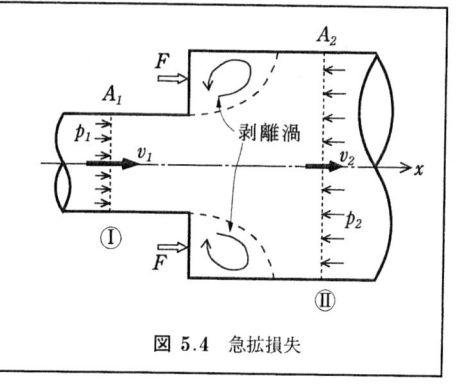

図 5.4 急拡損失

[解] 急拡部に入る手前の検査面をⅠ，急拡後の流れが一様になる検査面をⅡとする（図5.4）．流れが急変して，コントロールボリューム内に**剥離渦**が発生し，エネルギー損失が起こる．図5.1の解析フローチャートに従って解いてみよう．まず，このコントロールボリューム区間は管の長さに比べて十分短いから，管壁による摩擦力は無視できる．連続式と運動量式は，以下で与えられる．

$$Q = A_1 v_1 = A_2 v_2 \tag{5.17}$$
$$\rho Q(v_2 - v_1) + (A_2 p_2 - A_1 p_1) = F \tag{5.18}$$

外力 F として，急拡部の壁面（$A_2 - A_1$）から垂直に作用する力（x 軸の正方向）がある．問題は，この外力 F をいかにモデル化するかである．ボルダは，F として上流の圧力 p_1 をとれば実験値にほぼ一致することを見いだした．すなわち，以下を仮定した．

$$F = (A_2 - A_1) p_1 \tag{5.19}$$

一方，エネルギー式は式（4.39）であり，これを再記すれば，

$$\frac{v_1^2}{2g} + z_1 + \frac{p_1}{\rho g} = \frac{v_2^2}{2g} + z_2 + \frac{p_2}{\rho g} + h_L \tag{5.20}$$

であり，管が水平に置かれているから，$z_1 = z_2$ である．式（5.18），式（5.19）を式（5.20）に代入すれば，

$$h_L = \frac{1}{2g}(v_1^2 - v_2^2) + \frac{1}{\rho g}(p_1 - p_2) = \frac{1}{2g}(v_1^2 - v_2^2) + \frac{1}{g}(v_2^2 - v_1 v_2) = \frac{1}{2g}(v_1 - v_2)^2 \tag{5.21}$$

このようにして，エネルギー損失水頭 h_L は，ちょうど流速差の速度水頭に等しい．これを**ボルダ損失**（Borda's loss）ともいう．式（5.21）を若干変形すれば，

$$h_L = K_{se} \frac{v_1^2}{2g}, \quad K_{se} \equiv \left(1 - \frac{A_1}{A_2}\right)^2 \leq 1 \tag{5.22}$$

式（5.22）を**ボルダの公式**という．この公式は急拡損失に関して**実在流体**で行った実験値とよく一致するから実用性があり，実際の水工設計で現在でも使われている．K_{se} は，**急拡**（sudden expansion）の損失係数で，英字の頭文字を添字に使うのが慣用である（12.7節）．

なお，$A_1 > A_2$ なる急縮損失には，式（5.22）を適用してはならない．上述したように，**急拡損失**に運動量解析はきわめて有効であるが，**急縮損失**にはまったく無力である．この理由は，外力のモデル化が式（5.19）のように単純ではないためである．これは，形状損失の原因である組織渦の形態が急拡管と急縮管とではまったく相違するためであり，このような局所流の渦構造の研究が，現在，高精度レーザ流速計を用いた実験やスーパーコンピュータを用いたCFD（Computational Fluid Dynamics）で盛んに研究されている．

● コーヒーブレイク 5.4　ボルダ（Borda；1733-1799）は，18 世紀のフランスの代表的な水理学者で，「単位法」に関する委員会で指導的役割を果たした．長さの単位であるメートル「meter」という単語を作ったのも彼である．そのため，現在でも国際単位系 SI（コーヒーブレイク 2.1）はフランス語で書かれ，メートル原器もある．「ボルダ損失」ともよばれる式（5.22）において，分母に $2g$ を明示した最初の水理学者もボルダであった．また，**ボルダの口金**とよばれる現象も研究した（演習問題 5.6）．これは，水槽からパイプに導水する場合，パイプを水槽内部に深く差し込んでおくと，水槽壁面の影響を受けないから縮脈係数 k が 0.5 になることを提案し，実験で確かめている．

● ま と め

　第 4 章で，ベルヌーイの定理は水理学の中で「大黒柱」といった．本章で新たに学んだ運動量解析は，いわば「鬼に金棒」である．① **連続式**，② **ベルヌーイの定理（エネルギー式）**，それに ③ **運動量式**は，三位一体であり，水理学のマクロの問題はほとんど解くことができる．

　ここでいう「マクロ」とは運動方程式の積分形であり，「学生諸君らが苦手という（？）」微分形はいっさい使っていない．特に，① 連続式と ② エネルギー式による連立方程式は，高校生でもできる単純な計算で解答できる．③ の運動量式はベクトルであり，その概念は前者より難しいが，作用力などを求めることができ，まさしく「力学（mechanics）」である．運動量式の取り扱いに関しては，座標成分に分けて成分ごとに，正負の符号を正しく計算することを奨める．静水力学のように直感で計算することは無理であろう．本編で「流れの基礎」がマスターされたと思われる．これらの基礎知識に基づいて，次編では，「水理学の体系化」が流体力学を応用することによって，学術的に詳述される．

■ 演習問題

5.1　式（5.16）の水理学的意味を述べよ．$F_x=0$，$F_y=0$ となる条件は何か．すなわち，外力がゼロになる条件を求めよ．

　ヒント：力の向きを適宜仮定して正負の符号を正しく計算すること．以下の問題でも同様．

5.2　図 5.5 に示すように，角度 θ で曲がっている水平に置かれた断面積 A の管に，水圧 p，流速 v で水を流すとき，曲線部において生じる力 F はいくらか．ただし，摩擦は無視できると仮定する．

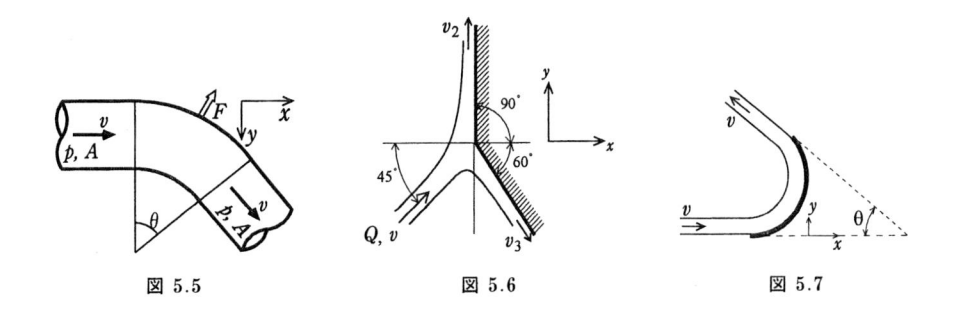

図 5.5　　　　　図 5.6　　　　　図 5.7

5.3 図5.6のように，凸壁面に噴流が衝突して流量を完全に二分させた．壁面に働く力を求めよ．ただし，図は平面図であり，$Q=30\,[l/\mathrm{s}]$，$v=12\,[\mathrm{m/s}]$ とする．

5.4 図5.7に示すように，直径 d，速度 v の噴流が図に示すようなブレードにあたって，方向を θ 変化させる．ブレードに働く力を求めよ．

5.5 図5.8のように，ノズルを水平と θ の角度においたとき，水が到達する距離 L および最高点の高さ H を求めよ．また，このノズルに働く力を求めよ．ただし，$\theta=45°$，$h=1$ [m]，$p_1=50\,[\mathrm{N/cm^2}]$，$d_1=10\,[\mathrm{cm}]$，$d_2=2\,[\mathrm{cm}]$ である．

5.6 図5.9のような口金（断面積 A）をつけたとき，流出した水流の断面積 a は A の1/2になることを示せ．これを**ボルダの口金**という．$k=a/A$ を**縮脈係数**という．

5.7 図5.10のように，水平に置かれた分岐管に水が及ぼす力 F はいくらか．ただし，点Aの圧力は $p_A=60\,[\mathrm{kPa}]$，$v_B=v_C=10\,[\mathrm{m/s}]$ とする．摩擦やその他の損失は無視する．

コメント：このような複雑な問題が解ければ，本編「流れの基礎」はほぼマスターできたと思ってよい．①連結式（3章），②ベルヌーイの定理（4章），③運動量式（5章）をフルに使う．数値代入も誤らないこと．

5.8 図5.11のように，水槽から管の出口をノズルで絞り**噴流**（ジェット）を放出する装置があり，噴出口に上部をヒンジで固定した板が取り付けられている．以下の問に答えよ．ただし，水の密度 ρ，重力加速度 g，管路の断面積 A_1，ノズル出口の断面積 $A_2=\alpha A_1$ とする．

（1）管の出口の流速 v_2 および管路内の圧力 p_1 を求めよ．
（2）ノズルに働く力 F を求めよ．
（3）噴流が板の下端に衝突しているとき板が鉛直となす角度 θ を求めよ．板の重量は W，長さは L とする（図5.11）．ただし，噴流は板に衝突するまで水平に進むものとする（$h \cong L\cos\theta$）．

図 5.8

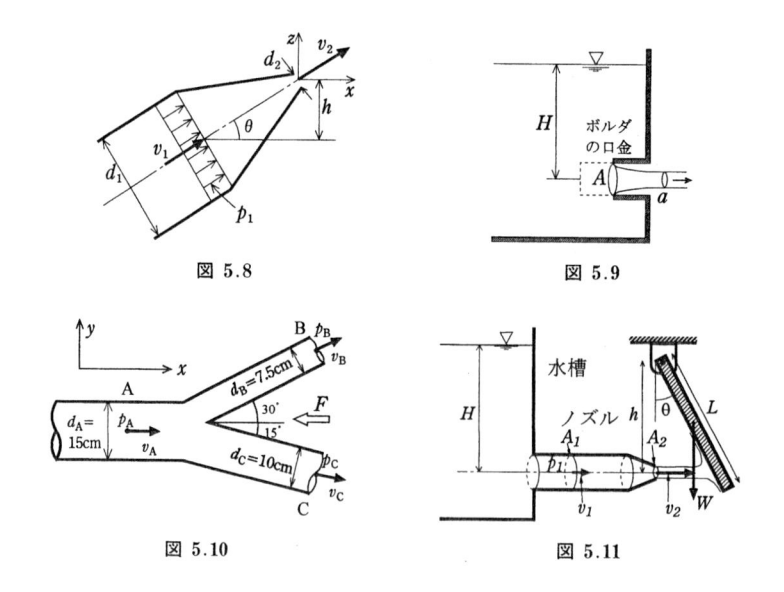

図 5.9

図 5.10

図 5.11

II 水理学の体系化
──流体力学の応用──

6

流体力学の基礎
微分形

6.1 ニュートンの運動方程式

第I編の流れの基礎は「流れの積分的解析」であり，マクロな理解であった．ではいったい何の積分であるのか？ それは**ニュートンの運動方程式**である．この運動方程式は，次式のように時間に関して1階の微分形で表現され，ニュートン力学の最も根元的な基礎方程式である．

$$m\frac{D\boldsymbol{u}}{Dt}=\boldsymbol{F}' \tag{6.1}$$

式 (6.1) は，質量 m に関して成立する一般式であり，ベクトル表示されている．この式を流体に適用したものが流体力学であり，水理学を体系的に論じることができる．すなわち，式 (6.1) を質量 m の体積 V で辺々をわれば，式 (1.1) を使って次式となる．

$$\rho\frac{D\boldsymbol{u}}{Dt}=\frac{\boldsymbol{F}'}{V}\equiv\rho\boldsymbol{F} \tag{6.2}$$

ここで，外力 $\boldsymbol{F}$ は，単位質量あたりの力である．本編では，この「水理学の体系化」を詳述するが，慣れないと少し難しいかもしれない．できるだけ平易に述べよう．

6.2 ラグランジュ微分とオイラー微分

4章で学んだように，水槽からの流出速度は $v_0=\sqrt{2gh}$ であった．流出口を斜め上方に向けると，流管は放物線を示す（図6.1）．これは，ちょうど初速 v_0 で水と同一運動をする架空のボールの軌跡 $\boldsymbol{x}(t)=(x(t),y(t),z(t))$ を求める場合に対応する．このように，水流の挙動をあたかも水と同一運動をする架空のボールの運動として時々刻々追跡する観測方法を**ラグランジュ的観測**とよんだ（3.3節）．質点系力学は，このラグランジュ的観測の好例である．しかし，ラグ

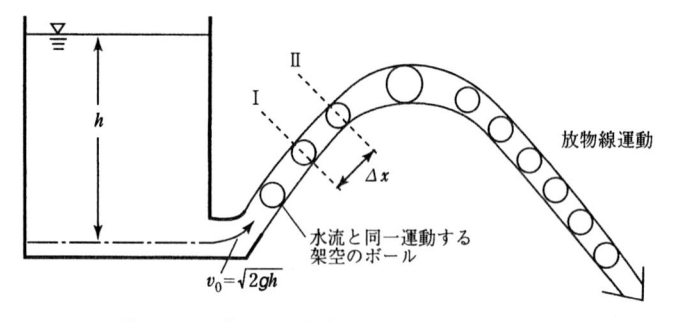

図 6.1 ラグランジュ的観測とオイラー的観測の例

ランジュ的観測は，流体力学ではそう簡単ではない．流速が非常に遅い場合は別として，このような架空のボールの位置 $x(t)$ を流体中に見分けることは難しく，一般に乱流拡散してしまうからその軌跡を追うことは困難である．

一方，**オイラー的観測**では，座標 x と時間 t とを独立変数と考える．すなわち，図6.1に示すように，ある検査面Iを x と固定し，ここを通過するボール（水流）を観測するのである．流れ去ったボールのことは問わず，I断面を通過するボールの収支を計算する，すなわち式（3.4）のフラックスを計算するのである．式（6.2）の微分はラグランジュ的観測から求まるから，**ラグランジュ微分**という．高校から学んできた質点系力学の通常の微分と考えればよい．一方，流体力学で多用するオイラー的観測で得られる微分を**オイラー微分**という．ここで最も重要なことは，ラグランジュ微分とオイラー微分の関係式である．

上記の図6.1で，検査面Iのボールの速度 $u(t, x)$ が，Δt 間に検査面IIの速度 $u(t+\Delta t, x+\Delta x)$ になっているから，加速度 a は，

$$\begin{aligned} a \equiv \frac{Du}{Dt} &= \lim_{\Delta t \to 0} \frac{u(t+\Delta t, x+\Delta x) - u(t, x)}{\Delta t} \\ &= \lim_{\Delta t \to 0} \frac{\partial u/\partial t \cdot \Delta t + \partial u/\partial x \cdot \Delta x + O(\Delta t^2, \Delta x^2)}{\Delta t} \\ &= \frac{\partial u}{\partial t} + u \frac{\partial u}{\partial x} \quad \left(\because \quad u \equiv \lim_{\Delta \to 0} \frac{\Delta x}{\Delta t} \right) \end{aligned} \quad (6.3)$$

これを3次元に拡張すれば，加速度成分を (a_1, a_2, a_3)，速度成分を (u_1, u_2, u_3) とおいて，以下のようになる．

$$a_i \equiv \frac{Du_i}{Dt} = \frac{\partial u_i}{\partial t} + \left\{ u_1 \frac{\partial u_i}{\partial x_1} + u_2 \frac{\partial u_i}{\partial x_2} + u_3 \frac{\partial u_i}{\partial x_3} \right\} \quad (i=1, 2, 3 \text{ の任意成分}) \quad (6.4)$$

式 (6.4) の右辺がオイラー的加速度であり，左辺のラグランジュ的加速度との変換公式である．式 (6.4) の右辺の第 1 項が**局所的加速度項** (local acceleration) である．第 2 項は流体が検査面 I を通過する際に生じる加速度であり，**移流項** (advection または convection という) といわれ，流体力学で最も重要な項である．

通常の微分記号は dt であるが，ラグランジュ微分を強調するために大文字の Dt がよく使われる．また，ラグランジュ微分は同一物質の変化率であるから，**実質微分** (substantial differentiation) ともいう．式 (6.4) の u_i は任意の変数でよいから，ラグランジュ微分とオイラー微分の変換の一般式は，以下で与えられる．

$$\frac{D}{Dt} = \frac{\partial}{\partial t} + u_1 \frac{\partial}{\partial x_1} + u_2 \frac{\partial}{\partial x_2} + u_3 \frac{\partial}{\partial x_3} \tag{6.5}$$

$$= \frac{\partial}{\partial t} + \sum_{j=1}^{3} u_j \frac{\partial}{\partial x_j} \tag{6.6}$$

$$= \frac{\partial}{\partial t} + u_j \frac{\partial}{\partial x_j} \tag{6.7}$$

式 (6.5) は，式の記述が長すぎるから，総和記号 $\sum$ を使うと便利である．しかし，引数 j は他の記号に置き換えてよいから総和記号 $\sum$ を省略しても混乱は生じない．流体力学の複雑な式の誘導に際しては，この総和記号を省略し，「同一の引数が 2 つある場合は総和をとる」という約束を設けると（すなわち，式 (6.7)），はるかに見通しがよくなる．この省略規約を**アインシュタインの縮約** (Einstein's contraction) といい，その引数を**ダミーインデックス**という．

● **コーヒーブレイク 6.1** アインシュタインは，総和記号 $\sum$ を省略するという「なんでもない規約」を考案し，有名な相対性理論を導くのに成功したといわれている．この場合は，時間も変数で，4 次元の縮約となる．

例題 6.1 $x = x_1$, $y = x_2$, $z = x_3$ と常用座標を用いて，ラグランジュ微分とオイラー微分の関係式を導け．

[**解**] 式 (6.5) から容易に次式が得られる．

$$\frac{D}{Dt} = \frac{\partial}{\partial t} + u \frac{\partial}{\partial x} + v \frac{\partial}{\partial y} + w \frac{\partial}{\partial z} \tag{6.8}$$

たとえば，u 成分では，式 (6.8) に代入して，

$$a_1 \equiv \frac{Du}{Dt} = \frac{\partial u}{\partial t} + u \frac{\partial u}{\partial x} + v \frac{\partial u}{\partial y} + w \frac{\partial u}{\partial z} \tag{6.9}$$

このように，加速度 a に関してはラグランジュ微分とオイラー微分では表現が異なる．

> **例題 6.2** 速度成分 $u_i (i=1,2,3)$ に関しては，ラグランジュ微分とオイラー微分ではどうなるか．

[解] 式 (6.7) に任意の座標 x_i を代入すると，t と x_i はオイラー微分では独立変数であるから，

$$u_i \equiv \frac{Dx_i}{Dt} = \frac{\partial x_i}{\partial t} + u_j \frac{\partial x_i}{\partial x_j} = u_j \cdot \delta_{ij} = u_i \tag{6.10}$$

ここで，δ_{ij} は，クロネッカーのデルタ記号である．すなわち，

$$\delta_{ij} = 1 \ (i=j), \quad = 0 \ (i \neq j).$$

式 (6.10) から，速度に関しては，ラグランジュ的観測とオイラー的観測は一致することがわかる．

6.3 定常流と非定常流

オイラー的観測では座標と時間とは独立変数であり，検査面において流れ場の挙動を解析する．いま，流れ場が時間に対して変化しない場を**定常流**（steady flow），一方，変化する場を**非定常流**（unsteady flow）という．定常流は，この定義によって $\partial/\partial t = 0$ である．当然，非定常流の方が一般性があるが，式展開が煩雑となるから本編では定常流に主眼をおき，非定常流は第Ⅲ編で概説する．

> **例題 6.3** 定常流では時間的に速度は変化しない．では，速度に対して時間の微分である加速度がゼロにならないのはなぜか．

[解] そぼくな疑問である．図 6.2 に示すような縮流管を考えよう．定常流であるから，時間に対して速度は変化しない．しかし，検査面ⅠとⅡとに連続式を立てれば，自明のようにⅡ断面の方が流速が大きい．すなわち，**場所的には流速は変化する**．これが，キーポイントである．いま，ラグランジュ的観測をしてみよう．Ⅰ断面の任意な点にマーカー P を流せば，図示したように P は流れに乗って流下し，場の速度が大きくなっているから，加速される．すなわち，定常流でもラグランジュ的観測をすれば，加速度は決してゼロにはならない．図 6.2 の例では加速流になっている．つまり，$Du/Dt > 0$ である．

一方，オイラー的観測では $\partial u/\partial t \equiv 0$ であるが，加速度は式 (6.9) より $\alpha = u\partial u/\partial x$ と算出される．すなわち，定常流のオイラー的観測では，移流項がラグランジュ的観測の加速度に等しくなる．換言すれば，通常の水理学・流体力学ではオイラー的観測に基づいた解析を行うから，**移流項がきわめて重要な役割を演ずる**ことがわかる．

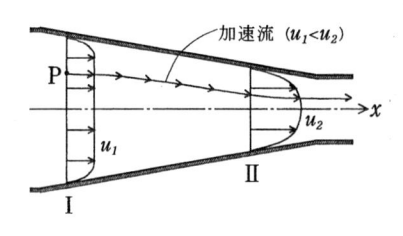

図 6.2 定常流でも加速度をもつ流れ

6.4 流れの連続式

積分形での連続式は式 (3.3) で与えられた．では，微分形の連続式はどのようになるのか．いま，図 6.3 に示すような微小体積 $\Delta V \equiv \Delta x \Delta y \Delta z$ に関する連続式を考えよう．検査面 I から流入する質量は，$\rho u \Delta y \Delta z$ であり，検査面 II から流出する質量は $\rho u' \Delta y \Delta z$ である．$u' = u(x+\Delta x, y, z)$ に関してテイラー展開すれば，x 方向の流出質量の残差 Δm_x は，

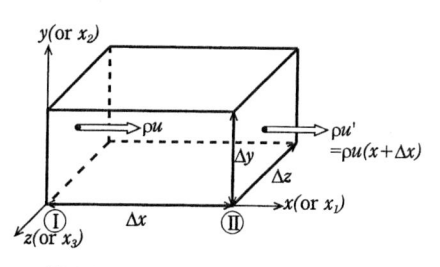

図 6.3 コントロールボリューム内の収支

$$\Delta m_x = (\rho u' - \rho u)\Delta y \Delta z = \left(\frac{\partial(\rho u)}{\partial x}\Delta x + O(\Delta x^2)\right)\Delta y \Delta z \cong \frac{\partial(\rho u)}{\partial x}\Delta V \quad (6.11)$$

同様に，y 方向および z 方向にも流出残差をとれば，微小直方体から流出する質量の残差の合計 Δm は，式 (6.11) の 2 次以上の微小項を無視して，以下となる．

$$\Delta m = \left(\frac{\partial(\rho u)}{\partial x} + \frac{\partial(\rho v)}{\partial y} + \frac{\partial(\rho w)}{\partial z}\right)\Delta V \quad (6.12)$$

一方，微小な直方体に関する質量の時間的増加は，$\partial(\rho \Delta V)/\partial t$ で与えられ，これが $-\Delta m$ に等しいから（**質量保存則**），結局，次式が得られる．

$$\frac{\partial \rho}{\partial t} + \left(\frac{\partial \rho u}{\partial x} + \frac{\partial \rho v}{\partial y} + \frac{\partial \rho w}{\partial z}\right) = 0 \quad (6.13)$$

式 (6.13) が，微分形で表した**連続式の一般形**であり，密度 ρ の変化も取り入れている．密度が一定となる非圧縮性流体では，式 (6.13) は次式となる．

$$\therefore \quad \frac{\partial u}{\partial x} + \frac{\partial v}{\partial y} + \frac{\partial w}{\partial z} = 0 \quad (6.14)$$

いま，線形作用素 ∇ を以下のようにベクトル成分で定義する．

$$\nabla = \left(\frac{\partial}{\partial x}, \frac{\partial}{\partial y}, \frac{\partial}{\partial z}\right) \quad (6.15)$$

流速のベクトルを $\boldsymbol{u} \equiv (u, v, w)$ と定義すれば，結局，式 (6.14) の連続式は内積をとって以下となる．

$$\nabla \cdot \boldsymbol{u} = 0 \quad (6.16)$$

●コーヒーブレイク6.2 ∇記号は，ベクトル解析では必ず出てくる重要な線形演算子である．∇が西洋楽器のハープに似ていることからハープの原形ともいわれるギリシャ時代の「ナブラ（nabla）」の名をとって，**ナブラ記号**という．ナブラは，各座標軸方向への局所的勾配（傾き）を表している．1次元座標ならば，d/dx である．また，∇は，「アトレット（atled）」とか「デル（del）」ともよばれる．atled は，∇記号がギリシャ文字の $\varDelta$ （delta）をちょうどひっくり返した形をしているから，delta を逆さから読んだもので，しゃれている．デルも delta に由来し，微分を示している．なお，偏微分 ∂ は，デルとも round d （ラウンド・ディ，丸い d の意味）ともよばれる．また，ナブラの2乗をラプラシアン （Laplacian）$\nabla \cdot \nabla = \nabla^2 \equiv \varDelta$ という．このように記号を命名するのは，先駆者の特権である．先手必勝であろう．

6.5 ベクトル解析の初歩

式（6.2）のニュートンの運動方程式がベクトルであるから，ベクトル解析の初歩を基礎知識としてまず学んでおかなければならない．

ここで最も重要な知識は，微分作用素 ∇ に関する演算である．∇記号は，式（6.15）に示すようにベクトルであるから3種類のかけ算があり，流体力学ではそれぞれ重要な意味をもっている．以下で，これらをまとめてみよう．

6.5.1 スカラー積

$\varPsi$ を任意なスカラーとすれば，スカラー積は次式で与えられる．

$$\nabla \varPsi = \left(\frac{\partial \varPsi}{\partial x}, \frac{\partial \varPsi}{\partial y}, \frac{\partial \varPsi}{\partial z} \right) \tag{6.17}$$

式（6.17）は，3つの座標軸方向 (x, y, z) に対する $\varPsi$ のそれぞれの勾配を示していることから**勾配**（gradient）という．一部の教科書では，英字の頭文字を取って $\nabla \varPsi$ を grad $(\varPsi)$ と書く場合もある．$\varPsi$ はスカラーであるが，ナブラを付けると，$\nabla \varPsi$ はベクトルになることに注意されたい．

6.5.2 内積

$$\nabla \cdot \boldsymbol{u} \equiv \frac{\partial u}{\partial x} + \frac{\partial v}{\partial y} + \frac{\partial w}{\partial z} \tag{6.18}$$

式（6.18）は，ベクトル ∇ とベクトル $\boldsymbol{u}$ の内積であるから，その結果はスカラーとなる．ベクトルが内積によってスカラー化することを**縮約**ということがある．これは，式（6.18）をテンソル表示すれば，

$$\nabla \cdot \boldsymbol{u} \equiv \frac{\partial u_i}{\partial x_i} \tag{6.19}$$

となり，式（6.7）で述べたように，アインシュタインの縮約が使われているからである．式（6.18）は各成分の勾配の和であるから，微小体積中のベクトル $\boldsymbol{u}$

の膨張や発散を意味し，**発散**（divergent）という．$\nabla \cdot \boldsymbol{u}$ を div$(\boldsymbol{u})$ と書くこともある．$\boldsymbol{u}$ は任意のベクトルでよいが，もし流速ベクトルならば，連続式 (6.14) より

$$\nabla \cdot \boldsymbol{u} \equiv \frac{\partial u}{\partial x} + \frac{\partial v}{\partial y} + \frac{\partial w}{\partial z} \equiv \frac{\partial u_i}{\partial x_i} = 0 \tag{6.20}$$

となる．水のように非圧縮性流体では，「流体は膨張も収縮もしない」ことを数学表現したものが式 (6.20) である．図 6.3 に示したように，微小体積中に入ってきた流体は，「膨張も収縮もせずにそのまま出ていく」のであり，この意味でミクロな解析では，式 (6.20) を**連続式**とよぶ．

6.5.3 外 積

$$\nabla \times \boldsymbol{u} = \begin{vmatrix} \boldsymbol{i} & \boldsymbol{j} & \boldsymbol{k} \\ \partial/\partial x & \partial/\partial y & \partial/\partial z \\ u & v & w \end{vmatrix}$$

$$= \left(\frac{\partial w}{\partial y} - \frac{\partial v}{\partial z}\right)\boldsymbol{i} + \left(\frac{\partial u}{\partial z} - \frac{\partial w}{\partial x}\right)\boldsymbol{j} + \left(\frac{\partial v}{\partial x} - \frac{\partial u}{\partial y}\right)\boldsymbol{k} \tag{6.21}$$

式 (6.21) は，ベクトル ∇ とベクトル $\boldsymbol{u}$ の外積で，その結果はベクトルであるから，式 (6.20) に比べてはるかに煩雑である．$\nabla \times \boldsymbol{u}$ をテンソル表示することも可能であるが，入門者には式 (6.21) のベクトル表示の方がわかりやすい．ここで，$\boldsymbol{i}, \boldsymbol{j}, \boldsymbol{k}$ は，それぞれ x, y, z 方向の単位ベクトルである．

$\nabla \times \boldsymbol{u}$ は，ベクトル $\boldsymbol{u}$ の**回転**（rotation）という．$\boldsymbol{u}$ にナブラを作用させると，回転をイメージすることができるからである．$\nabla \times \boldsymbol{u}$ を rot$(\boldsymbol{u})$ とか，また人によっては curl$(\boldsymbol{u})$ とか書くこともある．

●**コーヒーブレイク 6.3**　「$\nabla \times \boldsymbol{u}$ が回転をイメージさせる」といったが，式 (6.21) の定義式からこれを実感するのは難しいかもしれない．curl の邦訳も「巻き毛」で，やはり回転をイメージしている．第 7 章で述べるように，流体力学では $\boldsymbol{\omega} \equiv \nabla \times \boldsymbol{u}$ は渦度を表し，渦の回転を示すからそのイメージがわいてくるのである．

以上のように，微分作用素 ∇ には，①**勾配**，②**発散**，③**回転**の 3 種類がある．本書では基本的な知識を解説しているから，直交座標系で十分である．しかし，実際上の応用問題では直交座標系では不便なこともあり，直交曲線座標系などを用いることも多い．この場合は直交座標系から一般の曲線座標系に座標変換する必要があり，複雑な付加係数や付加項が加わる．このような座標変換の演習

例題 6.4 非圧縮流体のミクロな連続式 $\nabla \cdot \boldsymbol{u} = 0$ を円筒座標系 (r, θ, z) で表せ．

[解] 図 6.4 に示すように，円筒座標系 (r, θ, z) を考える．z 軸は直交座標系と同一であるから，2 次元の直交座標 (x, y) から極座標 (r, θ) への変換に相当する．したがって，図 6.3 の長方形底面を図 6.4 の極座標の底面 ABCD と見なし，z 軸は同一と考える．

さて，円筒座標系の速度ベクトル $\boldsymbol{u}$ を (u_r, u_θ, u_z) と定義する．密度 ρ は一定であるから r 方向の流体の流出差は，式 (6.12) と同様に考えて，以下となる．

$$\Delta Q_r = \left(u_r + \frac{\partial u_r}{\partial r} dr\right) \times (r + dr) \cdot (d\theta) \cdot dz$$
$$\quad - u_r \times (rd\theta) \cdot dz$$
$$= \left(u_r + r\frac{\partial u_r}{\partial r}\right) dr d\theta dz \tag{6.22}$$

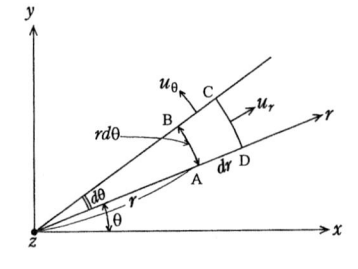

図 6.4 円筒座標系 (r, θ, z)

同様に，θ 軸方向（$d\theta$ の増分方向で，r 軸に直角方向）に関しては，

$$\Delta Q_\theta = \left(u_\theta + \frac{\partial u_\theta}{\partial \theta} d\theta\right) \times dr \cdot dz - u_\theta \times dr \cdot dz$$
$$= \frac{\partial u_\theta}{\partial \theta} dr d\theta dz \tag{6.23}$$

z 軸も同様で，

$$\Delta Q_z = \left(u_z + \frac{\partial u_z}{\partial z} dz\right) \times (dr)(rd\theta) - u_z \times (dr)(rd\theta)$$
$$= \frac{\partial u_z}{\partial z} (dr)(rd\theta)(dz) = r\frac{\partial u_z}{\partial z} dr d\theta dz \tag{6.24}$$

非圧縮性であるから微小体積 $(dr)(rd\theta)(dz)$ での流体の増加はゼロである．すなわち，

$$0 = \Delta Q_r + \Delta Q_\theta + \Delta Q_z = \left(u_r + r\frac{\partial u_r}{\partial r} + \frac{\partial u_\theta}{\partial \theta} + r\frac{\partial u_z}{\partial z}\right) dr d\theta dz \tag{6.25}$$

$$\therefore \quad \frac{1}{r}\frac{\partial (u_r \cdot r)}{\partial r} + \frac{\partial u_\theta}{r\partial \theta} + \frac{\partial u_z}{\partial z} = 0 \tag{6.26}$$

式 (6.26) が答である．このように直交座標の式 (6.14) よりかなり複雑となる．

6.6 移流項の変形とその物理的意味

定常流の加速度は式 (6.7) から，i 成分に関して次式で与えられる．

$$\frac{Du_i}{Dt} = u_j \frac{\partial u_i}{\partial x_j} \quad (i = 1, 2 \text{ および } 3 \text{ のとき}) \tag{6.27}$$

水理学・流体力学での醍醐味は，この**移流項**（加速度に相当するから**慣性項**と

もいう）の変形にある．連続式（6.20）を使うと，以下のように驚くべき変形が得られる．

$$u_j \frac{\partial u_i}{\partial x_j} = \frac{\partial (u_i \cdot u_j)}{\partial x_j} \quad (i=1, 2, 3 \text{ の任意成分}) \tag{6.28}$$

一見 u_j を微分の中に入れただけと思う諸君も多いであろう．しかし，この変形は一般には成立しないのである．なぜなら j 成分に関して和をとっているからである．

例題 6.5 移流項が式（6.28）で表されることを証明せよ．

［解］微分の積の公式によれば，次式が恒等的に成立する.

$$u_j \frac{\partial u_i}{\partial x_j} \equiv \frac{\partial (u_i \cdot u_j)}{\partial x_j} - u_i \frac{\partial u_j}{\partial x_j} \tag{6.29}$$

うまいことに，式（6.29）の第2項は，連続式（6.20）によってゼロとなる．すなわち，式（6.28）が成立する．したがって，圧縮性流体では，式（6.28）は成立しない．

式（6.28）より，移流項は，i 方向の速度成分 u_i と j 方向の速度成分 u_j との積 $u_i u_j$ の勾配 $\partial/\partial u_j$ となっている．$\tau_{ij} \equiv \rho u_i u_j$ は，i 方向の運動量 ρu_i が単位時間あたりに j 方向に u_j だけ輸送される**運動量フラックス**に当たる（3.5節）．すなわち，検査面に働く応力 τ_{ij} となっている．このように，式（6.28）からわかる重要な要点を列挙すれば以下のようである．

① 移流項は運動量の場所的な勾配である．厳密には密度 ρ を付けるが，ρ は一定なので，簡単のために省いて考えてよい．

② 式（6.1）より質点系では運動量の変化が力である．そのため，移流項を一種の**慣性力**と見なしてもよい．

③ 移流項は速度の2乗であり，すなわち非線形項である．流体の運動方程式の非線形性は，まさしくこの移流項に起因する．しかも「非線形性がきわめて強く，流れの**カオス現象**すなわち**乱流現象**の主因」となっている．

以上は，簡単なテンソル解析から得られた知見である．興味ある点は，ベクトル解析からも重要な公式が得られる．式（6.27）をベクトル表示すれば，次式の恒等式が得られる．

$$\frac{Du_i}{Dt} = u_j \frac{\partial u_i}{\partial x_j} \equiv (\boldsymbol{u} \cdot \nabla) \boldsymbol{u} \quad (i=1, 2, 3 \text{ の任意成分}) \tag{6.30}$$

例題 6.6 式 (6.30) を証明せよ．

[解] ベクトル $\boldsymbol{u}$ と ∇ の内積をとれば，

$$\boldsymbol{u}\cdot\nabla \equiv u_1\frac{\partial}{\partial x_1}+u_2\frac{\partial}{\partial x_2}+u_3\frac{\partial}{\partial x_3} \tag{6.31}$$

したがって，式 (6.30) が得られる．厳密にいえば，ベクトル解析の方がすべての成分を内在している．すなわち，成分の添字は記載しない．

例題 6.7 次の恒等式を証明せよ．

$$(\boldsymbol{u}\cdot\nabla)\boldsymbol{u} \equiv \frac{1}{2}\nabla(\boldsymbol{u}\cdot\boldsymbol{u})-\boldsymbol{u}\times\boldsymbol{\omega} \tag{6.32}$$

ここで，$\boldsymbol{\omega}\equiv\nabla\times\boldsymbol{u}$ は**渦度**である．

[解] 式 (6.32) の $i=1$ 成分を考える．式 (6.32) の右辺を A とおけば，式 (6.21) を適用して，以下となる．

$$\begin{aligned}
A &= \frac{1}{2}\frac{\partial}{\partial x_1}(u_1{}^2+u_2{}^2+u_3{}^2)-(u_2\omega_3-u_3\omega_2)\\
&= u_1\frac{\partial u_1}{\partial x_1}+u_2\frac{\partial u_2}{\partial x_1}+u_3\frac{\partial u_3}{\partial x_1}-u_2\left(\frac{\partial u_2}{\partial x_1}-\frac{\partial u_1}{\partial x_2}\right)+u_3\left(\frac{\partial u_1}{\partial x_3}-\frac{\partial u_3}{\partial x_1}\right)\\
&= u_1\frac{\partial u_1}{\partial x_1}+u_2\frac{\partial u_1}{\partial x_2}+u_3\frac{\partial u_1}{\partial x_3}\\
&= (\boldsymbol{u}\cdot\nabla)u_1
\end{aligned} \tag{6.33}$$

式 (6.33) は，式 (6.32) の左辺の $i=1$ 成分に一致する．同様に，$i=2$ および 3 成分に関しても式 (6.32) の両辺は一致する．したがって，任意のベクトル $\boldsymbol{u}$ に関して，式 (6.32) は恒等的に成立する．つまり，圧縮・非圧縮流体ともに成立する．

式 (6.28) が**運動量的変形**であるのに対して，式 (6.32) はいわば**エネルギー的変形**である．その理由は，以下のとおりである．

いま，運動エネルギーを K と定義すれば，

$$K=\frac{1}{2}(u_1{}^2+u_2{}^2+u_3{}^2) \tag{6.34}$$

であるから，式 (6.30)，(6.32)，(6.34) を使って，

$$\therefore\quad \frac{D\boldsymbol{u}}{Dt}=(\boldsymbol{u}\cdot\nabla)\boldsymbol{u}=\nabla K-\boldsymbol{u}\times\boldsymbol{\omega} \tag{6.35}$$

●**コーヒーブレイク 6.4** 水理学・流体力学で最も重要な項は，移流項である．速度が場所的に変化すれば，加速度が生じ，移流項または慣性項が発生して，ニュートン力学を構成する．移流項をテンソル解析すれば「**運動量的変形**」が得られ，ベクトル解析すれば「**エネルギー的変形**」が得られる．何とも不思議な事実ではないか！

もし渦度 $\boldsymbol{\omega}$ がゼロならば，加速度 $D\boldsymbol{u}/Dt$ は，運動エネルギー K の勾配に等しいという驚くべき事実である．この結果は，「ミクロな概念」でのベルヌーイの定理を証明するとき必要になる．

6.7 オイラーの運動方程式―完全流体の支配方程式―

6.6節まででニュートンの運動方程式（6.2）の加速度項が明らかにされた．次に，外力を評価する．外力には，1.3節より

① 体積力　$\rho \boldsymbol{F}$（$\boldsymbol{F}$ は単位質量あたりの力）
② 圧力　$-\nabla p$
③ 粘性力　$\boldsymbol{Vis}$

がある．すなわち，次のベクトル式が得られる．

$$\rho \frac{D\boldsymbol{u}}{Dt} = \rho \boldsymbol{F} - \nabla p + \boldsymbol{Vis} \tag{6.36}$$

粘性力 $\boldsymbol{Vis}$ が無視できる流体を**完全流体**とよんだ．したがって，完全流体の支配方程式は以下となる．

$$\frac{D\boldsymbol{u}}{Dt} = \boldsymbol{F} - \frac{1}{\rho}\nabla p \tag{6.37}$$

加速度項を式（6.5）を使って変形すれば，

$$\boxed{\frac{\partial \boldsymbol{u}}{\partial t} + (\boldsymbol{u}\cdot\nabla)\boldsymbol{u} = \boldsymbol{F} - \frac{1}{\rho}\nabla p} \tag{6.38}$$

式（6.38）を**オイラーの運動方程式**（Euler, 1755）という．

流速 $\boldsymbol{u}$ が常にゼロとなる静水力学では，式（6.38）は

$$\nabla p = \rho \boldsymbol{F} \tag{6.39}$$

となり，式（2.4）と一致する．すなわち，一般式（6.36）は静水力学をも含んでいる．

式（6.38）のオイラーの運動方程式をテンソル表示すれば，次式となる．

$$\frac{\partial u_i}{\partial t} + u_j \frac{\partial u_i}{\partial x_j} = F_i - \frac{1}{\rho}\frac{\partial p}{\partial x_i} \quad (i=1,2,3) \tag{6.40}$$

式（6.40）は，i 成分に関して成立するから，3つの連立方程式である．したがって，未知数は，速度3成分 $\boldsymbol{u} \equiv (u_1, u_2, u_3)$ と圧力 p の4つである．一方，これらの支配方程式は，連続式（6.20）とオイラーの運動方程式（6.40）の計4

つあり，未知数の数と一致するから，原理的にはオイラーの運動方程式は解くことができる．しかし，この方程式は非線形1階偏微分方程式であり，解析的に解くことは一般に困難である．

例題6.8 重力方向の定常な1次元オイラーの運動方程式を解け．

[解] y軸方向，z軸方向の速度はゼロであるから，x軸方向（鉛直上方を正軸とする）のみの定常な運動方程式は，式（6.40）から

$$u\frac{\partial u}{\partial x} = F_x - \frac{1}{\rho}\frac{\partial p}{\partial x}$$

外力を重力とすれば，単位質量あたりの力は鉛直上方がx軸であることに注意すれば，$F_x=-g$で与えられる．したがって，上式は次のように変形される．

$$\frac{d}{dx}\left(\frac{u^2}{2}+gx+\frac{p}{\rho}\right)=0$$

$$\therefore \quad \frac{u^2}{2g}+x+\frac{p}{\rho g}=\text{const.} \tag{6.41}$$

すなわち，ベルヌーイの定理が導ける．これが，3次元の運動方程式からでも渦度がゼロならば成立することが7.4節で証明される．

6.8 ナヴィエ・ストークスの方程式―実在流体の支配方程式―

実在流体は，粘性力 **Vis** が恒等的にゼロではないから，式（6.36）が実在流体の運動方程式になる．したがって，粘性力 **Vis** を評価することが流体力学では本質的なことになる．1.6節で学んだように，ニュートン流体では，粘性応力は速度勾配に比例する．1次元の粘性応力は，式（1.12）で与えられた．これを3次元に拡張すれば，次式が得られる．

$$\tau_{ij} = \mu\left(\frac{\partial u_i}{\partial x_j}+\frac{\partial u_j}{\partial x_i}\right) \tag{6.42}$$

式（2.3）の圧力の誘導と同様にして力の釣り合い式を考えると，粘性力 **Vis** はせん断応力 τ_{ij} の勾配から算出される．すなわち，連続式（6.20）を使って，

$$\boldsymbol{Vis} = \frac{\partial}{\partial x_j}(\tau_{ij}) = \mu\frac{\partial}{\partial x_j}\left(\frac{\partial u_i}{\partial x_j}\right) = \mu\frac{\partial^2 u_i}{\partial x_j \partial x_j} \equiv \mu\nabla^2\boldsymbol{u} \tag{6.43}$$

したがって，**実在流体（粘性流体）**の運動方程式（6.36）は，式（6.43）を代入し，以下となる．

$$\therefore \quad \frac{\partial \boldsymbol{u}}{\partial t}+(\boldsymbol{u}\cdot\nabla)\boldsymbol{u} = \boldsymbol{F}-\frac{1}{\rho}\nabla p+\nu\nabla^2\boldsymbol{u} \tag{6.44}$$

ここで，$\nu \equiv \mu/\rho$ は式 (1.15) であり，**動粘性係数**とよばれる．式 (6.44) はニュートンの粘性流体を支配する最も一般的な方程式であり，フランスのナヴィエ (Navier，1822 年の論文．コーヒーブレイク 15.2 を参照) と英国のストークス (Stokes，1845 年の論文．コーヒーブレイク 7.2 を参照) が独自に導いたことから，現在，**ナヴィエ・ストークスの方程式**（略記：**N-S 方程式**）とよばれる．N-S 方程式は，連続式 (6.20) と連立させれば，原理上解くことができる．しかし，解析的に解ける問題は，円管流 (9.6 節) や，2 次元流れの開水路等流 (図 9.11)・ダクト流・クエット流 (図 1.4) などの数例しかなく，一般解は得られていない．

式 (6.44) をテンソル表示すれば，

$$\therefore \quad \frac{\partial u_i}{\partial t} + u_j \frac{\partial u_i}{\partial x_j} = F_i - \frac{1}{\rho} \frac{\partial p}{\partial x_i} + \nu \frac{\partial^2 u_i}{\partial x_j \partial x_j} \qquad (6.45)$$

$$= F_i + \frac{1}{\rho} \frac{\partial \tilde{\tau}_{ij}}{\partial x_j} \quad (i=1, 2, 3) \qquad (6.46)$$

ここで，

$$\tilde{\tau}_{ij} \equiv -p \delta_{ij} + \mu \left(\frac{\partial u_i}{\partial x_j} + \frac{\partial u_j}{\partial x_i} \right) \qquad (6.47)$$

式 (6.47) が，面積力の合計であり，その勾配 $\partial/\partial x_j$ が力となる．圧力はマトリックス $\tilde{\tau}_{ij}$ の対角線のみに働く．一方，対角線以外の成分がせん断応力になっていることがわかる．

◉ **ま と め**

ニュートンの運動方程式から，完全流体では**オイラーの運動方程式**が求められ，一方，粘性流体では**ナヴィエ・ストークス（N-S）方程式**が求められた．N-S 方程式は，150 年以上も前に提示されたが，現在に至るまで N-S 方程式を覆すニュートン流体は発見されていない．換言すれば，N-S 方程式は実在流体を支配する厳密式であり，連続式と連立すれば，未知数は u_1, u_2, u_3, p の 4 つであるから原理的に解くことができる．

しかし，N-S 方程式の**強い非線形性**のために解析解は後述する円管流や 2 次元開水路等流などのごくわずかしか知られていない．ところが，近年のスーパーコンピュータの進展とともに N-S 方程式を差分化して直接数値シミュレーション（Direct Numerical Simulation (DNS)）しようとする研究動向にあり，21 世紀では DNS はますます活発になるものと考えられる．しかし現在，スーパーコンピュータを駆使しても DNS できる流れのレイノルズ数 Re はせいぜい 10^4 程度であり，自然界の流れ（レイノルズ数は 10^7 以上にも達する場合がある）を DNS で直接に解くことは当分困難な仕事であろう．なぜなら，3 次元の DNS の計算格子点数 N は

$Re^{9/4}$ に比例するから，$Re=10^4$ でも $N=10^9$ となり，膨大なメモリーと計算時間を要する．このことは，N-S 方程式を背景に，流れの実験的研究が今後とも重要であることを示している．

■演習問題

6.1 ニュートンの運動方程式 (6.2) の外力 F は，単位質量あたりの力であることを示せ．

6.2 図 6.4 より速度成分の変換式 $u = u_r \cos\theta - u_\theta \sin\theta$，$v = u_r \sin\theta + u_\theta \cos\theta$ を導け．
　ヒント：速度ベクトルは $\boldsymbol{u} = (u, v) = (u_r, u_\theta)$ で与えられる．

6.3 2次元の極座標で表した連続式は，式 (6.26) より

$$u_r + r\frac{\partial u_r}{\partial r} + \frac{\partial u_\theta}{\partial \theta} = 0 \tag{6.48}$$

となる．式 (6.48) を直交座標の連続式 (6.20)，すなわち $\dfrac{\partial u}{\partial x} + \dfrac{\partial v}{\partial y} = 0$ から極座標変換式 $x = r\sin\theta$，$y = r\cos\theta$ を用いて証明せよ．
　ヒント：演習問題 6.2 の結果を使え．

6.4 オイラーの運動方程式 (6.38) あるいは式 (6.40) を常用座標 (x, y, z) を用いて書き下せ．この場合，速度成分は $\boldsymbol{u} \equiv (u, v, w)$ で表示される．

6.5 重力に直角な方向の定常な 1 次元流体運動に関して述べよ．

6.6 粘性力 Vis の右辺第2項（式 (6.42) の第2項から導出される）がゼロになることを示せ．

6.7 式 (6.45) の N-S 方程式を常用座標 (u, v, w) を用いて書き下し，オイラーの運動方程式と比較せよ．

7 ポテンシャル流理論

7.1 渦度と循環

渦度（vorticity）ω はベクトルであり，次式で定義される（6.5.3項）．
$$\omega \equiv \nabla \times u \tag{7.1}$$
例題 7.10 で述べるように，渦度 ω（オメガとよむ）は，剛体回転の**回転角速度** ω' のちょうど2倍になっている．

●コーヒーブレイク7.1　渦度は，「かど」あるいは「うずど」とよむ．乱流であれば，渦度は必ず存在する．一方，本章では渦度がゼロとなる流れ場を考察する．

渦度の概念は，$\nabla \cdot u = 0$ の連続式より多少難しいかもしれない．できるだけ平易に解説しよう．図7.1 に示すように，流れ場のある閉曲線 C に沿った u の線積分を考え，**循環**（circulation）Γ（ガンマとよむ）を次式で定義する．

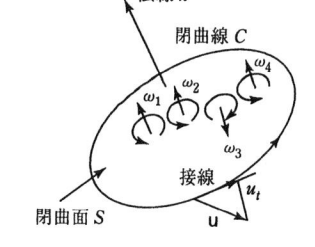

$$\Gamma \equiv \oint_C u \cdot t dr = \oint_C u_t dr = \oint_C (u \cdot dx + v \cdot dy + w \cdot dz) \tag{7.2}$$

図 7.1　渦度と循環の説明図

ここで t は単位接線ベクトルであり，閉曲線 C の接線方向の速度成分 u_t に関して線積分することを意味している．

さて，ガウスの発散定理と同様な便利な定理がある．すなわち，

$$\oint_C u \cdot t dr = \iint_S (\nabla \times u) \cdot n ds \tag{7.3}$$

$$\therefore \ \Gamma = \iint_S \omega_n ds \tag{7.4}$$

ここで S は閉曲線 C で囲まれた閉曲面である．u は任意のベクトルでよく，数学では式（7.3）を**ストークスの定理**（Stokes' theorem）という．

●**コーヒーブレイク7.2** ストークス卿（Stokes, 1819-1903, 英国の貴族）は，偉大なニュートン以来はじめてケンブリッジ大学のルーカス教授職を継承した大学者で，王立学会の会長にもなり，理論物理学における英国の名声を大いに高めた．N-S方程式，そのストークス近似解法，球の最終沈降速度に関するストークスの法則（演習問題11.1），球の抗力に関するストークス解（図8.9），式（7.3）のストークスの定理，微小振幅波理論（16章）を非線形に拡張したストークス波などに貢献し，流体力学関係の論文も含めて100編以上の学際的な論文を発表した．なお，現在ルーカス記念講座教授職にはブラックホール理論などで著名なホーキング博士が1979年以来就任し，筋萎縮性側索硬化症と闘いながら独創的な宇宙論を研究している．

u が速度ベクトルならば，式（7.4）の**循環公式**が得られる．すなわち，S 閉曲面内のすべての渦度の法線方向成分 ω_n を加算すれば，循環になるのである．局所的な渦度は，その方向が逆ならば図7.1の ω_3 のようにキャンセルし合い，その結果として，閉曲線 C の「マクロな渦度」が残るのである．これを循環と考えればよい．循環は回転の大きさを表すが，スカラーなので方向をもたない．

渦度や**循環**は一見難解な概念であるが，日常よく体験する．いま，静水状態の水槽内で渦を作れば，必ずそれとは反回転の渦が発生する．風呂の湯船に浸かって手で渦を発生させてみればよい．反回転の渦対がきれいにできる．最初から循環はゼロであったから，$\omega_n>0$ と $\omega_n<0$ の渦が生まれたのである．完全流体では摩擦がないからこのように渦度は保存される．「流体とともに動く任意の閉曲線 C についての循環 Γ は時間が経過しても不変である」というケルヴィン（Kelvin, 英）の**循環不変の定理**が成立する．循環が不変であれば，式（7.4）から渦度も保存される．完全流体を対象として，これら一連の**渦に関する保存則**を確立したのが，ヘルムホルツ（Helmholtz, 独）である．

●**コーヒーブレイク7.3** ケルヴィン（1824-1907）とヘルムホルツ（1821-1894）は，同時代の物理学者であり，ポテンシャル流理論を確立した偉大な学者である．コーヒーブレイク7.2のストークスとも同時代で，古典物理学の全盛期であったと思われる．そして，20世紀に入ると近代物理学が誕生するのである（コーヒーブレイク8.1）．ケルヴィンは絶対温度の単位になっている．有名な流体現象の一つに，「ケルヴィン・ヘルムホルツの不安定性（K-H instability）理論」がある．以下で述べてみよう．

7.2 ケルヴィン・ヘルムホルツの不安定性理論

例題 7.1 図7.2(a) に示すように，2つの完全流体が合流するとき，合流点の下流で流れが不安定になり組織渦が発生することを示せ．

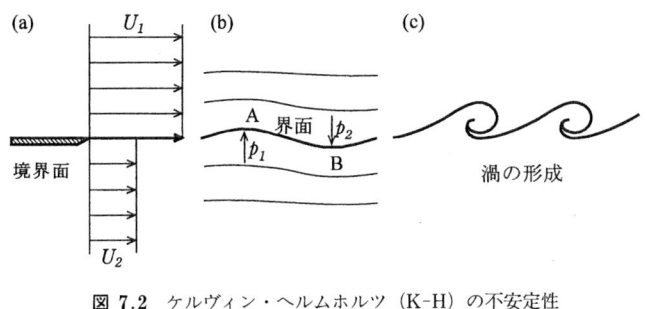

図 7.2 ケルヴィン・ヘルムホルツ（K-H）の不安定性

[解] 速度 U_1 と速度 U_2 が不連続で合流するから，この境界面が微小に変形したとする．点Aで境界面が高速側に変形すると，高速側の流線は凸となり流水断面積が小さくなるから流速は大きくなる．ベルヌーイの定理から，凸部の流速が大きくなると圧力は減少する．一方，低速側の流線は凹となり，流速が小さくなるから圧力は増加する．したがって，点Aの境界面では低速側から高速側へ圧力 $p_1(>0)$ が働き，境界面はますます凸型に変形する．同様に，B点では圧力 $p_2(<0)$ が働き，凹型に変形する．このように境界面の凸凹形状は，流下するに従ってますます振幅が大きくなり，ついには図7.2(c) のように渦を形成する．このように，2つの流体が混合する界面では微小攪乱に対して不安定であり，渦が形成される．この不安定性を，**ケルヴィン・ヘルムホルツの不安定性理論**（K-H不安定性）という．

粘性がある実在流体でも同様なメカニズムで渦が発生する．そのため，自然界でみられる渦の発生は，このK-H不安定性によることが多い．混合層では必ず渦が発生する．図7.2の低速流体がゼロの場合は，ちょうど流速 U_1 が物体から剥離することに相当するが，流れが剥離するとK-H不安定性により**剥離渦**（separated vortex）が発生する．たとえば，図7.3は，河川の底（**河床**という）に発生する**河床波**（sand wave）とよばれる流下方向に三角形状をした砂層を示す．この場合，河床波の**クレスト**（頂部のこと）から流れが剥離して，クレストの下流に剥離渦が発生する．剥離渦は流下するに従って，周囲の流体を連行して巻き込みながら発達し，前方の河床波面に再付着する．この**再付着点**（reattachment point）から土砂が浮上

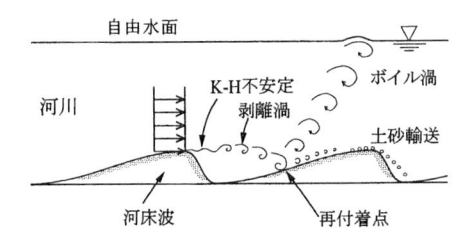

図 7.3 河川における河床波背後の組織渦と土砂浮上現象

して，さらに大きな組織だった渦が形成され，浮遊砂が**間欠的**に水面まで浮上する．この組織渦はあたかも水がボコボコと沸騰して土砂が浮上してくる様子に似ていることから，**ボイル渦** (boil vortex) とよばれる．K-H 不安定性による剝離渦の発生とボイル渦の発生は，流れと河床の相互作用の結果であり，3 次元の複雑なメカニズムであるが，水理学上また河川工学上重要な現象であり，現在盛んに研究されている．塩淡混合層の界面にも **K-H 不安定性**によってきれいな渦が発生する．流れの可視化を扱った本によく載っているから参照してほしい．

7.3 渦なし流れと速度ポテンシャル

上述のように，渦が存在すると流れがかなり複雑になると予測される．このメカニズムを解明することが現在の水理学・流体力学の重要な課題である．一方，**渦がない流れ**は，非常に簡単で，ポテンシャル流理論を構築している．

さて，流れ場は一般に 3 次元であるが，その取り扱いが複雑であるから，以下では 2 次元の**渦なし流れ**を考えよう．このとき，外積の定義式 (6.21) から

$$\boldsymbol{\omega} \equiv \nabla \times \boldsymbol{u} = \left(\frac{\partial v}{\partial x} - \frac{\partial u}{\partial y}\right)\boldsymbol{k} = 0 \tag{7.5}$$

したがって，渦なし流れ（**非回転流れ**ともいう）すなわち $\boldsymbol{\omega}=0$ の条件から，次の同値関係式が得られる．

$$\frac{\partial v}{\partial x} = \frac{\partial u}{\partial y} \iff u = \frac{\partial \Phi}{\partial x}, \quad v = \frac{\partial \Phi}{\partial y} \tag{7.6}$$

すなわち，速度ベクトルは，スカラー Φ（ファイとよむ）の勾配で表現できる．この Φ を**速度ポテンシャル**あるいは**ポテンシャル関数**という．式 (7.6) は，u および v の 2 つの未知変数が $\boldsymbol{\omega}=0$ の関係式を使って，1 つの未知変数 Φ のみで表されることを示している．

例題 7.2 式 (7.6) の同値関係式をベクトル表示せよ．

［解］以下が容易に書き下せる．

$$\boldsymbol{\omega} = \nabla \times \boldsymbol{u} = 0 \iff \boldsymbol{u} = \nabla \Phi \tag{7.7}$$

このように，渦なし流れでは速度ポテンシャルが常に存在する．このとき，速度 $\boldsymbol{u}$ は，速度ポテンシャルの勾配から容易に計算できる．なお，式 (7.7) は，(u, v, w) の 3 次元空間にも拡張できる．

7.4 流れ関数と流線

連続式 (6.20) の 2 次元場では，以下の同値関係式が成立する．

$$\frac{\partial u}{\partial x}+\frac{\partial v}{\partial y}=0 \iff u=\frac{\partial \Psi}{\partial y}, \quad v=-\frac{\partial \Psi}{\partial x} \tag{7.8}$$

式 (7.8) から，2 つの未知数 u および v は連続式を使えば 1 つの未知数 Ψ (プシーとかプサイとよむ) と同値となり，変数が 1 つ減ることになる．式 (7.8) の 1 項目を積分すれば，

$$\Psi_b = \Psi_a + \int_a^b u\,dy \tag{7.9}$$

すなわち，**流れ関数** Ψ_b と Ψ_a の差が，$y=a$ から b までの流量に等しい．

例題 7.3 流れ関数 Ψ が 1 つの流線になっていることを証明せよ．

[解] 流線は速度ベクトル (u, v) の接線方向であるから，流線の方程式は次式で与えられる．

$$\frac{dx}{u}=\frac{dy}{v} \tag{7.10}$$

式 (7.8) を式 (7.10) に代入して積分すれば，以下となる．

$$d\Psi \equiv \frac{\partial \Psi}{\partial x}dx + \frac{\partial \Psi}{\partial y}dy = -v\,dx + u\,dy = 0$$
$$\therefore \quad \Psi(x, y) = \text{const.} \tag{7.11}$$

したがって，ある 1 つの流れ関数 Ψ に接するベクトルが速度ベクトルになっている．

流れ関数は連続式と同値であるから，ポテンシャル流れ (渦度がゼロとなる流れ) でなくても存在することに注意してほしい．実際，渦度の k 方向成分を ω_z とすれば，式 (6.21) と式 (7.8) より

$$\therefore \quad \omega_z = \frac{\partial v}{\partial x} - \frac{\partial u}{\partial y} = -\left(\frac{\partial^2 \Psi}{\partial x^2} + \frac{\partial^2 \Psi}{\partial y^2}\right) = -\nabla^2 \Psi \tag{7.12}$$

渦度がゼロでなければ，流れ関数 Ψ は**ポアッソン方程式** (Poisson's equation) を満足する．一方，渦なし流れでは，次の**ラプラス方程式** (Laplace's equation) が成立する．

$$\nabla^2 \Psi \equiv \frac{\partial^2 \Psi}{\partial x^2} + \frac{\partial^2 \Psi}{\partial y^2} = 0 \quad (\text{渦なし流れ}) \tag{7.13}$$

例題 7.4 ポテンシャル関数 Φ もラプラス方程式を満足することを示せ．

[解] 式 (7.6) を連続式 (6.20) に代入すれば以下となる．

$$\therefore \quad 0 = \frac{\partial u}{\partial x} + \frac{\partial v}{\partial y} = \frac{\partial^2 \Phi}{\partial x^2} + \frac{\partial^2 \Phi}{\partial y^2} = \nabla^2 \Phi \quad (7.14)$$

7.5 ポテンシャル流理論

前節で，渦なし流れ場ではポテンシャル関数 Φ も流れ関数 Ψ もともにラプラス方程式を満足することがわかった．したがって，Φ と Ψ には何らかの関係がありそうである．式 (7.6) と式 (7.8) を書き改めると，

$$u = \frac{\partial \Phi}{\partial x} = \frac{\partial \Psi}{\partial y}, \quad v = \frac{\partial \Phi}{\partial y} = -\frac{\partial \Psi}{\partial x} \quad (7.15)$$

2つの関数 Φ と Ψ が式 (7.15) を満足するとき，**コーシー・リーマンの関係式** (Cauchy-Riemann relations) という．このとき，完全流体の力学が威力を発揮するのは，2次元空間 (x, y) を複素数の座標空間 $z = x + y \cdot i$ (ここで，i は虚数単位) で表せば，式 (7.15) のコーシー・リーマンの関係式を使って，「ポテンシャル関数 Φ と流れ関数 Ψ で構成される複素関数が **z のみの関数**になる」ことである．すなわち，

$$W(z) = \Phi(x, y) + \Psi(x, y) \cdot i \quad (7.16)$$

Φ と Ψ は，x および y の2変数の関数であるから偏微分になったが，複素数を導入すれば，W 関数は z のみの1変数の関数に縮退し，常微分になるという**驚くべき結果**である．$W(z)$ を**複素速度ポテンシャル**という．$W(z)$ が何らかの方法で解ければ，定義式より，

$$\Phi(x, y) = \mathrm{Re}(W), \quad \Psi(x, y) = \mathrm{Im}(W) \quad (7.17)$$

と容易に Φ と Ψ がわかり，式 (7.6) あるいは式 (7.8) から速度ベクトル (u, v) が算出される．以上の関係を図示したものが図 7.4 である．ここで重要な点は，Φ と Ψ の支配方程式はともに**ラプラス方程式**で，**線形方程式**であることである．すなわち，2つの異なる解の和も解となる，いわゆる**解

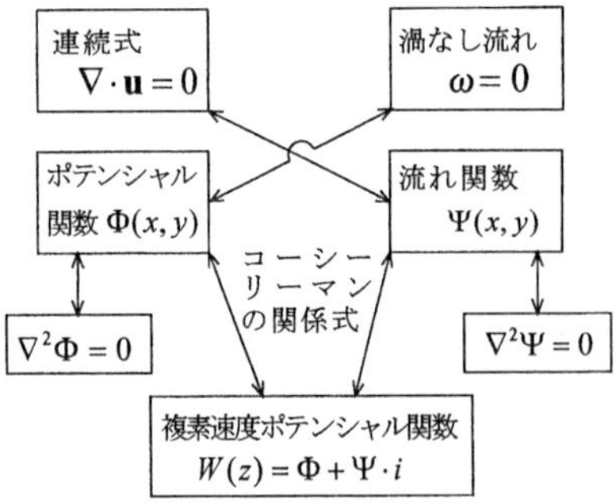

図 7.4 ポテンシャル流理論の構成

の重ね合わせが成立する．この定理を利用すれば，よく知られた解析関数を適宜組み合わせて複素速度ポテンシャル $W(z)$ を作り，流れの基本的理解や応用的な解析に役立つことが多い（16章を参照）．

また，複素関数論で現れる**等角写像**を利用すれば，複雑な境界条件が複素平面上で簡単に表され，$W(z)$ を求めることができる．たとえば，物体の境界が多角形で近似できる場合は，**シュワルツ・クリストフェル変換**（Schwarz-Christoffel transformation）を利用して，複素平面の片半面空間に写像でき，$W(z)$ を容易に求めることができる．

7.6 拡張されたベルヌーイの定理

完全流体の運動方程式は，式（6.38）のオイラーの運動方程式で与えられた．いま，渦なし流れを対象にすれば，$\boldsymbol{\omega}=0$ であるから，式（6.32）を使って，

$$\frac{\partial \boldsymbol{u}}{\partial t}+\frac{1}{2}\nabla(\boldsymbol{u}\cdot\boldsymbol{u})=\boldsymbol{F}-\frac{1}{\rho}\nabla p \tag{7.18}$$

外力として重力 g のみを考えよう．図2.2の座標系を採用すれば，

$$\boldsymbol{F}=(0,0,-g)\equiv-\nabla\Omega \tag{7.19}$$

と**重力ポテンシャル** Ω が定義できる．このとき，式（7.19）は

$\dfrac{\partial \Omega}{\partial x}=0, \quad \dfrac{\partial \Omega}{\partial y}=0, \quad \dfrac{\partial \Omega}{\partial z}=g$ であるから，

$$\therefore \quad \Omega=gz \tag{7.20}$$

また，渦なし流れであるから，式（7.7）の速度ポテンシャル Φ が存在する．式（7.7）と式（7.20）を式（7.18）に代入すれば，

$$\nabla\left(\frac{\partial \Phi}{\partial t}+\frac{u^2}{2}+gz+\frac{p}{\rho}\right)=0 \tag{7.21}$$

$$\therefore \quad H\equiv\frac{1}{g}\frac{\partial \Phi}{\partial t}+\left(\frac{u^2}{2g}+z+\frac{p}{\rho g}\right)=\text{全空間で一定} \tag{7.22}$$

●**コーヒーブレイク7.4**「ポテンシャル」とは，潜在能力のことをいう．「人間のポテンシャルは高い」とは潜在能力が高いことを意味する．ポテンシャルの勾配をとればベクトルになり，潜在力になる．たとえば，速度ポテンシャルの勾配から速度が計算でき，重力ポテンシャルの勾配から重力が算出される．このようにポテンシャルの勾配で表せる力を保存場という．

定常流ならば,
$$\therefore \quad H \equiv \frac{u^2}{2g} + z + \frac{p}{\rho g} = 全空間で一定 \tag{7.23}$$

ここで，$u^2 \equiv \boldsymbol{u} \cdot \boldsymbol{u}$ は，速度ベクトルの絶対値である．

式（7.22）が，**拡張されたベルヌーイの定理**であり，非定常流れを解析するとき使用する．たとえば，水面波の解析では式（7.22）は不可欠となり，16 章で学ぶ．式（7.23）は，式（4.1）に完全に一致する．すなわち，ベルヌーイの定理は，オイラーの運動方程式から厳密に誘導されたことになる．

例題 7.5 図 7.5 に示すように，U 字管に水を入れ，水面を振動させた．水面高 ζ（ツェータとよむ）の時間変化と周期 T を求めよ．このような振動を一般に**流体振動**という．

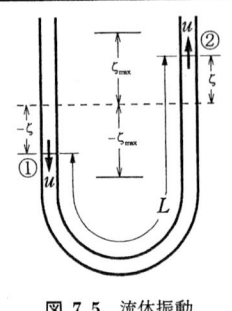

図 7.5 流体振動

[解] これはかなりの難問である．「拡張されたベルヌーイの定理」の例題として最適な問題と思われる．非定常運動であるから，式（7.22）の**拡張されたベルヌーイの定理**を使わねばならない．勾配 ∇ として，管軸方向の勾配 $\partial/\partial s$ をとり，検査面①と②で積分すれば，圧力項は大気圧でありゼロとなるから，式（7.18）あるいは式（7.21）は以下となる．

$$\left(\because \frac{\partial}{\partial s}\left(\frac{\partial \Phi}{\partial t}\right) = \frac{\partial}{\partial t}\left(\frac{\partial \Phi}{\partial s}\right) = \frac{\partial v}{\partial t} \right)$$

$$\frac{1}{g}\int_0^L \frac{\partial u}{\partial t}ds + \int_0^L \frac{\partial \hat{H}}{\partial s}ds = 0, \quad \hat{H} \equiv \frac{u^2}{2g} + z + \frac{p}{\rho g} \tag{7.24}$$

$$\therefore \quad \frac{L}{g}\frac{\partial u}{\partial t} = -(\hat{H}_2 - \hat{H}_1) = -\left(\frac{u_2^2}{2g} + \zeta\right) + \left(\frac{u_1^2}{2g} - \zeta\right) \tag{7.25}$$

管径は一定であるから，連続式より

$$u = u_1 = u_2 = \frac{\partial \zeta}{\partial t} \tag{7.26}$$

●**コーヒーブレイク7.5** 振り子の等時性は，ガリレオが斜塔で有名なピサの本殿に吊るしてあった振り子から発見したといわれる．振り子の周期 T は，

$$T = 2\pi\sqrt{L/g} \tag{7.30}$$

で与えられる．等時性は，周期 T が振り子の質量には無関係で振り子の長さ L のみに依存することをいう．式（7.29）は，この振り子の挙動と同じである．このように，「空気との摩擦を無視した振り子」と「摩擦が無視できる流体すなわち完全流体の U 字管振動」は，同じ現象である．おもしろいではないか！

これを式 (7.25) に代入すれば，

$$\frac{\partial^2 \zeta}{\partial t^2} = -\frac{2g}{L}\zeta \qquad (7.27)$$

これは，変位 ζ に関する単振動の方程式である．初期条件として $t=0$ で $\zeta = \zeta_{max}$ とすれば，式 (7.27) を解いて，以下のようになる．

$$\therefore \quad \zeta(t) = \zeta_{max}\cos\left(\sqrt{\frac{2g}{L}}\times t\right) \qquad (7.28)$$

単振動の周期 T は，明らかに

$$\therefore \quad T = 2\pi\sqrt{\frac{L}{2g}} \qquad (7.29)$$

すなわち，周期 T は，水柱の長さ L の平方根に比例し，流体の密度には無関係である．

7.7 フローネット理論と流れの近似解析

Φ や Ψ に関するラプラス方程式の解析解を任意の境界条件に対して求めることは一般に困難である．しかし，図解法で，流れの様子を解析できる．

> **例題 7.6** 等ポテンシャル線（Φ 曲線）と流線（Ψ 曲線）とは直交することを示せ．

[解] 等ポテンシャル線に垂直な方向は，この勾配であるから $\nabla\Phi$ である．同様に，流線に垂直な方向は $\nabla\Psi$ である．したがって，$\nabla\Phi$ と $\nabla\Psi$ とが直交することを証明すればよい．両者の内積をとり，式 (7.15) を使うと，

$$\therefore \quad \nabla\Phi\cdot\nabla\Psi = \frac{\partial\Phi}{\partial x}\times\frac{\partial\Psi}{\partial x} + \frac{\partial\Phi}{\partial y}\times\frac{\partial\Psi}{\partial y} = u\times(-v) + v\times u = 0 \qquad (7.31)$$

すなわち，$\nabla\Phi$ と $\nabla\Psi$ とは直交している．ゆえに，Φ 曲線と Ψ 曲線とは直交する．

図 7.6 は，ある物体のまわりの流線 $\Psi_0, \Psi_1, \Psi_2, \cdots$ を実線で，等ポテンシャル線 $\Phi_1, \Phi_2, \Phi_3, \cdots$ を破線で描いた図解である．物体の境界線が 1 つの流線 Ψ_0 であ

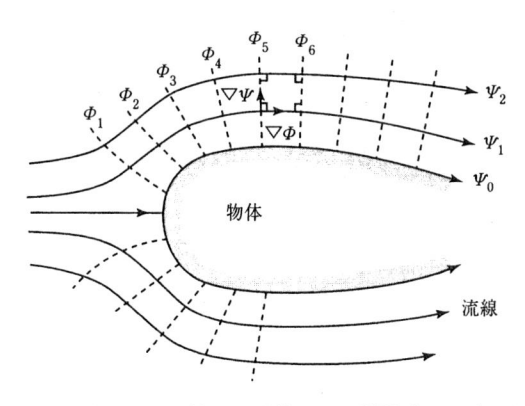

図 7.6 等ポテンシャル線 Φ_i と流線 Ψ_i との関係（フローネット）

り（したがって，実在流体で成立する式 (7.77) のノンスリップ条件を満足しない），これに垂直に等ポテンシャル線を書いていけばよい．このように直交正方形格子網を**フローネット** (flow net) という．流線方向を s 座標，等ポテンシャル線方向を n 座標にとれば，式 (7.15) の偏微分を差分で近似して

$$\frac{\Delta \Phi}{\Delta s} = \frac{\Delta \Psi}{\Delta n} = u_s \tag{7.32}$$

ここで，u_s は流線方向の速度である．$\Delta s = \Delta n$ であるから，

$$\therefore \quad \Delta \Phi = \Delta \Psi = u_s \Delta n = q \tag{7.33}$$

式 (7.9) より，q は流線間隔 $\Delta \Psi$ を流れる流量であることがわかる．したがって，全流量 Q は，

$$\therefore \quad Q = N \times \Delta \Psi \tag{7.34}$$

ここで，N は流線の個数である．

図 7.7 は，Hunter Rouse (1906-1996；米国，コーヒーブレイク 15.3 参照) の有名な教科書に載っている**刃型堰** (sharp-crested weir) を越流するフローネットの図解である．開水路の刃型堰から流出する水流の様子が定性的・定量的によくわかる．**フローネット理論**とベルヌーイの定理からかなりの程度まで流れを解析できる．落水の水脈（**ナップ** (nappe) という）は大気圧に接しているから，圧力はゼロであり，位置水頭の違いからナップの下面の流速 v_D は上面の流速 v_U より大きくなる．したがって，上面のナップほど流線の間隔 $\Delta \Psi$ は広くなり，低速になる．この場合，流量は $Q = 4\Delta \Psi$ で与えられる．

しかし，コンピュータが発達した昨今では，上述の図解法よりもラプラス方程式 $\nabla^2 \Phi = 0$ および $\nabla^2 \Psi = 0$ を数値解析してフローネットを容易に求めることができる．また，コーヒーブレイク 12.2 で述べるように，このようなフローネット

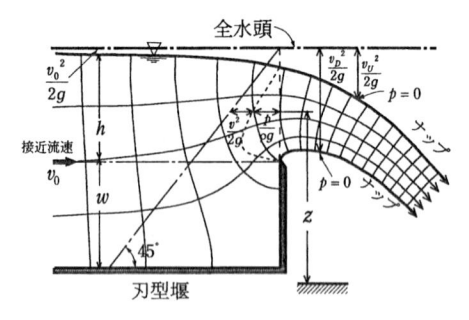

図 7.7 刃型堰を越流するフローネット
(Rouse(1946) の図を再整理したもの)

理論は，**ダルシー**（Darcy；1803-1858, 仏）**の法則**が適用できる浸透流・地下水解析でよく用いられる．

7.8 速度ベクトルと圧力の計算方法

複素関数論で重要なことは，複素関数 $W(z)$ を z で微分するとき，実軸（x軸）方向と虚軸（y軸）方向の微分の値は同値になることである．これを保証するのが，式（7.15）のコーシー・リーマンの関係式である．すなわち，

$$\frac{dW}{dz} = \frac{\partial W}{\partial x} = \frac{\partial \Phi}{\partial x} + i \cdot \frac{\partial \Psi}{\partial x} = u - v \cdot i \quad \text{（実軸方向微分）} \tag{7.35}$$

$$\frac{dW}{dz} = \frac{\partial W}{i\partial y} = \frac{1}{i}\left(\frac{\partial \Phi}{\partial y} + i \cdot \frac{\partial \Psi}{\partial y}\right) = u - v \cdot i \quad \text{（虚軸方向微分）} \tag{7.36}$$

複素共役にバーを付けて表すと，

$$\frac{d\overline{W}}{dz} = u + v \cdot i \tag{7.37}$$

よって，速度の絶対値を V で表せば，上式より，

$$V^2 \equiv u^2 + v^2 = \frac{dW}{dz}\frac{d\overline{W}}{dz} \tag{7.38}$$

また，

$$u = \text{Re}\left(\frac{dW}{dz}\right), \quad v = -\text{Im}\left(\frac{dW}{dz}\right) \tag{7.39}$$

圧力 p は，式（7.23）のベルヌーイの定理を用い，位置水頭が一定であるから（なぜか考えよ！）

$$\therefore \quad H = \frac{V^2}{2g} + \frac{p}{\rho g} = \text{const.} \tag{7.40}$$

から容易に計算できる．

●**コーヒーブレイク7.6** 複素関数論が威力を発するのは，速度ベクトルが式（7.39）で，またその絶対値が式（7.38）でそれぞれ算出されることである．すなわち，$W(z)$ を常微分するだけでよい．**何と便利な公式ではないか．**偏微分が苦手な諸君もこの公式から速度を容易に計算できるのである．

7.9 複素速度ポテンシャル関数とその解析方法

図7.8に示すように，ミクロな境界条件で，式（7.16）で定義された複素速度

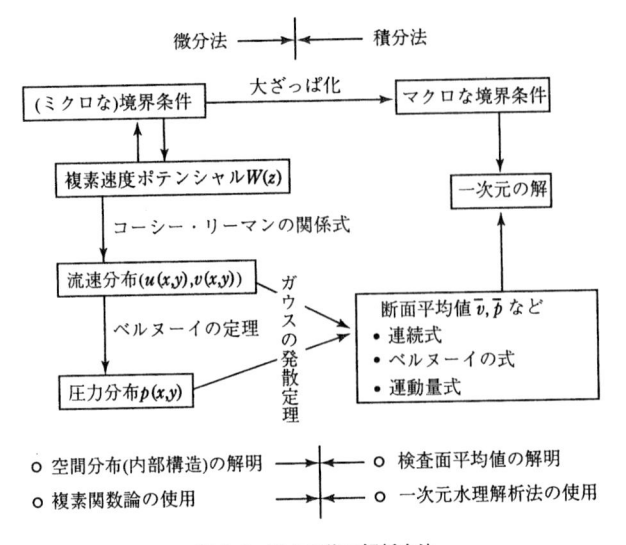

図 7.8　完全流体の解析方法

ポテンシャル関数 $W(z)$ を解くことは一般に困難である．幸い Φ および Ψ は線形のラプラス方程式を満足するから，式 (7.16) の関数 $W(z)$ も線形方程式の解である．そこで，既知の関数を組み合わせ，また等角写像の原理を応用して，これらの複素関数がどのような流れを表すかを研究するのが一般的である．

このように，**複素速度ポテンシャル**を求めることが 19 世紀までに**応用数学**の分野で精力的に研究され，流体力学が複素関数論の応用面の一つと見なされる理由がここにある．このような複素解析は本書のレベルを超えるから，適宜専門書を参照していただくことにし，以下では基本的な複素速度ポテンシャル関数を例示し，ポテンシャル流理論の理解を深めることにする．

一方，4 章および 5 章で学んだ完全流体の積分形解析では，コントロールボリューム内で積分するから，その流速分布や圧力分布などの内部構造を明らかにすることはできない．マクロな境界条件のもとで，断面平均された水理量たとえば速度 v を ① 連続式，② ベルヌーイの式および ③ 運動量の式を用いて解く方法であり，この意味でこれを**一次元水理解析法**という（図 7.8）．

例題 7.7　6.6 節で述べたように，オイラーの運動方程式は**強い非線形方程式**である．しかし，ポテンシャル流理論によれば，これらの解はラプラス方程式を満足するから，線形解となる．どこかに矛盾は，ないか？

[解] これは，誰でも一度は陥る**パラドックス**で，考えに悩むものである．この原因の源は，渦度 $\omega = 0$（渦なし流れ）に起因している．$\omega = 0$ であれば速度ポテンシャルが生じ，連続式を使えばこれがラプラス方程式を満足するのである（図 7.4）．では，移流項の非線形性はどこにいったのか．実は，この非線形性はベルヌーイの定理式（7.22）に内在している．速度 u がポテンシャル流理論から求められると，次に圧力分布が式（7.22）より計算される．このとき，**非線形性**が現れる．この好例が水面波の理論で，16 章で詳述する．水面波はラプラス方程式を満足するが，水面で圧力がゼロの境界条件にベルヌーイの定理式（7.22）を使う．したがって，境界条件式に非線形性が現れるのである．この境界条件式（**力学条件**という）を微小振幅を仮定して線形化したものが**微小振幅波理論**（エアリー波）であり，線形化できないのが**有限振幅波**で**ストークス波**や最近有名な**ソリトン**などがある．

7.10 ポテンシャル流理論の応用─応用数学の華麗さ─

7.10.1 円柱まわりの流れ

> **例題 7.8** 複素速度ポテンシャルが次のようなべき関数の和として表せる流れの場を解析せよ．
> $$W(z) = U_\infty \left(z + \frac{a^2}{z} \right) \tag{7.41}$$

[解] z が無限大のとき，式（7.41）は $W(z) = U_\infty z = U_\infty(x + y \cdot i)$ となるから $\Phi = U_\infty x$ となる．したがって，式（7.6）を使って，無限遠で速度ベクトルは $u(x, y) = U_\infty$，$v(x, y) = 0$ となる．すなわち，図 7.9 に示すように，x 軸に平行な流れで正の向きに一様に流れている．

では，z が有限のときはどうなるか．上述の**直交座標** (x, y) で解いてもそれほど複雑な計算ではないが（演習問題 7.1 に挙げている．各自ぜひやってほしい），極座標で解いた方がエレガントである．極座標 (r, θ) での計算方法を学ぶ意味から以下では**極座標**で解いてみよう．

さて，極座標は以下で与えられる（図 7.9）．
$$z = x + y \cdot i = r(\cos\theta + i \cdot \sin\theta) = r \cdot e^{i\theta} \tag{7.42}$$
$$W(z) = U_\infty \left(z + \frac{a^2}{z} \right) = U_\infty \left(re^{i\theta} + \frac{a^2}{r} e^{-i\theta} \right) \tag{7.43}$$

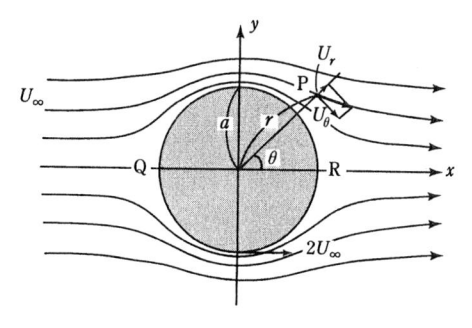

図 7.9 円柱まわりの流れ

$$\therefore \quad \varPhi = \mathrm{Re}(W) = U_\infty\left(r + \frac{a^2}{r}\right)\cos\theta \tag{7.44}$$

$$\therefore \quad \varPsi = \mathrm{Im}(W) = U_\infty\left(r - \frac{a^2}{r}\right)\sin\theta \tag{7.45}$$

速度ベクトル u を直交座標で表すと (u, v) となり,極座標で表すと (U_r, U_θ) となる. (U_r, U_θ) は,図7.9に示すように,動径 r の増分 dr に対する $\varPhi$ 勾配が U_r であり,径角 θ の増分長さ $rd\theta$ に対する $\varPhi$ の勾配が U_θ であるから,

$$U_r = \frac{\partial \varPhi}{\partial r} = U_\infty\left(1 - \frac{a^2}{r^2}\right)\cos\theta \tag{7.46}$$

$$U_\theta = \frac{\partial \varPhi}{r\partial \theta} = -U_\infty\left(1 + \frac{a^2}{r^2}\right)\sin\theta \tag{7.47}$$

したがって,$r=a$ の円周上 $(\theta = 0 \to 2\pi)$ では,上式に代入して,

$$U_r = 0, \quad U_\theta = -2U_\infty \sin\theta \tag{7.48}$$

となり,ちょうど $r=a$ の円周が流線になっている.すなわち,式 (7.41) の複素速度ポテンシャルは,図7.9に示すように,一様流速 U_∞ の流れが半径 a の円柱に衝突する完全流体の速度場を表している.円周上での速度は,$\theta = 0$ と π で $U_r = U_\theta = 0$ となる.このように,円柱のQ点とその反対側のR点では,速度がゼロとなる.この意味で,Q点およびR点を**よどみ点** (stagnation point) という.

速度は,円柱の側壁 $\theta = \pm\pi/2$ で最大となり,式 (7.48) に代入すると $U_\theta = -2U_\infty$ となる.U_θ の正の方向は $-u$ であるから,$\theta = \pm\pi/2$ で $u = 2U_\infty$ となる(図7.9をみよ).

次に,速度の絶対値 V は,以下のように計算される.

$$V = \sqrt{U_r^2 + U_\infty^2} = U_\infty\sqrt{\left(1 - \frac{a^2}{r^2}\right)^2\cos^2\theta + \left(1 + \frac{a^2}{r^2}\right)^2\sin^2\theta} \tag{7.49}$$

ベルヌーイの定理を適用すれば,$r \to \infty$ での圧力を p_∞ として,

$$\frac{V^2}{2g} + \frac{p}{\rho g} = \left[\frac{V^2}{2g} + \frac{p}{\rho g}\right]_{r\to\infty} = \frac{U_\infty^2}{2g} + \frac{p_\infty}{\rho g} \tag{7.50}$$

特に,半径 a の円柱上での圧力と無限遠での圧力の差 $\varDelta p$ は,式 (7.49) と式 (7.50) を用いて以下で与えられる.

$$\therefore \quad \varDelta p = p - p_\infty = \frac{\rho U_\infty^2}{2}(1 - 4\sin^2\theta) \tag{7.51}$$

圧力が最大となる点は,Q点とR点のよどみ点であり,

$$\varDelta p_{\max} = \frac{\rho U_\infty^2}{2} \quad (\because \theta = 0, \pi) \tag{7.52}$$

7.10.2 ダランベールのパラドックス

完全流体の**最大の欠陥**が,前節の結果を使って証明できる.

例題 7.9 一様流速場 U_∞ に置かれた円柱 $(r=a)$ に作用する抵抗力 $\boldsymbol{F} = (F_x, F_y)$ を求めよ.

[解] 抵抗力(流体力)は,一般に次式で与えられる(8.10節を参照のこと).

物体に作用する全抵抗力(流体力) = (表面摩擦力) + (形状抵抗) (7.53)

完全流体を対象としているから**表面摩擦力**はゼロである.**形状抵抗**は,物体の全表面に作用

する全圧力である．よって，単位奥行きあたりの全抵抗力 $F=(F_x, F_y)$ は，形状抵抗から与えられる．したがって，式 (7.51) を使って，以下となる．

$$F_x = \int_0^{2\pi} p(r=a) \cdot \cos\theta \cdot ad\theta$$
$$= a\int_0^{2\pi} \left(\frac{\rho U_\infty^2}{2}(1-4\sin^2\theta) \cdot \cos\theta + p_\infty \cdot \cos\theta\right) d\theta = 0 \quad (7.54)$$

同様にして，

$$F_y = \int_0^{2\pi} p \cdot \sin\theta \cdot ad\theta = 0 \quad (7.55)$$

すなわち，全抵抗力はゼロとなり，円柱は流れからまったく流体力を受けない．この結果は，物体が円柱という特殊なケースばかりか，任意の形状の物体抵抗でも等角写像などの変換をすれば，抵抗（流体力）はゼロと証明できる．

この結果は，明らかに現実に反する．「流れがあれば，必ず物体抵抗（流体力）を受ける」のが実在世界である．もし「抵抗が常にゼロ」ならば，たとえば航空機の推進機やポンプ駆動などを設計する必要はない．

このように完全流体では，流れが作用する物体抵抗がゼロになる結果を**ダランベール** (d'Alembert；1752，仏) **のパラドックス**といい，ポテンシャル流理論では解決できない難問であった．そして，これを解決したのが，プラントル (Prandtl；1904，独) の**境界層理論**である．この重要な課題を 8 章で詳述しよう．

7.10.3 渦糸モデルとランキン渦

水理学・流体力学では，**渦**（vortex とか eddy とかいう）ほど重要で，かつ難しいものはない．身のまわりには，渦で代表されるような大きな循環流がある．水流では鳴門の渦潮，琵琶湖の湖流など，大気では竜巻や台風また地球規模の気流の渦循環（気象衛星ひまわりからの画像で家庭でもなじみがあろう）などの渦がすぐ頭に浮かぶ．これらは，地形的条件，海象・気象条件によって非定常に複雑に変化するから，正確な記述は N-S 方程式に基づいて解かねばならない．これらの式に，熱的条件，化学的条件を取り入れて，たとえば**大気大循環モデル** (global circulation model (GCM)) を使って 21 世紀で最重要課題となる**地球温暖化問題**などが数値シミュレーションされている．しかし，「古典的な」ポテンシャル流理論でも，そのおおざっぱな様子を簡単に記述できる．

例題 7.10 次式の複素速度ポテンシャル関数は，どのような流れを表現しているか調べよ．

● コーヒーブレイク 7.7　「vortex」と「eddy」は区別なく「渦」と邦訳されるが，実は流体力学上は両者に若干のニュアンスの差があり，またこの差異が重要になることが多い．「vortex」は渦を数学的表現した「渦度（vorticity）」と直結し，学術的ニュアンスが高く，したがって周期性や規則性が高い渦を表現した場合が多く，乱れのない層流中に明瞭にみられる渦などが好例である．一方，「eddy」は日常会話でよく使われる渦表現である．ところで，不規則な乱流の乱れ（ノイズ）の中にも**条件抽出**（conditional sampling）を行うと，規則的な組織だった渦構造が存在することが発見された．この渦を「eddy」とよぶことが多い．これらの eddy の発見は流体力学上画期的なことで，1970 年代からこのような**組織乱流構造**（coherent structure）の解明が各分野で精力的に行われている．このように，層流的な明瞭な渦ではないが，乱れの中に隠された渦すなわち組織構造は各種の熱・物質（土砂や水質など）・運動量などの**乱流輸送**の主因であると考えられ，きわめて重要である．最近では，**カオス理論**を駆使した理論的研究もある．ノイズっぽい暗号の中から重要な情報を解読する情報理論とも類似している．「vortex」と「eddy」は，たかが「渦」であるがされど「渦」である．なお，研究者によって，両者の渦のニュアンスは微妙に相違したり，両者を混同して用いる場合（日本語では区別なし）があるので注意しよう．

$$W(z) = -i \cdot A \ln(z) \quad (ここで，A は実定数) \tag{7.56}$$

[解] 極座標 $z = re^{i\theta}$ を用いると，

$$W(z) = -i \cdot A \ln(re^{i\theta}) = A\theta - iA \ln(r) \tag{7.57}$$

$$\therefore \quad \varPhi = A\theta, \quad \varPsi = -A \ln(r) \tag{7.58}$$

$$\therefore \quad U_r = \frac{\partial \varPhi}{\partial r} = 0, \quad U_\theta = \frac{\partial \varPhi}{r \partial \theta} = \frac{A}{r} \tag{7.59}$$

動径方向の速度 U_r は常にゼロであるから，円周方向の速度 U_θ で回転している渦を表している．図 7.10 に示すように，速度 U_θ は回転の中心 O からの距離 r に反比例して小さくなる．ここで注意したい点は，式 (7.56) で表される流れが「渦（回転）らしい挙動」をしているが，流体力学上では，「渦なし流れ」に分類されることである．なぜなら，渦度がゼロのとき（渦なし流れ）のみ，ポテンシャル関数 $\varPhi$ が存在するからである（7.3 節）．このようにポテンシャルをもつ渦を**自由渦**（free vortex）という（図 7.10）．

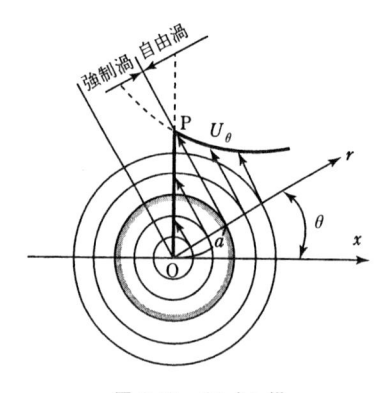

図 7.10　ランキン渦

さて，任意の半径 r の円のまわりの循環 $\varGamma$ は，式 (7.2) で極座標を用いて計算すると（演習問題 7.8），

$$\varGamma = \int_0^{2\pi} U_\theta \cdot r d\theta = 2\pi A \tag{7.60}$$

したがって，式 (7.56) の複素速度ポテンシャルは，以下となる．

$$\therefore \quad W(z) = \frac{-\Gamma i}{2\pi} \ln(z) \tag{7.61}$$

循環の強さ Γ は，動径 r に依存せず，常に一定となる．

さて，速度 U_θ は，式 (7.59) より渦の中心点 O で無限大になり特異点となる．すなわち，自由渦は特異点に渦度が集中して式 (7.4) で循環 Γ と結びつく渦度 ω がある流れとも解釈できる．このように，特異点を除けば，「渦なし」の自由渦の流れ場において，特異点のみに渦度が集中した流れを**渦糸** (vortex line) という．質量はあるが大きさがなく重心点に質量が集中した質点系力学になんとなく似ている．

渦糸はポテンシャル流れであり，線形力学であるから「解の重ね合わせ」ができ，渦糸を適宜組み合わせて，実際の流れを近似的にモデル化する試みが行われている．これを**渦糸モデル**という．最も有名な渦糸モデルは，フォン・カルマン (von Kármán) が1911年に渦糸の安定性問題から解いた**カルマン渦列** (Kármán vortex street) である (図 11.2)．カルマン渦は，物体の後流 (多くは円柱の後流) から周期的に放出される渦をポテンシャル流理論でモデル化し，解析的に解いた歴史的に有名な問題である．最近では，コンピュータを使って，たとえば物体背後の周期的な渦の放出現象やビル風，速度の異なる流れの合流部での渦の形成 (図 7.2 および 7.3 の K-H 不安定性による渦の発生) などを渦糸モデルでシミュレーションし，動画 (アニメーション) で示す論文発表も多い．

●コーヒーブレイク7.8　コンピュータを駆使して流れをシミュレーションする分野を CFD (Computational Fluid Dynamics) という．その邦訳としていろいろあるが「数値流体力学」が定着したと思われる．渦糸モデルによる物体背後のシミュレーションは，風工学 (かぜこうがく) の分野 (土木・建築など) で盛んである．世界一の明石海峡大橋は日本の土木技術の金字塔であるが，強風でも吊り橋がカルマン渦によって自励振動せずに安定するかは大きな研究課題であった．

次に，特異点として渦糸モデルを半径 a の渦度をもつ剛体回転に置き換えることがよくある．すなわち，$r \leq a$ を自由渦とは異なる特異領域とし，剛体回転と見なすのである．このような剛体回転の渦を**強制渦** (forced vortex) という．

例題 7.11　強制渦は，以下の剛体回転で与えられる．

$$U_r \equiv 0, \quad U_\theta = r\omega' \quad (\text{ここで } \omega' \text{ は回転角速度}) \tag{7.62}$$

強制渦はポテンシャル流か否かを調べよ．

[解] 流れがポテンシャル流か否かは，その定義式に戻って，渦度がゼロか否かを調べればよい．いま，速度ベクトル (U_r, U_θ) を直交座標の (u, v) に変換すれば（演習問題 6.2)，

$$u = U_r\cos\theta - U_\theta\sin\theta = -r\omega'\sin\theta = -\omega'y \tag{7.63}$$
$$v = U_r\sin\theta + U_\theta\cos\theta = r\omega'\cos\theta = \omega'x \tag{7.64}$$

2 次元流れの渦度 ω の z 方向成分 ω_z は，式 (6.21) に代入して，

$$\omega_z \equiv \frac{\partial v}{\partial x} - \frac{\partial u}{\partial y} = 2\omega' \neq 0 \tag{7.65}$$

すなわち，渦度はゼロでないから強制渦はポテンシャル流ではない．このとき，**渦度成分 ω_z は回転角速度 ω' のちょうど 2 倍になっている点は特に重要である．**

さて，図 7.10 で示したように，$r \leq a$ を強制渦，$r \geq a$ を自由渦で結合した渦モデルを**ランキン渦** (Rankine vortex) という．すなわち，

$$U_r \equiv 0, \qquad U_\theta = \begin{cases} \dfrac{\Gamma r}{2\pi a^2} & (0 < r \leq a) \\ \dfrac{\Gamma}{2\pi r} & (r \geq a) \end{cases} \tag{7.66}$$

例題 7.12 鳴門の渦潮が，式 (7.66) のランキン渦によってモデル化できたと仮定しよう．このとき，渦中心の水深の低下量 Δh を計算せよ．

[解] 鳴門の渦潮の水面形の概略を図 7.11 に示す．強制渦は剛体回転であり，例題 2.4 に置き換えることができる．すなわち，水面形は式 (2.31) で与えられる．水深 h は，式 (2.31) の z_s であるから，

$$h(r) = z_0 + \frac{\omega'^2 r^2}{2g} \quad (0 \leq r \leq a) \tag{7.67}$$

一方，自由渦は，ベルヌーイの定理を用いて，

$$\frac{U_\theta^2}{2g} + z + \frac{p}{\rho g} = 0 + h_\infty + 0 \tag{7.68}$$

h_∞ は，渦周辺の静止状態の水深である．式 (7.66) を式 (7.68) に代入し，$r = a$ で式 (7.67) と等値におけば，任意の位置での圧力分布 p，また $p = 0$ とおいて水面形が計算できる．

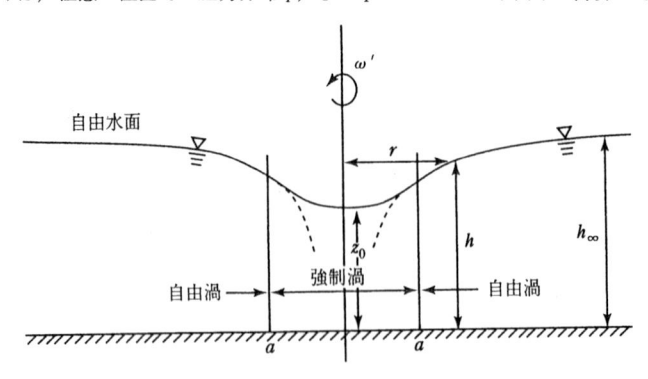

図 7.11 ランキン渦の水面形モデル（断面図）

水面形 $h(r)$ を求めると,

$$\therefore\ h(r) = z_0 + \frac{\omega'^2 a^2}{g}\left(1 - \frac{a^2}{2r^2}\right) \quad (r \geq a) \tag{7.69}$$

渦中心の水深の低下量 Δh は,

$$\Delta h = h_\infty - h(r=0) = \frac{\omega'^2 a^2}{g} = \frac{\Gamma^2}{4\pi^2 g a^2} \tag{7.70}$$

式 (7.67) との比較により, 水深の低下量のちょうど半分は, 強制渦によるものであり, 残りの半分は自由渦による低下量であることがわかる.

このように, **渦があれば渦中心部**（半径 a）**で圧力は低下する**. 鳴門の渦潮のような水面渦ならば水面が低下する. 低下量は, 式 (7.70) より循環 Γ が大きいほど, また半径が小さいほど大きくなる. このことは日常よく体験する. 半径 a は, 台風の目や竜巻の目に相当するかもしれない. 特に半径 a が小さな竜巻は猛烈な負圧となり, 周囲の物体などを吸引し, 上昇流に乗って空中に巻き上げられることはよく知られている. このことは, 式 (7.70) から説明できる. このような竜巻災害は米国でよく起きている. なお, 実際の渦潮や竜巻は旋回流であり, 鉛直方向の流速も重要になるが, この成分はランキン渦ではモデル化できない. なぜなら, ランキン渦は, 2次元（平面）運動であり, 3次元運動は本ポテンシャル流理論では計算できないからである.

7.10.4 角 (かど) を曲がる流れ

ポテンシャル流理論で重要な特性の一つを最後の例題として考えよう.

> **例題 7.13** 複素速度ポテンシャル関数が次のべき関数で与えられるとき, この流れ場を解析せよ.
> $$W(z) = Az^n \quad (ここで,\ A は実定数) \tag{7.71}$$

[解] この場合も極座標が便利である.

$$W(z) = Az^n = Ar^n e^{in\theta} = Ar^n(\cos n\theta + i\sin n\theta) \tag{7.72}$$

$$\therefore\ \Phi = Ar^n \cos n\theta, \quad \Psi = Ar^n \sin n\theta \tag{7.73}$$

$$U_r = \frac{\partial \Phi}{\partial r} = nAr^{n-1}\cos n\theta, \quad U_\theta = \frac{\partial \Phi}{r\partial\theta} = -nAr^{n-1}\sin n\theta \tag{7.74}$$

速度の絶対値 V は,

$$V = \sqrt{U_r^2 + U_\theta^2} = nAr^{n-1} \tag{7.75}$$

式 (7.74) から, $n\theta = 0,\ \pi$ で, $U_\theta \equiv 0$ となり, 動径を貫通する流れはゼロとなるから, $\theta = 0,\ \pi/n$ の2つの動径を壁面と考えれば, 式 (7.71) のべき関数は, この2つの壁に沿って流れる場を表している.

さて, 式 (7.75) から $n=1$ を境にして, 流れの様子が相違することがよくわ

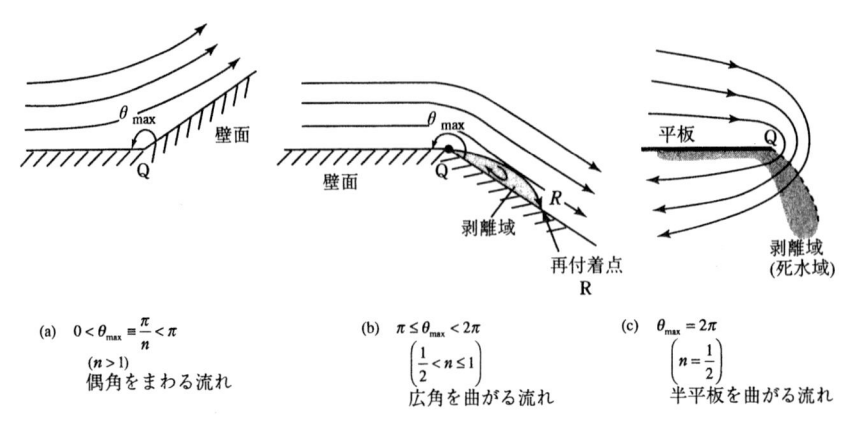

図 7.12 角（かど）を曲がる流れ

かる（図 7.12 を参照されたい）．

（a） 偶角をまわる流れ（$0<\theta_{max}\equiv\pi/n<\pi$，$n>1$ のとき）

壁に沿って流れる流線は $\theta=0$ と θ_{max} となり，速度 V は r^{n-1} に比例して大きくなる．$r=0$ で V もゼロとなり，Q 点がよどみ点となる．すなわち，偶角をまわる流れは，Q 点に近づくほど減速される．

（b） 広角を曲がる流れ（$\pi\leq\theta_{max}<2\pi$，$1/2<n\leq 1$ のとき）

2 つの壁がなす角度 θ_{max} が 180°を超える広角となり，Q 点を曲がり込む流れとなる．速度は，式（7.75）より，

$$\therefore \quad V=\frac{nA}{r^{1-n}}>0 \tag{7.76}$$

（a）の場合とは逆に，動径 r が小さいほど速度 V は大きくなり，頂点 Q に向かって加速される．ここで，完全流体のもう一つのパラドックスが生まれる．$r=0$ の広角点 Q では，速度が無限大になってしまう．ベルヌーイの定理より，速度が無限大ならば，絶対圧力 p は負の無限大となる．絶対圧力が負圧になることは，「流れ場が真空以下」という現実には起こりえない状態を意味する．すなわち，頂点 Q で速度が無限大に加速されることは非現実的である．現実は，頂点 Q の直下で流れが壁から剥離（はくり）し，ある下流で圧力が回復して流線が再び壁に付着する（再付着する点 R を**再付着点**（reattachment point）という）．そして，Q から R までの**剥離域**（separation zone）はいわば**空洞**（**キャビティー** cavity）となって，本ポテンシャル流理論では記述できない．

> ●コーヒーブレイク7.9　図7.12のような剥離域（**剥離泡**（separation bubble）ともいう）が形成されると，その境界面で7.2節のK-H不安定性が生じ，剥離渦が発生する．この剥離渦は，周囲の流体を巻き込みながら発達し，再付着点でさらに大規模な組織渦を発生させるトリガーを与える．図7.12(c)の死水域でもその境界面に剥離渦が発生する．これらの渦構造は，組織だっており（organized motion という），現在最も研究されている分野の一つである．

（c）　半平板を曲がる流れ（$n=1/2$ すなわち $\theta_{max}=2\pi$ のとき）

この極端な場合は，2つの壁がちょうど1つにくっついた半平板となって，この平板を曲がり込む流れとなる（図7.12(c)）．これは，(b)の極端な場合であり，平板端Qから流れが剥離して再付着せず，平板の裏面には大きな**剥離域**すなわち**死水域**（dead zone）が形成される．現実の流れにおいては，死水域の境界で大規模な渦が形成される．

● ま と め

完全流体の力学を解明するにはオイラーの運動方程式を解かねばならないが，その非線形性のためにこれを解くことは一般に困難である．しかし，渦なし流れでは速度ポテンシャルをもち，線形問題となる．しかも，コーシー・リーマンの関係式が成り立つから，複素速度ポテンシャル関数を導入して，常微分に縮退できる．このようなポテンシャル流理論は19世紀までにフランス・ドイツ・英国を中心として非常な発展をとげ，1932年にラム（Lamb，英）によって"Hydrodynamics"（第6版）に集大成された．より詳細な理解と応用問題は，このような専門書を参照されたい．ポテンシャル流理論は応用数学の一ジャンルとして華麗な発展をとげ，教えられることが実に多いが，一方で現実の流れとのギャップはますます大きくなっていった．ポテンシャル流理論の主要な欠陥をまとめると以下のようである．

① 流れの抵抗や摩擦損失を計算できない．これが，**ダランベールのパラドックス**であった．
② 静止流体の表面で流速がゼロとならず，非現実的である．流速が物体の表面でゼロになる条件を**ノンスリップ条件**（non-slip condition）という．すなわち，実在流れの境界条件は，静止固体表面で，

$$\boldsymbol{u}=(u, v, w)=0 \tag{7.77}$$

③ 流れが剥離すると，ポテンシャル流理論は無力である．剥離した流線は**自由流線**とよばれ，自由流線で囲まれたいわゆる剥離域や死水域は計算できない．

上記の①～③は，相互に関係がある．その本質は，粘性がゼロであるから，ノンスリップ条件の式（7.77）を満足しないことに起因している．広角部で速度が無限大になるパラドックスもノンスリップ条件の破綻からきている．いかに滑らかな物体でも，ノンスリップ条件を満足せねばならず，このため，表面摩擦が生じ，流れに抵抗が起こる．実在流体の力学では，流れの抵抗評価や摩擦損失の評価が不可欠となる．このことは，水工学（hydraulic engineering）上，きわめて重要なことである．第III編の「水理学の実用化」で詳述する．

■演習問題

7.1 式 (7.41) を直交座標 $z=x+y\cdot i$ を使って，ポテンシャル関数 $\varPhi$ と流れ関数 $\varPsi$ を x と y で表せ．次に，これらを偏微分して速度ベクトル (u,v) を求めよ．

7.2 式 (7.39) の常微分式から，速度ベクトル (u,v) を求め，演習問題 7.1 とその手法を比較せよ．

7.3 直交座標と極座標の座標変換では，$x=r\cos\theta$，$y=r\sin\theta$ の関係がある．これを使って，速度ベクトル (U_r, U_θ) を (u,v) で表せ．

ヒント：図 6.4 を使って，図式で考えよ．演習問題 6.2 の逆変換となっている．

7.4 演習問題 7.3 の座標変換をすれば，ラプラス演算子は以下で与えられることを証明せよ．

$$\nabla^2\varPhi = \frac{\partial^2\varPhi}{\partial x^2}+\frac{\partial^2\varPhi}{\partial y^2}=\frac{\partial^2\varPhi}{\partial r^2}+\frac{1}{r}\frac{\partial\varPhi}{\partial r}+\frac{1}{r^2}\frac{\partial^2\varPhi}{\partial\theta^2} \tag{7.78}$$

ヒント：複雑だが，システマティックに計算し，$\sin^2\theta+\cos^2\theta=1$ を使う．座標変換のテクニックをはやくマスターすること．

7.5 式 (7.44) のポテンシャル関数 $\varPhi$ と式 (7.45) の流れ関数 $\varPsi$ がともにラプラス方程式を満足することを証明せよ．

ヒント：式 (7.78) を使って証明すれば直交座標より簡単な計算ですむ．

7.6 円柱上 $(r=a)$ の圧力分布を式 (7.38) と式 (7.40) を使って算出せよ．この結果が，式 (7.51) と一致することを確かめよ．

ヒント：速度の絶対値 V が複素関数論から簡単に計算できることに注目されたい．

7.7 自由渦を表現する式 (7.56) に関する渦度はゼロになることを示せ．

7.8 式 (7.2)，(7.56) を使って，自由渦の循環 $\varGamma$ を求めよ．

7.9 式 (7.73) の流れ関数 $\varPsi$ を使って，速度ベクトル (U_r, U_θ) を求めよ．この値がポテンシャル関数 $\varPhi$ から求めた式 (7.74) に一致することを確認せよ．

7.10 式 (7.75) の速度の絶対値 V を式 (7.38) を使って求めよ．この結果が式 (7.75) に一致することを確認せよ．このように，**常微分を使った式** (7.38) はその威力を発揮するのである．

7.11 $u=\dfrac{mx}{r^2}$，$v=\dfrac{my}{r^2}$ で与えられる流れが物理的に可能である（連続式を満たす）ことを示し，流線の形を図示せよ．また渦度を計算せよ．ただし，$r^2=x^2+y^2$，m は定数である．

7.12 演習問題 7.11 の流れを極座標を用いて表し，流れ関数と速度ポテンシャルを求めよ．また，この流れは原点からの吹き出し・吸い込みを表しているが，その流量を求めよ．

7.13 $W(z)=C/z$ で与えられる流れの様子を調べよ．この流れを**二重わき出し（ダブレット）**という．ここで，C は実定数である．

8
境界層理論と流体力

8.1 境界層理論の誕生

　19世紀末までのダランベールのパラドックスは，水理学・流体力学上，最も深刻で解明すべき最大の難問であった．いかにポテンシャル流理論が複素関数論の力を借りて華麗に展開されても，**流れの抵抗力**（resistance force）や**摩擦損失水頭**（friction loss head）を計算できなければ，実用上使いものにならなかった．各種の工学的設計ができなかったからである．たとえば，土木工学では河川や水路の河床勾配の水工設計，機械・航空工学では揚水ポンプやプロペラ推進機などの流体機器設計は**経験**に頼らざるをえなかった．ポテンシャル流理論が次第に「学者の遊び」になりつつあった．それだけ，理論と実験（実際現象）とは遊離してしまったのである．図7.9の一様な流速場 U_∞ に円柱が置かれた場合，ポテンシャル流理論によればすでに学んだように，円周上が1つの流線となり，流速は式（7.48）で与えられた．すなわち，円柱の表面で式（7.77）のノンスリップ条件をまったく満足しない．この理論と実験との遊離が最大となる地点は，図8.1に示した円柱の側面以降である．ポテンシャル流理論では側壁上の速度は $2U_\infty$ となり最大となるが，実験をすればゼロである．この相違こそがポテンシャル流理論では抵抗力やせん断応力が計算できない理由である．

　プラントル（Prandtl; 1875-1953, 独）は，1904年の国際数学会で「物体の表面近傍には粘性の無視できないごく薄い層があり，ノンスリップ条件を満足する」という新しい概念を提唱した．このごく薄い層を**境界層**（boundary layer）といい，境界層内ではポテンシャル流理論は適用できない．いわれてみれば，コロンブスの卵のような発想と思うかもしれないが，境界層理論の有用性が認められたのは1920年代以降といわれ，航空機の開発に**境界層理論**が不可欠となったからである．

　プラントルは，N-S方程式から数学の手法で境界層の存在を提唱したが，境

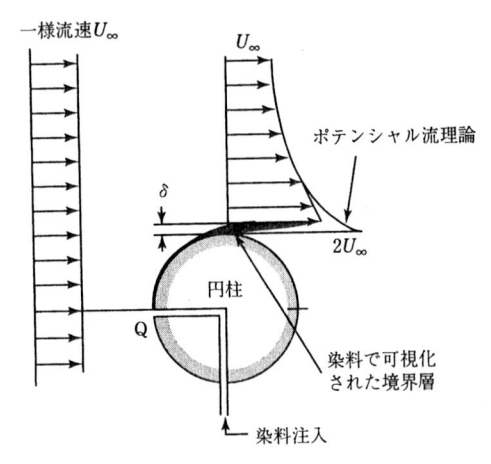

図 8.1　円柱のまわりの境界層

界層の実在は，その後，可視化実験で容易に確認された．図 8.1 のよどみ点 Q から注射針で染料を注入してみよう．よどみ点 Q から染料で染まった層が流下方向に次第に発達していく．この染料の層が境界層であり，境界層の外ではポテンシャル流理論が近似的に適用できる．

8.2　層流境界層

境界層で最も基本的な流れは，図 8.2 に示す平板境界層である．図 8.1 の円柱上の境界層は平板境界層に曲率を付けたものにすぎず，流れの本質は変わらない．平板の先端 Q を原点にとり，完全流体ではレイノルズ数 Re の概念はないが，境界層流れでは Re 数が重要となる．x 軸方向の代表長さを L（平板先端からの距離），y 軸方向の代表長さを δ（**境界層厚**という）とすれば，境界層理論

●コーヒーブレイク 8.1　20 世紀の開幕は，新しい物理学の誕生で始まった．1900 年にプランクによる量子力学の誕生，1904 年が境界層理論の誕生，1905 年がアインシュタインによる世紀の 3 大発見（相対性理論，ブラウン運動論そして光電効果，彼は光電効果でノーベル賞を受賞）である．これらはすべて文化学術でフランスより後進国のドイツで開花したのは偶然であろうか．プラントルの境界層理論の発表はわずか 8 ページの論文であり，彼の天才的な直感力から得られたものであろう．その後，彼はカルマン，ブラジウス，トルミエン，シュリヒティングなどの多くの人材を育て，有名なゲッティンゲン (Göttingen) 学派を輩出した．さて，21 世紀の開幕は，何の誕生であるか？　期待もあり，また不安でもある．なお，ノーベル賞は，20 世紀の幕開けとともに 1901 年に始まった．

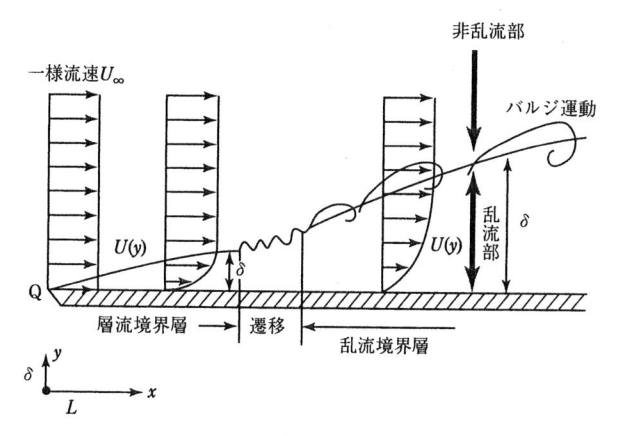

図 8.2 平板境界層と層流・乱流遷移現象

は以下のような関係を与える．

$$\frac{\delta}{L} \propto Re^{-1/2} \quad \text{または} \quad \delta \propto L^{1/2} \quad \text{(層流境界層)} \tag{8.1}$$

ここで，

$$Re \equiv \frac{U_\infty L}{\nu} \tag{8.2}$$

この簡単な関係式から，次の重要なことがわかる．

（1） レイノルズ数 Re が大きくなると境界層厚 δ は，L に比べて非常に薄くなる．$Re \to \infty$ で δ/L はゼロに収束する．

（2） 流下方向に進む（L が増加する）と，Re 数も増大する．

式（8.1）は，層流の関係式であり，N-S 方程式に後述の境界層近似を行って，より厳密に解くことができる．**層流境界層**（laminar boundary layer）は，プラントルの弟子のブラジウス（Blasius, 1908：独）によって解かれた．これは，流速分布に相似解（δ で無次元化すれば，解が 1 変数になること）を仮定して，N-S 方程式を常微分に縮退させ，級数展開法と摂動法とを組み合わせて巧妙に解いたのである．その結果，式（8.1）は，$\delta/L \cong 5.0\,Re^{-1/2}$ となった．

層流のブラジウスの解は，実験結果とよく一致し，また，念願の流体抵抗を正確に計算できたのである．ここにおいて，初めて，境界層理論の威力が発揮され，この意味から，プラントルを「近代流体力学の父」という．

●コーヒーブレイク8.2 「近代流体力学の父」といわれるルードヴィッヒ・プラントル (Ludwig Prandtl ; 1875-1953) を点描することは意義深い．彼は大学教授の息子としてミュンヘン近郊で生まれ，ミュンヘン工科大学機械工学科を卒業し，その後，弾性力学に関して学位をとった．流体への興味は，卒業後，大手の機械会社の技師として機械設計をしているとき，流体力学の理論と実験との乖離を痛感したことに始まる．1901年にハノーバー工科大学研究員になり，この問題を研究し，その結果を1904年ハイデルベルクで開催された第3回国際数学会で発表したが，ほとんど注目されなかったといわれる．その中で，このプラントルの論文（境界層理論の誕生）の斬新さ・重要さを理解したのがゲッチンゲン大学の有名な数学者クライン (Klein) 教授であった．そして，クラインは，弱冠29歳のプラントルを同年ゲッチンゲン大学教授に任用したのである．たった一編の論文が人生を変えたのである．プラントルの研究姿勢は，物理現象を鋭い洞察力で理解する天才的な直感力と比較的単純な数学でそれをモデル化する点である．このことは，「水理学の父」のダ・ヴィンチの自然現象を直視する点と同様であり，開拓者・先駆者には不可欠な条件のように思われる．プラントルは多くの優秀な弟子を育てたことでも有名で，最初の弟子がブラジウスであった．彼はプラントルの境界層理論を理論的・実験的に研究し，層流境界層を巧みな数学的手法で初めて解くことに成功した（**ブラジウスの層流解**という）．

8.3 乱流境界層

平板の先端 Q から層流境界層が発達する．層流境界層厚 δ は，先端からの距離 L のルート（平方根）で増加していく．しかし，Re 数が限界レイノルズ数に達すると乱流状態の境界層に遷移する（図8.2）．層流・乱流に関しては9章で学ぶが，乱流研究の理論と応用で最も重要な分野の一つがこの**乱流境界層** (turbulent boundary layer) であり，膨大な研究論文や専門書がある．

したがって，これらの知見を解説することは本書のレベルを超えるから，適宜専門書を参照されたい．たとえば，シュリヒティング (Schlichting) の名著 "Boundary-Layer Theory" (7 th ed., McGraw-Hill) を参考されたい．ここで，ごくおおざっぱに乱流境界層の特徴を述べると以下のようである．

（1） 限界レイノルズ数を超えると**遷移区間**がある．乱れが斑点（はんてん）状に形成され（**乱流斑点** (turbulent spot) という），これが3次元的に全面に波及して乱流に遷移する．

（2） 乱流斑点は**組織構造** (coherent structure) をもっているが，比較的ランダムに発生する．これが下流に移流されるから，流速が完全に乱流な部分 (turbulent part) とそうでない非乱流な部分 (non-turbulent part) とがミックスして起きている．乱流境界層を流速計（たとえば，**熱線流速計**）で計測すると，図8.3のような速度の時系列が得られる．全体の計測時間に占める乱流部分

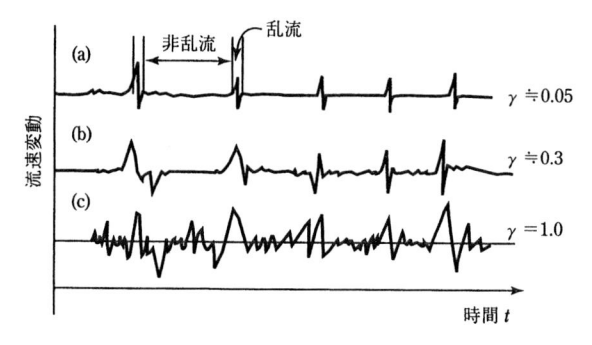

図 8.3 乱流境界層の間欠性

の割合を**間欠率** γ（ガンマとよむ）という．$\gamma=1$ が完全に乱流状態であり，一方，$\gamma=0$ が非乱流でポテンシャル流理論が適用できる．このように乱流境界層は**間欠性**（intermittency）をもつが，十分に発達した開水路乱流では全断面で $\gamma=1$ となり，間欠性はなくなる．

（3） 間欠性とも関係あるが，乱流と非乱流の境界は大規模な渦構造を示す．この組織渦構造を**バルジ運動**（bulge motion）という．バルジは秩序だった運動で，周期的に発生する．「乱流とは文字どおりランダムに乱れた流れ」との定説が 1970 年代に覆されたが，バルジ運動の発見はこれに寄与した．

（4） 乱流境界層の厚さ δ は，層流境界層の厚さを示す式（8.1）より急増大する（図 8.2）．後述するように，次式で与えられる．

$$\delta \propto L^{4/5} \quad (乱流境界層) \tag{8.3}$$

●**コーヒーブレイク8.3** 9章で「層流と乱流」を取り扱うが，層流境界層は現在ほぼ解明されている．ゲッティンゲン学派がこれに果たした寄与は大きい．しかし，これらの業績の大半は，戦前（1945年以前）に行われたものである．戦後は，層流よりはるかに複雑な乱流境界層の解明がアメリカ主導で行われた．NASA の前身の NACA が行ったのである．風洞を使って，飛行機の翼の設計に不可欠であったからである．乱流境界層の全貌はまだ解明されたとはいいがたい．層流・乱流の遷移問題も完全には解明されていない．後述するが，乱流になると非線形性が現象に強く現れるためである．これらの研究成果は膨大で，各分野の専門誌に掲載されている．その中で分野を横断する世界で最も権威のある専門誌は，"Journal of Fluid Mechanics"（1956年初巻刊行，英国ケンブリッジ大学出版）であると考えられ，第一線の研究者が活発にその成果を発表している．境界層は乱流・非乱流の界面で密度差はないが（あっても小さい），界面（自由水面）の上が空気，下が水である流れが開水路乱流である．したがって，開水路流れは境界層より複雑である．現在，水・空気界面現象とガス交換の解明が第一線で研究されている．

8.4 境界層の厚さ

流れの間欠性のために,境界層の厚さ δ をいかに定義するかが問題である.通常,次の3種類が使われる.

$$U(y=\delta)=0.99\,U_\infty \tag{8.4}$$

$$\delta_1=\int_0^\infty \left(1-\frac{U}{U_\infty}\right)dy \tag{8.5}$$

$$\delta_2=\int_0^\infty \frac{U}{U_\infty}\left(1-\frac{U}{U_\infty}\right)dy \tag{8.6}$$

δ は,平均流速分布 $U(y)$ が**接近流速** U_∞(平板に接近してくる流速で,理論上は無限遠の一様流速)に一致する厚さである.しかし,これを実験で求めることは困難で,U_∞ の99%になる厚さや,ときには95%厚さを定義することがある.δ_1 および δ_2 は,それぞれ**排除厚**(displacement thickness)および**運動量厚**(momentum thickness)である.

排除厚とは,粘性のためにべき型分布となった流速分布を一様な接近流速 U_∞ で置き換えたらどのぐらい層がもち上がるか,すなわち境界層があたかも完全流体中の物体で排除されたとしたらどの程度の厚さかとの意味である.運動量厚とは,式 (8.6) が運動量の次元から構成されているからである.δ_1,δ_2 は δ より定義が明確で,実験的精度もよいが,境界層厚としてのイメージは δ の方がわかりやすい.3つの境界層厚はそれぞれ比例関係にあり,流速分布が既知ならば,計算できる.

> **例題 8.1** 流速分布として次のべき乗則を採用するとき,境界層の厚さ間の関係を求めよ.
>
> $$\frac{U}{U_\infty}=\left(\frac{y}{\delta}\right)^n \tag{8.7}$$

[解] 式 (8.7) を式 (8.5),(8.6) に代入して積分すれば,容易に次の結果が得られる.

$$\therefore \quad \frac{\delta_1}{\delta}=\frac{n}{n+1},\quad \frac{\delta_2}{\delta}=\frac{n}{(n+1)(2n+1)} \tag{8.8}$$

指数 n は実験定数であり,レイノルズ数によって若干変化する.通常のレイノルズ数 $Re\fallingdotseq 10^5$ 程度では,式 (8.7) の流速分布として $n=1/7$ がよく実験値と一致する.そこで,この流速分布を**ブラジウスの1/7乗則**という.このとき,式 (8.8) に代入し,

$$\delta_1=\frac{\delta}{8},\quad \delta_2=\frac{7}{72}\delta\cong 0.1\delta \tag{8.9}$$

式 (8.9) を境界層の厚さの目安と考えればよい.

8.5 境界層近似

基本的な特性を理解するために，定常な2次元流れを考える．9章で述べるが，式 (6.45) の N-S 方程式を時間平均すれば，**レイノルズ方程式** (Reynolds averaged Navier Stokes (RANS, ランス) equation, **RANS 方程式**ともいう) が得られる．いま，時間平均された流速ベクトルを (U, V) とする．このとき，レイノルズ方程式を常用座標で書き下せば，以下となる．

$$U\frac{\partial U}{\partial x}+V\frac{\partial U}{\partial y}=\frac{1}{\rho}\left(-\frac{\partial P^*}{\partial x}+\frac{\partial \tau_{11}}{\partial x}+\frac{\partial \tau_{12}}{\partial y}\right) \tag{8.10}$$

$$U\frac{\partial V}{\partial x}+V\frac{\partial V}{\partial y}=\frac{1}{\rho}\left(-\frac{\partial P^*}{\partial y}+\frac{\partial \tau_{21}}{\partial x}+\frac{\partial \tau_{22}}{\partial y}\right) \tag{8.11}$$

ここで，P^* は**ピエゾ圧**で，重力項を含んでいる．式 (8.1)，(8.3) と連続式より

$$L \gg \delta, \quad U \gg V \tag{8.12}$$

式 (8.12) は，「境界層厚 δ は主流の長さスケール L に比べて十分に小さいこと」から，連続式より主流に垂直な速度成分 V は U に比べて無視できる程度に小さいことを意味している．これが**境界層近似**であり，具体的に式 (8.10)，(8.11) に適用し，各項のオーダーを比較すると，以下のように近似できる．

$$U\frac{\partial U}{\partial x}+V\frac{\partial U}{\partial y}=-\frac{1}{\rho}\frac{\partial P^*}{\partial x}+\frac{1}{\rho}\frac{\partial \tau_{12}}{\partial y} \tag{8.13}$$

$$0=-\frac{1}{\rho}\frac{\partial P^*}{\partial y}+\frac{1}{\rho}\frac{\partial \tau_{22}}{\partial y} \tag{8.14}$$

式 (8.14) を y 方向に積分すると，

$$P^*(x, y)=P_\infty(x)+\tau_{22}(x, y) \approx P_\infty(x) \tag{8.15}$$

すなわち，**ピエゾ水頭**は境界層の内外で一定となる．これを，**圧力の染み込み現象**という．開水路では，流れが存在していても**静水圧近似**できることに対応している．

式 (8.15) を式 (8.13) に代入し，連続式を使って式 (6.28) の**運動量的変形**を行えば，次の運動量方程式が得られる．

$$\therefore \frac{\partial U^2}{\partial x}+\frac{\partial UV}{\partial y}=-\frac{1}{\rho}\frac{dP_\infty}{dx}+\frac{1}{\rho}\frac{\partial \tau_{12}}{\partial y} \tag{8.16}$$

8.6 壁面せん断応力と摩擦速度

例題 8.2 開水路の等流では，せん断応力 τ_{12} は y 軸に対して直線分布することを示せ．

[解] 開水路の**等流**とは，水深 h が流下方向（x 軸）に対して一定な流れをいう．
このとき，流速分布は $U(y)$ であるが，鉛直成分は $V(y) \equiv 0$ となる．したがって，式(8.16) は，

$$\frac{1}{\rho}\frac{\partial \tau_{12}}{\partial y} + gI_e = 0 \quad \left(\because\ I_e = -\frac{1}{\rho g}\frac{dP_\infty}{dx}\right) \tag{8.17}$$

ここで，I_e は式 (4.49) で定義された**エネルギー勾配**である．**せん断応力** τ_{12} は，水面 $y=h$ でゼロであるから，式 (8.17) を積分して，

$$\therefore\ \frac{\tau_{12}}{\rho} = gI_e(h-y) \tag{8.18}$$

すなわち，せん断応力 τ_{12} は y 軸に対して直線分布する．壁面 $y=0$ でのせん断応力を**壁面せん断応力**（wall shear stress）τ_w という．このとき，式 (8.18) より

$$\frac{\tau_w}{\rho} \equiv \frac{\tau_{12}}{\rho}\bigg|_{y=0} = gI_e h \tag{8.19}$$

τ_w/ρ がちょうど速度の2乗の次元となることから，**摩擦速度**（friction velocity）U_* を以下のように定義できる．

$$U_* \equiv \sqrt{\frac{\tau_w}{\rho}} = \sqrt{gI_e h} \tag{8.20}$$

せん断応力はやや難しい定義であり使いにくいが，摩擦速度は速度の次元であり，取り扱いやすい．そこで，摩擦力の基準を表す量として，摩擦速度が水理学・流体力学では多用される．第III編で述べるが，水理学で最も関係が深い2次元開水路等流における摩擦速度は，式 (8.20) で与えられる．式 (8.20) を使うと式 (8.18) は以下となる．

$$\therefore\ \frac{\tau_{12}}{\rho} = U_*^2\left(1-\frac{y}{h}\right) \tag{8.21}$$

せん断応力 τ_{12}/ρ は，直線分布し，河床で U_*^2 となり，水面でゼロとなる．

8.7 カルマンの運動量方程式

層流境界層，またもっと複雑な乱流境界層の流速分布 (U, V) を N-S 方程式またはその時間平均したレイノルズ（RANS）方程式から境界層近似を行っても一般に解くことは困難である．そこで例題 8.1 のように，流速分布を何らかの関数で近似し，この場合のせん断応力（摩擦抵抗）や境界層厚を計算する方が

より実用的である．ポテンシャル流理論の欠陥は粘性抵抗を計算できなかったことを考えると，厳密な流速分布を知ることより粘性抵抗を評価したいのである．

カルマン（von Kármán, 1921）は，式 (8.16) を y 方向に積分して次式を導いた．

$$\frac{\tau_w}{\rho} \equiv \frac{\tau_{12}}{\rho}\bigg|_{y=0} = \frac{d}{dx}(U_\infty^2 \delta_2) + \delta_1 U_\infty \frac{dU_\infty}{dx} \qquad (8.22)$$

式 (8.22) を**カルマンの運動量方程式**という．流速分布が既知ならば，式 (8.5), (8.6) より境界層厚 δ_1, δ_2 を求め，式 (8.22) に代入して，念願の壁面せん断応力 τ_w が算出される．9章で述べるように，全せん断応力 τ_{12} は粘性応力とレイノルズ応力の和で定義されるから，式 (8.22) は**層流，乱流の区別なく使える便利な公式**である．

●**コーヒーブレイク 8.4** フォン・カルマン（Theodore von Kármán, 1881-1963）は，プラントルの多くの弟子の中で優秀な研究者で，その解析手法もプラントルに酷似している（コーヒーブレイク 8.2）．師自身をも直視したのであろう．カルマンは，ハンガリーのブダペスト大学教授の息子として生まれ，1902 年ブダペスト工科大学機械工学科を最優秀で卒業し，1906 年にプラントルのいる北ドイツのゲッティンゲン大学に留学して学位をとり，プラントルの影響を決定的に受けた．1912 年に弱冠 31 歳でドイツのアーヘン工科大学教授・新設の航空研究所・所長に任用された．1930 年には，49 歳で米国カリフォルニア大学教授に就任し，米国科学界に大きな足跡を残した（コーヒーブレイク 15.3）．カルマンの研究業績は多岐にわたるが，カルマン渦（図 11.2），カルマンの運動量方程式，プラントル・カルマンの対数則分布（式 (9.56) のカルマン定数），乱流統計理論などがある．師プラントルと同様に多くの門下生を育てたことでも有名（コーヒーブレイク 15.3 を参照）．なお，カルマンも生涯独身であり，ダ・ヴィンチやダニエル・ベルヌーイも生涯独身で研究に邁進した．もう絶版かもしれないが，カルマンの啓蒙書『飛行の原理』（谷一郎（訳），岩波書店，1954）は一読に値する．図書館などでぜひ読んでほしい．

8.8 摩擦抵抗係数とブラジウスの 1/7 乗則

ブラジウスは，管路の摩擦損失水頭を実験的に検討し，式 (12.13) の**摩擦損失係数** $f \equiv 8(U_*/v)^2$ に関する $m=1/4$ 乗則を提案した．これを境界層に書き改めれば，**局所抵抗係数** $C_f \equiv 2(U_*/U_\infty)^2$ はレイノルズ数 $Re \equiv U_\infty \delta/\nu$ を用いて

$$C_f \propto Re^{-m} = Re^{-1/4} \qquad (8.23)$$

式 (8.23) を変形すると，

104   8 境界層理論と流体力

$$\frac{U_\infty}{U_*} = K \cdot \left(\frac{U_* \delta}{\nu}\right)^{m/(2-m)} \qquad (8.24)$$

ここで，K は実験定数である．式 (8.24) は境界層外縁 δ での関係式であるが，ゲッティンゲングループは，これを境界層内（$0<y<\delta$）の流速分布にも適用した．すなわち，

$$\frac{U}{U_*} = K \cdot \left(\frac{U_* y}{\nu}\right)^{m/(2-m)} \qquad (8.25)$$

式 (8.24) と式 (8.25) の比をとって，

$$\frac{U}{U_\infty} = \left(\frac{y}{\delta}\right)^{m/(2-m)} \qquad (8.26)$$

ブラジウスは，実験を行って式 (8.23) のべき指数を $m=1/4$ と定めた．このとき，式 (8.26) は，

$$\frac{U}{U_\infty} = \left(\frac{y}{\delta}\right)^{1/7} \qquad (8.27)$$

式 (8.27) は，式 (8.7) の $n=1/7$ の式そのものである．このように，抵抗則における 1/4 乗則は流速分布の 1/7 乗則と等価である．これらの関係式をブラジウスが最初に提案したことから**ブラジウスの 1/7 乗則**という．なお，実験定数 K は 8.74 であり，実験的な関係式は以下のように定まる．

$$\frac{U}{U_*} = 8.74 \left(\frac{U_* y}{\nu}\right)^{1/7} \quad （乱流のべき型分布則） \qquad (8.28)$$

$$\frac{\tau_w}{\rho U_\infty^2} \equiv \left(\frac{U_*}{U_\infty}\right)^2 \equiv \frac{C_f}{2} = 0.0225 Re^{-1/4} \qquad (8.29)$$

例題 8.3 最も基本的な境界層であるゼロ圧力勾配流れの境界層厚 δ の発達具合を求めよ．

[解] ゼロ圧力勾配（$dP_\infty/dx=0$）では，ベルヌーイの定理より $dU_\infty/dx=0$ となる．したがって，式 (8.9) を使って，カルマンの運動量方程式 (8.22) は以下となる．

$$\therefore \quad \frac{\tau_w}{\rho U_\infty^2} = \frac{d\delta_2}{dx} = \frac{7}{72}\frac{d\delta}{dx} \qquad (8.30)$$

式 (8.29) と等値とおいて δ に関して積分すれば，

$$\therefore \quad \delta(x) = 0.37 x \cdot \left(\frac{U_\infty x}{\nu}\right)^{-1/5} \propto x^{4/5} \qquad (8.31)$$

よって，境界層厚 δ は x の 4/5 乗で発達することがわかる．これは，乱流境界層厚の発達式 (8.3) を示している．すなわち，層流境界層の発達は **1/2 乗則**であるが (8.2 節)，一方乱流境界層は **4/5 乗則**で発達し，流下距離 $x=L$ に対して急増する．

なお，ブラジウスの 1/7 乗則は Re 数が 10^5 程度の中程度の流れに対して成立し，Re 数によってそのべき指数 n が若干変化することに注意されたい．たとえば，$Re \approx 10^6$ と大きくなるとべき指数 n は 1/10 程度に減少する．このとき，抵抗則のべき指数は $m = 2/11$ となり，1/4 乗則より減少する．すなわち，摩擦抵抗係数 C_f は Re 数が 10^5 程度を超えると，式 (8.23) の 1/4 乗則より上向きに（大きい方に）ずれてくる．このずれは，流速分布として対数則を適用すればみごとに説明できるのである．C_f と比例関係にある摩擦損失係数 f の図 12.4 を参照してほしい．

8.9 流れの剥離

例題 8.4 2 次元 N-S 方程式を壁近傍で境界層近似を行い，圧力勾配の影響を考察せよ．

[解] 瞬間流速を考える．式 (8.16) より，壁近傍では $U \equiv u(t)$，$V \approx 0$ であるから

$$\frac{\partial^2 u}{\partial y^2} = \frac{1}{\mu}\frac{dp}{dx} \tag{8.32}$$

ここで，境界層内の圧力（正確にはピエゾ圧）は $p \cong P_\infty$ である．

さて，$dp/dx < 0$ の場合（**順圧力勾配**とよび，**加速流**になる），壁近傍で $\partial^2 u/\partial y^2 < 0$ であるから，図 8.4 に示すように境界層の流速分布はふくらんだ形となり，シェアは壁近傍ほど大きい．そして加速がより大きくなると，乱れが抑制されて**再層流化現象**が発生する．

一方，$dp/dx > 0$ の場合（**逆圧力勾配**とよび，**減速流**となる），$y \approx 0$ で $\partial^2 u/\partial y^2 > 0$ となるが，境界層外縁 δ では u の増加は小さくなるから $\partial^2 u/\partial y^2 < 0$ となる．したがって，流速分布に**変曲点**が現れ，流れが不安定になることが推測される（9.3 節の**変曲点不安定性理論**）．

このように，圧力が流下方向に増加すると（減速流），流速分布は次第にやせていき，ついには壁近傍の $\partial u/\partial y$ は正から負に変わる．このとき，流れは物体

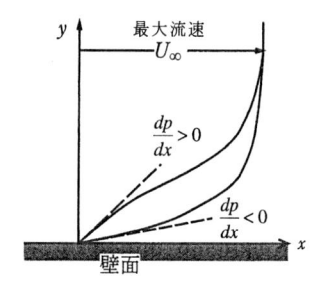

図 8.4 流速分布と圧力勾配 $\dfrac{dp}{dx}$

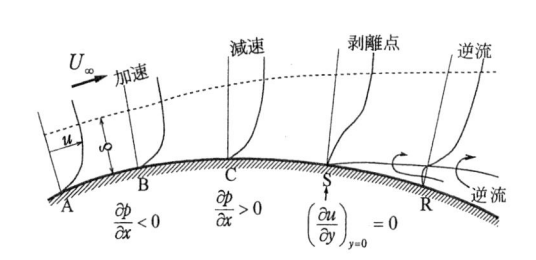

図 8.5 bluff body での流れの剥離現象

● コーヒーブレイク 8.5　順圧力勾配は，「favorable pressure gradient」の邦訳で，何が favorable（好都合）といえば，速度が増加し（加速流），運動エネルギーが増すからである．加速流になると，乱れが減衰し，ついには再層流化現象が起こる．逆に，逆圧力勾配「adverse pressure gradient」は，減速流でついには剥離して，抵抗が増す．このような流れは「好都合でない」．逆圧力勾配というと，$dp/dx<0$ と勘違いしやすいから注意されたい．

から剥離し（図 8.5 の S 点），**剥離**（separation）の下流では**逆流**（reverse flow）が形成され，もはや境界層理論は適用できなくなる．剥離点 S は壁近傍の流速が順流から逆流にちょうど変化する点で，以下のように定義される．式 (1.13) を使って，

$$\tau_w \equiv \mu \frac{\partial u}{\partial y}\bigg|_{y=0} = 0 \tag{8.33}$$

すなわち，剥離点で**壁面せん断応力** τ_w はちょうどゼロとなる．この定義は，層流・乱流の区別なく使える．

8.10　流体力の定義

図 8.6 に示すように，一様流体中 U_∞ に 2 次元（3 次元でもよい）物体 V を設置した場合，流体力 F が作用する．いま，流体力を流れの方向とそれに垂直な方向の成分に分ける．前者を**抗力** D（drag force），後者を**揚力** L（lift force）という．抗力 D は，**壁面せん断応力** τ_w による表面摩擦力 D_f と，圧力 p による**形状抵抗** D_p とに区分される．すなわち，

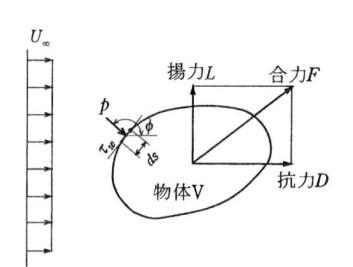

図 8.6　流体力の定義

$$D = D_f + D_p \tag{8.34}$$

$$D_f = \iint_S \tau_w \sin\phi \, ds = B \oint \mu \frac{\partial u}{\partial y}\bigg|_{y=0} dx \tag{8.35}$$

$$D_p = -\iint_S p\cos\phi \, ds = B \oint p \, dy \tag{8.36}$$

ここで，ϕ は物体表面より外向きに立てた法線と流れの方向とのなす角度（図 8.6），B は円柱の長さである．また，面積分 ds は時計まわりに行う．抗力 D と揚力 L はそれぞれ**抗力係数** C_D，**揚力係数** C_L で以下のように表せる．

$$D \equiv C_D A \frac{\rho U_\infty^2}{2}, \qquad L \equiv C_L A \frac{\rho U_\infty^2}{2} \tag{8.37}$$

ここで，A は流れに垂直な面に物体を投影した面積で，円柱ならば $A=BD$，球ならば $A=\pi D^2/4$ となる．揚力も表面摩擦力と形状抵抗力とから成り立つが，実際に揚力が問題となる物体では表面摩擦力よりも形状抵抗がきわめて重要な要素となるから，抗力のようには分けて考えない．

式 (8.37) の考え方は，抗力および揚力が（**動圧** $(\rho U_\infty^2/2) \times$ 作用面積 A）の何倍かという発想である（例題 4.5 参照）．なお，次元解析すれば，抗力係数 C_D，揚力係数 C_L はレイノルズ数の関数であることがわかる（例題 11.2）．

8.11 完全流体での流体力

完全流体での流体力（厳密には抗力）はゼロであることを 7.9.2 項で学んだ．これが，実際現象を説明できず，境界層理論が生まれた動機であった．確かに，抗力は常にゼロであるが，揚力はその形状によりゼロとはならないことがある．ポテンシャル流理論から次式が得られる．

$$D - iL = \frac{i\rho}{2} \oint \left(\frac{dW}{dz}\right)^2 dz \tag{8.38}$$

この式を**ブラジウスの第一公式**という．複素速度ポテンシャル $W(z)$ が既知であれば，抗力 D と揚力 L が一度に求まる便利な公式である．

例題 8.5 複素速度ポテンシャルが次式のとき，抗力と揚力を求めよ．

$$W(z) = U_\infty\left(z + \frac{a^2}{z}\right) - i\frac{\Gamma}{2\pi}\ln(z) \tag{8.39}$$

[解] 式 (8.39) は，円柱のまわりの一様流の式 (7.41) と円柱のまわりの自由渦の式 (7.56) を加算したものである．ポテンシャル流理論は線形であるから，このような和をとっても解を満たす．式 (8.38) に代入して，**留数の定理**の式 (8.43) を用いると以下のように計算される（演習問題 8.10）．

$$D - iL = \frac{i\rho}{2} \oint \left(U_\infty\left(1 - \frac{a^2}{z^2}\right) - i\frac{\Gamma}{2\pi z}\right)^2 dz = \frac{i\rho}{2} \oint \left(U_\infty^2 - i\frac{U_\infty \Gamma}{\pi z} + O\left(\frac{1}{z^2}\right)\right) dz = i\rho U_\infty \Gamma \tag{8.40}$$

$$\therefore \quad D = 0, \qquad L = -\rho U_\infty \Gamma \tag{8.41}$$

ここで，Γ は反時計回りの循環（図 7.10）であり，揚力は循環と速度に比例する．当然，時計回りの循環を与えれば，揚力は上向きとなる．式 (8.41) を**クッタ・ジューコフスキーの定理**（Kutta-Joukowsky theorem）という．ジューコフスキーはロシア人（コーヒーブレイク 14.1

参照）であり，完全流体では，抗力はやはりゼロとなるが，揚力は一般にゼロでないことを示した．この定理は円柱を等角写像で他の形状に変換しても成立するから，任意の2次元物体たとえば**飛行機の翼**でも成立する定理と考えてよい．

以上のことから，抗力は境界層理論を使ってせん断応力を算定することが本質的であるが，揚力はせん断応力をゼロとしても圧力分布から概略の値を評価できることがわかり，抗力と揚力はその性質が異なっている．

8.12 マグナス効果と飛行の原理

図 8.7(a) は，一様流れ U_∞ に時計回りの回転（回転の大きさを循環 Γ で表す）を円柱に与えると，式 (8.41) より $L=\rho U_\infty \Gamma$ の揚力が作用することを示している．これはクッタ・ジューコフスキの定理で与えられたが，この揚力は流線の様子からも容易にわかる．回転を与えると，円柱の上面は下面に比べて高速となる．したがって，ベルヌーイの定理より，上面の圧力 p_2 は下面の圧力 p_1 より小さくなり，その結果として揚力が発生する．これを**マグナス効果**（Magnus effect）という．球（ボール）でも同じ現象が生じる．ボールを進行方向に反時計回りに回転を加えると下側に揚力が発生し，カーブやドロップが投げられる．たとえば，野球，ゴルフ，スケートまた競泳などのスポーツ科学には流体力学の知識が必要になることが多い．

一方，図 8.7(b) は，飛行機の翼の回りの流線であり，翼の上面より下面の方が速度が遅く，ベルヌーイの定理より上面より下面の圧力が大きくなって（$p_2<p_1$）揚力が発生し，空気よりはるかに重い飛行機が浮く原理である．図に示した迎角 α が増加していくと，翼の下面の流速はより遅くなり，一方上面の翼を回り込む流れは高速になる（図 7.12(b) と同じ理由）．したがって，揚力はますます大きくなる．しかし，迎角 α が 10°以上になると，上面で剥離が生じて揚力は激減する．これが**失速現象**である．迎角が変化するのは飛行機が離着陸するときである．したがって，失速して飛行機が墜落する最も危険なときが離着陸のときといえる．水平飛行では最も安定で，安心して飛行機に乗っていればよい．

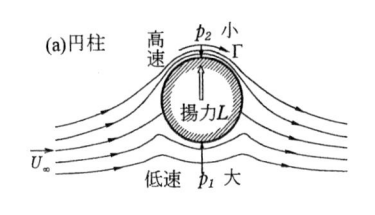

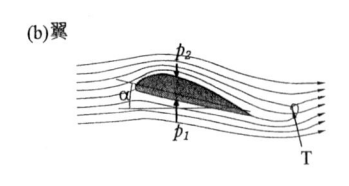

図 8.7 マグナス効果と翼理論

例題 8.6 クッタ・ジューコフスキの定理を用いると，翼のまわりに時計方向の循環が存在しなければならない．これはどこにあるのか．

[解] 7.1 節の渦度保存則を使えば，反時計回りの循環が存在せねばならない．なぜなら，飛行機が飛んでいない状態では，渦度（循環）はゼロであったからである．この渦 T は，翼の**後縁**(trailing edge) から反時計回りの渦として確かに観察される（図 8.7(b)）．飛行機が飛び去った後には渦（**発進渦** (starting vortex) という）が発生している．飛行機雲の発生はこの発進渦が原因しているかもしれない．

● **コーヒーブレイク 8.6** 飛行機の翼の形状は多種多様である．したがって，流体力，特に揚力を正確に算定することは飛行機の安全上から最も重要な研究課題と考えられる．これを理論的に扱うのが「翼理論」であり，航空工学の主要な研究分野となっている．しかし，一般に理論解析は困難であって，11 章で学ぶ相似律を使っての模型実験やコンピュータを使っての数値実験（CFD）を行い，その詳細設計をする．しかる後に，実機（実物）によって性能試験をするのが順序であろう．

8.13 実在流体の抗力

揚力は摩擦抵抗より形状抵抗の方がはるかに大きいから，クッタ・ジューコフスキの定理が近似的に実在流体にも適用できる．一方，抗力は完全流体では常にゼロであるから，境界層理論を適用して，式（8.35）と式（8.36）から算出しなければならない．

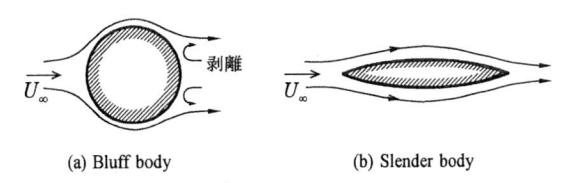

8.13.1 bluff body と slender body

物体には，図 8.8 に示すように大きく分けて，(a) **bluff body**（ずんぐりむっくりした物体）と (b) **slender body**（流線形をした薄長い物体）がある．当然，飛行機や各種のファンの翼は(b)に分類され，剥離が起こりにくいから，形状抵抗は表面摩擦力に比べて小さく，抗力の大半は表面摩擦力と考えてよい．

一方，(a) bluff body は，円柱や角柱，また球などがあり，橋脚，吊り橋，ビルディング（ビル風），自動車，電車など各種の産業で出くわす流体力である．揚力より抗力が重要であって，これを低減することが最良の設計となる．土木工

(a) Bluff body (b) Slender body

図 8.8 bluff body と slender body

学では橋脚や吊り橋などに働く抗力が問題となる．bluff body の特徴は，流れの剥離を伴うからこれをいかに制御するかである（図 8.5）．流れが剥離を生じると，後面の圧力が回復しないから抗力が増す．第二の特徴は，剥離が上面・下面で交互に起こり，渦の放出が千鳥状になったときが安定放出となる．このような渦の安定問題を渦糸モデルでみごとに解いたのがカルマン（Kármán）で，**カルマン渦**とよばれている（コーヒーブレイク 11.5）．カルマン渦が発生すると，その反作用で物体自身も自励振動を起こすから恐い現象である．これを制御する最新の技術が本四架橋などには随所に活かされている．

8.13.2　層流剥離と乱流剥離

図 8.9 は，球に働く抗力係数 C_D に関する従来の実験値をまとめたシュリヒティングの曲線（Schlichting's curve）である．11 章で学ぶように，C_D はレイノルズ数 $Re \equiv U_\infty D/\nu$ の関数である．ここで，D は球の直径である．非常に遅い層流では，理論解（Stokes 解）が得られ，

$$C_D = \frac{24}{Re} \quad \text{（非常に遅い層流の理論解）} \tag{8.42}$$

となる．一方，$1 \times 10^3 \leq Re \leq 2 \times 10^5$ で $C_D \cong 0.4$ のほぼ一定となる．すなわち，式 (8.37) より非常に遅い層流では抗力 D は速度 U_∞ の 1 乗に比例し（線形変化），乱流に遷移するまでは速度の 2 乗に比例することがわかる．

ここで，おもしろい現象がある．Re 数が約 3×10^5 を超えると抗力係数が劇的に急減するのである．すなわち，抵抗が急減し，負荷が小さくなる．この原因は層流から乱流に遷移すると物体から剥離する領域が狭くなり，圧力が回復されるからである．図 8.10 はこの様子を示す実験曲線である．図中の圧力分布は，円

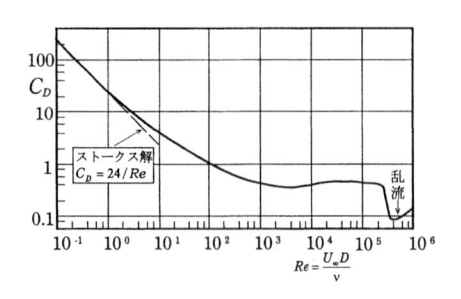

図 8.9　球の抵抗係数 C_D

8.13 実在流体の抗力　111

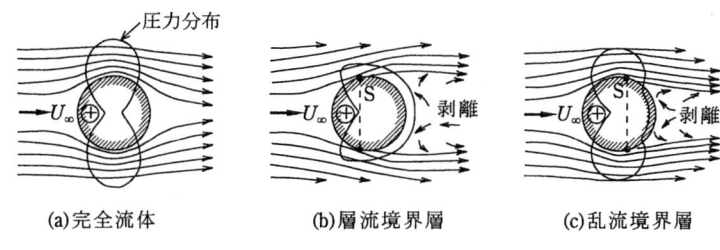

図 8.10　球をよぎる流れと圧力分布（S点は剥離点）

(a)完全流体　(b)層流境界層　(c)乱流境界層

の輪郭線をゼロ軸にとり，円内にあれば正圧，円外にあれば負圧を表示している．(a)の完全流体では圧力分布は左右対称となり，抗力はゼロとなる（例題7.9の円柱と同様）．一方，(b)の**層流剥離**では円の頂部より手前で剥離し，剥離領域が大きい．剥離領域では負圧となり，形状抵抗が大きくなることがわかる．(c)の**乱流剥離**になると剥離点は円頂部の後方に現れ，剥離領域が小さくなる．しかも剥離内部では若干正圧になっている．このため，抗力は層流剥離より乱流剥離の方が激減することが説明できる．

　乱流遷移を促進させるには物体表面を粗面にすればよい．野球のボールやゴルフのボールがツルツルの滑面ではなく，凸凹状の粗面になっているのは手にした滑りやすさを抑えるためと思っている諸君が多いであろう．これも理由の一つだが，流体力学的にいうとこの方が抵抗が少なく，ボールが遠くまで飛ぶからである．何とも不思議な話ではないか!!

● ま と め

　境界層理論は，完全流体を支配するポテンシャル流理論と，実在流体を扱う実験水理学との大きなギャップを埋めて，近代流体力学を誕生させたのである．この先駆者がプラントルであり，彼の門下生が境界層理論を実験的に検証したり，さらなる発展を行った．本章に現れたカルマン，ブラジウスの他に，管路流実験を行ったニクラーゼ（Nikuradse），層流境界層から乱流境界層への遷移を理論的に研究したトルミエン（Tollmien），シュリヒティング（Schlichting）などの著名な門下生らがおり，境界層理論を確固たるものにした．流体力のうち，揚力は完全流体でも発生するが，抗力は粘性流体（実在流体）でなければ生じない．この抗力を正確に評価できるようになったのも境界層理論のおかげであり，流れの剥離現象の研究に緒がつけられたのである．

　プラントルらが活躍した場所は，ゲッティンゲン（Göttingen, 北ドイツの大都市ハノーバーの近くの小京都にあたる大学町）であり，彼らの流れをくむ研究者を**ゲッティンゲン学派**という．境界層理論は，シュリヒティングによって集大成され，名著『Boundary-Layer Theory』(原書はドイツ語.英訳本がある)として世界各国で現在でも愛読されている.

■演習問題

8.1 式 (8.12) が成立することを連続式を使って示せ.

8.2 式 (8.17) のエネルギー勾配 I_e が,式 (4.49) で与えられることを示せ.

8.3 式 (8.18) の開水路流れのせん断応力が直線分布することは,層流・乱流に区別なく成立することを示せ.

ヒント:上記のせん断応力を「全せん断応力」とよんだ方がわかりやすいかもしれない.

8.4 式 (8.23) の抵抗則が m 乗則ならば,流速分布のべき乗則は $m/(2-m)$ で与えられることを証明せよ.

8.5 2次元 N-S 方程式から境界層近似を行い,壁近傍で式 (8.32) を導け.

ヒント:壁近傍では,$U \equiv u(y)$,$V \approx 0$ である.これを式 (8.16) に代入せよ.

8.6 順圧力勾配が加速流になり,逆圧力勾配が減速流になることをベルヌーイの定理から示せ.

8.7 式 (8.35),(8.36) で,表面積分 ds が dx,dy の積分で与えられることを示せ.

8.8 揚力に果たす摩擦抵抗の寄与 L_f はなぜ小さいか論述せよ.

ヒント:揚力に果たす摩擦抵抗は物体の上下面でキャンセルする場合が多い.

8.9 複素解析の**留数の定理**は以下で与えられる.

$$\frac{1}{2\pi i} \oint \frac{1}{z^n} dz \begin{cases} = 1 \ (n=1 \text{ のとき}) \\ = 0 \ (n \neq 1 \text{ のとき}) \end{cases} \qquad (8.43)$$

さて,7.9.1 項の円柱まわりの流れの式 (7.41) からブラジウスの第一公式 (8.38) を適用して,抗力と揚力を計算せよ.式 (8.43) の留数の定理を用いて計算せよ.

8.10 留数の定理を使って,式 (8.40) を証明せよ.

コメント:このようにポテンシャル流理論は複素関数論を用いると華麗に展開され,応用数学者をも魅了させたのである.読者も魅了するであろう.水理学はおもしろい!

8.11 翼の上面に流れの剥離が生じると失速して飛行機が墜落することをベルヌーイの定理より説明せよ.

8.12 slender body の表面摩擦力は形状抵抗力にくらべてはるかに大きいことを式 (8.35),(8.36) から説明せよ.

9

層流と乱流

9.1 実在流体とレイノルズ数

7章では，粘性のない完全流体の力学を学んだ．本章では，**実在流体**の力学を扱う．完全流体と実在流体を支配している方程式系で相違するのは運動方程式のみである．すなわち，

① **連続式**：完全流体と実在流体とで同一．
② **運動方程式**：完全流体はオイラーの運動方程式，一方，実在流体はN-S方程式．

オイラーの運動方程式とN-S方程式との相違は，6.8節で述べたように粘性項の有無である．この意味で，実在流体を**粘性流体**（viscous fluid）とよぶことがある．粘性流体の力学は，N-S方程式をいかに解くかに帰着される．式(6.45)のN-S方程式を再記すると，

$$\frac{\partial u_i}{\partial t} + u_j \frac{\partial u_i}{\partial x_j} = F_i - \frac{1}{\rho}\frac{\partial p}{\partial x_i} + \nu \frac{\partial^2 u_i}{\partial x_j \partial x_j} \quad (i=1,2,3) \tag{9.1}$$

粘性流体では，慣性項(移流項)と粘性項の比が重要なパラメータとなる．いま，速度の代表スケールをU，長さスケールをLとすれば，それぞれのオーダーは以下となる．

$$\text{慣性項} = \left[u_j \frac{\partial u_i}{\partial x_j} \right] \propto \frac{U^2}{L}, \quad \text{粘性項} = \left[\nu \frac{\partial^2 u_i}{\partial x_j \partial x_j} \right] \propto \nu \frac{U}{L^2}$$

よって，

$$Re \equiv \frac{UL}{\nu} = \frac{\text{慣性項}}{\text{粘性項}} \tag{9.2}$$

Reは無次元パラメータであり，層流と乱流の実験を系統的にやったレイノルズ（Reynolds，英，コーヒーブレイク9.2）にちなんで**レイノルズ数**という．Reが小さければ，粘性項がN-S方程式の支配的な項となる．一方，Reが十分

大きければ，慣性項に比べて粘性項は無視できる可能性がある．このような流れを**非粘性流体**（inviscied fluid）という．

管路の Re は，直径 D，断面平均流速 v で定義される．また，開水路では，長さスケールとして水深 h が用いられる．式 (12.10) より円管の径深は $R = D/4$ で，広幅開水路では $R \approx h$ であるから，開水路の Re は円管の約 1/4 に相当する（図 12.2 を参照のこと）．すなわち，

$$Re_D \equiv \frac{vD}{\nu} \quad (\text{円管}), \qquad Re_h \equiv \frac{vh}{\nu} \approx \frac{vR}{\nu} = \frac{1}{4}\frac{vD}{\nu} = \frac{Re_D}{4} \quad (\text{開水路}) \qquad (9.3)$$

管路の Re と一致させるために，開水路の Re を $4vR/\nu$ と定義することもある．このように，レイノルズ数の定義は，研究目的によって異なるから注意されたい．

●**コーヒーブレイク 9.1** 水理学で最も重要な開水路乱流においては Re が 10^4 以上では壁面近傍を除いて粘性項は無視できる．実河川では Re が 10^6 以上もあり，粘性項は無視できる．河床のごく近傍（わずか約 1 mm 程度）では流速勾配が非常に大きく粘性の効果が一般に現れる（9.11 節）．ところで，非粘性流体は「Re が無限大の流れ」というニュアンスがあり，最初から無条件に粘性項をゼロにする完全流体とは相違する．しかしながら，Re が大きな河川の流れを「非粘性流体」とよぶことには抵抗を感じる．

9.2 レイノルズの層流・乱流実験

レイノルズは，わずか約 120 年前の 1883 年に流体力学史上きわめて重要な実験を非常に簡単な手作りの円管流装置で行った．そして，あるレイノルズ数を境にして流れのパターンが急変することを，染料を使った流れの可視化観測から発見した．この境となるレイノルズ数を**限界レイノルズ数**（critical Reynolds number）といい，Re_c と書く．

レイノルズの実験装置（現在でも彼がいた大学に保存されている）の類似装置が，現在でも水理学・流体力学実験の基礎としてよく学習されている．図 9.1 は，この装置の一例を模式化したものである．十分大きな水槽に直径 D の滑らかな円管 P および Q をつけて水を流す．実際の実験では，円管は 1 本でよく，先端にバルブを付けて流速を変化させるが，図 9.1 では，流れのパターンの相違を同時に比較するために，円管 P と Q の位置を変えて（位置水頭を変える），速度が相違するように工夫されている．

水槽の水位をうまく調節すれば，P 管からの放出水流は少しも乱れることなく

● **コーヒーブレイク9.2** 英国の流体力学者オズボーン・レイノルズ (Osborne Reynolds, 1842-1912) ほど後世に名を残した学者はいないであろう．同年生まれのブシネスク (1842-1929, コーヒーブレイク10.4参照) は理論屋で不思議なことに水理学者といわれる．一方，レイノルズは実験屋で流体力学者といわれる．ともに乱流研究の緒をつけたが，レイノルズの方が水理学・流体力学の基礎になる研究を実験的に行い，大きなインパクトを与えたのである．レイノルズ数，レイノルズ応力，レイノルズ方程式，レイノルズ分解法など彼の名が付いた用語は多い．彼は，26歳で英国で2番目の新設の工学部教授(マンチェスターのヴィクトリア大学オーエンカレッジ)になり，層流・乱流の論文を発表した1883年には英国土木学会 (Institution of Civil Engineers (ICE)) の会員に選ばれている．英国土木学会は，ロンドンの名所ビッグベンやウエストミンスターのすぐ近くにあり，伝統と格式がある．1995年には国際水理学会がここで開催されている．

なお，ドイツの水理技師ハーゲンは，レイノルズより先んじて乱流の抵抗則の式 (9.6) をすでに提示したが，彼の名は残っていない．ドイツが英国より後進国であったためとか，またハーゲンが発表した学会誌がマイナーであったためといわれている．

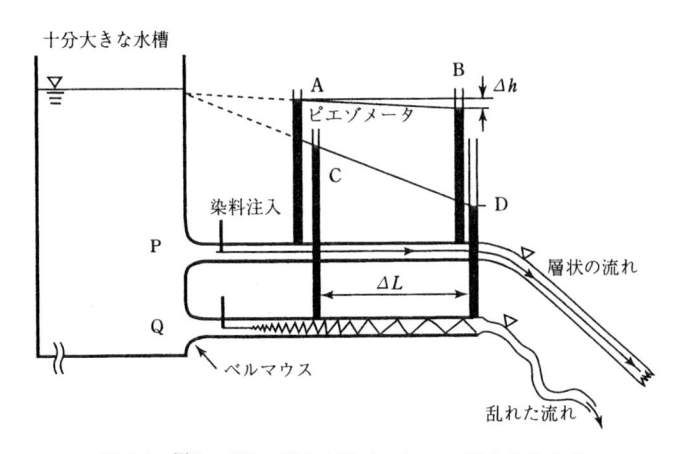

図 9.1 層流・乱流の遷移実験 (レイノルズ的な実験手法)

放物線状に落水し，その軌跡は時間が経っても変化しない．すなわち，定常の軌跡である．P管内に注射針で染料を注入すると，染料は円管に平行に流れ，何ら乱れのない整然とした層状の軌跡となる．このことから，この流れを**層流** (laminar flow) という．そして，円管に微小な振動を与えて染料を一時的に乱してもその下流では粘性のために再び整然とした層状の流れとなる．すなわち，外部から攪乱を与えてもその攪乱は粘性のために減衰してしまう．式 (9.3) より $Re \equiv vD/\nu < Re_c$ では，慣性項より粘性項の方が重要であることがわかる．

もう少し定量的に観測してみよう．層流管Pの上流A点とB点 (この距離を

ΔL とする）にピエゾメータを立て，水位差 Δh を計測すれば，この値が粘性による摩擦損失水頭 h_L となり，エネルギー勾配が計算できる．式 (4.49) より，

$$I_e \equiv \frac{dh_L}{dx} = \frac{\Delta h}{\Delta L} \tag{9.4}$$

完全流体ならば $I_e \equiv 0$ である．すなわち，管の摩擦に逆らって水を流すためにはエネルギー勾配をかける必要がある．平易にいえば，ΔL だけ進めばエネルギーが摩擦のために Δh だけ失われる．

さて，層流のとき，このエネルギー勾配は断面平均流速 v に比例する．

$$\therefore \quad I_e \propto v \quad （層流のとき） \tag{9.5}$$

流速 v を増加させていくと，式 (9.5) から次第に上向きにずれ，エネルギーの損失は急増する．このときの染料のパターンを観察すると，図 9.1 の Q 管のように染料は下流にいくに従って乱れが増幅し，管全体に染料が拡散する．管から放出される水の軌跡も時間とともに変動し，決して同じパターンを繰り返さない．すなわち，流れが乱れているのである．この意味で，このパターンを**乱流** (turbulent flow) という．乱流のエネルギー勾配を計測すると以下のようになる．

$$I_e \propto v^n \quad （滑面で n=7/4, 粗面で n=2）\quad （乱流のとき） \tag{9.6}$$

図 9.2 に示すように，エネルギー勾配は層流で速度に比例し，乱流で速度のほぼ 2 乗に比例する．正確にいうと，層流から乱流への遷移は，限界レイノルズ数を境にまったく急激に起こるのではなく，遷移領域が存在する．しかも，速度 v （Re 数に比例する）を層流から増加していくと P→Q→R となり，逆に乱流から速度を遅くしていくと R→S→P となって，遷移領域で行きと帰りが異なった軌跡を描く．この意味で，限界レイノルズ数 Re_c はある目安と考えるべきであり，Re_c を境に流れが激変するのではない．これは，ちょっとした外部攪乱の影響で遷移現象

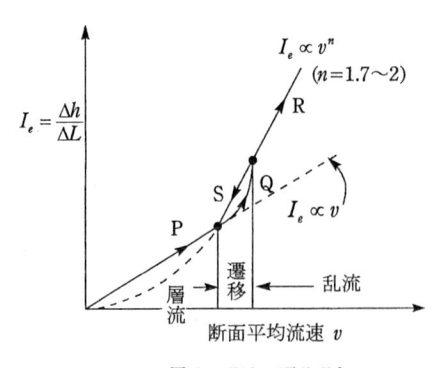

図 9.2 層流・乱流の遷移現象

> **●コーヒーブレイク 9.3** 限界レイノルズ数とは，「critical Reynolds number」の邦訳であり，水理学で好んで用いられる．「critical」のもう一つの邦訳である「臨界」レイノルズ数は，流体力学や理学部でよく用いられる．一般的な英和辞典にも「臨界」と書いてある．「限界」というと天井感があり，Re 数がこれ以上大きくなれないとのニュアンスがあるから，「臨界」の方がよいとの説がある．1999 年に東海村で起きた放射能の「臨界」事故は，「限界」事故とはいわない．核物質がある濃度以上になると核分裂が連続的に起こる．この境が臨界（critical）である．しかしながら，第III編の開水路水理学で重要となる限界水深理論では「critical」をやはり限界と邦訳し，水理界ではもう定着している．したがって，「限界レイノルズ数」と邦訳しても誤解は生じないであろう．

がある幅をもっているからである．したがって，Re_c の値は外部攪乱の有無や実験条件によって若干変化し，特定は困難であるが，実験的研究によって円管流では約 2000，開水路流では式 (9.3) より約 500 程度である．

9.3 オア・ゾンマーフェルト方程式とレイリーの変曲点不安定性理論

量子力学論や相対性理論といった究極の力学を除いて，われわれが体験する力学はニュートン力学で十分であり，流体も分子レベルまで考える必要はない．このような力学を**連続体力学**といい，連続式の帰結でもある．流体の連続体力学が N-S 方程式に他ならない．層流も乱流も N-S 方程式を満足しなければならないのに，なぜ 2 つの流れの挙動がかくも相違するのか．支配方程式が同じというのに！ この問は，流体力学者を長いこと悩ませた．速度が増加し乱流になると，N-S 方程式が破綻するのではないかと．これに明解な解答が与えられたのは比較的最近で，いわゆる**カオス理論**（chaos theory）の成果である．カオス理論に関しては次節で述べるが，「N-S 方程式から乱流遷移が理論的に説明できないか」との難問が研究されてきた．

その有力な説が，オア（Orr, 1907）とゾンマーフェルト（Sommerfeld, 1908）によって独立に提案された．これは，層流に外部攪乱を与えたら攪乱が粘性のために時間的に減衰するか（層流のままか）あるいは増幅するか（乱流に遷移するか）を，N-S 方程式を線形化して理論的に調べるものである．すなわち，層流の安定・不安定性問題である．その結果，**オア・ゾンマーフェルト (O-S) 方程式**が導かれ，4 階の常微分方程式を解くという境界値問題に帰着された．しかし，O-S 方程式を解くことは非常に難解であり，Re 数が無限大と考える非粘性流体の安定・不安定性問題は粘性項が無視できて O-S 方程式は 2 階常微分の

レイリー (Rayleigh, 1913) **方程式**に帰着した．

> **例題 9.1** 2次元非粘性流れ $U(y)$ および $V=W\equiv 0$ に周期的な攪乱（次式の流れ関数 Ψ で与える）
> $$\Psi(x,y,t) = \phi(y)e^{i(\alpha x - \beta t)} \tag{9.7}$$
> を与えたとき，流れの安定・不安定性を論ぜよ．

[解] これは，かなりの難問である．N-S 方程式を線形化し（移流項が線形化される），式 (9.7) を代入すると以下の O-S 方程式が得られる．なお，ダッシュは y による微分を表す．

$$(U-c)(\phi'' - \alpha^2 \phi) - U''\phi = -\frac{i}{\alpha Re}(\phi'''' - 2\alpha^2 \phi'' + \alpha^4 \phi) \tag{9.8}$$

ここで，

$$c \equiv \frac{\beta}{\alpha} = c_r + i \cdot c_i \tag{9.9}$$

$c_r(x)$ は**攪乱波の伝播速度**，$c_i(t)$ は**攪乱波の増幅率**を表す．すなわち，

$$c_i < 0 \text{（減衰，安定）},\quad c_i = 0 \text{（中立）},\quad c_i > 0 \text{（増幅，不安定）} \tag{9.10}$$

非粘性であるから $Re \to \infty$ とすると，式 (9.8) は次のレイリー方程式になる．

$$(U-c)(\phi'' - \alpha^2 \phi) - U''\phi = 0 \tag{9.11}$$

レイリー卿（英国の貴族）は，難解な式 (9.11) を解いて，以下の重要な**変曲点不安定性理論**を提案した．すなわち，「非粘性流体が微小攪乱に対して不安定になる必要条件は，流速分布 $U(y)$ が変曲点をもつ場合に限られる」．その後，トルミエン (1935) は，この理論がまた十分条件を満足することを証明した．変曲点が存在することは，式 (6.21) より横断方向の渦度成分 $\omega_z = \partial V/\partial x - \partial U/\partial y = -U'$ が極大あるいは極小になることを意味し，**渦度の集中する層**の存在を示唆する．したがって，レイリーの変曲点不安定性理論は 7.2 節の K-H 不安定性理論とあい通じるところがある．

さて，粘性流体では，式 (9.8) の O-S 方程式を解かねばならない．$c_i = 0$ なる中立安定曲線は，以下で与えられる．

$$\alpha = \text{func.}(Re) \tag{9.12}$$

たとえば，リン (Lin, 1945) は，層流境界層の Re 数が次の値以下ならばどのような攪乱に対しても境界層は安定であることを理論的に示し，これを限界レイノルズ数と考えた．

$$\left(\frac{U_\infty \delta_1}{\nu}\right)_c = 420 \tag{9.13}$$

このときの攪乱波の波長 L は $L \cong 6\delta$ と計算された（図 8.2）．式 (9.13) の限界レイノルズ数は実験値とほぼ一致し，層流境界層の不安定性問題は 2 次元的な攪乱によって発生することがトルミエン (1929)・シュリヒティング (1933) によって理論的に証明された．そこで，この攪乱波を**トルミエン・シュリヒティン**

グ波とよぶ．

9.4 非線形力学とカオス

このように流れは，限界 Re 数で層流不安定となり，乱流へと遷移する．では，なぜ限界 Re 数を超えて乱流になると流れの軌跡が乱れ，二度と同一の軌跡を描かないのか．この乱流の原因は，**慣性項の非線形性**にあるのである．

$$慣性項 = u_j \frac{\partial u_i}{\partial x_j} = \frac{\partial (u_i u_j)}{\partial x_j} \quad (強い非線形性) \tag{9.14}$$

例題 9.2 O-S 方程式やレイリーの不安定性理論から乱流遷移を解くことができるか検討せよ．

[解] 前節で，流体力学中の最大の難問の一つである O-S 方程式を解いて層流の不安定性を検討したのではないかと反問があろう．しかし，ここに大きな落とし穴があったのである．気がつかれた皆様も多かろう．実は，O-S 方程式は微小撹乱を対象とし，N-S 方程式を線形化した結果であった．式 (9.8) を熟視してほしい．$\phi(y)$ に関しては，確かに線形である（$\phi(y)$ の 1 乗しかない）．したがって，式 (9.14) の非線形性の強い慣性項を線形化することには限界がある．すなわち，層流が微小撹乱によって不安定になるごく初期の流れには O-S 方程式が近似的に適用できるが，遷移が進んで**非線形増幅**に達すると，O-S 方程式は適用できない．レイリーの不安定性理論も同様に適用できない．

一般に**カオス** (chaos) とは「混沌」と邦訳されるが，水理学・流体力学では「乱れた状態」を表す．しかし最近，カオスの中にも組織だった構造が存在することが発見されたのである（コーヒーブレイク 7.7 参照）．これが乱流の**組織構造** (coherent structure) であり，特殊な計測をしなければノイズに埋もれて検出できない．乱流の組織構造は，流体力学の歴史が長いわりにはほんの 30 余年前に発見され，これが乱流の動特性の本質であることが次第に解明されたホットな話題である．

カオスは自然現象や社会現象によく現れることが認められている．もともとカオスは，気象学者のローレンツ (Lorenz) が 1963 年に N-S 方程式などを使って天気予報を数値計算で試みる研究中に偶然発見された．コンピュータを使って数値計算するから，初期条件や境界条件が同一ならば計算結果もまったく同一になるはずである．ローレンツは，計算の初期条件の入力時に小数点以下何桁という無視できる桁の数字を誤って入力した．当然，誤差の内であり「自然現象は滑

らかに変化する」という過信が以前からあった．しかし，計算中に休憩に立ち，帰ってきたら計算結果が予想外のまったく違った奇異なる結果であった．この原因を彼が詳細にチェックした結果，初期条件をほんの少し入力ミスしたために計算結果が予想外の大変化をしたことがわかった．

このように，ちょっとした攪乱を与えると現象が激変することを，今では総称して**カオス**（混沌）という．流れには制御できない微細な攪乱が避けられない．粘性効果が大きいときはこの攪乱は減衰して，N-S方程式の解が一意に決まり，流れの状態が固定する．これが層流である．しかし，慣性項が粘性項に比べて相対的に大きくなると，自然界の不可避な攪乱が増幅し，カオスとなる．すなわち**乱流**になるのである．瞬時の流れはやはりN-S方程式を満足しているが，外部攪乱が不規則なため解が固定しない．外部攪乱をできるだけ小さくする環境のもとで実験を行えば，円管の限界レイノルズ数を10,000以上にも上げることができる．たとえば，振動がほとんどない地下の実験室で，図9.1のように円管の流入口にベルマウス（ベル状の漏斗のようなもの）をつけて流れの剝離を抑え，円管を真円に加工すればよい．しかし，このような実験は工学的でなく，通常の環境下では $Re_c \approx 2000$ と考えてよい．

9.5 レイノルズ方程式

層流と乱流はカオスになっているかどうかの違いであり，支配方程式は両者とも式 (9.1) のN-S方程式であることには変わりない．しかし，乱流では式 (9.1) は瞬間流速に関して成立するのであって，時間平均流速に関しては成立しない．瞬間流速がN-S方程式の解であり，その平均値が解でないのは方程式が非線形のためである．

さて，瞬間流速 $\tilde{u}_i(t)$ は以下のように分解される（図9.3）．

$$\tilde{u}_i(t) = U_i + u_i(t) \quad (9.15)$$

ここで，大文字は時間平均値，小文字は乱れ変動値を表す．式 (9.15) のように，瞬間流速を平均値と乱れに分解することを**レイノルズの分解法**という．いま，時間平均としてバーを付ければ，定義より

$$\overline{\tilde{u}_i(t)} = U_i, \quad \overline{u_i(t)} = 0 \quad (9.16)$$

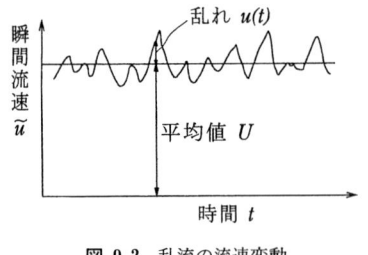

図 9.3 乱流の流速変動

> **例題 9.3** 運動量を時間平均すればどうなるか計算せよ．

[解] 式 (9.16) の定義より
$$\begin{aligned}\overline{\tilde{u}_i \tilde{u}_j} &= \overline{(U_i+u_i)(U_j+u_j)} \\ &= \overline{U_i U_j} + \overline{U_i u_j} + \overline{U_j u_i} + \overline{u_i u_j} \\ &= U_i U_j + \overline{u_i u_j} \quad (\because \ \overline{U_i u_j} = U_i \overline{u_j} = 0, \quad \overline{U_j u_i} = U_j \overline{u_i} = 0)\end{aligned} \quad (9.17)$$

このように非線形性のために，瞬間運動量を時間平均すると，平均運動量 $U_i U_j$ の他に乱れの運動量 $\overline{u_i u_j}$ が発生する．これが，後述するように，レイノルズ応力であり，**乱流の本質**となる．

式 (9.15) を式 (9.1) の瞬間 N-S 方程式に代入したのち時間平均をとれば，連続式と式 (9.17) を用いて以下のようになる．

$$\boxed{\frac{DU_i}{Dt} \equiv \frac{\partial U_i}{\partial t} + U_j \frac{\partial U_i}{\partial x_j} = F_i - \frac{1}{\rho}\frac{\partial P}{\partial x_i} + \frac{\partial}{\partial x_j}\left(\nu \frac{\partial U_i}{\partial x_j} - \overline{u_i u_j}\right) \quad (i=1,2,3)} \quad (9.18)$$

式 (9.18) を**レイノルズ方程式**という．また，Reynolds averaged Navier Stokes (RANS, ランス) 方程式ともいう．N-S 方程式と比較すれば，式 (9.18) の左辺の最後の項が付加されている．この項を符号を含めて，$-\overline{u_i u_j}$ を**レイノルズ応力**という．また，この応力を**付加応力**ともいう．

> ●**コーヒーブレイク9.4** 乱流になると，瞬間流速 $\tilde{u}(t) = U + u(t)$ を時間平均流速 U と乱れ変動成分 $u(t)$ に分離することが多い (図9.3)．その場合，大文字を平均流速，小文字を乱れ変動成分と記すことが定着した．古い教科書では，平均流速を $\overline{u}$，乱れ変動成分を u' とダッシュを付けて表示したが，現在では，$u' \equiv (\overline{u^2})^{1/2}$ と定義して，**乱れ強度**を表すことになっている．一般には，$(\overline{u^2})^{1/2}$ は root mean square (RMS) を表し，**標準偏差**という．同様に，古い教科書ではレイノルズ応力を $-\overline{u'v'}$ と書いていたが，近年では $-\overline{uv}$ と書くことになっている．

> **例題 9.4** 層流では，N-S 方程式とレイノルズ方程式とは一致することを示せ．

[解] 層流では，乱れ変動がないからレイノルズ応力は常にゼロである．すなわち，$-\overline{u_i u_j} \equiv 0$ である．したがって，式 (9.18) は，
$$\frac{\partial U_i}{\partial t} + U_j \frac{\partial U_i}{\partial x_j} = F_i - \frac{1}{\rho}\frac{\partial P}{\partial x_i} + \nu \frac{\partial^2 U_i}{\partial x_j \partial x_j} \quad (i=1,2,3) \quad (9.19)$$
これは，式 (9.1) の N-S 方程式そのものである．

●コーヒーブレイク9.5　図9.3のように時間平均値 U_i が定常であれば，式（9.18）の局所的加速度項 $\partial U_i/\partial t$ はゼロとなる．しかし，非定常流れでも平均流速を定義できる．時間平均するかわりに，**集合平均**（アンサンブル平均ともいう）するのである．同じ現象を何回も計測して平均するのである．バー記号を集合平均と見なせば，一般に局所的加速度項はゼロではない．したがって，式（9.18）がより一般性をもってくる．なお，時間平均と集合平均とは一致する場合が多い．この条件を**エルゴード性**という．

9.6　ハーゲン・ポアズイユ流れ

層流のN-S方程式は，式（9.19）で与えられ，原理的に解が一意に求められる．しかし，実際に解析的に解くことは非線形偏微分方程式のために一般に困難である．そこで，多くの場合は差分法などを使ってコンピュータによる数値計算（CFD）で解かれる．解析的に解くことができる境界条件は数例しかない．その中で最も有名で，かつ重要な流れが円管の**層流解**である．

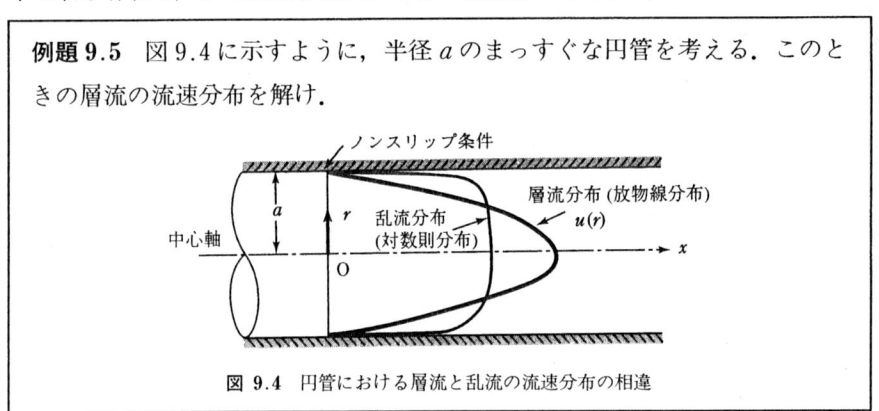

例題9.5　図9.4に示すように，半径 a のまっすぐな円管を考える．このときの層流の流速分布を解け．

図 9.4　円管における層流と乱流の流速分布の相違

［解］円管の中心軸を x 軸にとり，円筒座標 (r, θ, x) を採用すれば，流速分布は軸対称であるから，

$$U_r = U_\theta \equiv 0, \quad U_x(r) \equiv u(r) \tag{9.20}$$

定常流を対象にすれば，式（9.19）は厳密に以下のようになる．演習問題9.3をぜひやってほしい．すなわち，式（9.19）を円筒座標に変換すれば，式（9.75）が得られ，これに式（9.20）を代入すれば以下となる．

$$0 = -g\frac{dh}{dx} + \nu \frac{1}{r}\frac{d}{dr}\left(r\frac{du}{dr}\right) \tag{9.21}$$

ここで，$h \equiv z + P/(\rho g)$ は**ピエゾ水頭**であり，図9.1のピエゾメータの水位である．式（8.15）の記号でいえば，ピエゾ水頭は $h = P_\infty/(\rho g)$ である．式（9.21）を積分すれば，

$$r\frac{du}{dr} = \frac{g}{2\nu}\left(\frac{dh}{dx}\right)r^2 + C_1 \tag{9.22}$$

中心軸では流れは完全に対称であるから，$r=0$ で $du/dr = 0$ である．したがって，積分定数は $C_1 = 0$ となる．さらに，式（9.22）を積分して

$$u(r) = \frac{g}{4\nu}\left(\frac{dh}{dx}\right)r^2 + C_2 \tag{9.23}$$

積分定数 C_2 は以下のようにして求められる．粘性流体が完全流体と本質的に相違する点は，次の**ノンスリップ条件**を完全に満足することである．すなわち，

$$\text{円管の壁面 } r = a \text{ で，} u(r = a) = 0 \tag{9.24}$$

$$\therefore \quad u(r) = \frac{g}{4\nu}\left(-\frac{dh}{dx}\right)(a^2 - r^2) \quad (\text{円管の層流解}) \tag{9.25}$$

したがって，層流の流速分布は厳密に式 (9.25) なる放物線分布となる．この分布形は，下水道などを設計した土木技術者のハーゲン (Hagen, 1839, 独) と血流の研究をしていた医師のポアズイユ (Poiseuille, 1840, 仏) が独立して主として実験的に発見したものである．このため今日では，円管の層流解を**ハーゲン・ポアズイユ流れ** (Hagen-Poiseuille flow) という．

●**コーヒーブレイク 9.6** ハーゲンとポアズイユは土木技術者と医学博士との組み合わせで，偶然とはいえ歴史のいたずらと思われる．このためか，技術者よりドクターの方が社会的地位が高い欧州では，ハーゲンの業績を省き，単に「ポアズイユ流れ」とよぶ一部の研究者がいる．それを鵜呑みにして，日本でもハーゲンを意図的に省く研究者もいるようであるが，正当な評価とはいえない．ハーゲンもポアズイユも，ナヴィエ (Navier, 1822, 仏) とストークス (Stokes, 1845, 英) が確立した N-S 方程式を十分知っていたとは考えられず，式 (9.25) あるいはこれに同等な式を実験的に発見したと考えるのが順当であろう．レイノルズが英国で2番目の工学部教授になったことに象徴されるように (コーヒーブレイク 9.2)，当時の工学の地位は低く，大学の学部として認められることも少なかった．産業革命の発祥の地・英国でさえこのような具合であったから，欧州大陸での医学博士と工学技術者との社会的ステータスの格差は想像に難くない．なお，レイノルズより先んじて，ハーゲンは円管乱流の抵抗を計測し，層流抵抗と異なることを発見したが，これまた不幸にもハーゲンの名が出ることはなかった．

さて，式 (9.25) 中の $-dh/dx$ は，ピエゾ水頭の勾配であり，**動水勾配** (hydraulic gradient) という．図 9.1 の AB の勾配である．円管の半径は一定であるから，A と B の速度水頭は等しく，ピエゾ水頭に速度水頭を加えたエネルギー水頭の勾配 I_e と動水勾配は等しくなる．すなわち，

$$I_e \equiv \frac{dh_L}{dx} = -\frac{dh}{dx} = -\frac{1}{\rho g}\frac{dP_\infty}{dx} \tag{9.26}$$

これらの結果は，式 (4.48) および式 (4.49) に一致する．式 (9.26) を式 (9.25) に代入すれば，

$$\therefore \quad u(r) = \frac{gI_e}{4\nu}(a^2 - r^2) \tag{9.27}$$

> **例題 9.6** 円管を流れる層流の流量 Q は,半径 a の 4 乗に比例することを示せ.

[解] 式 (9.27) を使って,

$$\therefore Q = \int_0^{2\pi}\int_0^a u(r)\,r\,dr\,d\theta = 2\pi\int_0^a u(r)\,r\,dr = \frac{\pi g I_e}{8\nu}a^4 \tag{9.28}$$

断面平均流速 v は,

$$v = \frac{Q}{A} = \frac{gI_e}{8\nu}a^2 \tag{9.29}$$

また,動粘性係数 ν は,

$$\nu = \frac{\pi g a^4}{8Q}I_e \tag{9.30}$$

図 9.1 の装置を使えば,動水勾配あるいはエネルギー勾配 I_e とそのときの流量 Q を計測すれば,式 (9.30) より流体の動粘性係数 ν や粘性係数 $\mu \equiv \rho\cdot\nu$ を実験で容易に求めることができる.流体の動粘性係数は,一般に温度の関数である.たとえば,水の動粘性係数は,5℃ で約 0.015 cm²/s,20℃ でちょうど 0.01 cm²/s,30℃ で約 0.008 cm²/s と水温の増加とともにかなり減少するから水理実験では水温の管理が重要である.巻末の付表 5 に水の動粘性係数 ν の詳細値を示した.水理実験などで活用してほしい.

9.7 乱れの発生とカスケード過程

> **例題 9.7** 20℃ の常温の水を直径 $D=20$ [cm] のパイプに流したとき,層流となる上限の速度 v を求めよ.

[解] 9.2 節で述べたように,パイプ流の限界レイノルズ数は $Re_c \cong 2000$ であるから,

$$\frac{vD}{\nu} \cong 2000 \tag{9.31}$$

$D=20$ [cm], $\nu=0.01$ [cm²/s] を代入して,限界速度は,$v=1.0$ [cm/s] となる.これからわかるように,層流となる速度は 1.0 cm/s 以下の微流速である.つまり,層流は日常生活ではあまり起こらない**非常に遅い流れ**である.「自然界の流れの大半は乱流である」といわれる由縁である.河川・海岸・湖沼などの各種水域の基礎となる流れは乱流といっても過言ではない.

式 (9.29) から,層流の断面平均流速 v は,エネルギー勾配 I_e に比例する.すなわち,式 (9.5) が証明された.ところが,乱流に遷移するとエネルギー勾配は v の約 2 乗で急増し,それだけエネルギーの損失は大きくなる.これは,乱れが発生し,平均流のエネルギーが大きな渦成分に輸送されるからである.図

9.7 乱れの発生とカスケード過程

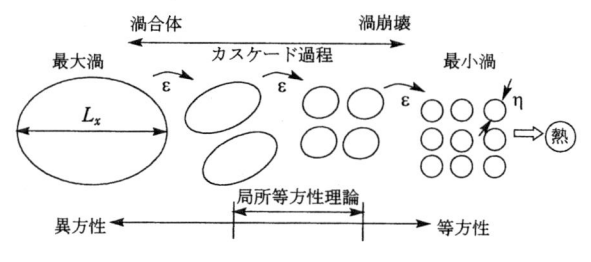

図 9.5 乱れのカスケード過程

9.5 に示すように，大きな渦（**最大渦**）の乱れエネルギーは，より小さな渦へと輸送され，最終的には**最小渦**で粘性によって熱エネルギーに逸散される．このように，大きな渦のエネルギーが小さな渦へと順次エネルギー輸送されることを**カスケード過程**（cascade process）という．

> ●**コーヒーブレイク9.7** カスケードとは，滝から水が落水するとき岩に当たって次第に流れが分流し，そのスケールが小さくなり最終的に水滴状になることをいう．この様子が図 9.5 に示した乱流渦の崩壊過程に似ていることから，「カスケード過程」と命名された．

乱れエネルギーが単位時間，単位質量あたりに熱に逸散される割合を**逸散率**（dissipation rate）といい，ε（イプシロンとよむ）で表すのが慣習である．逸散率 ε は以下で定義される．

$$\varepsilon \equiv \nu \overline{\frac{\partial u_i \partial u_i}{\partial x_j \partial x_j}} = \nu \overline{\left(\frac{\partial u_i}{\partial x_j}\right)^2} > 0 \tag{9.32}$$

式 (9.32) は，$i=1,2,3$ と $j=1,2,3$ の組み合わせであるから，合計 9 個の項の和となる．したがって，逸散率 ε を定義より乱れ変動 $u_i(t)$ から計算することは一般に困難である．大きな渦（流れの境界条件に依存し，**異方性**が強い．平易にいえば渦はフットボール形をなす）が崩壊し，小さな渦にエネルギーがカスケードされると，小さな渦は次第に**等方性**（isotropy）になる．等方性とは渦が座標の向きに依存しないことであり，平易にいえば渦が球形になることである（図 9.5）．これは，等方性である圧力の働きによるためである．

このように大きな渦は異方性であるが，カスケード過程を行う中規模以下の渦は等方性指向があり，コルモゴロフ（Kolmogoroff, 1941, ロシア）は中規模渦（**慣性小領域**という）に対して有名な**局所等方性理論**を提唱した（演習問題11.7）．そして，慣性小領域の乱れのスペクトル関数が**-5/3 乗則**をとることを指摘した．戦後，-5/3 乗則の妥当性は，各種の実験室規模の乱流（境界層・管

路・開水路・噴流・後流・混合層など）や，大気乱流・海洋乱流・河川乱流などの地球規模の乱流でも成立することが実験的に示された．このように－5/3乗則は乱流理論の中で最も**普遍的特性**が強いのである．一方，**等方性乱流**（isotropic turbulence）は，数学的展開が比較的容易であり，これまでに膨大な研究がなされている．この流れは，**格子乱流**（grid turbulence）で近似的に実験で得られる．一様流に金網（grid）を張り，この後流が近似的に座標には依存しない等方性乱流となることが知られている．

等方性乱流では式（9.32）は数学的に以下に帰結される．

$$\varepsilon = 15\nu \overline{\left(\frac{\partial u}{\partial x}\right)^2} \quad (9.33)$$

等方性乱流は数学的展開が最も容易な乱流といったが，式（9.33）を証明するには乱流に関するかなりの知識が必要である．このように乱流研究は難しいが，それだけにおもしろい現象である．

●**コーヒーブレイク9.8** 乱流理論では，逸散率 ε は最も重要な特性値である．dissipationは「逸散」，「散逸」，「消散」などと邦訳されるが，要は「乱れエネルギーが熱に変換される」ことである．類似な用語として，水工学では，dissipatorが**減勢工**と邦訳され，やはり流れの力学エネルギーが急激に熱に変換され，エネルギー損失を増大させる工法を意味する．後述の13.7節の**跳水**（hydraulic jump）は，**減勢工**の中心的現象で，射流という運動エネルギーが大きく危険な流れを減勢して，常流という運動エネルギーが小さな穏やかな流れにする河川工法である．ダムの頂部から落水する流れはものすごいエネルギーをもった射流で危険である．この場合は，下流に副ダムを建設し，射流を常流に人工的に遷移させ，エネルギーをロスさせる．この工法が減勢工である（図13.7参照）．

9.8 レイノルズ応力

乱流の平均構造を支配する方程式は，式（9.18）のレイノルズ（RANS）方程式である．この式と，瞬時構造に成立するN-S方程式とを比較すると，せん断応力 τ_{ij} のみが異なっている．すなわち，乱流の全せん断応力 τ_{ij} は次式で与えられる．

$$\tau_{ij} = -\rho\overline{u_i u_j} + \mu\left(\frac{\partial U_i}{\partial x_j} + \frac{\partial U_j}{\partial x_i}\right) \quad (9.34)$$

式（9.34）の右辺第1項を**レイノルズ応力**（Reynolds stress），第2項を**粘性応力**（viscous stress）という．応力の次元から厳密にいうと，レイノルズ応力は $-\rho\overline{u_i u_j}$ であるが，密度 ρ は一定なので，通常は $-\overline{u_i u_j}$ をレイノルズ応力と

いうことが多い．

例題 9.8 レイノルズ応力 $-\overline{u_i u_j}$ をマトリックス表示せよ．

[解] 明らかに，次式で与えられる．

$$-\overline{u_i u_j} = \begin{pmatrix} -\overline{u^2} & -\overline{uv} & -\overline{uw} \\ -\overline{uv} & -\overline{v^2} & -\overline{vw} \\ -\overline{uw} & -\overline{vw} & -\overline{w^2} \end{pmatrix} \tag{9.35}$$

このように，レイノルズ応力は6つある．これらを2種類に分けて，

① **垂直応力** (normal stress)：$-\overline{u^2}, -\overline{v^2}, -\overline{w^2}$ (9.36)
② **せん断応力** (shear stress)：$-\overline{uv}, -\overline{uw}, -\overline{vw}$ (9.37)

垂直応力はつねに負であり，圧力と同じ向きに作用している．この3つの和の 1/2 を**乱れの運動エネルギー** (turbulent kinetic energy) あるいは簡単に**乱れエネルギー**といい，kinetic の頭文字をとって k と書き，次式で定義される．

$$\text{乱れエネルギー：} k \equiv \frac{1}{2}(\overline{u^2} + \overline{v^2} + \overline{w^2}) > 0 \tag{9.38}$$

また，垂直応力の各成分は乱れ変動 $u_i(t)$ の分散値とも統計解析上解釈できる．その標準偏差を乱流理論では**乱れ強度** (turbulence intensity) という．乱れ強度3成分は，次のように定義される（コーヒーブレイク 9.4 参照）．

$$\text{乱れ強度：} u' \equiv (\overline{u^2})^{1/2}, \quad v' \equiv (\overline{v^2})^{1/2}, \quad w' \equiv (\overline{w^2})^{1/2} \tag{9.39}$$

一方，せん断応力は，次節で述べるように流速勾配に比例することが知られている．この意味で，流速勾配を**シェア** (shear) と簡略的にいうことがある．せん断応力は，たとえば $-\overline{uv}$ は乱れ変動 $u(t)$ と $v(t)$ の相互相関を表している．換言すれば，乱れ運動量 $\rho u(t)$ が垂直方向速度 $v(t)$ で輸送される応力がレイノルズ応力なのである．したがって，レイノルズ応力といえば，**レイノルズせん断応力** (Reynolds shear stress) をまず意味すると考えてよい．

例題 9.9 2次元開水路乱流のレイノルズ応力 $-\overline{uv}$ の分布を求めよ．

[解] 全せん断応力 τ_{12}/ρ は，式 (9.34) で定義された．すなわち，

$$\frac{\tau_{12}}{\rho} = -\overline{uv} + \nu \frac{\partial U}{\partial y} \tag{9.40}$$

一方，2次元開水路等流の全せん断応力は，レイノルズ方程式を解いて式 (8.21) で与えられた．

$$\therefore \quad \frac{-\overline{uv}}{U_*^2} = (1-\xi) - \frac{\partial U^+}{\partial y^+} \tag{9.41}$$

ここで，$U^+ \equiv U/U_*$，$y^+ \equiv yU_*/\nu$，$\xi \equiv y/h$（ξはグザイとよむ）であり，それぞれ無次元化されている．

9.9 完結問題

乱流の平均流場を支配する方程式系は，連続式（演習問題 9.11 で学ぶ）とレイノルズ（RANS）方程式 (9.18) である．では，これらは原理的に解くことができるか？ 答はノーである．方程式系は依然として 4 つあるが，未知数は平均流速 U, V, W の 3 つと平均圧力 P の計 4 つに加えてレイノルズ応力成分 6 つの合計 10 個となり，方程式系の数が足らない．すなわち，レイノルズ方程式系は閉じていない．レイノルズ方程式を閉じるためにはレイノルズ応力に関する方程式が必要であり，これを根本式である N-S 方程式から導くと，またしても**慣性項の非線形性**のために $\overline{u_i u_j u_k}$ なる 3 次の相関が生まれる．3 次の相関を解く方程式系を誘導すると 4 次相関が生まれ，結局，**レイノルズ方程式系は N-S 方程式を使っていては閉じない．**

この問題は，現在に至るまで流体力学者を悩ませ，また逆に研究の大いなる発展の動機にもなってきた．通常用いる手法は，高次の相関を低次の相関で近似して，方程式系を閉じる．このように，レイノルズ方程式を何らかの方法で閉じて，問題を解くことを**完結問題**（closure problem）という．乱流とは，つまるところ「完結問題」といっても過言ではない．層流はおのずと完結しているのである．そして，完結問題を解決する手法が各種の**乱流モデル**（turbulence model）である．

さて，式 (9.41) の未知数は平均流速 U^+ とレイノルズ応力 $-\overline{uv}$ の 2 つであり，一方，式の数は式 (9.41) の 1 つしかなく式の数が足らず原理上解けない（方程式系が完結していない）．すなわち，$-\overline{uv}$ と U^+ とを関係づける式がもう 1 つ必要である．このような補助的な関係式を乱流モデルという．乱流モデルで最も簡単なものが次のプラントルの**混合距離モデル**である．このモデルを使うと，式 (9.41) が解ける．

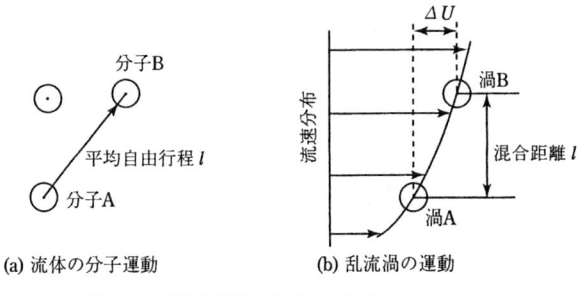

図 9.6 動粘性係数と渦動粘性係数のアナロジー

9.10 混合距離モデル

プラントル (Prandtl, 1925) は, 動粘性係数 ν が流体の分子運動に起因した**平均自由行程**（分子どうしが衝突する平均的な距離, 熱力学で学ぶ）によることに着目して, ブシネスクが形式的に導入した渦動粘性係数 ν_t (9.15 節) はいわば「渦の平均自由行程」に起因すると仮定した. 渦どうしが衝突するまでの平均的な距離を**混合距離** (mixing length) とよんだ. 図 9.6 は, この比較を模式的に示すものである. 渦 A が隣の渦 B に衝突する距離の平均値を混合距離と考えた. 渦は速度勾配すなわちシェアがあるから生じるので, A, B 間の流速差 ΔU は, テイラー展開の 1 次で近似して,

$$\Delta U \propto \frac{\partial U}{\partial y} \times l \tag{9.42}$$

u 方向の乱れはこの流速差 ΔU に比例すると考え, 渦 A が鉛直方向に v だけ移動して渦 B に衝突した結果がレイノルズ応力と仮定したのである. 渦 A の流速は, 渦 B に比べて $-\Delta U$ だけ小さく, これが低速の渦 $u \propto (-\Delta U) < 0$ に相当し, 浮上して $(v>0)$ 渦 B に衝突する. あるいは逆に, 高速の渦 B $(u>0)$ が降下して $(v<0)$ 渦 A に衝突して運動量交換を行った結果がレイノルズ応力になるのである.

$$\therefore \quad u \cdot v \propto u \cdot (-u) \propto -(\Delta U)^2 \propto -l^2 \left(\frac{\partial U}{\partial y}\right)^2 \tag{9.43}$$

混合距離 l は漠然とした比例関係の距離であるから, プラントルは比例定数も含めて以下のように混合距離を再定義した.

$$-\overline{uv} = l^2 \left(\frac{\partial U}{\partial y}\right)^2 = l^2 \left|\frac{\partial U}{\partial y}\right| \left(\frac{\partial U}{\partial y}\right) \tag{9.44}$$

これが，有名なプラントルの**混合距離モデル**である．2次の相関であるレイノルズ応力が1次の相関すなわち平均流速と関係づけられ，方程式 (9.41) は完結したのである．シェア $\partial U/\partial y$ と $-\overline{uv}$ の符号が一致するように，式 (9.44) には絶対値が導入されている．このとき，渦動粘性係数は，式 (9.68) より明らかに次式で与えられる．

$$\nu_t = l^2 \left|\frac{\partial U}{\partial y}\right| > 0 \qquad (9.45)$$

混合距離モデルは，ブシネスクモデルに比べて斬新であったが，その後，モデルの欠陥が指摘されるようになった．主な欠陥は以下のとおりである．

1) 分子は実体のある粒子であるから衝突距離が明確に計算でき，**平均自由行程**の物理的意味が明白である．一方，渦は存在するものの，粒子ではない．また，渦の定義が曖昧である．したがって，渦のすぐ隣には違う渦が存在しているかもしれない．渦の直径はどの渦でも一定とは限らない．実際，渦径は連続的に変化し，カスケード過程で分布する．
2) このため，最も大きな欠陥は，渦Aが渦Bに衝突するまでにすでに周囲流体と乱流混合を行っており，運動量をかなりの程度まで交換している点である．したがって，実際は，式 (9.44) のようには単純でない．

このような欠陥はあるが，第1次近似として，混合距離モデルは完結問題を解決する大きな武器となり，水理学・流体力学が大きく前進したのである．特に，式 (9.44) が簡単明瞭であるから，現在でも，流れを解析的に解く（コンピュータを使っての数値解析ではない）手段として，混合距離モデルの価値は依然として高い．ただし，混合距離モデルは，あくまでも1つの乱流モデルであり，けっして「理論」ではない．古い教科書では，「混合距離理論」との表現があるが，現在では適切な表現ではない．

9.11　壁法則と対数則

例題 9.10　混合距離モデルを使って，流速勾配 dU/dy を解け．

[解] 式 (9.44) を式 (9.41) に代入すれば，dU/dy に関する2次方程式となる．等流では流速 $U(y)$ は x には依存しないから $\partial U/\partial y$ は，常微分 dU/dy に等しい．これを解けば，

$$\frac{dU^+}{dy^+} = \frac{2(1-\xi)}{1+\sqrt{1+4l^{+2}(1-\xi)}} \qquad (9.46)$$

ここで，

$$U^+ \equiv \frac{U}{U_*}, \qquad y^+ \equiv \frac{yU_*}{\nu}, \qquad l^+ \equiv \frac{lU_*}{\nu} \qquad (9.47)$$

$$\xi \equiv \frac{y}{h} = \frac{y^+}{R_*}, \quad R_* \equiv \frac{hU_*}{\nu} \tag{9.48}$$

である．式（9.47）は，任意の特性量を速度スケールとして摩擦速度 U_*，長さスケールとして ν/U_* で無次元化したものである．この速度および長さスケールは壁面近傍（後述する**内層**）の特性を表すスケールであり，このような表示を**内部変数表示**という．また，変数に上付添字「＋」を付けることから**プラス表示**ともいう．一方，式（9.48）は水深 h で無次元化したもので，**外部変数表示**という．内部変数と外部変数は，**摩擦レイノルズ数** R_* で結ばれ，同一の $\xi \equiv y/h$ でも R_* が大きいほど y^+ も大きくなる．

さて，相対水深 ξ が1に比べて小さければ，式（9.46）は以下のように近似できる．

$$\frac{dU^+}{dy^+} = \frac{2}{1+\sqrt{1+4l^{+2}}} \tag{9.49}$$

式（9.49）は水深などの主流の条件をいっさい含まず，**内部変数**のみの関数表示である．このように壁の特性を表している内部変数のみで流速が表示される法則を**壁法則**（law of the wall）といい，乱流理論では非常に重要な法則の一つである．実験値と壁法則の式（9.49）の比較から，以下のように流れ場を大別する．

① **内層**（inner layer）：$0 \leq \xi \leq 0.2$
② **外層**（outer layer）：$0.2 \leq \xi \leq 1$

内層の流速分布を式（9.49）から求めるには，混合距離が既知でなければならない．プラントルとカルマンは，図9.6(b)の渦の混合距離は壁に拘束されて壁に近いほど小さいと考え，その第1次近似として直線分布を与えた．すなわち，

$$l^+ = \chi \cdot y^+ \tag{9.50}$$

ここで，χ（カッパとよむ）を**カルマン定数**とよび，実験から算定される．壁のごく近傍では粘性の影響が強いから，混合距離が式（9.50）の線形分布より減少する．この粘性の効果をバン・ドリースト（van Driest, 1956）は，理論的に考察して次のモデルを提案した．

$$l^+ = \chi \cdot y^+ \cdot \Gamma(y^+) \tag{9.51}$$

$$\Gamma(y^+) \equiv 1 - \exp\left(-\frac{y^+}{B}\right) \tag{9.52}$$

$\Gamma(y^+)$ は，粘性による**減衰関数**（damping function）という．B は**減衰係数**で，実験値との比較から $B=26$ が得られている．当然，y^+ が十分大きくなると，式（9.51）は式（9.50）に収束し，粘性の効果がなくなる．

例題 9.11 式 (9.51) の混合距離を用いて，流速分布 $U^+ \equiv U/U_*$ を求めよ．

[解] まず，漸近解を求めてみよう．
(1) **粘性底層** (viscous sublayer)：$0 \leq y^+ \leq \delta_v^+ \cong 5$ では，$l^+ \ll 1$ であるから式 (9.49) は，

$$\frac{dU^+}{dy^+} = 1 \tag{9.53}$$

$$\therefore \quad U^+ = y^+ \quad （粘性底層） \tag{9.54}$$

すなわち，平均流速は線形分布する．$\delta_v^+ \cong 5$ は粘性底層の厚さである．この領域は粘性効果がきわめて強く，もともとの式 (9.41) 中のレイノルズ応力が粘性応力に比べて無視できる場合に相当する．この意味で「層流的」であり，古い教科書では「層流底層」と命名されたことがある．しかし，その後の研究で，層流底層といえども図 9.1 のような本来的な層流ではなく，乱流変動している．この誤解を避けるために，現在では，**粘性底層**とよぶのが正しい．

(2) **対数則領域** (log-law region)：$B < y^+ < 0.2R_*$ では，$l^+ \gg 1$ となるから，式 (9.49) は以下のように近似され，これが次のように積分される．

$$\frac{dU^+}{dy^+} = \frac{1}{l^+} = \frac{1}{\varkappa \cdot y^+} \tag{9.55}$$

$$\therefore \quad U^+ = \frac{1}{\varkappa} \ln(y^+) + A \quad （対数則領域） \tag{9.56}$$

ここで，A は積分定数である．カルマン定数 $\varkappa$ と A の値は，実験的に決定しなければならない．この意味で，式 (9.56) の**対数則**は**半理論式** (semi-theoretical formula) とよばれる．対数則を提案したプラントル・カルマンのゲッティンゲン学派では，ニクラーゼが円管の滑面 (smooth wall) での値を精力的に求め，以下を提案した．

① $\varkappa = 0.4$, $A = 5.5$ (Nikuradse, 1932, 円管)：この値は，計測が当時困難であった境界層流にも援用された．また，開水路では，境界層に比べ精度よい実験はさらに困難であり，ごく最近までこの戦前のニクラーゼの値が用いられてきた．カルマン定数の精度は，小数点以下 1 けたまでである．しかし，戦後の乱流計測機器やコンピュータの急速な進展のおかげでより正確な値が得られるようになった．たとえば，開水路では，理想的な計測機器といわれるレーザ流速計が 1980 年代に開発され，禰津・ロディ (Nezu & Rodi, 1986) は開水路の流速分布を高精度に計測した（コーヒーブレイク 9.10 を参照）．現在，標準値としてよく引用される値は以下のようである．

② $\varkappa = 0.41$, $A = 5.0$ (Coles, 1968, 境界層)
③ $\varkappa = 0.41$, $A = 5.17$ (Dean, 1978, 閉管路（ダクト）)
④ $\varkappa = 0.41$, $A = 5.2$ (Brederode & Bradshaw, 1974, 境界層・せん断流)
⑤ $\varkappa = 0.412$, $A = 5.29$ (Nezu & Rodi, 1986, 開水路)

ここで最も重要なことは，**カルマン定数** $\varkappa$ は，境界層，管路，開水路という流れの種類には依存しない**普遍定数** (universal constant) と考えられることである．上記のカルマン定数の値は滑面乱流であるが，粗面乱流でも同じ値をとる．さらに，等流でないより複雑な流れ，たとえば非定常流れでも強い非定常でなければ $\varkappa = 0.41$ の普遍定数であることが最近示されつつある．したがって，極端に流れが複雑でない限り，**壁面乱流の種類にはよらずにカルマン定数は**

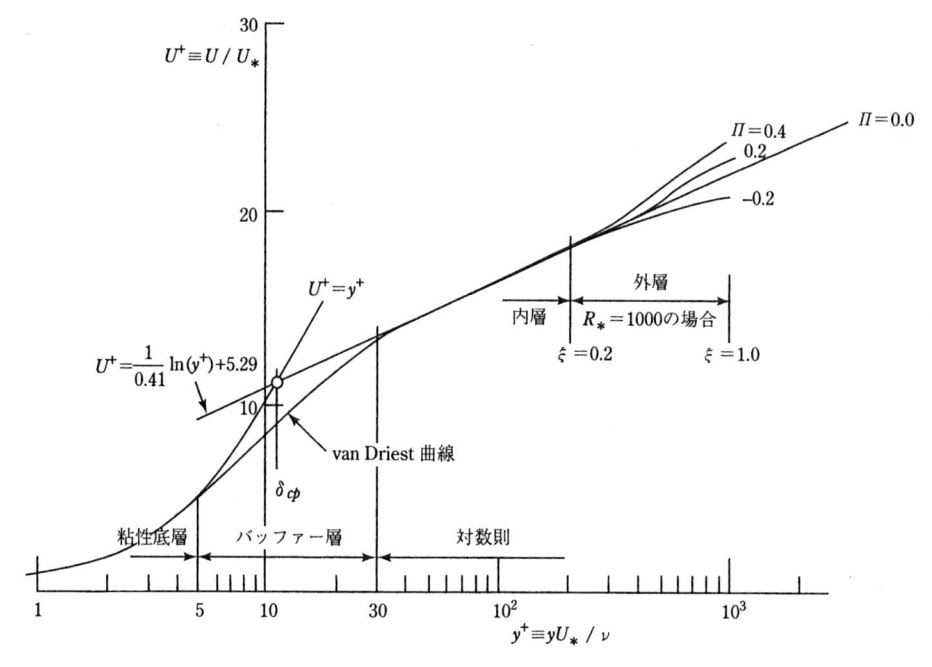

図 9.7 壁法則（内層の特性）と外層の特性

$\kappa = 0.41$ の普遍定数と結論してよい．一方，積分定数 A は，滑面乱流に限っても上記のように主流の条件によって若干変化する．しかし，滑面では，$A = 5.0 \sim 5.5$ のほぼ一定値とみなしてよい．粗面では A の値は滑面より小さくなり，流れにくくなる（なぜなら，抵抗が大きくなるから）．

（3） バッファー層（buffer layer）：$5 \leq y^+ \leq B \approx 30$ の中間領域では，式 (9.54) の線形分布と式 (9.56) の対数則分布を滑らかに接続するとの意味から**バッファー層**とよぶ．解析解は得られないが，式 (9.49) を数値積分すれば，容易にそのグラフを描くことができる．

以上をまとめとして，図 9.7 は，レイノルズ数 $R_* = 1000$ の場合の壁法則の分布を図示したものである．内層と外層の境界は R_* に依存し，上の例では，$y^+ < 0.2 R_* = 200$ が内層となる．バッファー層は簡単な初等関数では表示できないから，粘性底層の式 (9.54) と対数則分布の式 (9.56) で内層を近似的に表示することがたまに行われる．両者の交点を δ_{cp} として解けば，$\delta_{cp}^+ = 11.2$ となる．この値は，粘性が主要に効く概略値と考えてよい．

● **コーヒーブレイク 9.9** 粘性底層の厚さは $\delta_v^+ = 5$ であるから $\delta_v = 5\nu/U_*$ となる．通常の流れでは，摩擦速度は $U_* = 1 \sim 10$ [cm/s] であるから $\delta_v = 0.05 \sim 0.5$ [mm] となり，壁面に非常に薄い層となる．同様に，$\delta_{cp} = 0.112 \sim 1.12$ [mm] となる．このような薄い厚さを実感できるだろうか？

●コーヒーブレイク 9.10　レーザ流速計は正式にはレーザ・ドップラー流速計 (laser Doppler anemometer（LDA））とよぶ．レーザ光線を 2 本に分光し，フロントレンズで水中に照射すると，その交点に浮遊している数ミクロンの微粒子に当たる．その散乱光は微粒子が運動しているためドップラー効果により周波数が変調する．このドップラー周波数 f_D は微粒子の流速に比例する．微粒子の速度は水の流速 u にほとんど等しいから，$u = \lambda / (2 \sin \phi) \times f_D$ の理論式から流速が計測できる．ここで，λ はレーザ光線の波長，ϕ は 2 本のレーザ光線がなす交叉半角で，フロントレンズの焦点距離より決定される．通常の流速計（たとえば，図 4.5 のピトー管）では，流速を計測する感部（センサーという）を水中に挿入するから流れが乱され，正確な流速は計測できない．ところが，レーザ流速計はレーザ光線を照射するだけのいわゆる非接触型なので，流速が高精度に計測できる．また，u と f_D は上記の理論式で決定できるので，流速計の検定は不要である．アルゴンレーザ光線を使用すれば，青色光線（$\lambda = 488$ [nm]）と緑色光線（$\lambda = 514.5$ [nm]）に分光して流速の 2 成分 (u, v) あるいは (u, w) が計測できる．さらに，バイオレット光線（$\lambda = 476.5$ [nm]）を使えば，3 成分 (u, v, w) の同時計測が可能である．ここで，nm（ナノメータ）は，10^{-9} m である．このため，レーザ流速計は理想的な計測機器である．最近は，光ファイバーを応用し，コンピュータ支援のレーザ流速計によって乱流計測が容易になっている．測定体積は 0.1 mm 以下の点計測ができるから，従来困難であった粘性底層内の流速を高精度に計測でき，式 (9.54) の妥当性が検証されている．また，定義式 (8.20) から，乱流研究で重要な摩擦速度 U_* を高精度に評価でき，カルマン定数 χ の実験値を求めることができるようになった．ただ，レーザ流速計の難点は値段が 2500 万円以上と非常に高価なことである．

9.12　外層と速度欠損則

粘性の影響や壁面の特性が効かなくなる外層（$0.2 \leq \xi \leq 1$）では，混合距離 l^+ はもはや式 (9.50) の直線分布をせず，流速分布も式 (9.56) の対数則から次第にずれてくる．このずれをコールズ（Coles，1956）は，**ウエイク関数**（wake function）とよび，以下の関数で表した．

$$U^+ = \frac{1}{\chi} \ln(y^+) + A + w(\xi) \quad (\text{log-wake 則}) \tag{9.57}$$

$$w(\xi) = \frac{2\Pi}{\chi} \sin^2\left(\frac{\pi}{2}\xi\right) \tag{9.58}$$

$w(\xi)$ がウエイク関数で，対数則からのずれが一様流に復帰する後流（wake）に似ていることから命名された．この場合の一様流は最大流速 $U_{\max}$ であるから，流速 U を $U_{\max}$ との差で表示した方がよい．

例題 9.12　速度欠損 $(U_{\max} - U)$ を外部変数 $\xi \equiv y/h$ の関数で表せ．

[解] 式 (9.57) を変形すると，

$$\frac{U_{\max}-U}{U_*}=\left(\frac{1}{\chi}\ln h^++A+w(1)\right)-\left(\frac{1}{\chi}\ln y^++A+w(\xi)\right)$$
$$=-\frac{1}{\chi}\ln(\xi)+\frac{2\Pi}{\chi}\cos^2\left(\frac{\pi}{2}\xi\right) \qquad (9.59)$$

式 (9.59) を**速度欠損則** (velocity defect law) という．速度欠損則は動粘性係数 ν の影響をもはや受けず，相対水深 ξ のみの関数で与えられる点は注目すべきである．Π（パイ）値は，対数則分布からのずれの大きさを表す指標で**ウエイクパラメータ**という．

開水路等流の Π 値は 0.2 程度であり，従来は開水路の測定精度の悪さからウエイク関数は導入されず，対数則一辺倒であった．ウエイク関数を使わず，水面まで対数則を強引に使うと，対数則分布の傾きが急となるからカルマン定数 χ を小さく選択せねばならない．たとえば，$\chi=0.38$ などと水理条件によって変化させねばならない．特に，浮遊砂を含む流れでも水面まで対数則を強引に適用し，カルマン定数 χ は減少するとの定説が長いこと続いた．このような対処は乱流理論上，不合理である．対数則の式 (9.56) は内層のみで成立するからである．一方，境界層では，上述のコールズ以来，外層におけるウエイク関数の導入の必要性が定説となっている．開水路等流に対応するゼロ圧力勾配境界層での Π 値は 0.55 と大きく，もはやカルマン定数を変化させて対数則を境界層端まで適用させることは不可であった．このように境界層の Π 値が開水路より大きい理由は，境界層の外縁には流れの間欠性が大きく，後流的特性が強いためである（図 8.2 を参照）．

禰津・ロディ（Nezu & Rodi, 1986）は，開水路でもウエイク関数の導入が重要であることを指摘した．ウエイクパラメータの Π 値は，レイノルズ数 $Re \equiv 4hU_m/\nu$（ここで，$U_m=v$ は断面平均流速．式 (9.3) より，この Re は管路

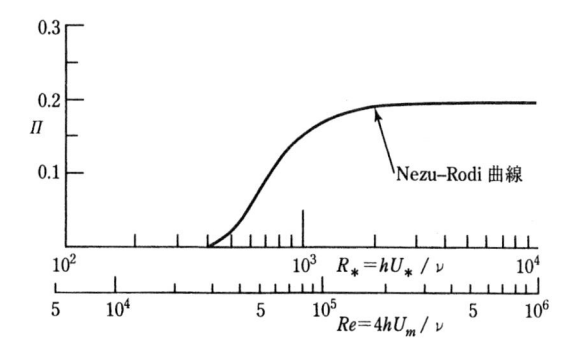

図 9.8 ウエイクパラメータ Π とレイノルズ数の関係

のレイノルズ数に対応している）および圧力勾配 dp/dx の関数である．等流では圧力勾配はゼロで，Π 値はレイノルズ数のみの関数になる．図9.8は禰津とロディによって提示されたグラフで，**禰津・ロディの図表**という．レイノルズ数が小さければ $\Pi=0$ であり，水面まで対数則が成立する．一方，レイノルズ数が大きくなると対数則からのずれが無視できず，$Re \geq 2 \times 10^5$ で $\Pi=0.2$ とほぼ一定となる．

さらに，$dp/dx>0$ の流れを**逆圧力勾配**といい，ベルヌーイの定理より減速流となる（コーヒーブレイク8.5）．逆圧力勾配の流れでは，Π 値はゼロ圧力勾配流れより大きくなる．すなわち，対数則からのずれは大きくなる（図9.7）．一方，$dp/dx<0$ の**順圧力勾配流れ**では，Π 値はゼロ圧力勾配流れより小さくなり，極端な場合は負の値をとる．このような圧力勾配のある境界層の研究はずいぶんあるが，開水路乱流ではほとんどない．今後の研究成果が待たれている．

9.13 乱れ特性

以上より，2次元開水路乱流や管路流の平均流特性はほぼ解明された．では，乱れ特性はどうか．

例題 9.13 2次元開水路乱流のレイノルズ応力 $-\overline{uv}$ の分布を求めよ．

[解] 式 (9.57) から，$\partial U^+/\partial y^+$ が計算される．Π 値は小さいから無視すると，式 (9.41) に代入して，

$$\therefore \quad \frac{-\overline{uv}}{U_*^2} = (1-\xi) - \frac{1}{\kappa R_* \xi} \tag{9.60}$$

図9.9は，レイノルズ応力分布式 (9.60) を示す．せん断応力の中身，すなわちレイノルズ応力と粘性応力の寄与がよくわかる．式 (9.60) の第2項の粘性応力は，河床近傍のみで大きく，R_* 数が大きくなると粘性応力が効く層は河床のごく近傍となる．$R_* \to \infty$ で粘性応力が効く層（粘性底層）の厚さはゼロに収束し，レイノルズ応力は全水深にわたって直線分布する．なお，河床 $\xi=0$ ではノンスリップ条件により乱れ変動はないからレイノルズ応力はゼロであり，粘性応力のみが効いている．残りの他のレイノルズせん断応力 $-\overline{uw}, -\overline{vw}$ は，2次元乱流では常にゼロになる（演習問題9.14で確認すること）．

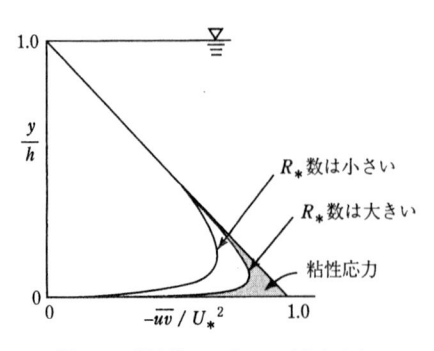

図 9.9 開水路のレイノルズ応力分布

一方,垂直応力 $-\overline{u^2}, -\overline{v^2}, -\overline{w^2}$ は重要な乱れ特性で,一般に式(9.39)の乱れ強度 u', v', w' で表す.これらの乱れ強度の3成分を数値計算(CFD)で求めるには,9.15節の応力モデルが必要で,また自由水面の境界条件のモデル化も必要であり,かなり難解な研究テーマである.ダクト流や境界層流の乱れ強度3成分を応力モデルで解くこともかなり複雑であるが,開水路は自由水面がフルード数によって常流・射流と変化したり,跳水など非常に複雑な現象を含むから,開水路への適切な乱流モデルの開発は今後の大きな研究課題であろう.

以上のことを考慮して,禰津(1977)は,k-ε モデルの近似解と乱れの自己相似特性(フラクタル理論に通じる)を使って,次のような乱れ強度3成分に関する普遍関数を半理論的に求めた.

$$\frac{u'}{U_*}=2.3\exp(-\xi) \quad (0.1<\xi<1.0) \tag{9.61}$$

$$\frac{v'}{U_*}=1.27\exp(-\xi) \quad (0.1<\xi<0.9) \tag{9.62}$$

$$\frac{w'}{U_*}=1.63\exp(-\xi) \quad (0.1<\xi<1.0) \tag{9.63}$$

$$\frac{k}{U_*^2}\equiv\frac{\overline{u^2}+\overline{v^2}+\overline{w^2}}{2U_*^2}=4.78\exp(-2\xi) \tag{9.64}$$

これらの普遍関数の係数は実験的に求めたもので**禰津の公式**といい,国内外でよく使われている.内層の乱れは非平衡で,複雑な挙動を示し,上記のように簡単な普遍関数では表現できない.これは内層では乱れの発生機構である**バースティング現象**(bursting phenomena)が生起する最もアクティブな領域(図9.10)で,乱れの発生率 G はその逸散率 ε より大きく,乱れが非平衡になるた

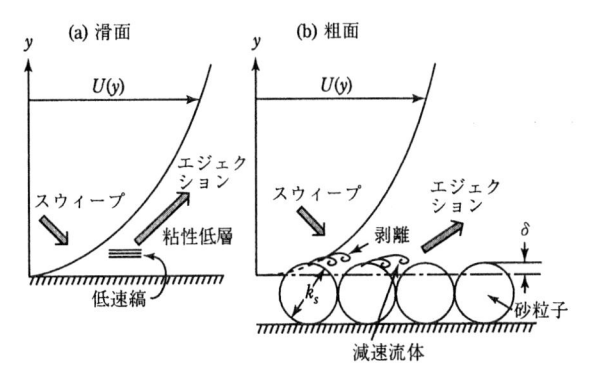

図 9.10 滑面乱流と粗面乱流の比較

めである（演習問題9.17で学ぶ）．$G \cong \varepsilon$ を**乱れの平衡**（equilibrium）といい，式（9.61）〜（9.64）が誘導された前提条件である．鉛直成分 v'/U_* は壁面条件や自由水面の影響を受けやすく，式（9.62）の適用は $0.1 < \xi < 0.9$ に限られる．フルード数が小さいと流れは穏やかで，水面は鏡面的な平坦になり，v'/U_* は水面で急低減する．これは，水面が一種の「弱い壁」効果を現すからで，ダクト流と大きく異なる開水路特有の現象である．フルード数が大きくなり射流になると，v'/U_* は水面近傍でむしろ増加する．そして，水面波の影響が乱流構造を支配する重要な因子となるが，不明な点が多く，今後の研究成果が待たれる．

幸い，主流方向の乱れ強度分布式（9.61）の適用度は実験水路でかなり正確で，また河川乱流の現地計測値ともよく一致し，応用水理学・河川工学において有用な公式として認められている．

乱れの発生率 G は，式（10.37）で与えられ，すでに既知となった $-\overline{uv}$ と U から容易に計算できる．一方，**逸散率** ε は，乱流理論の中心的なきわめて重要

●**コーヒーブレイク9.11** バースティング現象の発見は，流体力学上20世紀の最大の発見の一つである．それは，1967年スタンフォード大学クライン（Kline）教授のグループによって**水素気泡法**という可視化技術によってなされた．水中に張った微細径の白金線にパルス電流を流し，水を電気分解させ，発生した水素気泡列をカメラに撮る．乱れの時間的変化（痕跡線，3.2節）が明瞭にわかるのである．1960年代は乱流の点計測（point measurements）の黄金時代といわれる．エレクトロニクスとコンピュータの進展で，気流計測用の**熱線流速計**（hot-wire anemometer）が高精度になり，スペクトル解析や相関解析すれば，乱流の全貌は解明できるという傲慢さがあった．しかし，自然現象はそう甘くはなかった．点計測では，ある1点の流速変動を正確に計測できても，空間的な挙動は計測できなかったのである．流れの可視化は定性的な計測で，点計測より劣った技術との認識が当時あった．しかし，水素気泡法で壁近傍の乱れを観測すると，空間的に組織だち，時間的にも周期性のある大規模な渦構造を呈することが次第にわかったのである．乱れは，文字どおり「ランダムに乱れた変動」であり，単純に統計処理（平均や分散値を求めること）をすればよいとの定説が覆ったのである．バースティング現象が重要なのは，①乱れが組織性・周期性をもっていること，②乱れエネルギーの発生機構（平均流から乱れにエネルギーが変換すること）そのものであること，③熱・物質（浮遊砂・水質など）などの乱流輸送の主因であること，などである．低速流体の浮上→3次元振動→流体の急激な噴射（エジェクション（ejection）という．図9.10）と乱れの発生→高速流体の緩慢な降下（スウィープ（sweep）という）→低速流体の形成という一連の周期的な運動をする．白金線を垂直に張って水素気泡シートを発生させると，オーロラのようにフアフアとそして激しいエジェクションを繰り返す．真っ暗な夜に実験室にこもり，水素気泡を発生させ，これをスライドプロジェクタで可視化すると，もう乱れの不思議さに魅了されること間違いない．

な特性値で，カスケード過程を支配している（図10.2）．また，エネルギー損失水頭の根元的な原因であった．逸散率 ε は式（9.32）で定義されたが，これを定義式に従って算定することはきわめて困難である．そこで，コルモゴロフ（Kolmogoroff, 1941）がカスケード過程で提案した**スペクトルの-5/3乗則**（局所等方性理論の成果．演習問題11.7で考察する）から算定するのが普通である．襧津（1977）は，乱れ強度およびマクロスケールの半理論公式から，次式を提案している．

$$\frac{\varepsilon \cdot h}{U_*^3} = K \cdot \xi^{-1/2} \exp(-3\xi) \tag{9.65}$$

ここで，係数 K はレイノルズ数によって若干変化するが，通常の乱流では約9.8である．式（9.65）を逸散率に関する襧津の公式という．等流の逸散率をきわめて良好に示すことが認められている．また，複雑な流れにおいて，**k-ε モデル**などを使っての数値計算（CFD）する場合の初期条件として，式（9.64）および式（9.65）は有効であり，一様分布を用いる場合より収束計算が短くなることが期待されている．

9.14 粗面乱流の特性

これまでは滑面乱流を扱ってきたが，これらの基本的な特性は壁面に粗度が付いた**粗面乱流**の場合にも適用できる．特に相違する領域は内層である．図9.10は，組織構造であるバースティング現象の観点から両者を比較したものである．滑面乱流では，粘性底層・バッファー層の不安定性（変曲点不安定性．9.3節）に起因する低運動量（$\rho u < 0$）の**エジェクション**（ejection：$v > 0$）によって乱れが生成される（$-\rho uv > 0$）．一方，粗面乱流では，粗度要素による流れの剥離によってエジェクションが起こると推測されるが，まだ定説は確立していない．高運動量（$\rho u > 0$）が降下して（$v < 0$），壁面近傍のバーストの残骸物を**スウィープ**（sweep：$v < 0$）する運動でも乱れが生成されるが（$-\rho uv > 0$），スウィープ運動は粗度の影響をあまり受けない．

滑面と粗面では乱れ発生機構がこのように異なるが，その運動形態や組織構造は類似しており，しいて区別せず，統一して扱う方がよいかもしれない．

例題 9.14 粗面乱流に特有な問題点を列挙し，解説せよ．

[解] 主要な問題点は，以下の5点に集約される．

1) **等価砂粗度** k_s（コーヒーブレイク12.4）：粗度要素として，自然粗度や人工粗度などなんでもよいから，粗度の物理的大きさをなにで代表させ，相互に比較したら最も合理的かが第一の課題である．粗面乱流の研究を近代流体力学に則って行ったのがプラントルの助手のニクラーゼであり，1930年代に円管の壁面に砂粗度を稠密に接着させ，作動流体として空気流を対象にピトー管を用いて流速分布や管路の抵抗則を系統的に研究した（12.5節）．粗面乱流の研究は，実用価値が高いにもかかわらず研究の困難さから，現在でもニクラーゼの成果をはるかに超えるものはまだない．いや逆に，ニクラーゼの結果をまだ援用しているのが現状である．ニクラーゼが稠密砂粗度を粗度の基準値としたから，任意の粗度要素を用いた場合は，稠密砂粗度に置き換えたら流れの抵抗が同等になる，あるいはもっと厳密にいうと流速分布が同等になる粗度高さを**等価砂粗度**（equivalent sand roughness）といい，k_sで表す．添字のsは，砂粒（sand）の意味で，ニクラーゼ以来の伝統的な使用である．

2) **仮想原点**（$y=0$）：次の問題点は，鉛直方向の座標原点をどこにとったらよいかである．滑面乱流の座標原点$y=0$は壁面にとれば何ら問題はなかった．しかし，粗面乱流では複雑である．この問題もニクラーゼにならい，流速分布が対数則にできるだけ従うように座標原点を移動させ，最適な原点を仮想的に選ぶ．この意味で，$y=0$の位置を**仮想原点**（virtual zero level）とか**理論上の原点**（theoretical zero level）という．現象論的にいえば，図9.10に示すように，粗面では粗度頂部からδだけ下方に仮想原点をとれば，滑面と同等に扱えると期待できる．したがって，δの値は，対数則分布とセットで扱わねばならない．過去の多くの一様粒径粗度の研究によれば$\delta/k_s=0.15〜0.3$であるが，$\delta/k_s=1/4$を標準値と考えてよい．しかし，一般の粗度要素の場合はk_sとδを同時に決めねばならず，対数則との一致を試行錯誤的に行っているのが現状である．

3) **対数則分布**：粗面の対数則は，滑面の式（9.57）を変形して以下で与えられる．

$$U^+ = \frac{1}{\chi}\ln\left(\frac{y}{k_s}\right) + A_r + w\left(\frac{y}{h}\right) \tag{9.66}$$

$$A_r(k_s^+) \equiv \frac{1}{\chi}\ln(k_s^+) + A \tag{9.67}$$

$w(y/h)$は，ウエイク関数で外層の特性を表すから，粗度の影響はあまり受けないと考えられる．少なくとも，相対粗度k_s/hが小さい通常の開水路ではウエイク関数に及ぼす粗度の影響はないであろう．しかし，相対粗度が大きな山岳河川では，粗度による流れの剥離や文字どおりの後流（ウエイク）の影響は無視できず，今後の研究がまたれる．

4) **粗面の分類**：式（9.67）の$A_r(k_s^+)$は，粗度レイノルズ数$k_s^+ \equiv k_s U_*/\nu$の関数である．ニクラーゼは，この関数形を実験的に調べ，これに基づいて粗面を次の3つに分類した．

① **水理学的滑面**（hydraulically smooth bed）：（$k_s^+ \leq 5$）：粗度が粘性底層内に埋没し，粘性の効果を強く受けるから実際上粗度の影響は現れず，滑面と同等とみなしてよい．したがって，対数則は滑面のままであり，A_rとして式（9.67）が成立する．

② **不完全粗面**（incompletely rough bed）：（$5 \leq k_s^+ \leq 70$）：粗度の影響と粘性の影響が共存する粗面である．A_rは，k_s^+が増加するに従って次第に式（9.67）から小さい方にずれる．ニクラーゼによると，A_rの最大値は約9.5程度であり，その後，漸減して一定値に収束する．

③ **完全粗面**（completely rough bed）：（$k_s^+ \geq 70$）：粘性の影響はなくなり，粗度の影響のみが現れる．A_rの値は一定の8.5に収束する．通常，粗面というときは完全粗面と考えてよい．

5) **乱れ特性**：乱れに及ぼす粗度の影響は，稠密砂粗度に関してはかなり解明されている．摩擦速度で無次元化された乱れ強度は，粗度近傍のみに粗度の影響が現れ，外層では滑面の公式がそのまま使える．すなわち，式 (9.61)～(9.64) が粗面の外層 ($y/h \geq 0.2$) ではほぼ適用できる．しかし，内層では粗度の影響が無視できず，u'/U_* が若干減少し，一方 v'/U_* は若干増加して乱れの等方化指向が強くなるものと考えられている．

9.15 渦動粘性モデル，k-ε モデルと応力モデル

完結問題で最も簡単で基本的なものは，2次相関を1次相関すなわち平均流速で関係づけて閉じようとするものである．プラントルの混合距離モデルの発表より以前に，ブシネスク (Boussinesq, 1897, コーヒーブレイク 10.4) は，ニュートンの動粘性係数 ν との類似性に着目して，次の**渦動粘性モデル** (eddy viscosity model) を提案した．

$$-\overline{u_i u_j} = \nu_t \left(\frac{\partial U_i}{\partial x_j} + \frac{\partial U_j}{\partial x_i} \right) \tag{9.68}$$

ν_t は乱れ (turbulence) すなわち渦の相互作用によって起こる一種の粘性と考えられるから，**渦動粘性係数**という．一方，流体の物性値である動粘性係数 ν は流体の分子どうしの相互作用たとえば衝突の具合（したがって，温度の関数）によって決まるから**分子動粘性係数**ということがある．

したがって，レイノルズ方程式の全せん断応力 τ_{ij} は，式 (9.34) と式 (9.68) から

$$\frac{\tau_{ij}}{\rho} = (\nu_t + \nu) \left(\frac{\partial U_i}{\partial x_j} + \frac{\partial U_j}{\partial x_i} \right) \tag{9.69}$$

もし渦動粘性係数 ν_t が，分子動粘性係数 ν と同様に流体の物性値として既知ならば，事は簡単である．層流解の ν を ($\nu_t + \nu$) で置き換えればよい．たとえば，乱流の円管流では，式 (9.29) の ν を ($\nu_t + \nu$) で置き換えればよい．しかしこれは明らかに誤りである．乱流では平均流速 v はエネルギー勾配 I_e には直比例しないからである．実は，ν_t は流体の物性値ではなく，流れ（乱れ）の条件によって変化する．流速が場所によって変化するように，渦動粘性係数も座標の関数である．

例題 9.15 2次元開水路等流における流速分布が対数則で与えられる場合，渦動粘性係数の分布形を求めよ．

[解] 対数則として，式 (9.56) を使うと，式 (9.68) は以下となる．

142   9 層流と乱流

$$-\overline{uv} = \nu_t \frac{\partial U}{\partial y} = \frac{U_*^2}{xy^+}\left(\frac{\nu_t}{\nu}\right) \tag{9.70}$$

いま，式 (9.60) で粘性項を無視すれば，式 (9.70) に代入して，

$$\therefore \frac{\nu_t}{\nu} = xy^+(1-\xi) = xR_*\xi(1-\xi) \tag{9.71}$$

このように，レイノルズ数 R_* が大きくなると（たとえば通常の流れで $R_*=5000$），渦動粘性係数 ν_t は動粘性係数 ν に比べて非常に大きくなる．したがって，式 (9.69) から，Re 数が大きくなるとレイノルズ応力が粘性応力よりはるかに重要になることがわかる．式 (9.71) を変形すれば，

$$\frac{\nu_t}{U_*h} = x\xi(1-\xi) \tag{9.72}$$

このように，渦動粘性係数は水深座標 $\xi \equiv y/h$ の放物線で与えられる．

以上から，式 (9.68) のブシネスクの渦動粘性モデルは単に形式だけのモデルとして，長いこと使いものにならなかった．ブシネスク自身は渦動粘性係数の実験値が当時ないことから，水深と平均流速に比例する，すなわち断面で一定と仮定した（演習問題 9.15）．ところが，戦後の乱流研究の成果として，次の関係式が理論的・実験的に認められるようになった．

$$\nu_t = C_\mu \frac{k^2}{\varepsilon} \tag{9.73}$$

ここで，k は**乱れエネルギー**であり，式 (9.38) で定義された．一方，ε は**乱れエネルギーの逸散率**であり，式 (9.32) で定義された．C_μ は**モデル定数**とよばれるが，特殊な流れを除いてほぼ一定で，

$$C_\mu = 0.09 \tag{9.74}$$

で経験的に与えられる．したがって，k と ε を未知変数にとり，この 2 つに関する輸送方程式（N-S 方程式から乱れに関する方程式を導き，高次相関を低次相関で近似した偏微分方程式）を導入して，式 (9.73) から ν_t を求め，レイノルズ方程式を完結させる乱流計算手法を **k-ε**（ケイ-イプシロン）**モデル**という．この k-ε モデルは 1970 年代にコンピュータの進展とともに英国を中心に開発され，機械工学などの分野において多くの流れの計算で成功を収めた．式 (9.74) の値は，実験と計算との同定・最適化の成果として推奨された値である．したがって，式 (9.74) を使う k-ε モデルを**標準 k-ε モデル**という．

しかし，剝離を伴う複雑な流れや 2 次流のある 3 次元乱流計算には，標準 k-ε モデルでは単純すぎて必ずしも満足のいく結果を与えない．このため，係数 C_μ を変数としてさらに精緻なモデルの開発が現在でも取り組まれている．このよう

なモデルを一般に**修正 k-ε モデル**とか**非線形 k-ε モデル**という．たとえば，開水路の2次流計算や複断面水路の3次元計算に成功した**代数応力モデル**も修正 k-ε モデルの一種である．さらにより一般的な**応力モデル**（Reynolds stress model（RSM））がある．これは，レイノルズ応力 $-\overline{u_i u_j}$ を式（9.68）で与えるのではなく，$-\overline{u_i u_j}$ 自身を未知変数として解く方法である．このためには $-\overline{u_i u_j}$ に関する輸送方程式（完結した偏微分方程式系）が6つ必要であり，計算が煩雑で，また収束性も一般に悪く，その最適解法を目標にして現在最も研究されている乱流モデルである．また，水理学が扱う流れは自由水面をもっていることが多く，機械工学の分野で開発された k-ε モデルはそのままでは使えない．すなわち，自由水面効果を導入したより精緻なモデルの開発が必要である．このようなコンピュータを使っての乱流計算は近年の研究動向であり，数値流体力学（CFD）の分野の重要な一翼となっている．

● **コーヒーブレイク9.12** 乱流モデルには様々なものがある．それを分類する便利なものとして，レイノルズ（RANS）方程式を完結させる補助となる偏微分方程式（輸送方程式）の個数を使う．プラントルの混合距離モデルは補助方程式が偏微分方程式でないから，「0-方程式モデル」という．このモデルは戦前に開発され，現在でも単純流れには適用できる．混合距離 l は代数式で与えるが，乱れエネルギー k に輸送方程式を使って完結するのが「1-方程式モデル」であり，1960年代後半に開発されたが現在はあまり使われない．次に，k-ε モデルは，k と ε の偏微分輸送方程式を使うから，「2-方程式モデル」である．ε の代わりに l や渦度 ω を未知変数としたモデルもある．応力モデルは，輸送方程式が3以上であり，多方程式モデルという．

● **まとめ**

実在の流れには，層流と乱流とがあり，それが無次元パラメータであるレイノルズ数によって区分される．層流はN-S方程式を理論的・数値的に解いて得られる．現在ではほぼ解明された流れと考えられる．一方，自然界の流れの大半は乱流といってよく，乱れ変動を導入したN-S方程式を対象にしなければならない．この時間平均値あるいは集合平均値から，レイノルズ（RANS）方程式が誘導され，新たな未知数としてレイノルズ応力が付加される．これは，N-S方程式の非線形性に起因する．乱流理論とはこのレイノルズ応力をいかに取り扱い，レイノルズ方程式を解くかに帰着する．すなわち，レイノルズ方程式をいかに閉じさせ，完結させるかである．この完結問題の主役が乱流モデルである．乱流モデルにはさまざまなモデルが提案されている．流れの数値計算手法（CFD）の中で，k-ε モデルがいちばんよく研究され，モデル定数の推奨値も提案されている．一方，自然界の複雑な境界条件のもとで流れを解かねばならない各種水域を対象にする水理水工学では，従来の一次元水理解析法（第III編で詳述する）に比べて k-ε モデルさらには高次の乱流モデルはかなり理にかなった方法であり，今後実際の現場にも適用され，流れの数値予測を精度よく行えることが強く期待される．なお，開水路乱

流に関するより詳細な知見については，拙著『Turbulence in Open Channel Flows』（国際水理学会専門書，Balkema 出版社，オランダ，1993）を参照されたい．

■**演習問題**

9.1 微小攪乱波が式 (9.7) で与えられるとき，この波の安定・不安定問題が式 (9.10) で判定できることを示せ．

9.2 式 (9.18) のレイノルズ方程式を N-S 方程式から導け．

9.3 N-S 方程式 (9.19) の主流方向 x の成分を円筒座標 (r, θ, x) で表示すれば以下となることを示せ．

$$\frac{\partial U_x}{\partial t} + U_r\frac{\partial U_x}{\partial r} + \frac{U_\theta}{r}\frac{\partial U_x}{\partial \theta} + U_x\frac{\partial U_x}{\partial x} = F_x - \frac{1}{\rho}\frac{\partial p}{\partial x} + \nu\left(\frac{\partial^2 U_x}{\partial r^2} + \frac{1}{r}\frac{\partial U_x}{\partial r} + \frac{1}{r^2}\frac{\partial^2 U_x}{\partial \theta^2} + \frac{\partial^2 U_x}{\partial x^2}\right) \tag{9.75}$$

コメント：演習問題 7.3，7.4 と同様に行えばよい．式 (7.78) も使うこと．なお，上記のような円筒座標系の N-S 方程式を暗記する必要はないと思う．湾曲流の N-S 方程式の暗記も必要ない．ただし直交座標系の式 (9.19) は**確実にマスターすること**．他の座標系は流体力学のハンドブックを適宜参照すればよい．

9.4 定常円管流の式 (9.20) を式 (9.75) に代入して，式 (9.21) を導け．

ヒント：外力成分は $F_x=0$ であるから，静水圧分布 $p=\rho gh$ を考えればよい．

9.5 図 9.11 に示すように，2 次元開水路等流が層流のとき，N-S 方程式は以下になることを示せ．

$$0 = gI_e + \nu\frac{\partial^2 U}{\partial y^2} \tag{9.76}$$

9.6 演習問題 9.5 で，微小体積の力の釣り合いからも，式 (9.76) を導けることを示せ．

ヒント：図 9.11 の微小体積（奥行きを Δz とする）に働くせん断応力と重力の釣り合いを考えればよい．水理学の基本的問題である．

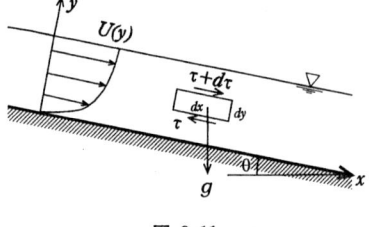

図 9.11

9.7 式 (9.76) を河床 $y=0$ で $U=0$（ノンスリップ条件）および水面 $y=h$ で $\partial U/\partial y=0$（せん断応力がゼロの条件）の境界条件のもとで解けば，以下になることを証明せよ．

$$U = \frac{gI_e h^2}{\nu}\left(\xi - \frac{\xi^2}{2}\right) = \frac{U_*^2 h}{\nu}\left(\xi - \frac{\xi^2}{2}\right) \tag{9.77}$$

ここで，$\xi \equiv y/h$ である．

9.8 上記のように 2 次元開水路層流の流速分布は放物線で与えられる．これは，図 9.4 の円管流の場合と同様である．さて，この場合の断面平均流速 v と単位奥行きあたりの流量 $q \equiv vh$ を求め，円管流の結果と比較せよ．

9.9 式 (9.32) の逸散率 ε を常用座標 (x, y, z) で速度変動成分 (u, v, w) を使って，書き下せ．

9.10 逸散率 ε は常に正である．このことはエネルギー的にいえば，何を意味するのか説明せよ．

9.11 乱流の連続式は，瞬間流速 $\tilde{u}_i(t) \equiv U_i + u_i(t)$ に対して成立する．同様に，平均流速 U_i および乱れ成分 $u_i(t)$ に関しても連続式がそのまま成立することを示し，連続式が線形であ

ることを確認せよ．すなわち，

$$\frac{\partial U_i}{\partial x_i}=0 \quad \text{（平均流速に関する連続式）} \tag{9.78}$$

$$\frac{\partial u_i}{\partial x_i}=0 \quad \text{（乱れ成分に関する連続式）} \tag{9.79}$$

9.12 乱流理論の専門書によっては，逸散率 $\bar{\varepsilon}$ を以下で定義する場合がある．

$$\bar{\varepsilon} \equiv 2\nu \overline{s_{ij} s_{ij}} \tag{9.80}$$

$$s_{ij} \equiv \frac{1}{2}\left(\frac{\partial u_i}{\partial x_j}+\frac{\partial u_j}{\partial x_i}\right) \tag{9.81}$$

ここで，s_{ij} は**乱れの歪み率**という．このとき，式 (9.32) の ε と (9.80) の $\bar{\varepsilon}$ の関係式を求めよ．

コメント：これはかなり難問．連続式を使って変形せよ．正解が得られたら，本章は完全に理解されたと考えてよい．

9.13 式 (9.56) の対数則と式 (9.54) の線形分布の交点 $\delta_{cp}{}^+$ を計算すると，式 (9.47) が得られることを示せ．

9.14 2次元乱流では，横断方向のレイノルズ応力 $-\overline{uw}$ および $-\overline{vw}$ はゼロになることを証明せよ．

コメント：逆に，$-\overline{uw}\neq 0$ かつ $-\overline{vw}\neq 0$ ならば，断面内に **2次流** (secondary currents) が発生している．これが最も一般の **3次元流れ** (three-dimensional [3-D] flow) である．

9.15 近年の水理学では，河川・湖沼が川幅に比べて水深が浅いことから水深方向に平均をとり，平面流れを解析する**浅水流モデル**がよく使われる．この場合，渦動粘性係数を水深平均すれば，

$$\overline{\frac{\nu_t}{U_* h}}=\frac{\kappa}{6}=0.0683 \tag{9.82}$$

で与えられることを示せ．

9.16 2次元 (2-D) 流れの乱れエネルギーの発生率 G は式 (10.37) で与えられる．レイノルズ応力は式 (9.41)，流速は式 (9.56) の対数則で与えられるから，発生率 G を求めよ．

9.17 式 (9.65) で表せる逸散率 ε および上述の乱れの発生率 G のグラフを相対水深 $\xi \equiv y/h$ に対して図示して，発生率 G と逸散率 ε の大小関係を論ぜよ．

コメント：図示自体は容易だが（電卓で十分できる），その物理的意味は非常に重要で，**乱流理論の一つの根幹になっている**．本章最後の問題として，完全にマスターして，飛躍してほしい！

10
運動方程式の積分形

10.1 ガウスの発散定理

　第I編で学んだベルヌーイの定理（4章）や運動量保存則（5章）は，断面平均流速 v に関するものであり，N-S方程式が確立された19世紀中頃より約100年も前に提示された「経験則」であった．では，流体力学の根本式であるN-S偏微分方程式から本当に代数式であるベルヌーイの定理や運動量保存則が導けるのか．答はイエスである．応用式（実用式）が最初に発見され，その後，この基礎となる根本式が提示された好例である．これら両者を関係づける重要な定理が**ガウスの発散定理**（Gauss' divergence theorem）である．

　図10.1に示すように，任意の体積内 V での体積積分は V を取り囲む全表面積分に変換できる．数式で厳密に記述すると以下のガウスの発散定理が得られる．

$$\iiint_V \frac{\partial G_j}{\partial x_j} dv = \oiint_S G_j n_j ds \tag{10.1}$$

ここで，$\boldsymbol{G}=(G_1, G_2, G_3)$ は任意のベクトル，$\boldsymbol{n}=(n_1, n_2, n_3)$ は表面の面積素分 ds に垂直な単位法線ベクトルである．式（10.1）の添字はアインシュタインの

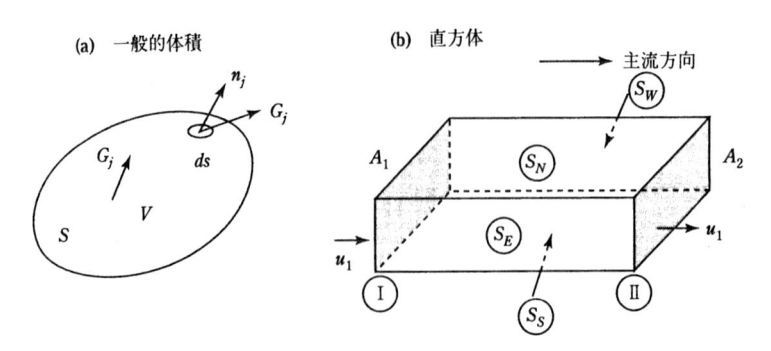

図 10.1　ガウスの発散定理の適用

縮約が行われている．ベクトル $\boldsymbol{G}=(G_j)$ が x_j の勾配型に整理できれば，体積積分はその体積内の分布値のいかんにかかわらず表面積分の値のみで計算できるという，きわめて有効な定理である．これを駆使すれば，左辺の微分形は右辺の微分がない積分形で表現できる．

10.2 一次元水理解析法と3次元流れ

これまで展開してきた流れの基礎理論は，座標系 $\boldsymbol{x}=(x_1, x_2, x_3)$ の3次元空間で成立する一般式の体系である．この理論をわれわれが直面する流れ，たとえば河川の流れに適用する場合，3次元 N-S 方程式の一般解が得られない現状では使いにくい式体系である．しかし幸いなことに，河川などの現実の流れは，主流方向成分がこれに垂直な面内の成分よりはるかに卓越した場合が多い．河川の流れは，当然，河道に沿った流れが主流であり，これに垂直な流速成分は無視できる場合が多い．このように，流れが一方向（uni-direction）に卓越したものを**ユニフロー**（uni-flow）と本書ではよぶことにする．ユニフローの向きに x_1 あるいは常用座標では x をとる．x 方向（主流方向）のみの平均流の解析手法を**一次元水理解析法**とよぶ．

ユニフローに垂直な面内の流速成分は，一般に主流に対して2次的な効果しかなく，**2次流**（secondary currents）とよぶ．しかし，微流速でも2次流が存在するために流れが**3次元性**を示し，らせん運動や蛇行をするようになり，川の個性（**河相**という）が出て，生き物のように生き生きとしてくる．これが生態系と共生した**多自然型河川**であり，河川環境を取り入れた工法として最近注目されている．ユニフローのみでは単純すぎておもしろ味に欠けるが，基礎となる水理学

● **コーヒーブレイク 10.1** 従来の教科書ではユニフローをあたかも直線状のプリズム形状の水路とみなし，プリズム的水路流（prismatic channel flow）とよぶことがあった．1次元は単に one-dimension であるが，uni-direction とはニュアンスが異なる．後者は主流のみを解析するとの意味が内在し，「一次元」と書く．2次元（two-dimension），3次元（three-dimension）はあるが，二次元は意味をなさない．直線状の水路には平均して主流の約3%の2次流が発生している．しかし，この種の2次流（プラントルの第2種2次流という）は層流では理論的にゼロであり，乱流でのみ発生する．湾曲河川では遠心力のため2次流（プラントルの第1種2次流という）は強く，主流の20%以上にも達することもあり，側岸が浸食されて蛇行し，ついには三日月湖を形成し，河川のダイナミックスを示している．簡単な演習が問題 2.19 である．

を確立するにはまずユニフロー理論から学ぶのが順序であろう．

10.3 連続式の積分形

例題 10.1 連続式の微分形（6.20）から積分形の式（3.3）を導け．

[解] 図10.1(b) のように，主流方向（$x \equiv x_1$）に垂直に検査面 A_1, A_2 をとる．このように主流に垂直な検査面を特に**流水断面積**あるいは河川用語では**河積**という．2つの流水断面積 A_1, A_2 に囲まれた他の4つの側面を主流方向に向かって東西南北の意味から，S_E, S_W, S_S, S_N と定義する．いま，流水断面積 A_1, A_2 と側面積 S_E, S_W, S_S, S_N で囲まれた直方体に式（10.1）のガウスの発散定理を適用してみよう．G_j として平均速度 U_j を選べば，A_1 断面での単位法線ベクトルは $\boldsymbol{n}=(-1,0,0)$，A_2 断面で $\boldsymbol{n}=(1,0,0)$ であるから，式（6.20）の時間平均は次のようになる（演習問題 9.11 で時間平均された連続式（9.78）を学んでいる）．

$$0 = \iiint_V \frac{\partial U_j}{\partial x_j} dv = \oiint_S U_j n_j ds = \iint_{A_1} U_1 \times (-1) dA + \iint_{A_2} U_1 \times (+1) dA + \iint_{S_E+S_W+S_S+S_N} U_j n_j ds \tag{10.2}$$

側断面からの流水の漏れはないとすれば，式（10.2）の第3項はゼロである．
したがって，流量 Q は

$$Q \equiv \iint_{A_1} U_1 dA = \iint_{A_2} U_1 dA = \iint_A U dA = \text{const.} \tag{10.3}$$

断面平均流速 v を次式で定義すれば（式（3.6）の再記），

$$v \equiv \frac{1}{A} \iint_A U dA \tag{10.4}$$

$$\therefore \quad Q = A \cdot v = A_1 \cdot v_1 = A_2 \cdot v_2 = \text{const.} \tag{10.5}$$

すなわち，完全流体の連続式（3.3）は，実在流体の連続式（10.5）とまったく等しい．

10.4 運動量式の積分形

一般のレイノルズ（RANS）方程式（9.18）は，連続式を使って次式に変形される．

$$\frac{DU_i}{Dt} \equiv \frac{\partial U_i}{\partial t} + \frac{\partial U_i U_j}{\partial x_j} = F_i - \frac{1}{\rho}\frac{\partial p}{\partial x_i} + \frac{\partial}{\partial x_j}\left(\frac{\tau_{ij}}{\rho}\right) \quad (i=1,2,3) \tag{10.6}$$

ここで，全せん断応力は

$$\frac{\tau_{ij}}{\rho} \equiv -\overline{u_i u_j} + \nu\left(\frac{\partial U_i}{\partial x_j} + \frac{\partial U_j}{\partial x_i}\right) \tag{10.7}$$

また，p は時間平均圧力で，乱流の表示では P のことである．

例題 10.2 外力 F_i が図 2.2 に示す重力のとき,重力ポテンシャル Ω を求めよ.

[解] 質点系力学で学んだように,重力は重力ポテンシャルの勾配から定義される.

$$-\nabla \Omega \equiv -\frac{\partial \Omega}{\partial x_i} \equiv \rho F_i = (0, 0, -\rho g) \tag{10.8}$$

$$\therefore \Omega = \rho g z \tag{10.9}$$

質点系では,$\Omega = mgz$ となることがよく知られている.

式(10.7)および式(10.9)を用いて変形し,定常流では式(10.6)は,

$$\therefore \frac{\partial \hat{M}_{ij}}{\partial x_j} = \frac{\partial \tau_{ij}}{\partial x_j} = \frac{\partial}{\partial x_j}\left(-\rho \overline{u_i u_j} + \mu \frac{\partial U_i}{\partial x_j}\right) \quad (i=1, 2, 3) \tag{10.10}$$

$$\hat{M}_{ij} \equiv \rho U_i U_j + (\rho g z + p)\delta_{ij} \tag{10.11}$$

$\hat{M}_{ij}$ は速度のモーメントと位置による重力と圧力の3つの総和であり,**拡張された運動量**とよぶ.また,この後者の2つの和を**ピエゾ圧**とよぶ.

さて,運動量はベクトルであり,式(10.10)は3つの式から構成されている.図 10.1(b) の主流域に適用すれば,$U_1 \gg U_2 \approx U_3 \approx 0$ であるから $i=1$ 方向の運動量式のみを考えれば十分である.式(10.10)は勾配型であるからガウスの発散定理が適用でき,式(10.2)と同様にして次式が得られる.

$$\iint_{A_2} \hat{M}_{11} dA - \iint_{A_1} \hat{M}_{11} dA = \iint_{S_E+S_W+S_S+S_N} \tau_{1j} n_j ds = \iint_{S_E+S_W+S_S+S_N} \tau_{w,j} n_j ds \equiv \hat{F} \tag{10.12}$$

$$\hat{M}_{11} \equiv \rho U_1^2 + (\rho g z + p) \tag{10.13}$$

ここで,$\hat{F}$ は,側面積 S_E, S_W, S_S, S_N に作用する摩擦力(**壁面せん断応力** τ_w)の総和であり,**摩擦外力**とよぶ.式(10.12)は,コントロールボリュームを通過する拡張された運動量の収支はその系に作用する摩擦外力に等しいことを示している.

摩擦外力 $\hat{F}$ が無視できるとき,式(10.12)より

$$\iint_{A_2} \hat{M}_{11} dA = \iint_{A_1} \hat{M}_{11} dA = \text{const.} \tag{10.14}$$

となり,拡張された運動量 $\hat{M}_{11}$ は保存される.これを**運動量の保存則**という.

次に,運動量 $\hat{M}_{11}$ の積分値を考えてみよう.式(10.11)の定義式より,

$$\iint_A \hat{M}_{11} dA = \rho \iint_A U_1^2 dA + \rho g \iint_A \left(z + \frac{p}{\rho g}\right) dA = \beta(\rho Q) v + \rho g \left(\bar{z} + \frac{\bar{p}}{\rho g}\right) A \tag{10.15}$$

$$\beta \equiv \frac{1}{Qv} \iint_A U_1^2 dA = \frac{1}{A} \iint_A \left(\frac{U_1}{v}\right)^2 dA \qquad (10.16)$$

$$\bar{z} = \frac{1}{A} \iint_A z dA, \quad \bar{p} = \frac{1}{A} \iint_A p dA \qquad (10.17)$$

β は流速分布 U_1 を断面平均流速 v で置き換えるときの補正係数で，**運動量補正係数**とよばれ，式 (10.16) で定義される．これを導入したブシネスクの名をとって**ブシネスク係数**（Boussinesq's coefficient）ともいう．一方，$\bar{z}$ は流水断面 A の図心（重心）の位置，$\bar{p}$ は断面平均圧力である．このとき，運動量式は式 (10.12) と式 (10.15) より

$$\rho\left[\beta Qv + g\left(\bar{z} + \frac{\bar{p}}{\rho g}\right)A\right]_1^2 = \rho[\beta Qv + gh_p A]_1^2 = \hat{F} \qquad (10.18)$$

式 (10.18) は，式 (4.47) のピエゾ水頭 h_p を用いた表現であるが，位置水頭（コントロールボリューム V の重さ $\rho g V$）を分離すれば，

$$\therefore \quad [\beta \cdot \rho Qv]_1^2 + [p \cdot A]_1^2 = \hat{F} + \rho g V \sin\theta \equiv F \qquad (10.19)$$

ここで，θ は主流（x_1 方向）が水平面となす傾斜角度（右下がりを正とする）である（演習問題 10.4）．$\rho g V \sin\theta$ は，コントロールボリュームの x_1 方向への重力成分である．実在流体の運動量式 (10.19) を完全流体の運動量式 (5.2) と比べると，運動量補正係数 β のみが導入された以外はまったく同一であることは注目すべきである．

10.5 エネルギー式の積分形

エネルギー式は，N-S 方程式が確立されるほぼ 100 年前からベルヌーイの定理として経験的・直感的に誘導され，水理学・流体力学において中心的な学理となってきた．N-S 方程式の集合平均式であるレイノルズ (RANS) 方程式 (9.18) からベルヌーイの定理を厳密に誘導することはかなり複雑であるが，従来の**経験的な水理学**と本書で扱う流体力学に裏づけられた**新しい水理学**との差異に関してきわめて重要な知見が得られる．

質点系力学と同様に，エネルギー式は，ベクトルである運動方程式 (9.18) の各成分にこれに対応する流速成分 U_i を掛けてアインシュタインの総和を求める

ことに帰着する．外力 F_i として式 (10.8) を用いれば，

$$U_i\frac{\partial U_i}{\partial t}+U_iU_j\frac{\partial U_i}{\partial x_j}=-U_i\frac{\partial}{\partial x_i}\left(\frac{\Omega+p}{\rho}\right)+U_i\frac{\partial}{\partial x_j}\left(-\overline{u_iu_j}+\nu\frac{\partial U_i}{\partial x_j}\right) \quad (10.20)$$

左辺第1項は，

$$U_i\frac{\partial U_i}{\partial t}=\frac{\partial}{\partial t}\left(\frac{U_iU_i}{2}\right)\equiv\frac{\partial K}{\partial t} \quad (10.21)$$

$$K\equiv\frac{U_iU_i}{2}=\frac{U_1^2+U_2^2+U_3^2}{2} \quad (10.22)$$

ここで，K は**平均流の運動エネルギー**（kinetic energy）である．同様にして，左辺第2項は，連続式を用いて，

$$U_iU_j\frac{\partial U_i}{\partial x_j}=U_j\frac{\partial K}{\partial x_j}=\frac{\partial}{\partial x_j}(KU_j) \quad (10.23)$$

右辺第1項も連続式を用いて，

$$U_i\frac{\partial}{\partial x_i}\left(\frac{\Omega+p}{\rho}\right)=\frac{\partial}{\partial x_i}\left\{U_i\left(\frac{\Omega+p}{\rho}\right)\right\} \quad (10.24)$$

●**コーヒーブレイク10.2** 何回も演習してきたが，連続式を用いれば微分の外にある変数を微分の中にいれることができ，勾配型に変形できる．勾配型に変形するのは，ガウスの発散定理 (10.1) を使いたいからである．これが流体力学の常套手段である．早くマスターしてほしい．

以上のように，局所的加速度項 (10.21)，移流項 (10.23) およびピエゾ圧項 (10.24) はすべて勾配型に変形でき，ガウスの発散定理 (10.1) が適用できる．問題は，最後の項であるレイノルズ応力項と粘性応力項の変形である．連続式を使い，積の微分公式より，

$$U_i\frac{\partial}{\partial x_j}\left(-\overline{u_iu_j}+\nu\frac{\partial U_i}{\partial x_j}\right)=\frac{\partial}{\partial x_j}\left\{U_i\left(-\overline{u_iu_j}+\nu\frac{\partial U_i}{\partial x_j}\right)\right\}-\left(-\overline{u_iu_j}+\nu\frac{\partial U_i}{\partial x_j}\right)\frac{\partial U_i}{\partial x_j}$$

$$=\frac{\partial}{\partial x_j}\left\{U_i\frac{\tau_{ij}}{\rho}\right\}-(G+E) \quad (10.25)$$

$$G\equiv-\overline{u_iu_j}\frac{\partial U_i}{\partial x_j} \quad (10.26)$$

$$E\equiv\nu\frac{\partial U_i}{\partial x_j}\frac{\partial U_i}{\partial x_j}=\nu\left(\frac{\partial U_i}{\partial x_j}\right)^2>0 \quad (10.27)$$

G は平均流から乱れに変換される平均流のエネルギー損失である．逆に乱れからみれば，G は**乱れエネルギーの発生率**（generation of turbulent energy）に相当する．一方，E は平均流自身が直接熱に逸散される割合で，**直接熱逸散**

率 (direct dissipation into heat) という．式 (9.32) が乱れから熱に逸散される率に対して，式 (10.27) は平均流から熱に逸散される率を表し，ともに正である．すなわち，**非可逆過程**であり，熱エネルギーから力学エネルギーは発生しないことが証明できる．なお，式 (9.32) の ε と式 (10.27) の E は，乱れ u_i と平均流 U_i が相違するだけで，式形はまったく同型であることに注目されたい．

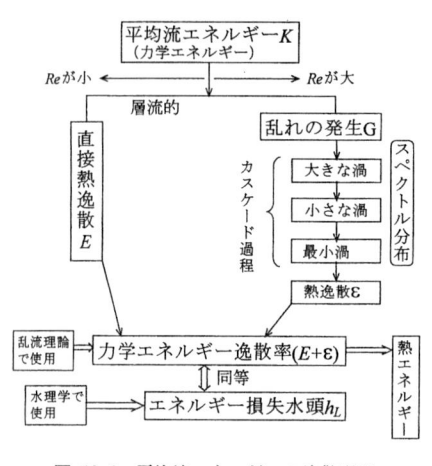

図 10.2 平均流エネルギーの逸散過程

図 10.2 は，平均流のエネルギー K が熱に逸散されるプロセスを示す．Re 数が大きくなると，粘性応力はレイノルズ応力に比べて無視できるようになり，レイノルズ応力と平均流の相互作用から乱れが発生し（G 項），最大渦にエネルギーが与えられる．そして，大きな渦は崩壊して小さな渦にエネルギーが輸送される．すなわち**カスケード過程**が起こる（図 9.5 参照）．最終的に，最小渦で粘性によって熱逸散（ε 項）される．逆に，Re 数が小さくなると粘性応力が次第に重要になり，直接熱逸散 E が効いてくる．層流ではレイノルズ応力はゼロであり，すべての熱逸散は式 (10.27) の直接逸散に等しくなる．

以上の式を整理すると，

$$\frac{\partial K}{\partial t} + \frac{\partial}{\partial x_j}\left\{\left(K+\frac{\Omega}{\rho}+\frac{p}{\rho}\right)U_j - U_i\frac{\tau_{ij}}{\rho}\right\} = -(G+E) \qquad (10.28)$$

例題 10.3 ガウスの発散定理を用いて，定常なユニフローに関するエネルギー式の積分形を求めよ．

[解] $U_1 \gg U_2 \approx U_3 \approx 0$ であるから，$K \cong U_1^2/2$ となる．また，$\partial U_1/\partial x_2$ 以外の速度勾配はすべてゼロとなる．したがって，式 (10.28) をガウスの発散定理を用いて体積積分すれば，

$$\iint_{A_2}\left(\frac{U_1^2}{2}+\frac{\Omega+p}{\rho}+\overline{u_1^2}\right)U_1 dA - \iint_{A_1}\left(\frac{U_1^2}{2}+\frac{\Omega+p}{\rho}+\overline{u_1^2}\right)U_1 dA$$
$$-\left(\iint_{S_N} U_1\frac{\tau_{12}}{\rho}ds - \iint_{S_S} U_1\frac{\tau_{12}}{\rho}ds\right) = -\iiint_V (G+E)\,dv \qquad (10.29)$$

水面 S_N でせん断応力 τ_{12} はゼロとなる．一方，底面 S_S では流速 U_1 がノンスリップ条件でゼロとなる．したがって，式 (10.29) の左辺第 3 項，4 項はゼロとなる．また，$U_1{}^2 \gg \overline{u_1{}^2}$ であるから，

$$\therefore \iint_{A_2} \left(\frac{U_1{}^2}{2} + \frac{\Omega + p}{\rho} \right) U_1 dA - \iint_{A_1} \left(\frac{U_1{}^2}{2} + \frac{\Omega + p}{\rho} \right) U_1 dA = -\iiint (G+E) dv \quad (10.30)$$

いま，Ω として式 (10.9) の重力ポテンシャルを考えれば，局所的な全水頭 $\hat{H}$ は

$$\hat{H} \equiv \frac{U_1{}^2}{2g} + z + \frac{p}{\rho g} \quad (\text{流水断面内 } A \text{ で変化する}) \quad (10.31)$$

$$\therefore \iint_{A_2} \hat{H} \cdot U_1 dA - \iint_{A_1} \hat{H} \cdot U_1 dA = -\frac{1}{g} \iiint_V (G+E) dv \quad (10.32)$$

式 (10.32) は，平均流のエネルギー変化に関してきわめて重要な公式である．左辺は流水断面 A を通過するエネルギーフラックスの差違である（式 (3.4) のフラックスの定義を参照）．この差違こそが**エネルギーロス**であり，右辺の**乱れ発生量**と**直接熱逸散量**の和に等しいことを示している．

> ● コーヒーブレイク 10.3 　乱れの発生も熱逸散もフラックス表示できないことは注意すべきである．すなわち，これらは，検査面を通過する量ではなく，コントロールボリューム V 内部の全体積分 (total volume integral) で得られるから，V の内部においてその分布関数が既知でなければならない．このことからも，ガウスの発散定理がきわめて威力があることがわかる．

例題 10.4 完全流体でのエネルギー式を求めよ．

[解] 完全流体では，乱れの発生も熱逸散もゼロであるから，すなわちエネルギーロスはゼロであるから，

$$\therefore \iint_{A_2} \hat{H} \cdot U_1 dA = \iint_{A_1} \hat{H} \cdot U_1 dA = \text{const.} \quad (10.33)$$

よって，エネルギーフラックス $\hat{H}$（=速度水頭+位置水頭+圧力水頭）は保存される．すなわち，**ベルヌーイの定理**が成り立つ．

さて，検査面 A_1 と A_2 の距離を Δx とすれば，式 (10.32) のエネルギー式は以下のように変形される．

$$\frac{d}{dx} \iint_A \hat{H} \cdot U_1 dA = \lim_{\Delta x \to 0} \frac{-1}{g \Delta x} \iiint_V (G+E) dv < 0 \quad (10.34)$$

ところで，河川工学などの実務計算では，古来より「経験的な」損失水頭 h_L を使って，乱れの発生や直接熱逸散の概念をまったく考慮してこなかった．いま，エネルギー勾配 I_e を次式で定義できたと仮定する．

$$I_e \equiv \lim_{\Delta x \to 0} \frac{1}{gQ\Delta x} \iiint_V (G+E)\,dv = \frac{1}{gv}\lim_{\Delta x \to 0}\frac{1}{V}\iiint_V (G+E)\,dv = \frac{\overline{(G+E)}}{gv}$$
(10.35)

$$\therefore\ \overline{G}+\overline{E} = (gI_e)v \geq 0 \qquad (10.36)$$

乱れの発生率と直接逸散率の体積平均値の和（エネルギー損失）は，平均流速 v が**重力のエネルギー勾配方向に対してなした仕事**を意味している．

例題 10.5 2次元等流の乱れの発生量と直接熱逸散量を求めよ．

[解] 2次元等流では，式 (10.26) と式 (10.27) は以下に帰着される．

$$G = -\overline{uv}\frac{\partial U}{\partial y} \qquad (10.37)$$

$$E = \nu\left(\frac{\partial U}{\partial y}\right)^2 \qquad (10.38)$$

G および E は x 方向および z 方向（水路横断方向）に変化しないから，

$$\overline{G} = \lim_{\Delta x \to 0}\frac{1}{V}\iiint_V G\,dv = \frac{1}{h}\int_0^h G\,dy \qquad (10.39)$$

同様に，

$$\overline{E} = \frac{1}{h}\int_0^h E\,dy \qquad (10.40)$$

ここで，h は等流水深で，式 (10.39) および式 (10.40) は水深平均値に等しい．

一方，2次元等流のレイノルズ方程式は式 (9.41) であった．よって，式 (9.41) の両辺に $\partial U/\partial y$ を掛けて整理し，部分積分の公式を使用すると，

$$G+E = U_*^2\left(1-\frac{y}{h}\right)\frac{\partial U}{\partial y} \qquad (10.41)$$

$$\therefore\ \overline{G}+\overline{E} = \frac{1}{h}\int_0^1 U_*^2(1-\xi)\frac{\partial U}{\partial \xi}d\xi = U_*^2\frac{1}{h}\int_0^1 U\,d\xi = \frac{U_*^2 v}{h} \qquad (10.42)$$

ここで，$\xi \equiv y/h$ である．

したがって，式 (10.36) と式 (10.42) から，

$$\therefore\ U_*^2 = ghI_e \qquad (10.43)$$

式 (10.43) は，摩擦速度 U_* の定義式 (8.20) そのものである．

以上のことから，式 (10.35) のエネルギー勾配の定義が妥当であることが証明された．換言すれば，「経験的な水理学」と「N-S 方程式に裏づけられた流体力学」の接点が式 (10.35) のエネルギー勾配の定義式であり，**ここにおいて初めて水理学は現代科学によって体系化されたのである**．

すなわち，式 (10.31), (10.34), (10.35) より，

$$\therefore\ \frac{d}{dx}\frac{1}{Q}\iint_A\left(\frac{U_1^2}{2g}+z+\frac{p}{\rho g}\right)\cdot U_1 dA = -I_e \leq 0 \qquad (10.44)$$

運動量式の平均化の式（10.16），（10.17）と同様にして，

$$\alpha \equiv \frac{1}{Q \cdot v^2} \iint_A U_1{}^3 dA = \frac{1}{A} \iint_A \left(\frac{U_1}{v}\right)^3 dA \tag{10.45}$$

$$\overline{z} \equiv \frac{1}{A} \iint z \times \left(\frac{U_1}{v}\right) dA, \quad \overline{p} \equiv \frac{1}{A} \iint p \times \left(\frac{U_1}{v}\right) dA \tag{10.46}$$

α は，断面平均流速 v によってエネルギーフラックスを補正するもので，**エネルギー補正係数**とよばれる．また，**コリオリ係数**（Coriolis' coefficient）ともいわれる．

以上の平均化と式（4.49）の定義式から，

$$\frac{d}{dx}\left(\frac{\alpha v^2}{2g} + \overline{z} + \frac{\overline{p}}{\rho g}\right) = -I_e \equiv -\frac{dh_L}{dx} \tag{10.47}$$

●**コーヒーブレイク10.4** エネルギー補正係数 α および運動量補正係数 β には，フランスの代表的な水理学者のコリオリ（Coriolis；1792-1843）およびブシネスク（Boussinesq；1842-1929）の名がそれぞれ付いた別名がある．コリオリは，当時のエリートコースであるポリテクニクから国立土木大学院（ENPC，コーヒーブレイク15.2）で学んだ．流体に及ぼす回転系を研究し，遠心力すなわち**コリオリ力**で有名である．コリオリ力は，地球の回転に伴う種々の現象（たとえば，台風の右への旋回）や湾曲流・蛇行流で発生し，地球規模の流れには N-S 方程式にコリオリ力を付加せねばならない．コリオリ係数 α もコリオリが最初に導入したもので，流速分布 $U_1(y)$ が不明であった当時，彼は $\alpha \approx 1.4$ が安全側だと仮定した．しかし，同時代のヴォチェ（Vauthier；1784-1847，ENPC 出身者）は $\alpha \approx 1.1$ 程度の値であり，それほど重要な補正係数ではないことを発表した．この指摘は現在でも妥当であり，その先見性には驚かされる．一方，ブシネスクは ENPC のサンプナン（コーヒーブレイク15.2）の後継者とも考えられるが，エリート的な教育を受けず，凡庸な教員生活を送っていたが，1872年に700ページにも及ぶ「流水に関する理論」の論文を科学アカデミーに発表し注目された．1873年にサンプナンによってリール大学教授に選任された．サンプナンの死後，1885年に ENPC の近くのソルボンヌ大学の教授に就任し，水理学・流体力学の研究を終生行った．上記の論文は4部から構成された．第1部は，乱流モデルの元祖的内容で，渦動粘性モデル（9.15節参照）が導入され，乱れが初めて理論的に扱われた．ブシネスクと同年に誕生したオズボーン・レイノルズ（O. Reynolds；1842-1912）が実験的に乱れを研究したのと対照的である．第2部では運動量解析が行われた．運動量補正係数 β が導入され，コリオリ係数 α と対比しながら，ブシネスク係数 β の理論的内容を明示した．第3部では開水路の波が理論的に解析され，波の伝播速度がより一般的に与えられた．この理論は，恩師のサンプナンの理論を発展させたもので，サンプナンの後継者とみなされる由縁である（コーヒーブレイク15.2参照）．なお，最後の4部は補足ノートである．

$$\therefore \quad H \equiv \frac{\alpha v^2}{2g} + \overline{z} + \frac{\overline{p}}{\rho g} + h_L = \text{const.} \tag{10.48}$$

全水頭 H を速度水頭，位置水頭，圧力水頭そして損失水頭の全合計と定義すれば，全水頭は一定となり，エネルギーは保存される．これが，**実在流体の拡張されたベルヌーイの定理**である．完全流体のベルヌーイの定理（4.1）と比較して相違する点は，① エネルギー補正係数 α を導入したこと，② 検査面での平均値（バーをつけている）を用いること，③ 損失水頭 h_L を導入したことである．α は流速分布を断面平均流速に置き換えたために生じた補正係数であり，実在流体の本質をつくものではない．② も同様で，近似的に両者は等しいと考えてよい．一方，③ が本質的な相違である．すなわち，実在流体の本質は，後者の損失水頭 h_L の存在である．つまり，力学エネルギーは粘性応力によって熱エネルギーに逸散される．このマクロな量が損失水頭である．逸散プロセスを論じたものが図 10.2 であった．乱流理論によれば平均流からの乱れの発生 G はカスケード過程を経て最終的に熱逸散（その値は ε）される．一方で，平均流から直接熱逸散 E もあり，この合計が力学エネルギーの逸散率となる．これが経験的に導入された水理学の中心である損失水頭 h_L と同等であることが証明された意義はきわめて大きい．

● ま と め

N-S 方程式の集合平均あるいは時間平均であるレイノルズ方程式を空間的に積分してガウスの発散定理を適用すれば，経験的に発展してきた水理学の基本である損失水頭の物理的内容が明白にされ，よく理解される．これらの支配方程式の積分形（マクロ式）を再記すれば，以下のようになる．

---

① 連続式：
$$Q = Av = A_1 v_1 = A_2 v_2 = \text{const.} \tag{10.49}$$

② エネルギー式（拡張されたベルヌーイの定理）：
$$H \equiv \frac{\alpha v_1^2}{2g} + z_1 + \frac{p_1}{\rho g} = \frac{\alpha v_2^2}{2g} + z_2 + \frac{p_2}{\rho g} + h_L \tag{10.50}$$

③ 運動量式：
$$\beta \rho Q (v_2 - v_1) + (p_2 A_2 - p_1 A_1) = F \tag{10.51}$$

式 (10.50)，(10.51) での圧力 p と位置 z の平均値には簡単のためにバー記号を省いている．これらの実在流体に関する公式は，第 I 編の流れの基礎で学んだ完全流体の力学の拡張になっている．実在流体と完全流体の本質的な相違は，損失水頭 h_L の導入である．運動量式の外力項 F は重力項のほかに実在流体ならば摩擦力などが入るが，形式的には完全流体の式と同

一である．なお，実在流体の流速分布を断面平均流速 v で置き換えたためにエネルギー補正係数 α および運動量補正係数 β が導入されているが，本質的な不可欠な修正ではない．第III編で述べるが，乱流ならば $\alpha \cong 1.1$, $\beta \cong 1.03$ 程度であり，複雑な実務に直結しない学習上の演習問題などでは $\alpha = \beta = 1$ と近似してもその本質は失われず，この方が理解しやすいだろう．また，エネルギー式の平均圧力と運動量式の平均圧力は厳密には若干異なるが，実用上は等しくおいてよい．

第II編を締めくくるにあたって著者が言いたかったことは，従来の水理学がエネルギー損失水頭を経験的に既知として与えるが，これが N-S 方程式から誘導されるエネルギーの熱逸散率と関係づけられる点である．後者の立場を重視したアプローチが流体力学と考えてよい．式 (10.35) が水理学と流体力学とを結びつける重要な関係式である．

■ 演習問題

10.1 連続式を使って，運動量の式 (10.10) を導け．
ヒント：常套手段．テクニックを早くマスターせよ．

10.2 式 (10.12) の右辺 $\hat{F}$ が側面積 S_E, S_W, S_S, S_N に作用する摩擦力の総和であることを示せ．また，一般に摩擦力 $\hat{F}$ は主流方向に対して負になることを示せ．
ヒント：側壁面に作用するせん断応力の方向に注意して行え．図 1.3 が参考になるだろう．

10.3 図 13.2 に示す開水路の座標系では，主流方向 x_1 が水平軸と θ だけ傾斜しているとき（右下がりを正とする），重力成分は $\rho F_i = (\rho g \sin\theta, -\rho g \cos\theta, 0)$ で与えられることを示せ．

10.4 少し難解な問題だが，運動量式 (10.19) の全外力項 F は全摩擦力 $\hat{F}$ とコントロールボリューム V の重力成分の和になることを証明せよ．すなわち，式 (5.2) の全外力 F は，$F = \hat{F} + \rho g V \sin\theta$ となることを示せ．
コメント：主流方向が傾斜すると，**運動量式は急に難しくなる．基本式にもどって着実にやること．**

10.5 重力成分 $\rho F_i = (\rho g \sin\theta, -\rho g \cos\theta, 0)$ を体積積分すれば，主流方向 x_1 の重力成分は $\rho g V \sin\theta$ となることを示し，演習問題 10.4 と比較せよ．

10.6 式 (10.41) をレイノルズ方程式 (9.41) から導け．

10.7 式 (10.41) を部分積分することによって，式 (10.42) の**エネルギー損失公式**を証明せよ．

10.8 力学エネルギーの全損失量 $W \equiv (\overline{G} + \overline{E})h$ は，以下で与えられることを示し，その物理的内容を述べよ．
$$W \equiv (\overline{G} + \overline{E})h = (\tau_w/\rho)v \tag{10.52}$$
ここで，τ_w は底面せん断応力，v は断面平均流速である．

10.9 平均流速分布が式 (9.56) の対数則で与えられるとき，乱れ発生率の平均値 $\overline{G}$ の式 (10.39) および直接熱逸散率の平均値 $\overline{E}$ の式 (10.40) を計算せよ．次に，$\Gamma \equiv \overline{E}/\overline{G}$ がレイノルズ数 $R_* \equiv hU_*/\nu$ の関数であることを示せ．R_* 数が大きくなると，Γ はゼロに収束し，直接熱逸散は無視できることを証明せよ．
コメント：この現象が**乱流理論の帰結**といってよい．図 10.2 の右側のコースに着目しよう！

III　水理学の実用化

11 次元解析と相似律

11.1 基本的なコンセプト

第Ⅰ編「流れの基礎」と第Ⅱ編「水理学の体系化」で流れを支配している方程式系が明示され，問題解決の糸口が詳述された．すなわち，流れを支配している方程式はN-S方程式であり，乱流ではその集合平均であるレイノルズ方程式（RANS）であった．では，河川工学・海岸工学・環境工学・機械工学などの実際の現場で現れる複雑な流れをこれらの方程式によって解き，予測値を得て，各種の水工設計や機械設計ができるであろうか？　答は，21世紀においても厳密にいえばノーである．なぜなら，支配方程式が強い非線形性のため解析的に解けないからである．この解決策として，以下の3つが考えられる．

① 境界条件・初期条件を簡略化し，モデル化して，流れの基本的な特性を解明し，実際の複雑な流れの現象を予測する（**学術的なアプローチ**）．

② 現場の実際の流れの現象を縮小した**水理模型実験**から予測する．

③ 現場の実際の流れの現象を**模擬した数値実験**をコンピュータで行い，予測する（**数値シミュレーション**という）．

①は，大学などでなされる研究・教育の一環であり，**基礎研究**を発展させた**応用研究**である．本書のコンセプトもこれに立脚しており，経験的な水理学をより学術的な水理学に高揚させ，その体系化の中で論じている．そして，この発展として，現場の河川・海岸行政に寄与できる工学的手法を提示している．

②は，現場の河川・海岸行政を受けもつ政府や地方自治体の研究機関などで行われる研究で，現場の要請・社会的緊急課題を解決するために行われる**模型実験**である．たとえば，国土交通省の土木研究所・港湾技術研究所で盛んに行われている．ダム水理模型実験が好例である．ダムや堰などの水工設計のマスタープランには基礎となる水理学の知識が不可欠であるが，その詳細設計には学術的な水理学のみでは不十分で，実際のダム形状を縮小した水理模型実験が不可欠であ

③は，②を効率化したものである．②の模型実験はその製作費・実験費などが高額で，また時間もかかる．これを補完するために，現場の実際の流れの現象を模擬した数値実験をコンピュータで行うもので，境界条件・初期条件を自由に変更できるから非常に効率的である．詳細プログラムは，本書で習得されるN-S方程式やその派生式・モデル式・経験式などが組み込まれたもので，非常に複雑である．しかし，その基本式やコンピュータ技術には，CFD（Computational Fluid Dynamics）の知識が不可欠である．したがって，大学でも官民の研究機関でも研究が行われている．①と②の中間に位置づけられるかもしれない．

では，①，②，③を結び付ける法則はあるのか．実際の現場での**原型**（prototype）とその**モデル**（model，**模型**ともいう）との関係はどの法則に支配されるのか．この解答が，**相似律**（similarity law）である．図11.1にこれらの関係を示す．原型と模型とのインターフェイスが相似律である．相似律を具体的に行うには，(1) 原型を支配している関係諸量の**次元解析**を行い，**無次元数**（**支配パラメータ**という）を見出す．(2) 支配パラメータを原型と模型とで同一になるように**縮尺比**を決定する．(3) 模型実験・数値実験から支配パラメータを介して，原型の値に翻訳する．

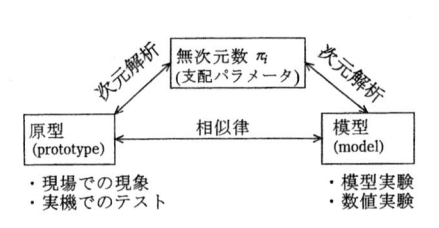

図 11.1 原型と模型との関係（相似律）

このように，次元解析と相似律は，原型と模型とを関係づける不可欠な知識であるが，水理学の学問体系からは少し浮いた異質なものとして，従来の教科書には載っていないものが多い．

11.2 次元解析
11.2.1 レイリーの方法

一般にある物理現象（水理現象以外でもよい）を支配しているn個の諸量をそれぞれ$Q_1, Q_2, \cdots, Q_n$とすれば，

$$Q_i \propto Q_1^a Q_2^b Q_3^c \cdots Q_m^{m_m} \quad (i = n-m) \tag{11.1}$$

の関係式が成立する．式 (11.1) の両辺の次元が一致するようにべき指数 $a, b, c, \cdots, m_m$ が未定係数法で決定される．次に，式 (11.1) から無次元数を作り，

関係諸量を関係づける．このような解析方法を**レイリー**（Rayleigh）**の方法**という．このように定義式は一見難しいような印象を与えるが，きわめて単純で，中学校の理科以来学習されている．さっそく，例題をやってみよう．

> **例題 11.1** 図9.1のように水平円管の長さ ΔL の両端に圧力差 Δp をかけて流体を流した場合，平均流速 v は，圧力勾配 $I_p = \Delta p/\Delta L$，流体の密度 ρ，粘性係数 μ，および円管の半径 a に関係づけられることが知られている．レイリーの方法により平均流速 v を求めよ．

[解] 式 (11.1) より，

$$v \propto I_p{}^a \rho^b \mu^c a^d \tag{11.2}$$

各諸量の次元を基本単位 M, L, T で表せば（1.7節），次の次元等式が得られる．

$$[\mathrm{LT^{-1}}] = [\mathrm{ML^{-2}T^{-2}}]^a [\mathrm{ML^{-3}}]^b [\mathrm{ML^{-1}T^{-1}}]^c [\mathrm{L}]^d \tag{11.3}$$

両辺の次元は等しくなければならないから，

$$\mathrm{M}（質量次元）について：0 = a+b+c \tag{11.4}$$
$$\mathrm{L}（長さ次元）について：1 = -2a-3b-c+d \tag{11.5}$$
$$\mathrm{T}（時間次元）について：-1 = -2a-c \tag{11.6}$$

これらを解くと，$a = (1-c)/2$，$b = -(1+c)/2$，$d = (1-3c)/2$ となるから，

$$\therefore \quad v \propto \left(\frac{I_p a}{\rho}\right)^{1/2} \left(\frac{\mu}{I_p{}^{1/2} \rho^{1/2} a^{3/2}}\right)^c \tag{11.7}$$

これ以上は，関係式が求められない．あとは実験を行い，式 (11.7) の比例係数 K と定数 c を求めなければならない．いま仮に $c = -1$ とおけば，式 (11.7) は，

$$v = K\left(\frac{I_p a^2}{\mu}\right) \tag{11.8}$$

圧力勾配 I_p とエネルギー勾配 I_e の関係は $I_p = \rho g I_e$ であるから，式 (11.8) は，

$$\therefore \quad v = K\left(\frac{g I_e a^2}{\nu}\right) \tag{11.9}$$

実験をすれば係数は $K = 1/8$ となるはずである．式 (11.9) は，式 (9.29) と一致し，この実験が層流実験であったことが判明する．このようにレイリーの方法は単純であるが，最終結果である式 (11.7) の各項が次元をもっているために複雑で，計算ミスを犯したかの検算が容易ではなく，レイリーの方法はあまり奨められない．

11.2.2 バッキンガムの π 定理

レイリーの方法を数学的に一般化した理論として，**バッキンガムの π**（パイ）**定理**がある（Buckingham, 1914）．

ある物理現象を支配している n 個の諸量をそれぞれ $Q_1, Q_2, \cdots, Q_n$ とすれば，有次元の関係式

$$F_1(Q_1, Q_2, Q_3, \cdots, Q_n) = 0 \tag{11.10}$$

は，各量の次元を決定する基本単位の数を m とすれば，次の無次元関係式に帰

着される．

$$F_2(\pi_1, \pi_2, \pi_3, \cdots, \pi_i) = 0 \quad (i = n-m) \tag{11.11}$$

ここで，

$$\left.\begin{array}{l}\pi_1 = Q_{m+1} Q_1{}^{a_1} Q_2{}^{b_1} Q_3{}^{c_1} \cdots Q_m{}^{m_1} \\ \pi_2 = Q_{m+2} Q_1{}^{a_2} Q_2{}^{b_2} Q_3{}^{c_2} \cdots Q_m{}^{m_2} \\ \quad\quad\quad\quad\quad\vdots \\ \pi_i = Q_{m+i} Q_1{}^{a_2} Q_2{}^{b_2} Q_3{}^{c_2} \cdots Q_m{}^{m_i}\end{array}\right\} \tag{11.12}$$

無次元数 π_i は $(n-m)$ 個あり，式 (11.12) の右辺が無次元になるようにべき指数が決定される．式 (11.11) が成立することを**バッキンガムの π 定理**という．例題で，このπ定理を理解しよう．

例題 11.2 直径 D の球に作用する流体力 F は，平均流速 v，流体の密度 ρ，粘性係数 μ の関数である．これらの関係式を求めよ．

	F	D	v	ρ	μ
M	1	0	0	1	1
L	1	1	1	-3	-1
T	-2	0	-1	0	-1

[解] まず，各諸量を基本次元である M, L, T のべき指数で表し，次のような**次元行列**を作る．次元行列は，水理学では一般に 3 行 n 列である．この例題では $n=5$ である．

次に，次元行列の**ランク**を計算する．ランクの計算は，線形代数学の基礎で習得されるが，3 行 n 列の行列の中から正方行列を任意に抽出してその行列式を計算しゼロかどうか判定する．3 行 3 列の正方行列の行列式がゼロでなければ，ランクは 3 であり，独立変数が 3 個あることを示している．3 行 n 列の行列の中からすべての組み合わせをして 3 行 3 列の正方行列式を作ってもすべてゼロならば，ランクは 3 以下となる．すなわち，独立変数は 2 個か 1 個である．ランクが 2 ならば独立変数は 2 個になる．ランクの計算は一見難しいようだが，水理現象に現れるランクはたかだか 3 であるから，次元行列を暗算でランク計算できる．本題の場合，ランクは 3 であり，独立な基本量に D, v, ρ をとればよい．なお，**独立な基本量として最も簡単な行列を選ぶべきである**．この意味で，v, ρ, μ を基本量にとることは妥当でない．

さて，基本単位の数 m はランクのことであるから，従属変数の個数は $i=n-m=5-3=2$ となる．すなわち，無次元 π 値として，π_1, π_2 が存在する．これが，**バッキンガムの π 定理**の教えるところである．そこで，式 (11.12) を使って，具体的に π_1, π_2 を計算してみよう．すなわち，

$$\left.\begin{array}{l}\pi_1 = F \cdot D^{a_1} v^{b_1} \rho^{c_1} \\ \pi_2 = \mu \cdot D^{a_2} v^{b_2} \rho^{c_2}\end{array}\right\} \tag{11.13}$$

π_1, π_2 は無次元数であるから，右辺のべき指数はゼロである．

π_1 について:

$$\text{M}: 1+c_1=0$$
$$\text{L}: 1+a_1+b_1-3c_1=0$$
$$\text{T}: -2-b_1=0$$

であるから，$a_1=-2$，$b_1=-2$，$c_1=-1$ となり，$\pi_1=F/(\rho D^2 v^2)$ と求まる．同様に，π_2 について:

$$\text{M}: 1+c_2=0$$
$$\text{L}: -1+a_2+b_2-3c_2=0$$
$$\text{T}: -1-b_2=0$$

であるから，$a_2=-1$，$b_2=-1$，$c_2=-1$ となり，$\pi_2=\mu/(\rho D v)$ と求まる．

よって，式 (11.11) は $F_2(\pi_1, \pi_2)=0$ となる．あるいは，

$$\therefore \quad \pi_1 \equiv \frac{F}{\rho D^2 v^2} = \text{func.}(\pi_2) \tag{11.14}$$

$\pi_2 \equiv \nu/(Dv) \equiv Re^{-1}$ は，レイノルズ数 Re のちょうど逆数になっている．若干変形すると，

$$F = C_D A \frac{\rho v^2}{2}, \quad A \equiv \frac{\pi}{4} D^2 \tag{11.15}$$

$$\therefore \quad C_D = \text{func.}(Re) \tag{11.16}$$

式 (11.15) は，抗力の定義式 (8.37) と一致する．式 (11.16) のように，**抗力係数 C_D はレイノルズ数の関数**となる．しかし，レイリーの方法でも述べたように，式 (11.16) の具体的な関数形は次元解析からは求められない．この先は，たとえば実験をして式 (11.16) の関係式を求める必要がある．その結果が，図 8.9 であった．

●**コーヒーブレイク11.1** 次元解析で最も困難なことは，当該現象に関与している諸量 Q_i を正しく抽出できるかである．1つでも関係諸量を見落とすと，式 (11.11) を正しく導けない．演習問題ではこれらの諸量は一般に与えられているから問題はない（例題 11.3 は例外）．当該現象に関与している諸量 Q_i を正しく抽出することは**まさしく研究**であり，研究者の天性が発揮される．一般には，関係諸量を多めに抽出し，この π 値が現象に影響しているか逐一実験で検討し，無関係ならば関係式から除けばよい．このように，研究は時間がかかり地道だが確実に行わなければならない．

例題 11.3 図 7.7 に示すような幅 B なる流量堰で，越流水深 h を計測した．このときの流量 Q を次元解析から求めよ．

[**解**] この問題は一見やさしそうで，けっこう難しい．何が難しいかといえば，この水理現象を支配している諸量を正しくリストアップできるかである．流量堰から水が落水する．したがって，重力加速度 g は重要なパラメータであるが，**演習問題では故意に記載しない**．この意地悪は，学生諸君が「水理現象から重力加速度 g の関与」を見抜く力を判定するためである．これ

がわかれば，あとは非常に簡単である．
まず，次元行列は，以下となる．

	Q	g	h	B
M	0	0	0	0
L	3	1	1	1
T	−1	−2	0	0

この次元行列は明らかにランク2である．したがって，無次元数は π_1, π_2 の2つである．あとは，暗算でもできるだろう．$\pi_1 = Q/(gh^5)^{1/2}$, $\pi_2 = B/h$ となる．

$$\therefore Q = \sqrt{g}\, h^{5/2} \mathrm{func.}\left(\frac{B}{h}\right) \tag{11.17}$$

この関数形は次元解析からは求められないが，実験をすると

$$\mathrm{func.}\left(\frac{B}{h}\right) = \frac{2}{3}\sqrt{2}\, C \times \frac{B}{h}$$

となる．

$$\therefore Q = \frac{2\sqrt{2g}}{3} C \times B \times h^{3/2} \cong 0.576 \sqrt{g}\, B \times h^{3/2} \quad \left(\frac{h}{w} \ll 1\right) \tag{11.18}$$

式 (11.18) が**流量堰の公式**で，流量 Q は水深 h の3/2乗に比例する．流量堰（四角堰など）は実験室でよく使われる．なお，係数 C は**流量係数**とよばれ，実験で求めなければならない．図7.7の流量堰 (sharp-crested weir) に関して，ラウス (1946) は以下の実験式を与えている．

$$C = 0.611 + 0.075 \frac{h}{w} \tag{11.19}$$

ここで，w は図7.7で示す刃型堰の高さである．式 (11.18) には，$C = 0.611$ を使って近似している．13.5節で述べるが，限界水深理論では式 (13.23) に示すように $C = 1/\sqrt{3} = 0.577$ である．式 (11.18) の流量堰の公式を河川用語では，**h–Q 曲線**という．

●**コーヒーブレイク11.2** 式 (11.18) の流量に $2\sqrt{2}/3$ の係数がなぜつくのだろうか？ それは，堰からの流速を式 (4.10) のトリチェリーの原理で与え，水深 h を 0 から h まで積分して流量を算定するからである．すなわち，

$$Q = \int_0^h \sqrt{2gh}\, B dh = \frac{2\sqrt{2g}}{3} B h^{3/2}$$

である．この補正係数 C が流量係数として伝統的に使われている．式 (13.23) も参照してほしい．

11.3 相似律

図 11.1 に示したように，原型と模型を結びつけるインターフェイスが**相似律** (similarity law) である．相似律とは，「原型と模型との無次元数 π_i を同一にすること」である．このように相似律が成立すれば，原型と模型で，式 (11.11) が満足され，模型の水理量から原型の水理量が求められる．この相似の条件として，以下の3つがある．

1) **幾何学的相似**：原型と模型の間で，水平長さ，高さ，奥行きなどの長さの比が同一であること．運動には関係なく，形状の相似である．いま，原型（実物）の長さを L_p (以下添字 p は，原型 prototype を表す)，模型の長さを L_m (以下添字 m は，模型 model を表す) とすれば，$L_r \equiv L_m/L_p$ を**縮尺比** (scale ratio で添字 r を付ける) という．L_r は，原型-模型間で一定となる．たとえば，実物の $L_r=1/100$ 模型とかいう．

2) **運動学的相似**：基本単位 [L] と [T] のみに支配された現象の相似をいう．この場合，1) に時間の比 $T_r=T_m/T_p$ が新たに加わる．たとえば，速度 v および加速度 a は，運動学的相似で，以下のようになる．

$$\frac{v_m}{v_p} = \frac{L_m/T_m}{L_p/T_p} = L_r T_r^{-1} = \text{const.} \tag{11.20}$$

$$\frac{a_m}{a_p} = \frac{L_m T_m^{-2}}{L_p T_p^{-2}} = L_r T_r^{-2} = \text{const.} \tag{11.21}$$

縮尺比 L_r と時間比 T_r は独立変数として与えてよい．

3) **力学的相似**：幾何学的相似かつ運動学的相似の系において，対応する力の比がすべて同一のとき，**力学的相似**という．基本単位は，[L] と [T] と [M] となり，次元行列のランクは3となる．関係式 (11.10) は，ニュートンの運動方程式である．したがって，バッキンガムの π 定理を用いて，無次元数 π_i を求め，原型と模型で同一にすればよい．すなわち，相似律は，一般に以下で与えられる．

$$(\pi_i)_p = (\pi_i)_m \quad (i=n-m) \tag{11.22}$$

例題 11.4 原型で成り立つニュートンの法則 $ma=F$ を模型で再現させるには，どのような相似律を使えばよいか．

[解] 外力 F として，圧力 F_p，重力 F_g，粘性力 F_ν，表面張力 F_t，弾性圧縮力 F_e，コリオリ力 F_c などがあり，ニュートンの法則は，以下で与えられる．

$$ma = F_p + F_g + F_\nu + F_t + F_e + F_c \qquad (11.23)$$

さて,通常の次元解析では,[L] として長さ L(幾何学的相似),[T] として速度 U(運動学的相似),[M] として密度 ρ を基本次元にとり,π 定理を用いる.しかし,本題ではもっと巧妙な方法を考えてみよう.基本単位に慣性力 ma をとるのである.他の力も同じ次元であるから,基本単位の数は $m=1$ となり,無次元数 π_i は,$i=7-1=6$ となる.

しかし,式 (11.11) が成立する(式 (11.23) のこと)から,1 つの π 値は残りの 5 つの π 値で決定され,式 (11.22) は自動的に満足される.一般に,圧力の π が従属変数として,除外される.あとは,暗算でも計算できる.以下の 5 個の π 値はニュートンの法則を無次元化するのに重要なパラメータであり,水理学に貢献した学者の名前が付いている.

a) **フルード数**(Froude number):

$$\pi_g = \frac{慣性力}{重力} \frac{ma}{F_g} = \frac{\rho L^2 U^2}{\rho L^3 g} = \left(\frac{U}{\sqrt{gL}}\right)^2 \equiv Fr^2$$

フルード数 Fr は次式で定義する.

$$Fr \equiv \frac{U}{\sqrt{gL}} \qquad (11.24)$$

重力が卓越した流れの相似律,たとえば,ダム水理や河川などの開水路流の相似律には必ず使用する(例題 11.3).

b) **レイノルズ数**(Reynolds number):

$$\pi_\nu = \frac{慣性力}{粘性力} \frac{ma}{F_\nu} = \frac{\rho L^2 U^2}{\mu L U} = \frac{UL}{\nu} \equiv Re \qquad (11.25)$$

粘性の影響をみる相似律で,管路流や抵抗則・流体力には不可欠である(例題 11.2).

c) **ウェーバ数**(Weber number):

$$\pi_t = \frac{慣性力}{表面張力} \frac{ma}{F_t} = \frac{\rho L^2 U^2}{\sigma L} = \left\{\frac{U}{\sqrt{\sigma/(\rho L)}}\right\}^2 \equiv We^2$$

ここで,σ は単位長さあたりの表面張力(2.8 節)で,ウェーバ数は次式で定義される.

$$We \equiv \frac{U}{\sqrt{\sigma/(\rho L)}} \qquad (11.26)$$

16.4 節で学ぶ**表面張力波**や**土壌内の毛管現象**など表面張力が関与している現象には,原型と模型とで We 数を一致させなければならない.しかし,模型実験で We 数を変化させることは一般に難しい.

d) **マッハ数**(Mach number):

$$\pi_e = \frac{慣性力}{弾性圧縮力} \frac{ma}{F_e} = \frac{\rho L^2 U^2}{EL^2} = \left(\frac{U}{\sqrt{E/\rho}}\right)^2 = \left(\frac{U}{c}\right)^2 \equiv Ma^2$$

E は流体の**弾性圧縮係数**で,この圧縮変化が衝撃波として伝播する.この伝播速度は $c=\sqrt{E/\rho}$ で与えられる.空気では式 (1.5) の音速,水では式 (1.4) の圧縮波の速度となる.マッハ数は,以下で定義される.

$$Ma = \frac{U}{c} = \frac{U}{\sqrt{E/\rho}} \qquad (11.27)$$

空気のマッハ数 Ma は,水流のフルード数 Fr と対応することが 15.4 節で明らかとなる.

e) **ロスビー数**(Rossby number):

$$\pi_c = \frac{慣性力}{コリオリ力} \frac{ma}{F_c} = \frac{\rho L^2 U^2}{\rho L^3 U \omega} = \frac{U}{L\omega} \equiv Ro \qquad (11.28)$$

ここで,ω は**回転角速度**であり,Ro 数が大きいほど,コリオリ力が無視できる.

●**コーヒーブレイク11.3** 次元解析の試験でよく失敗する例として，関係諸量の次元を正しく暗記していない場合である．このような場合，たとえば，粘性係数 μ の次元がわからないときは，レイノルズ数 Re から逆算する．$\mu \equiv \rho\nu = \rho UL/Re \propto \rho UL$ となり，次元が直ちにわかる．このように，無次元数をもとに次元を逆算して求めればよい．

　以上のレイノルズ数 Re，フルード数 Fr，ウェーバ数 We，マッハ数 Ma およびロスビー数 Ro を原型と模型とで同一におけば，ニュートンの法則の相似律が成立する．ニュートンの法則の外力にこれ以外の力が関与すれば，同様に無次元化して π 値を求めればよい．これまで学習してきた非圧縮の N-S 方程式は，圧力 F_p，重力 F_g，粘性力 F_ν のみが介在したから，レイノルズ数 Re とフルード数 Fr を相似則に使えば十分であろう．

11.4　レイノルズ相似則とフルード相似則

　レイノルズ数を原型と模型とで一致させた相似を**レイノルズ相似則**といい，フルード数を両者で一致された相似を**フルード相似則**という．

> **例題11.5**　レイノルズ相似則が成立するとき，流速 v，流量 Q，圧力 p，流体力 F および時間 T の相似比はどうなるか．また，フルード相似則ではどうなるか．

[**解**] レイノルズ相似則が成立するとき，

$$Re = \frac{v_p L_p}{\nu_p} = \frac{v_m L_m}{\nu_m} \tag{11.29}$$

$$\therefore \ v_r = \nu_r L_r^{-1} \tag{11.30}$$

よって，

$$\therefore \ Q_r \equiv A_r v_r = \nu_r L_r, \quad p_r \equiv \rho_r v_r^2 = \rho_r \nu_r^2 L_r^{-2}, \quad F_r \equiv A_r p_r = \rho_r \nu_r^2, \quad T_r \equiv \frac{L_r}{v_r} = \nu_r^{-1} L_r^2$$

一方，フルード相似則が成立するときは，

$$F_r = \frac{v_p}{\sqrt{g_p L_p}} = \frac{v_m}{\sqrt{g_m L_m}} \tag{11.31}$$

$$\therefore \ v_r = \sqrt{g_r L_r} \tag{11.32}$$

同様にして，流量 Q，圧力 p，流体力 F および時間 T の相似比が求められる．両相似則を比較すると次表になる．

水理量	レイノルズ相似則	フルード相似則
流速比 v_r	$v_r = v_r L_r^{-1}$	$v_r = g_r^{1/2} L_r^{1/2}$
流量比 $Q_r \equiv A_r v_r$	$Q_r = v_r L_r$	$Q_r = g_r^{1/2} L_r^{5/2}$
圧力比 $p_r \equiv \rho_r v_r^2$	$p_r = \rho_r v_r^2 L_r^{-2}$	$p_r = \rho_r g_r L_r$
流体力比 $F_r \equiv p_r A_r$	$F_r = \rho_r v_r^2$	$F_r = \rho_r g_r L_r^3$
時間比 $T_r \equiv L_r / v_r$	$T_r = v_r^{-1} L_r^2$	$T_r = g_r^{-1/2} L_r^{1/2}$

原型(実物)も模型もこの地球上で実験を行えば,当然,重力加速度の比は $g_r=1$ である.

例題 11.6 レイノルズ相似則とフルード相似則を同時に満足できる模型実験は可能か.

[解] 式 (11.30) と式 (11.32) より,

$$\therefore \quad \nu_r = L_r^{3/2} \tag{11.33}$$

となるが,動粘性係数の比 ν_r を自由に選択できる流体は一般に存在しないから,レイノルズ相似則とフルード相似則を同時に満足する模型実験はきわめて困難である.たとえば,ダム水理実験に同じ水を使えば,$L_r=1$,すなわち実物と模型はまったく同一の大きさとなり,**実機試験**となってしまう.

したがって,レイノルズ数の依存に卓越した現象ならばレイノルズ相似則を使い,フルード数の依存に卓越した現象ならばフルード相似則を使わなければならない.

例題 11.7 高さ 15 m,単位幅あたりの最大流量 4 $m^3/s/m$ のダム越流頂の水理模型実験を,深さ 2 m,幅 0.8 m の水槽と 50 l/s 容量のポンプを用いて行いたい.(1) なるべく大きな模型にしたいとき,いくらまで可能か.(2) 1/25 の模型で 40 l/s の給水を行ったとき,越流水深が 5 cm となった.このときの実物での越流水深と単位幅流量を求めよ.

[解] すべて単位幅で考える.重力が卓越する現象であるから,フルード相似則を適用する.
(1) 幾何縮尺 $=2/15=1/7.5$.また,流量からの幾何縮尺 L_r を求めてみる.単位幅流量 $q_r = Q_r/B_r = L_r^{5/2}/L_r = L_r^{3/2}$ であるから,$L_r = q_r^{2/3} =$ (模型での単位幅あたりの流量 q_m/実物での単位幅あたりの流量 $q_p)^{2/3} = \{(50 \times 10^{-3}/0.8)/4\}^{2/3} = 1/16$.$1/7.5 > 1/16$ より,ポンプ容量の制約のために最大でも 1/16 の模型となる.
(2) $L_r = 1/25$ であるから,実物での越流水深は $h_p = h_m L_r^{-1} = 5[cm] \times 25 = 1.25[m]$ となる.単位幅流量に関しては,$q_m/q_p = q_r = L_r^{3/2}$ より,$q_p = q_m/L_r^{3/2} = (0.04/0.8)/(1/25)^{3/2} = 6.25 [m^3/s/m]$ となる.

●コーヒーブレイク11.4　ダム水理では，洪水時にダム越流頂から水を落水させる．ものすごいエネルギーをもった射流であるから，その設計には慎重な検討が行われる．このような水理構造物を余水吐（よすいばき，spillway）という．余水吐の設計は多種多様であるが，理論解析は現在でも困難で，ダム建設に当たっては必ず模型実験することになっている．例題11.3のように，この現象はフルード相似則を使って行われる．なお，今日いわれるフルード相似則を最初に発見したのは造船工学者のフルード親子（父；1810-1879；子；1846-1924，英）ではなく，同じ造船工学者のリーチ（Reech；1805-1880，仏）である．このミステイクが起きた原因は英国の方がフランスより造船技術が上だったためかもしれない．これもハーゲンと同様に歴史の皮肉である．コーヒーブレイク9.6を参照．

例題11.8　図11.2に示すように，風によるカルマン渦（Kármán vortex）を同一円柱（直径 D）を用いて水流で再現するには，流速比をいくらにすればよいか．このとき，風による渦の発生周波数 f は水流のときの何倍か．ただし，空気の動粘性係数は水の15倍とする．

カルマン渦列　$a/b=0.281$（理論値）

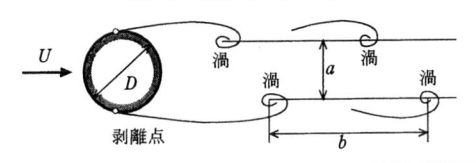

図 11.2　カルマン渦列（ポテンシャル流理論での解法）

●コーヒーブレイク11.5　**カルマン渦**は有名な現象である（図11.2）．これは，円柱（一般には bluff body でよい．図8.8参照）から流れが層流剥離し（図8.10），渦が交互に発生する渦列（vortex street）となり，実に美しいので可視化写真で見た諸君も多いであろう．風が吹くと電線がビュービューと鳴るのもこの現象のためであり，その周波数がストローハル数 St で与えられる．式 (11.34) より，St はレイノルズ数の関数であるが，$Re>600$ では $St \cong 0.21$ のほぼ一定となる．このとき，円柱の抗力係数は $C_D \cong 1.0$ の安定な流れとなる．図8.9の球のグラフと同様．したがって，$f=0.21U/D$ であるから，細線ほどまた高速流ほど発生周波数は大きくなり，細線は激しく振動し，断線する可能性がある．冬の天気雲を気象衛星ひまわりで見ていると，韓国の済州島あたりからきれいなカルマン渦が発生している．これは，島の中央にある海抜1950mのハルラ山の背後に発生するカルマン渦である．このように，地球規模でも起こる現象である．カルマン渦の発見には，おもしろい逸話がある．プラントルが助手に円柱の抗力実験をさせていたが，「円柱をどのように設置しても振動が止まらず実験ができない」と報告を受けた．プラントルは円柱の加工精度や設置が不良と考えたようだが，この話を伝え聞いたカルマンは流体中に普遍的な現象が隠されていると直感し，渦糸モデル（ポテンシャル流理論，7.9.3項を参照）を用いて，この現象をみごとに解決した．そして，渦の配列は図11.2に示すように $a/b=0.281$ のとき安定であることを理論的に示した．

[解] これは，正攻法でやってみよう．まず，バッキンガムの π 定理を用いて，次元解析から無次元数 π を見つける．その結果，容易に，

$$\pi_1 = \frac{fD}{U} \equiv St, \qquad \pi_2 = \frac{\nu}{DU} \equiv \frac{1}{Re}$$

となる．

$$\therefore \quad St = \text{func.}(Re) \tag{11.34}$$

ここで，St は**ストローハル数**（Strouhal number）とよばれ，流体振動では重要な無次元パラメータである．さて，相似律は，$f_r D_r / U_r = 1$，$D_r U_r / \nu_r = 1$ である．いま，$D_r = 1$ および $\nu_r = 1/15$ であるから，$f_r = U_r = 1/15$ となる．よって，風による発生周波数 f は水流のときの 15 倍となる．

11.5 歪み模型

11.3 節の 1) の幾何学的相似は，原型と模型間の縮尺比に関して同一でなければならない．すなわち，水平方向の長さ縮尺比 L_r と鉛直方向の高さ縮尺比 H_r は，$L_r \equiv H_r$ である．しかしながら，浅水流に関してこれを満足するように模型実験すると困難なことが生じる場合が多い．たとえば，川幅 $L = 2000$ m，水深 $H = 10$ m の河川の模型実験を $L_r = 1/2000$ の縮尺比で行う場合を考えよう．模型水路では幅が 1 m，水深がわずか 5 mm となり，このきわめて浅い流れを計測することは一般に困難で，また原型ではみられない表面張力の影響や**薄層流不安定性**などが発生する懸念がある．すなわち，別の現象が顕在的に発生して，力学的相似がまったく成立しなくなる．

この場合は，水平長さ L と高さ H を独立した次元として，$L_r \neq H_r$ で与えられると仮定する．上の例では $L_r = 1/2000$，$H_r = 1/100$ とすれば，実験水路では幅 1 m，水深 10 cm となり，十分に水理実験ができる．このような模型を**歪み模型**という．幾何学的相似は完全ではないが，力学的相似をある程度満足するから，近似的に相似律が成立すると期待される．浅水流では一般に歪み模型を用いることが多い．

> **例題 11.9** 河川の洪水流は式（15.8）で支配される．歪み模型 $L_r \neq H_r$ を用いれば，この力学系に成立する相似律を求めよ．

[解] 式（15.8）において，係数 $\alpha = \beta = 1$ とし，河床勾配 $I_b = \sin\theta$，$\cos\theta \cong 1$ とすれば，洪水流の支配方程式は，I_e としてマニング公式（13.42）を使えば，次式が得られる．

$$\frac{1}{g}\frac{\partial v}{\partial t} + \frac{v}{g}\frac{\partial v}{\partial x} + \frac{\partial h}{\partial x} = I_b - \frac{n^2 v^2}{R^{4/3}} \tag{11.35}$$

これが式（11.23）に対応する支配方程式である．

例題 11.4 と同様にやってもよいが，以下では，より直接的に扱ってみよう．すなわち，式

(11.35) を $v=\bar{v}\times v'$, $t=\bar{t}\times t'$, $x=\bar{x}\times x'$, $h=\bar{h}\times h'$ などとおき, 無次元化を行う. ここで, ダッシュを付けたものが無次元変数である. したがって, 式 (11.35) は

$$\left(\frac{\bar{v}}{\bar{g}\bar{t}}\right)\left(\frac{1}{g'}\frac{\partial v'}{\partial t'}\right)+\left(\frac{\bar{v}^2}{\bar{g}\bar{x}}\right)\left(\frac{v'}{g'}\frac{\partial v'}{\partial x'}\right)+\left(\frac{\bar{h}}{\bar{x}}\right)\left(\frac{\partial h'}{\partial x'}\right)=\bar{I}_b I_b'-\left(\frac{\bar{n}^2\bar{v}^2}{\bar{R}^{4/3}}\right)\left(\frac{n'^2 v'^2}{R'^{4/3}}\right) \quad (11.36)$$

各項の次元が一致しなければならず, 模型と原型の比に添字 r を付けて表せば,

$$\therefore \quad \frac{v_r}{g_r T_r}=\frac{v_r^2}{g_r L_r}=\frac{H_r}{L_r}=\frac{n_r^2 v_r^2}{R_r^{4/3}} \quad \left(\because (I_b)_r=\frac{H_r}{L_r}\right) \quad (11.37)$$

よって,

$$Fr_r=\frac{v_r}{\sqrt{g_r H_r}}=1 \quad (11.38)$$

すなわち, フルード相似則が成立する. 重力加速度の比を $g_r=1$ とおき, 歪み模型の各水理量の縮尺比を求めると以下となる.

流量 $\quad Q_r=v_r A_r=v_r H_r L_r=H_r^{3/2}L_r \quad (11.39)$

時間 $\quad T_r=\dfrac{L_r v_r}{H_r}=H_r^{-1/2}L_r \quad (11.40)$

粗度係数 $\quad n_r=\dfrac{1}{v_r}\left(\dfrac{H_r}{L_r}\right)^{1/2}R_r^{2/3}=L_r^{-1/2}R_r^{2/3} \quad (11.41)$

ところで, 潤辺比を $S_r\equiv L_r^{\alpha}H_r^{1-\alpha}$ ($0\le\alpha\le 1$) と仮定すれば, 径深比は, $R_r\equiv A_r/S_r=L_r H_r/(L_r^{\alpha}H_r^{1-\alpha})=H_r^{\alpha}L_r^{1-\alpha}$ であるから,

$$\therefore \quad n_r=H_r^{2\alpha/3}L_r^{(1/6)-(2\alpha/3)} \quad (11.42)$$

なお, 歪み模型でなければ, $H_r=L_r$ とおいて,

$$\boxed{Q_r=L_r^{5/2}, \quad T_r=L_r^{1/2}, \quad n_r=L_r^{1/6}} \quad (11.43)$$

これは, 通常のフルード相似則 (例題 11.5) に一致する. マニングの粗度係数 n が L_r の **1/6 乗則**であることが特徴的である (例題 12.5, 式 (12.30) を参照).

● **ま と め**

次元解析と相似律は, 水理学・水工学に限らず, 一般の物理現象に適用できる有効な理論である. **バッキンガムの π 定理**を使って, 関係諸量の無次元パラメータ π_i を求め, 次に, この π_i を原型と模型とで同一になるように相似関係を求めるのである. π_i 値が 2 つならば, 未知変数は残りの他の π 値の関数として求められる. しかし, 何回も注意したように, **関数形は次元解析からは求められない**. 仮に関数形まで求まる次元解析があったならば, これまで展開してきた第 I 編, 第 II 編の水理学の詳述は必要でないだろう. しかし, こんなうまい話はないのである. 関数形を求めるには, N-S 方程式の理論解析や模型実験などによる実験的解析, コンピュータを使った数値実験 (CFD) などから算定しなければならない.

水理学では, **レイノルズ相似則**と**フルード相似則**が重要となる. 管路の相似則は前者であるが, 開水路は後者である. 特に, 河川工学では開水路が主となるからフルード相似則に支配されると考えてよい. この場合, 浅水流では**歪み模型**を用いるから十分にマスターしてほしい.

■ 演習問題

11.1 直径 D, 密度 ρ_s のガラス球が, 密度 ρ, 動粘性係数 ν の静止流体中を沈降するとき, 定常に達した最終沈降速度 v を次元解析から求めよ.

ヒント：球にかかる重力成分は，浮力を考慮して $(\rho_s - \rho)g$ である．

11.2 河床を形成する直径 k_s，密度 ρ_s の砂粒子がある．河床せん断応力 $\tau \equiv \rho U_*^2$ でちょうど砂が動き出した（これを**限界掃流力** τ_c という）．この限界掃流力を次元解析から求めよ．

ヒント：この場合も砂にかかる重力成分は浮力を考慮して $(\rho_s - \rho)g$ である．

11.3 表面張力波の波速 c は，表面張力 σ，波長 L および流体の密度 ρ によって決まる．これらの関係式を次元解析によって求めよ．

ヒント：表面張力 σ の次元が正しく理解されているかが鍵である．2.8 節を復習のこと．

11.4 長さ L の長方形のボックスに深さ h まで水を入れて，そのボックスを動かして水に振動を与えたとき，振動の自由振動周期 T の関係式を次元解析から求めよ．

ヒント：隠された因子を発見することが成功への鍵である．

11.5 定常な層流の流量 Q を与える式を次の 2 つの場合について次元解析から求めよ．
（a）円管流：管径 D，圧力勾配 dp/dx．
（b）開水路等流：単位幅流量 q，水深 h，流れ方向の重力加速度 $g\sin\theta$．

ヒント：層流ゆえ当然粘性が効く．これに気がつかねば問題は解けない．よって難問である．

11.6 時刻 $t=0$ で水中の点 $x=0$ にある汚濁物質を投入したとき，物質の水中における 1 次元（x 軸上）の濃度分布の時間変化を考える．この濃度を $c[\mathrm{kg/m}]$ とすると，これは拡散係数 $D[\mathrm{m^2/s}]$，投入点からの距離 $x[\mathrm{m}]$，時間 $t[\mathrm{s}]$，投入物質の質量 $M[\mathrm{kg}]$ によって決まる．この関係式を π 定理によって導け．

11.7 乱れの局所等方性理論によれば（図 9.5），カスケード過程のエネルギースペクトル $S(k)$ は動粘性係数 ν には無関係で，逸散率 ε と波数 k の関数であることをロシアの数学者コルモゴロフが初めて指摘した．この場合の**スペクトル関数** $S(k)$ を次元解析より求めよ．

ヒント：$S(k)$ の次元は，$S(k)dk$ が乱れエネルギーの次元となる．逸散率は ε は式 (9.32)，波数は式 (16.4) で与えられる．

11.8 粘性の大きい流体が開水路を流下する場合は，フルード相似則とともにレイノルズ相似則も満足する必要がある．いま，比重 0.925，動粘性係数 $\nu=0.74\,[\mathrm{cm^2/s}]$ の油の流れを $\nu=0.01\,[\mathrm{cm^2/s}]$ の水を用いて模型実験する場合の長さの縮尺比はいくらにすればよいか．

11.9 縮尺 1/200 の河川の模型水路を作成した．実際の河川のマニングの粗度係数は $n_p=0.04$，流量は $Q=3000\,[\mathrm{m^3/s}]$ のとき，模型の粗度係数と流量を求めよ．

11.10 演習問題 11.9 において水平縮尺 1/200，鉛直縮尺 1/50 のひずみ模型としたときはどうなるか．ただし，式 (11.42) の α を $\alpha=1$ とする．また，模型実験でピーク流量が 100 m を流下するのに 10 分かかったとすると，実河川でこれに相当する距離を流下するのにかかる時間はいくらか．

12
定常管路流の水理学

12.1 実学と一次元解析法

　管路の**乱流構造**（内部メカニズム）の研究は，主として機械工学などの分野で計測が容易な空気流を用いて行われてきた．各種管路の設計にはこれらの詳細な知見が必要になる．たとえば最近，原子力発電の第一次冷却水配管破損事故が大きな社会問題となっているが，このような原子力関連の管路流の設計は熱流問題も絡み，非常に高度な技術と多重な安全設計が要求される．しかし，水工学・環境工学で現れる管路の設計は，機械工学や化学プラント工学などのより細かなより精密な設計は必ずしも必要としない．一つには，人工構造物である管路の設計といえども，土木・環境工学などで現れる水工設計は，多かれ少なかれ自然環境のもとにおかれるから，ラフでも全体を見渡せるマスタープランが要求される．たとえば，上水道・下水道の設計，東京・大阪など大都市の大規模地下放水路（**地下河川**）の設計，ダム水理の放流管の設計などがある．

　もう一つには，経験則といえどもその実績があれば，設計にフルに活かすのは当然であり，各種の設計に要する費用・時間がかなり軽減される．管路や水路の設計をするのにいつもスーパーコンピュータを駆使することは，21世紀でも必ずしも必要なかろう．21世紀はスーパーサイエンスの時代といわれても，河川技術者の経験とカンがなおも必要であろう．本書でいう**実学**（practical engineering）とは，基礎学理に裏付けられた**実践的な工学的手法**であり，技術者には不可欠な知識である．21世紀では，水理学が核となり，水文学・環境科学・生態学などと融合した新しい水理学・水工学が必要になる．

　この実学の中で，最も基礎となるのが，実在流体に関する一次元水理解析法である（10.2節）．本編「水理学の実用化」では，この**一次元水理解析法**を中心に詳述する．

12.2 一次元水理解析法の前提条件

マクロな解析法である一次元解析法は，以下の前提条件のもとで成り立つ．

① 流れは一方向で，これが主流である．すなわち，ユニフロー（uni-flow）であり，2次流は無視できるものとする．したがって，速度は，断面平均流速 v で代表できる．

② レイノルズ数が十分大きく，流れは十分に発達した乱流である．しかし，乱流の効果は損失水頭にすべて含めて，見かけ上考慮しない．

③ 圧力は静水圧分布で近似できる．また，管路の場合は，断面平均圧力 p で代表できる．

この前提条件は，次章の開水路の水理学にも当てはまる．

12.3 定常管路流の基礎方程式

基礎方程式はレイノルズ方程式の積分形で構成され，式 (10.49)〜(10.51) が誘導された．これらの式を図 12.1 の管路に適用すれば，以下となる．

---

① **連続式：**

$$Q = Av = A_1 v_1 = A_2 v_2 = \text{const.} \tag{12.1}$$

② **エネルギー式**（拡張されたベルヌーイの式）：

$$H \equiv \frac{\alpha v_1^2}{2g} + z_1 + \frac{p_1}{\rho g} = \frac{\alpha v_2^2}{2g} + z_2 + \frac{p_2}{\rho g} + h_L \tag{12.2}$$

③ **運動量式：**

$$\beta \rho Q (v_2 - v_1) + (p_2 A_2 - p_1 A_1) = F \tag{12.3}$$

完全流体と比べて**実在流体**が異なる最大の点は，**せん断応力**すなわち**摩擦力**をどこに加味するかである．連続式は質量の収支の関係式であるから，摩擦の有無には関係しない．すなわち，完全流体の連続式と実在流体の連続式は同一である（10.3 節）．一方，図 12.1 に示すように，距離 L 進めば損失水頭 h_L が必ず起こる．**エネルギー勾配** I_e と**動水勾配** I_h が次式で定義される（4.4 節）．

$$I_e \equiv \frac{dh_L}{dx} = -\frac{d}{dx}\left(\frac{\alpha v^2}{2g} + z + \frac{p}{\rho g}\right) \quad (\text{エネルギー勾配}) \tag{12.4}$$

$$I_h \equiv -\frac{d}{dx}\left(z + \frac{p}{\rho g}\right) \equiv -\frac{dh_p}{dx} \quad (\text{動水勾配}) \tag{12.5}$$

位置水頭と圧力水頭の和が**ピエゾ水頭** h_p であり，この勾配が**動水勾配**であ

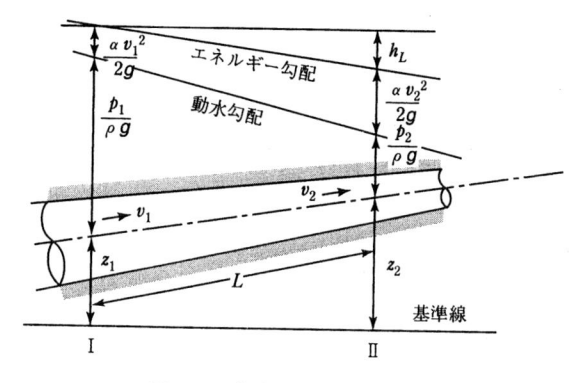

図 12.1 管路流のエネルギー関係

る．図12.1のように管径が異なれば，速度水頭は検査面ⅠとⅡで異なるから，一般にエネルギー勾配と動水勾配は一致しない．

式 (12.2) と式 (12.3) には，シェアによって生じた流速分布 $U(y)$ を断面平均流速 v に置き換える際に生じる**エネルギー補正係数** α および**運動量補正係数** β を含んでいる．これらは，流速分布を与えれば式 (10.16) および式 (10.45) から容易に計算できる．乱流の流速分布，すなわち対数則分布を与えれば $\alpha \cong 1.1$，$\beta \cong 1.03$ 程度であり，具体的な水工設計を行う場合を除いて，水理学の基本を学ぶうえでは，$\alpha = \beta = 1$ と簡略化してもよい．したがって，最も重要な要素は，「損失水頭」をいかに評価するかである．損失水頭 h_L は，①**摩擦損失水頭**と，②**形状損失水頭**に大別される．以下でこれを考えてみよう．

●コーヒーブレイク12.1　8.10節で学んだように，「流体の抗力」は，①表面摩擦力と，②形状抵抗力に区分して考察された．同様に，「損失水頭」も，①摩擦損失水頭と，②形状損失水頭に区分して考察する．基本となる考え方は，壁面せん断応力 τ_w の寄与を別途に定式化することである．

12.4　摩擦損失水頭

管の壁面には，流れのノンスリップ条件があるから**壁面せん断応力**（wall shear stress）τ_w が働く．図12.1で，管径 D が一定の場合を考える．いま，管の長さを L とし，管を水平に置けば，式 (12.1)〜(12.3) より，

$$h_L = \frac{p_1}{\rho g} - \frac{p_2}{\rho g} = -\frac{F}{\rho g A} \geq 0 \tag{12.6}$$

外力 F は管壁に作用する全摩擦力であるから，力の向きを考慮して，$F=-LS\tau_w$ となる．ここで，S は流体に接している管の周辺で，**潤辺**（wetted perimeter）という．水に濡れている辺という意味で，摩擦に寄与している壁面を表している．流水断面積 A を S で除したものを**径深**（hydraulic radius）といい，R と書く．すなわち，

$$R \equiv A/S \tag{12.7}$$

したがって，

$$h_L = \frac{\tau_w L}{\rho g R} \tag{12.8}$$

あるいは，エネルギー勾配 I_e を用いて，

$$\therefore \quad I_e = \frac{h_L}{L} = \frac{\tau_w}{\rho g R} \geq 0 \tag{12.9}$$

潤辺 $S = \pi D$
径深 $R = D/4$

$S = 2h + B$
$R = \dfrac{h}{1 + 2(h/B)}$

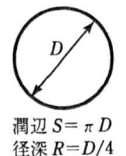

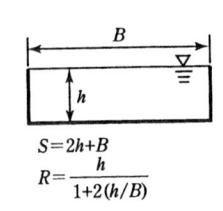

図 12.2　潤辺と径深

式 (12.8)，(12.9) は，壁面せん断応力と**摩擦損失水頭**あるいはエネルギー勾配とを結びつける重要な関係式である．径深を使えば，摩擦抵抗則に関しては以下のように管路も開水路も同等に扱えることがわかる．たとえば，図 12.2 に管路と開水路の潤辺と径深を示す．すなわち，

$$R = \frac{D}{4} \quad (\text{円管}), \quad R = \frac{h}{1+2(h/B)} \approx h \quad (\text{長方形開水路}) \tag{12.10}$$

幅 B が水深 h に比べて十分に大きければ（**広幅水路**という），径深 R は水深 h にほぼ一致する．この径深は，円管の直径 D の 1/4 に相当している．

ところで，式 (12.8) が導入される以前に，ダルシー（Darcy；1803-1858, 仏）とワイスバッハ（Weisbach；1806-1871, 独）は，以下の経験則を独自に提案し，上下水道などの設計を行った．

$$h_L \equiv f \frac{L}{D} \frac{v^2}{2g} \quad (\text{摩擦損失水頭}) \tag{12.11}$$

式 (12.11) を**ダルシー・ワイスバッハの式**という．また，f を**摩擦損失係数**

という．h_L は一種の抵抗であり，管の長さ L に比例し，直径 D に反比例することを表している．式 (12.8) と式 (12.11) から，式 (8.20) を使って，

$$\frac{\tau_w}{\rho} \equiv U_*^2 = f\frac{v^2}{8} \tag{12.12}$$

$$\therefore\ f = 8\left(\frac{U_*}{v}\right)^2 \quad (\text{無次元係数}) \tag{12.13}$$

f は式 (8.23) の境界層の局所抵抗係数 $C_f \equiv 2(U_*/U_\infty)^2$ と比例関係にあることがわかる．f の値は流速分布 $U(y)$ がわかれば，式 (10.4) から断面平均流速 v を式 (12.13) に代入して算出でき，次にダルシー・ワイスバッハの式 (12.11) を使って，念願の摩擦損失水頭 h_L が評価できることになる．

例題 12.1 摩擦速度 U_* と径深 R の関係を求めよ．

[解] 式 (8.20) の摩擦速度の定義式と式 (12.9) から，

$$U_*^2 \equiv \frac{\tau_w}{\rho} = gRI_e \tag{12.14}$$

$$\therefore\ U_* = \sqrt{gRI_e} \approx \sqrt{ghI_e} \tag{12.15}$$

●**コーヒーブレイク12.2** フランスではポリテクニクで学んだ後，ENPCで専門教育を受けるのがエリートコースであった（コーヒーブレイク15.2）．この点からいうと，ダルシー (1803-1858) はエリートからはずれる．ディジョン市で生まれ，パリで通常の教育を受けた後，故郷ディジョン市の給水システムの設計・施工を行った．そして，各種の材質（錬鉄，鋳鉄，鉛，アスファルトを塗った鉄，ガラスなど）の管路実験を通して，式 (12.11) と同型の式を1857年に提案した．しかし，式 (12.11) の定式化はワイスバッハ (1806-1871) が最初に行ったもので，現在では**ダルシー・ワイスバッハの式**とよばれる．ダルシーのもう一つの業績は，1856年に発表した浸透流・地下水の流れに関するもので，現在**ダルシーの法則**とよばれる．浸透流・地下水の流れや井戸の理論などは土質力学などで学習されるから，本書では割愛したが，少し解説しよう．ダルシーの法則は，

$$v = k \times I_h = -k\frac{dh_p}{dx} \tag{a}$$

ここで，I_h は式 (12.5) の動水勾配，k は透水係数（速度の次元）である．式 (a) も実験的に求めたものである．管路流（乱流）では $v \propto \sqrt{I_e} \propto \sqrt{I_h}$ であるが，ダルシーの法則は線形となっているのが特徴である（層流管路と同じ，12.16節）．式 (a) を3次元に拡張し，連続式 (6.14) に代入すると，以下のラプラス方程式が得られる．

$$\nabla^2 h_p \equiv \frac{\partial^2 h_p}{\partial x^2} + \frac{\partial^2 h_p}{\partial y^2} + \frac{\partial^2 h_p}{\partial z^2} = 0 \tag{b}$$

これは式 (7.14) のポテンシャル流理論と類似（アナロジー，12.16節）である．したがって，ポテンシャル流理論・ポテンシャル電位理論を援用して浸透流・地下水の流れを解くことができる．以上のダルシーの2つの業績は彼の晩年に行われたものである．

式 (12.15) は，**アスペクト比** B/h が十分大きな2次元等流（広幅水路）の式 (8.19) に帰着し，開水路でよく使う公式である．側壁の摩擦が無視できない B/h が小さな水路では水深のかわりに径深を使えばよいことがわかる．一方，管路ではつねに径深 R を使う．摩擦速度は，平均流速分布や乱れ強度分布を規定する重要な水理量である（9.11～9.14節）．

例題12.2 図12.3に示すように，同一断面積 A をもつ，(a) 円管，(b) 正方形ダクト，(c) 長方形開水路に同一のエネルギー勾配 I_e で水を流すとき，(1) 壁面の平均せん断応力と，(2) 摩擦損失係数を一定と仮定したときの流量をそれぞれ比較せよ．

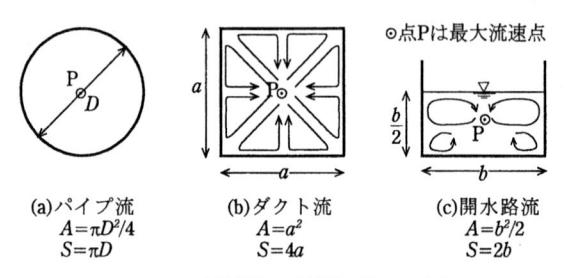

⊙点Pは最大流速点

(a) パイプ流
$A = \pi D^2/4$
$S = \pi D$

(b) ダクト流
$A = a^2$
$S = 4a$

(c) 開水路流
$A = b^2/2$
$S = 2b$

図 12.3 直線管路・直線開水路の2次流

[解]
(a) 円管の径深は，
$$R_1 = \frac{D}{4} = \frac{1}{2}\sqrt{\frac{A}{\pi}}$$
(b) 一辺の長さ a の正方形ダクトでは，
$$R_2 = \frac{a^2}{4a} = \frac{1}{4}\sqrt{A}$$
(c) 辺の長さが $b \times b/2$ の長方形開水路では，
$$R_3 = \frac{b^2/2}{2b} = \frac{\sqrt{2A}}{4}$$

式 (12.14) より，
$$\tau_{w1} : \tau_{w2} : \tau_{w3} = R_1 : R_2 : R_3 = \frac{1}{2}\sqrt{\frac{A}{\pi}} : \frac{1}{4}\sqrt{A} : \frac{\sqrt{2A}}{4}$$

$$\therefore \ \tau_{w1} : \tau_{w2} : \tau_{w3} = \frac{1}{2\sqrt{\pi}} : \frac{1}{4} : \frac{\sqrt{2}}{4} = 1 : 0.886 : 1.254$$

次に，流量は，$Q = Av = A\sqrt{8/f} \times \sqrt{gRI_e} \propto \sqrt{R}$ であるから，

$$\therefore \ Q_1 : Q_2 : Q_3 = \sqrt{R_1} : \sqrt{R_2} : \sqrt{R_3} = 1 : 0.941 : 1.120$$

流水断面積 A が一定ならば，円管の方がダクトより流量が多く流れる．一方，開水路は円管より多く流れ，有利である．これは，自由水面に抵抗が働かない結果である．しかもおもしろいことに，乱流では**乱れの非等方性**によりダクトや開水路には図12.3のような**2次流**が発生する（プラントルの**第2種2次流**とい

う).パイプ(円管)では等方性になるため,2次流は発生しない.また,層流ではいかなる断面形状でも2次流は発生しない.乱流中の2次流は主流の約3%の微流速であるが,断面内で運動量を輸送するため,抵抗が若干大きくなる.このため,τ_w は潤辺に沿って波状分布となる.図のように,**ダクトと開水路の2次流はパターンがまったく相違する**.開水路では水面近くに大規模な水面渦が発生し,水路中央で下降流となる.このため,流速が最大となる位置は水面上ではなく,水面より下に生じる.これを**最大流速点降下現象**(velocity-dip phenomena)という.開水路の2次流構造は,高精度なレーザ流速計を駆使して禰津・Rodi (1985) により解明された.このような,流れの3次元乱流構造とそれに伴う物質輸送(土砂輸送・水質など)の解明は,現在世界各国で精力的に研究されている.なお,このような2次流の重要性を最初に指摘したのは,近代流体力学の父のプラントルである.**第1種2次流**は湾曲流などで遠心力のために発生する2次流で(図2.32),第2種2次流より1けた大きい.このような2次流の分類もプラントルが最初に行ったのである.

また,開水路では,式 (12.11) のかわりに,

$$h_L \equiv \hat{f}\frac{L}{R}\frac{v^2}{2g} \tag{12.16}$$

を使う.このとき,

$$\hat{f} = 2\left(\frac{U_*}{v}\right)^2 = \frac{f}{4} \tag{12.17}$$

$\hat{f}$ は,式 (8.23) の境界層の局所抵抗係数 C_f とほぼ同じ定義となっている.

> ●コーヒーブレイク12.3　管路は,円管(パイプ pipe)と非円管とに大別される.非円管を一般にダクト(duct)という.したがって,円管には2次流は発生しないが,ダクトには2次流が発生する.断面が正方形・長方形などが代表的なダクトである.水理学で管路といえば,円管を意味することが多い.

12.5　ニクラーゼ図表・ムーディ図表

摩擦損失係数 f は,流速分布がわかれば断面平均流速 v が式 (10.4) で計算できるから,式 (12.13) より容易に算出できる.f はレイノルズ数 $Re \equiv vD/\nu$ と壁面粗度 k_s/D の関数であることが戦前より知られている.k_s は,**等価砂粗度**の直径である(例題9.14).図12.4はニクラーゼ(Nikuradse,プラントルの弟子)が行った円管流の実験結果(1932年に滑面円管実験,1933年に粗面円管

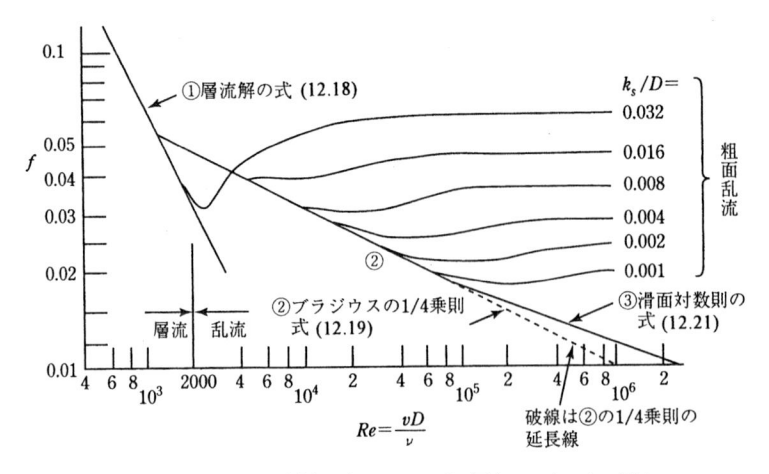

図 12.4 ニクラーゼ図表，またはムーディ図表，スタントン図表

実験）である．f の値は，実際の管路設計上重要であり，市販の円管を使った同様な図表が数多く提案されているが，その水理学的特性は同じである．図 12.4 を**ムーディ**（Moody）**図表**とよんだり，**スタントン**（Stanton）**図表**とよんだりする場合もある．しかし，このような研究を学術的・系統的に行ったのがニクラーゼであるから，本書では**ニクラーゼ図表**とよびたい．f=func.$(Re, k_s/D)$ の詳細な図表は，土木学会の水理公式集などの専門書を参照されたい．本書では，ニクラーゼ図表の注目すべき特徴を以下に列挙する．

1) $Re \leq 2000$ の層流では，粗度の影響を受けない．円管の層流解は，式（9.29）で厳密に与えられる．式（9.29）と式（12.11）から次の有名な関係式が計算できる．

$$f = \frac{64}{Re}, \quad Re \equiv \frac{vD}{\nu} \quad \text{（層流解）} \tag{12.18}$$

2) Re が約 2000 を越すと遷移区間を経て，滑面乱流では図 12.4 に示す②のブラジウスの 1/7 乗則（抵抗の面からいうと 1/4 乗則，8.8 節）によく従う．すなわち，

$$f = 0.316 Re^{-1/4} \quad \text{（滑面乱流）} \tag{12.19}$$

また，式（9.56）の対数則から計算される抵抗式は以下となる（演習問題 12.4）．

$$\frac{1}{\sqrt{f}} = \frac{1}{\sqrt{8}\chi} \ln(Re\sqrt{f}) - 0.91 \tag{12.20}$$

しかし，9.11〜9.12 節で詳述したが，対数則は管路また開水路全断面には正確には適用できず，粘性底層やウエイク成分のために若干ずれる．このため，式（12.20）を実験値と比較すると係数を若干変えた方が実用的であり，次の**対数抵抗則**（ニクラーゼ公式という）が一般に使用されている．

$$\frac{1}{\sqrt{f}} = 2.0 \log_{10}(Re\sqrt{f}) - 0.8 \quad (\text{滑面乱流}) \tag{12.21}$$

図 12.4 には，式 (12.21) を③の曲線で図示している．Re が 10^5 までは式 (12.19) の 1/4 乗則と対数則との相違はほとんどない．したがって，戦前までは計算が容易な 1/4 乗則が好んで用いられた．しかし，Re が 10^5 を超えると，実験値は 1/4 乗則より次第に上方にずれて対数則に従う．これは，8.8 節で述べたように，式 (8.7) のブラジウスのべき指数 n が Re に依存するためである．このように，ブラジウスの 1/7 乗則は，プラントルの対数則より劣っている．

3) 粗面乱流でも対数則から f が容易に計算できる．式 (9.66) より，完全粗面では log の中にもはや U_* すなわち f を含んでおらず，相対粗度 k_s/D のみの関数となる点が大きな特徴である．したがって，Re が小さい遷移区間を除いて，f は Re 数には無関係となっている．式 (12.21) の滑面に対応する粗面の抵抗則は，

$$\frac{1}{\sqrt{f}} = -2.0 \log_{10}\left(\frac{2k_s}{D}\right) + 1.74 \quad (\text{完全粗面}) \tag{12.22}$$

4) 不完全粗面で，粘性と粗度の影響がともに効くような遷移区間では，式 (12.21) と式 (12.22) の中間式を土木技術者のコールブルック (Colebrook, 1939) が提案し，よく使われている．

$$\frac{1}{\sqrt{f}} = -2.0 \log_{10}\left(\frac{2k_s}{D} + \frac{18.7}{Re\sqrt{f}}\right) + 1.74 \quad (\text{不完全粗面，遷移領域}) \tag{12.23}$$

$Re \to \infty$ では，式 (12.23) は，完全粗面の式 (12.22) に一致し，一方，$k_s \to 0$ では，滑面の公式 (12.21) に一致する．

●**コーヒーブレイク12.4** 粗度要素には自然の砂粗度，礫粗度，人工的な各種の粗度があり，k_s として何を選ぶかが問題である．これらの粗度要素を稠密に配置した砂粗度 (sand roughness で，添え字 s をつける．ニクラーゼが行った実験であり，ニクラーゼ粗面ともいう) で抵抗が同一になるように置き換えたらいくらの径の砂粗度に相当するかを**等価砂粗度**は表している．あるいは，粗面上の流速分布を計測し，これが対数則に載るように k_s を選ぶ場合が研究者間で多い．この場合，鉛直の座標原点をどこに取るかが次の問題となる．均一なガラスビーズを粗面にとれば k_s がビーズの直径で，座標原点はビーズの頂部から約 $k_s/4$ 下にとれば対数則に従う．しかし，河川の粗度は複雑で（一般に混合粒径），また移動床となるから，粗面乱流に関しては抵抗則に関しても不明な点が多い．

例題 12.3 層流，1/4 乗則が成立する滑面乱流，および粗面乱流の摩擦損失水頭 h_L と流速 v との関係を求めよ．

[解] ダルシー・ワイスバッハの定義式 (12.11) を使う．層流では，式 (12.18) から，

$$h_L = 32 \frac{\nu L}{gD^2} v \propto v \tag{12.24}$$

すなわち，層流においては摩擦損失水頭 h_L は速度 v に比例する．一方，滑面乱流では，式 (12.19) より，

$$h_L \propto v^{-1/4} v^2 = v^{7/4} \tag{12.25}$$

粗面乱流では，式 (12.22) より f は速度 v に無関係であるから

$$h_L \propto v^2 \qquad (12.26)$$

以上から，h_L は，滑面乱流で速度の 7/4 乗に比例し，粗面乱流で速度の 2 乗に比例する．この結果は，図 9.2 と一致する．図中で速度のべき指数が $n=1.7\sim2$ と幅があったのは，壁面の特性によることがわかる．

12.6 マニングの等流公式と粗度係数

管路は，伝統的に機械工学などの分野で主要な流体機器であり，f 値が用いられる．一方，河川工学においては伝統的に次の**マニング公式**がよく用いられる (Manning, 1889)．

$$v = \frac{1}{n} R^{2/3} \sqrt{I_e} \quad \text{(m-s 単位)} \qquad (12.27)$$

約 110 年前に提案されたマニング公式は，開水路や河川に関する断面平均流速 $v=Q/A$ の経験則（実験式）である．この公式の最大の欠点は，マニングの粗度係数とよばれる n 値が次元をもつから，係数として物理的疑義がある点である．11 章で学んだ次元解析では，係数は無次元でなければならないからである．式 (12.27) を使用する場合は，長さをメートルで与えなければならず，米国などで慣用されているフィート単位を使用する場合は，式 (1.18) で示したように単位変換で余分な変換係数 1.49 がつく（演習問題 1.6）．しかし，多くの河川，特に日本の河川では式 (12.27) の適用度が比較的よく，式自体も簡便であるから，国や地方の河川行政者は現在でも好んで使用している．そのため，水力学的イメージが強い f 値より，n 値の方が各種の技術報告書に記載される場合が多い．したがって，もともと開水路で求められたマニング公式 (12.27) を管路にも拡張して適用することが多い．

●**コーヒーブレイク 12.5** 水理学で最も重要な公式の一つは，**マニング公式**である．マニングはアイルランドの河川技術者で，同国の土木学会会長を歴任した．マニング自身も，粗度係数 n が次元をもつことから式 (12.27) の一般的な成立に疑義をもっており，「観測したデータ以外には適用できない」と述べ，この公式の使用を推奨しなかった．また，この公式はマニング自身が考案したものではなく，彼は n の次元を解消するためにより複雑な式を提案したのである．しかし現在では，式 (12.27) を「マニング公式」とよぶのは，彼にとってなんと幸運なことであろう．ハーゲンの不幸な歴史的評価（コーヒーブレイク 9.6）とは対照的である．

例題 12.4 f 値と n 値の関係式を求めよ.

[解] 式 (12.11) と式 (12.27) より,

$$\therefore f = \frac{8gn^2}{R^{1/3}} = \frac{8 \times 9.8 n^2}{(D/4)^{1/3}} = \frac{124.5 n^2}{D^{1/3}} \quad \text{(m-s 単位)} \tag{12.28}$$

式 (12.28) は, n 値と管径 D（メートルで与えること）を与えれば, f 値が計算できる. たとえば, 直径 $D=50$ [cm] の鋳鉄管の n 値は $n=0.013$ であるから, 式 (12.28) に代入して, $f=0.0265$ が得られる. 図 12.4 からこの場合の粗度は $k_s/D \cong 0.002$ すなわち $k_s = 1$ [mm] であることがわかる.

例題 12.5 マニングの粗度係数 n と等価粗度径 k_s の関係を求めよ.

[解] 式 (12.22) と式 (12.27) より,

$$\frac{n}{k_s^{1/6}} = \frac{(D/k_s)^{1/6}}{\sqrt{8g}\, 4^{1/6}} \left(1.74 - 2.0 \log_{10} \frac{2k_s}{D}\right)^{-1} \equiv \phi(k_s/D) \tag{12.29}$$

関数 $\phi(k_s/D)$ は, $2 \times 10^{-6} \le k_s/D \le 0.2$ の広い範囲で次のようにほぼ一定となる.

$$\therefore n \cong \frac{1}{24} k_s^{1/6} \quad \text{(m-s 単位)} \tag{12.30}$$

すなわち, マニングの粗度係数 n は**等価粗度 k_s の 1/6 乗**にほぼ比例する. このように, マニング公式は粗面の対数則と結びつくから,「経験則」といってもある程度理論的な妥当性を示している. 実際, 例題 12.4 の鋳鉄管では, $k_s/D \cong (24n)^6/D = 0.00184 \cong 0.002$ となり, ニクラーゼ図表にほぼ一致する. また, 式 (12.30) の 1/6 乗則はフルード相似則を用いた模型実験で重要となる（例題 11.9）.

以上から, 式 (12.28) と式 (12.30) は, 管路のダルシー・ワイスバッハ公式と開水路のマニング公式とを結びつける重要な関係式である. この場合, 粗度係数 n は次元をもっているから, m-s（メートル・秒）単位で与えなければならない.

> ●コーヒーブレイク12.6　マニング公式は, 式の成り立ちからいって, 粗面乱流のみに適用すべきである. 滑面乱流では, 1/4 乗抵抗則 (12.19) や対数抵抗則 (12.21) を使う. 層流では滑面・粗面の区別なく理論式 (12.18) を使う. 式 (12.28) の f と n の関係式は各種の試験問題に出題される場合が多いから暗記した方がよい. 暗記の仕方は,「1, 2, 3, 4, 5 で 3 が分母に落ちて 1/3 となり, 残りは係数の 124.5 となる」. n は 2 乗を忘れないこと. 式 (12.30) の 1/6 乗則も暗記すること.

12.7 形状損失水頭

摩擦損失は, 壁面がある限り必ず起こる. これは, 粘性流体の本質（$\nu \ne 0$）で, 10.5 節で流体力学的考察を行った. 一方, 図 12.1 の管の長さ L がどんなに短くても, 管の形状が急変すれば大きな損失水頭を起こす. この原因は, 主と

して形状変化に伴って**乱流渦**（**剥離渦**, separated eddy）が生じるためである．このため，壁面摩擦による損失と区別して**形状損失**とよぶ．この考え方は，8.10節の流体力と同じである．形状損失の算定は一般には管長 L に比べて局所的に起こるから，摩擦抵抗を無視して剥離渦のみの効果を考えればよい．このコンセプトは，5.2節で学んだ**漸変流**と**急変流**（図5.1参照）と同じであり，一次元水理解析法の重要なコンセプトである．

図12.5は代表的な形状損失を示す．(a)の急拡管は流れの剥離に起因する大規模な循環渦が発生し，エネルギーを損失させる．(b)の漸拡管（ディフィーザー）でもある角度以上になると流れが剥離し，エネルギーロスが大きくなる．(c)の急縮管は急拡管の逆な形状であるが，流れのメカニズムはまったく相違し，縮流によるエネルギーロスである．このことは，漸縮管でも当てはまる．一方，(d)の曲がり管は，遠心力による2次流の発生が損失の主因である．このほかに，(e)入口損失，(f)出口損失，(g)管の屈折による損失，(h)管の分岐や合流の損失，(i)各種のバルブ損失，(j)オリフィスなどの管内の障害物による損失，などがある．

このように形状損失は千差万別であり，ほとんどの場合，実験から求めなければならない．その表示形は「形状損失 h_L が速度水頭の何倍に当たるか」であり，

$$h_L \equiv K \frac{v^2}{2g} \quad \text{（形状損失）} \tag{12.31}$$

と書き，係数 K を実験で決めるのである．形状が変化すると連続式より速度も変化する．このため，式（12.31）の**速度は速い方の断面速度を選ぶルール**となっている．たとえば，急拡管では細い管の速度を選ぶ．

多くの形状損失の中で，ただ2つだけ理論から求まる場合がある．(a)の急拡

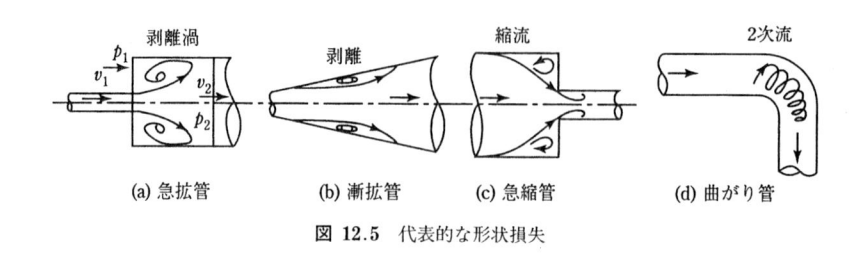

図 12.5 代表的な形状損失

損失である．摩擦は無視できるから，5.4節で学んだボルダの公式が適用できるのである．式（5.22）を再記すると（図5.4を参照），

$$(h_L)_{se} = \frac{(v_1 - v_2)^2}{2g} = K_{se}\frac{v_1^2}{2g}, \quad K_{se} \equiv \left(1 - \frac{A_1}{A_2}\right)^2 < 1 \quad (12.32)$$

ボルダの公式（12.32）は実用上，実験値とよく一致するから，急拡損失の評価式として使われる．係数 K_{se} を暗記するより，速度差の速度水頭分が損失すると暗記した方が容易かもしれない．$A_2 \gg A_1$ の場合に相当する出口損失 $(h_L)_{out}$ は，式（12.32）の特殊なケースであり，

$$(h_L)_{out} = K_{out}\frac{v_1^2}{2g}, \quad K_{out} = 1 \quad （出口損失） \quad (12.33)$$

となる．すなわち，出口の速度水頭分が下流の貯水槽での乱流拡散によってエネルギーが損失されるのである．

●コーヒーブレイク12.7　学生諸君にとっては，就職試験など各種の試験で管路計算に関心が高いだろう．この場合，各種の形状損失係数 K_i は問題中に与えられるが，急拡損失（K_{se}）と出口損失（$K_{out}=1$）は与えない．受験者が**ボルダの公式**を理解しているかを判定するためである．

12.8　単管路の計算

以上より損失水頭が得られるので，図5.1の解析フローチャートに従って管路計算ができる．以下，典型的な問題を例題で解説し，演習問題で実学の重要さを学んでほしい．

例題12.6　図12.6に示すように，直径 D の水槽から直径 d の細管に水が流出している．細管の流速とエネルギー勾配，動水勾配を求めよ．細管の長さを L，マニングの粗度係数を n とする．また，$D \gg d$，$a = 1$ と近似してよい．

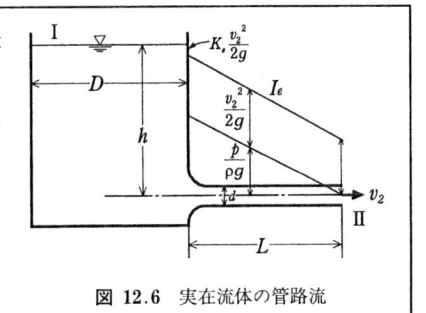

図12.6　実在流体の管路流

[解] これは最も基本的な問題であり，完全にマスターすること．ⅠとⅡにベルヌーイの式を立てると，式（12.2）は

$$H = \frac{v_1^2}{2g} + h = \frac{v_2^2}{2g} + 0 + h_L \tag{12.34}$$

全損失水頭は，摩擦損失と形状損失の和で，

$$h_L = f\frac{L}{d}\frac{v_2^2}{2g} + K_e\frac{v_2^2}{2g} \tag{12.35}$$

摩擦損失係数 f は，式(12.28) のマニングの粗度係数 n から算出される．
連続式と上式より，

$$h = \frac{1}{2g}\left\{1 - \left(\frac{d}{D}\right)^4 + \left(f\frac{L}{d} + K_e\right)\right\}\frac{v_2^2}{2g} \tag{12.36}$$

$$\therefore v_2 = \sqrt{\frac{2gh}{1 - \left(\frac{d}{D}\right)^4 + \left(f\frac{L}{d} + K_e\right)}} \cong \sqrt{\frac{2gh}{1 + \left(f\frac{L}{d} + K_e\right)}} < \sqrt{2gh} \tag{12.37}$$

完全流体ならば，式 (12.37) は，式(4.8) と一致し，これは「流れの基礎編」で学んだ．形状損失は流入損失のみで，流入口でステップ的に起こる．摩擦損失は管長全体で起こり，通常，形状損失より大きい．この意味で，形状損失を**マイナーロス**（minor loss）とよぶことがある．細管で速度は一定であるから，エネルギー勾配 I_e と動水勾配 I_h は一致する．したがって，細管の圧力は水槽に向かって直線的に増加することがわかる．もし完全流体ならば細管の圧力は常にゼロとなり，これは不合理である．換言すれば，管路に抵抗が発生するから，これに打ち勝つように圧力をかけねばならず，上流側で圧力はかならず正となる．

例題 12.7 図 12.7 に示すように，大きな貯水池（reservoir）R_1 と R_2 を 3 つの異径管 X_1，X_2，X_3 で連結した．それぞれの流速を求めよ．次に，エネルギー勾配線と動水勾配線を描け．ただし，R_1 と R_2 の水位差を H とする．

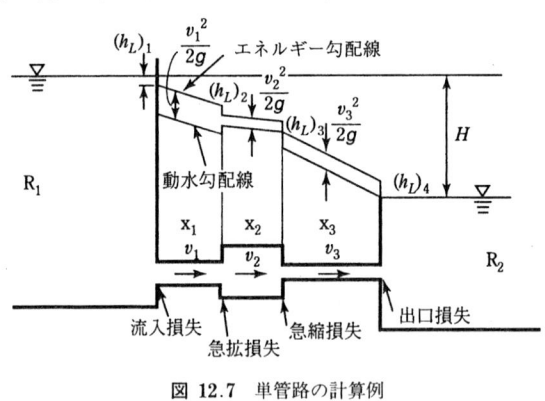

図 12.7 単管路の計算例

[解] 例題 12.6 を複雑にしたものだが，考え方はまったく同様である．摩擦損失水頭の合計 $(h_L)_f$ は 3 つの管の合計であり，ダルシー・ワイスバッハの公式 (12.11) を使って，

$$(h_L)_f = \sum_{i=1}^{3} f_i \frac{L_i}{D_i}\frac{v_i^2}{2g} \tag{12.38}$$

一方，形状損失水頭の合計は，

$$(h_L)_s = (流入損失) + (急拡損失) + (急縮損失) + (出口損失)$$

$$= \sum_{i=1}^{3} K_i \frac{v_i^2}{2g} + \frac{v_3^2}{2g} \quad (\because \quad K_{\text{out}}=1) \tag{12.39}$$

したがって，全損失水頭が水位差に等しいから，

$$H = (h_L)_f + (h_L)_s \tag{12.40}$$

連続式は，

$$A_1 v_1 = A_2 v_2 = A_3 v_3 \tag{12.41}$$

であるから，任意の管の流速 v_j は次のような形をとる．

$$v_j = \frac{\sqrt{2gH}}{A_j \sqrt{\sum_{i=1}^{3}\left(f_i \frac{L_i}{D_i} + K_i\right) \frac{1}{A_i^2} + \frac{1}{A_3^2}}} \quad (j=1,2,3) \tag{12.42}$$

同一の水位差 H ならば，損失水頭が大きいほど各流速は小さくなる．もし完全流体ならば，摩擦損失がゼロすなわち $f_i \equiv 0$ となり，形状損失もすべてゼロすなわち $K_i \equiv 0$ となる．このとき，式（12.42）は，

$$v_j = \left(\frac{A_3}{A_j}\right)\sqrt{2gH} \tag{12.43}$$

式（12.43）は，式（4.10）の**トリチェリーの原理**そのものである．エネルギー勾配 I_e は管面積 A_j が大きいほど小さくなり（損失が小さいため），速度水頭も小さくなるから（連続式のため）動水勾配 I_h と平行で，勾配線どうしは接近してくる．エネルギー勾配線は必ず右下がりとなる．そして，形状損失があればそこで下方にジャンプする．流入損失があるから，エネルギー勾配線は貯水池の水位より下がった位置から描かれる．一方，出口でのピエゾ水頭は下流の貯水池の水位と一致する．これらの特性や急拡部の特性（例題12.8）が正しく図化されていないと合格点をもらえない．

例題 12.8 急拡部のピエゾ水頭は下流直下の方が大きく，動水勾配線が上方にジャンプすることを示せ．

[解] ジャンプ量を Δh_L とすれば，ボルダの公式（5.21）を使って，

$$\Delta h_L = \frac{v_1^2 - v_2^2}{2g} - h_L = \frac{v_1^2 - v_2^2}{2g} - \frac{(v_2 - v_1)^2}{2g} = \frac{(v_1 - v_2)v_2}{g} > 0 \tag{12.44}$$

したがって，図12.7に示すように，急拡部で動水勾配線を上方にジャンプして描かねばならない．採点者側からみれば，ここが大きな採点のポイントとなる．

12.9　ダムの放水管の計算

ダム水理に関しては，治水上から放水管を設計しなければならない．

例題 12.9 図12.8のようにアーチダムには洪水制御として放水管が設けられている．円錐状のバルブ（Howell-Bunger valve）から空気中に放水している様子を見た諸君も多いだろう．さて，流入口から L_1 の位置でマニングの粗度が n_1 から n_2 に変化する全長 L，直径 D のダム放水管の先端にバルブが取り付けてある．バルブの開度（開口面積/全断面積）が ϕ のとき，流

量 Q とバルブに働く力 F を求めよ．ただし，貯水位はバルブから H の位置にある．エネルギー補正係数 α と運動量補正係数 β は，ともに1と近似してよい．

[**解**] 摩擦損失係数は，$f_1 = 124.5 n_1{}^2/D^{1/3}$, $f_2 = 124.5 n_2{}^2/D^{1/3}$ となる．管内の速度を v とすれば，バルブからの速度は連続式より $v_v = (A/A_v)v = v/\phi$ となる．貯水面とバルブ出口にベルヌーイの式を立てると，

$$H = \left(K_e + f_1 \frac{L_1}{D} + f_2 \frac{L-L_1}{D}\right)\frac{v^2}{2g} + (1+K_v)\frac{v_v{}^2}{2g} \tag{12.45}$$

$$\therefore\ v = \sqrt{\frac{2gH}{K_e + (f_1 - f_2)\dfrac{L_1}{D} + f_2 \dfrac{L}{D} + \dfrac{1+K_v}{\phi^2}}},$$

および $\quad Q = \dfrac{\pi D^2}{4} v \tag{12.46}$

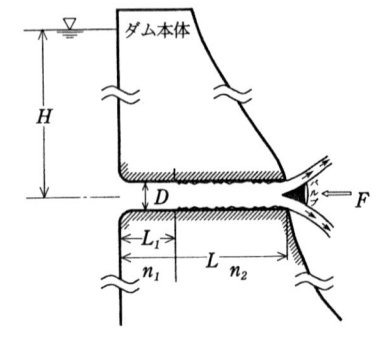

図 12.8 ダム放流管

バルブの直前・直後にベルヌーイの式を立てると，

$$\frac{v^2}{2g} + \frac{p}{\rho g} = (1+K_v)\frac{v_v{}^2}{2g} \tag{12.47}$$

$$\therefore\ \frac{p}{\rho g} = \left(\frac{1+K_v-\phi^2}{\phi^2}\right)\frac{v^2}{2g} \tag{12.48}$$

主流方向の運動量式から $\quad \rho Q(v_v - v) + 0 - pA = -F \tag{12.49}$

$$\therefore\ F = pA - \rho Q v\left(\frac{1}{\phi}-1\right) = \rho g A\left\{\frac{p}{\rho g} - \left(\frac{1}{\phi}-1\right)\frac{v^2}{g}\right\} = \frac{\rho Q v}{2}\left\{\left(1-\frac{1}{\phi}\right)^2 + \frac{K_v}{\phi^2}\right\} \tag{12.40}$$

開度が全開のとき，$\phi = 1$ であるから

$$\therefore\ F = K_v \frac{\rho Q v}{2} > 0 \tag{12.51}$$

12.10 水力発電の電力計算

ダムは治水・利水・環境の多目的ダムが望ましい．特に，水力発電は**クリーンな地球にやさしい発電**であり，火力発電による地球温暖化対策，また原子力発電の危険性（チェルノブイリ原発事故や東海村の臨界事故など）から最近見直されている．北欧では原発を中止する国も出ている．中国の長江（揚子江）の中流に現在建設中の三峡ダムの総発電量は 1820 万 kW の計画で，完成すれば世界一となり，中国経済の発展に不可欠といわれている．ダムの高さは 175 m，ダム湖の貯水容量は 393 億 m³ であり，現在日本にあるすべてのダム（約 2600 個）の総貯水容量 206 億 m³ よりはるかに大きい．この巨大な三峡ダムが社会・経済・環

境（地球環境や生態系）などにいかなる影響を及ぼすかは不明な点も多い．

例題 12.10 図 12.9 のように貯水池 A と B 間に高圧鉄管（**ペンストック**という）を配管し，ペンストックの末端にタービンを設置し，水力発電する．貯水池 A と B の総落差を H_0，タービン前後の全水頭差（**有効落差**という）を H_e，ペンストックの長さおよび直径を L, D とすれば，この水力発電の電力を計算せよ．

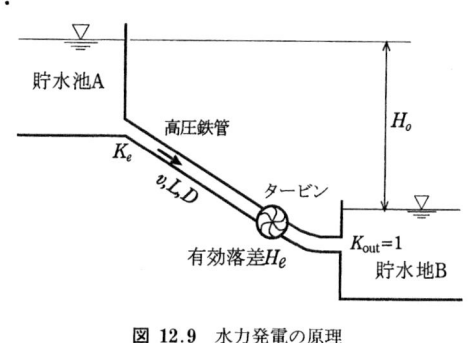

図 12.9 水力発電の原理

[解] ペンストック内の速度を v とすれば，ベルヌーイの式より，

$$H_0 = \left(f\frac{L}{D} + K_e + K_{out}\right)\frac{v^2}{2g} + H_e, \quad K_{out} = 1 \tag{12.52}$$

$$\therefore v = \sqrt{\frac{2g(H_0 - H_e)}{\left(f\frac{L}{D} + K_e + 1\right)}} \tag{12.53}$$

タービンによる損失水頭 H_e は，単位重量の水がタービンを回転させる位置エネルギーで，**有効落差**である．形状損失は，流入損失 K_e と出口損失 $K_{out} = 1$ である．流量 $Q = (\pi D^2/4)v$ の水が高さ H_e でもつ位置エネルギーは $\rho g Q H_e$ である．タービンの効率を γ とすれば，単位時間あたりの発電量（タービンのなす仕事）P は，以下となる．

$$P = \gamma \rho g Q H_e \tag{12.54}$$

● **コーヒーブレイク 12.8** ペンストックは水力発電所の風物詩である．急斜面にペンストック（圧力鉄管）が 4 列程度並んで設置されており，水力発電所の強いイメージとなっている．見た諸君も多いであろう．次に，発電量の単位を述べる．**cgs 単位**では，式 (12.54) の発電量 P の単位は [erg/s] である．仕事の単位として，10^7 erg = 1 J（ジュール）であり，毎秒 1 J の仕事率が 1 W（ワット）である．MKS 単位では，1 W は，1 N（ニュートン）の力が毎秒 1 m なす仕事に等しい．すなわち，1 N·m/s = 1 kg·m²/s³ = 10^7 g·cm²/s³ = 10^7 erg/s = 1 J/s = 1 W である．

12.11 サイフォンの計算

図 12.10 に示すように,流体を一度その動水勾配線より高く上げ,下流のピエゾ水頭が低いところに輸送する管路を**サイフォン**という.風呂の水をサイフォンで抜くなど家庭でもよく利用されている.これまでの知識からサイフォンの原理が理解できよう.

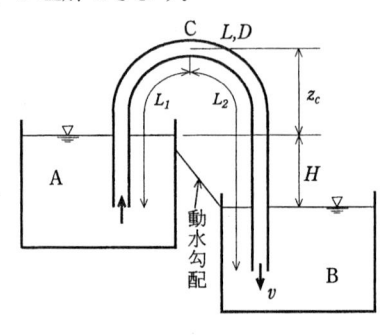

例題 12.11 図 12.10 のように,十分大きな貯水池 A と B を長さ L,直径 D の管路でサイフォンを作動させた.サイフォンを作動させる頂部高さ z_c の限界を求めよ.

図 12.10 サイフォンの原理

[解] A の貯水面とサイフォン出口の間にベルヌーイの式をたてると,

$$H = f\frac{L}{D}\frac{v^2}{2g} + (K_e + K_{180} + 1)\frac{v^2}{2g} \qquad (12.55)$$

ここで,K_e は流入損失係数,K_{180} は 180°の曲がり損失係数である.

$$\therefore\ v = \sqrt{\frac{2gH}{f\frac{L}{D} + (K_e + K_{180} + 1)}} \qquad (12.56)$$

次に,A の貯水面とサイフォンの頂部間でベルヌーイの式をたてると,

$$H = \frac{v^2}{2g} + (H + z_c) + \frac{p_c}{\rho g} + f\frac{L_1}{D}\frac{v^2}{2g} + (K_e + K_{90})\frac{v^2}{2g} \qquad (12.57)$$

$$\therefore\ \frac{p_c}{\rho g} = -z_c - \left(f\frac{L_1}{D} + (K_e + K_{90} + 1)\right)\frac{v^2}{2g} < 0 \qquad (12.58)$$

したがって,サイフォンの高さ z_c や速度 v が増加すると,頂部の圧力 p_c の負圧は大きくなる.理論上は,圧力水頭 $p_c/\rho g$ が $-10.34\,\mathrm{m}$ まで(真空になるまで,式 (1.7) を参照)サイフォンは作動するはずであるが,水中には空気が溶存しているからこの蒸気圧になると頂部にガスが発生し,流れが連続せず,サイフォンが作動しなくなる.この負圧の圧力水頭 $p_c/\rho g$ は,最大で約 $-8\,\mathrm{m}$ である.

$$\therefore\ (z_c)_{\max} = 8 - \frac{f(L_1/D) + (K_e + K_{90} + 1)}{f(L/D) + (K_e + K_{180} + 1)} H > (8 - H) \quad (\text{m 単位}) \qquad (12.59)$$

すなわち,サイフォンの高さは,8 m よりさらに損失水頭分だけ小さくなる.上述のように負圧がある限界値(**極限負圧**という)以上になると,溶存空気が気泡を形成する.この現象を**キャビテーション** (cavitation) という.キャビテーションはダム水理や水力発電などで非常に恐ろしい現象である(コーヒーブレイク 4.6).

12.12 等置管の計算

図12.7のように，管径や粗度などが異なった2種類以上の管路を連結して流体を輸送する管路を**連結管**という．また，**直結管**ともいう．連結管では，一定の流量が流れ，また，連結管の損失水頭は各管路の損失水頭の和となっている．

> **例題 12.12** 図12.7の連結管を直径 D_e で置き換えたら，同一の損失水頭および同一の流量を得るには，管長 L_e をいくらにとればよいか．

[解] 題意と連続式から，

$$H = \sum_{i=1}^{3} f_i \frac{L_i}{D_i} \frac{1}{2g}\left(\frac{Q}{A_i}\right)^2 + \sum_{i=1}^{4} K_i \frac{1}{2g}\left(\frac{Q}{A_i}\right)^2 = f_e \frac{L_e}{D_e} \frac{1}{2g}\left(\frac{Q}{A_e}\right)^2 \qquad (12.60)$$

簡単のために $\sum$ の添え字を省略すれば，

$$\therefore \quad L_e = \frac{D_e^{\;3}}{f_e}\left(\sum \frac{fL}{D^3} + \sum \frac{K}{D^2}\right) \qquad (12.61)$$

添え字 e は等値（equivalent）を表し，複雑な連結管を形状損失のない単一な**等値管**に置き換えることを意味する．

12.13 並列管の計算

図12.11に示すように，1つの管路がA点で2つ以上に分流し，ある下流のB点で合流するものを**並列管**という．計算を簡単にするため，式(12.61)から形状損失のない等置管に置き換える．点AとBの損失水頭はそれぞれの管で等しいから，

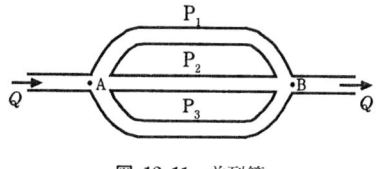

図 12.11 並列管

$$(h_L)_1 = (h_L)_2 = (h_L)_3 = \cdots = \left(z_A + \frac{p_A}{\rho g}\right) - \left(z_B + \frac{p_B}{\rho g}\right) \quad (\because \quad v_A = v_B) \qquad (12.62)$$

$$Q = Q_1 + Q_2 + Q_3 + \cdots \qquad (12.63)$$

問題として，次の2つに大別される．

1) 点A，Bの動水勾配が与えられたとき，この管系を流れる流量を算出すること．
2) 全流量 Q が既知のとき，各管の流量配分と損失水頭を計算すること．

1) は，損失水頭と管の径・長さが既知であるから，式(12.11)より流速が求まり，流量が計算できる．あとは，式(12.63)より流量の和を求めればよい．

2) では並列管の1つを代表的にとり，その管の流量 $\hat{Q}_i$ を仮定する．式(12.11)から損失水頭 $(\hat{h}_L)_i$ を計算し，この値を用いてすなわち式(12.11)より各管の流量を計算する．この和 $\sum \hat{Q}_i$ が既知の全流量 Q に一致しなければ，次

のように線形修正する．

$$Q_1 = \frac{Q}{\sum \widehat{Q}_i}\widehat{Q}_1, \quad Q_2 = \frac{Q}{\sum \widehat{Q}_i}\widehat{Q}_2, \cdots \quad (12.64)$$

例題 12.13 図 12.12 に示すように，主管にバイパス管をつけた．バイパスを流れる流量は全体のいくらに当たるか．ただし，局所的損失（形状損失のこと，**マイナーロス**ともいう）を無視する．

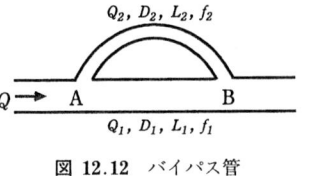

図 12.12 バイパス管

[解] A，B 間の損失水頭は等しいから，

$$h_L = f_1 \frac{L_1}{D_1}\frac{v_1^2}{2g} = f_2 \frac{L_2}{D_2}\frac{v_2^2}{2g} \quad (12.65)$$

$$\therefore \quad \frac{Q_1}{Q_2} = \frac{v_1 D_1^2}{v_2 D_2^2} = \sqrt{\frac{f_2 L_2}{f_1 L_1}} \times \left(\frac{D_1}{D_2}\right)^{5/2} \quad (12.66)$$

$$\therefore \quad \frac{Q_2}{Q_1+Q_2} = \frac{1}{Q_1/Q_2+1} = \left(1+\sqrt{\frac{f_2 L_2}{f_1 L_1}}\times\left(\frac{D_1}{D_2}\right)^{5/2}\right)^{-1} \quad (12.67)$$

12.14 複合管の計算

図 12.13 に示すように，貯水池（reservoir）が 3 つ以上になり，相互で流れが生じるとき，計算は複雑になる．解析の原理は，連続式とベルヌーイの式を連立して解かねばならない．一般には，コンピュータを使って解析する．

例題 12.14 図 12.13(a) の 3 つの貯水池問題を解け．すなわち，各管路を流れる流量を計算せよ．

[解] 連続式から $R_1 \to R_2$，R_3 に流れがあれば，流れの正負も考慮して

$$Q_1 = Q_2 + Q_3 \quad (12.68)$$

もし Q_2 が負ならば，流れは $R_2 \to R_3$ となる．各貯水池の水位を H_1，H_2，H_3，また合流点 J（ジョイント）のエネルギー線の高さ（速度水頭とピエゾ水頭の和）を H_J とすれば，各管路の

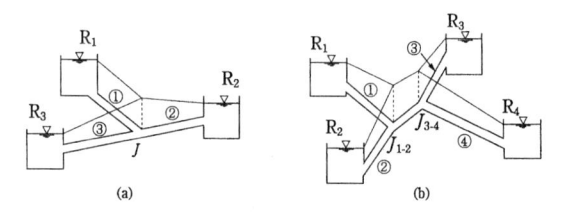

図 12.13 分流・合流管系（複合管系）

ベルヌーイの式 (12.2) より，

$$H_1 - H_j = \sum K_{i1}\frac{v_1^2}{2g} + f_1\frac{L_1}{D_1}\frac{v_1^2}{2g} \equiv f_1\frac{l_1}{D_1}\frac{v_1^2}{2g} \tag{12.69}$$

$$H_j - H_2 = \sum K_{i2}\frac{v_2^2}{2g} + f_2\frac{L_2}{D_2}\frac{v_2^2}{2g} \equiv f_2\frac{l_2}{D_2}\frac{v_2^2}{2g} \tag{12.70}$$

$$H_j - H_3 = \sum K_{i3}\frac{v_3^2}{2g} + f_3\frac{L_3}{D_3}\frac{v_3^2}{2g} \equiv f_3\frac{l_3}{D_3}\frac{v_3^2}{2g} \tag{12.71}$$

ここで，l_1, l_2, l_3 は，12.12節で述べた形状損失を等置管の長さで置き換えたときの全管長である．以上の式 (12.68)～(12.71) の4つの式から，未知数 H_j, Q_1, Q_2, Q_3 の4つを連立して解くことができる．これは，パソコンで容易に計算できる．電卓で手計算するには，H_j を適宜仮定して，式 (12.69)～(12.71) より Q_1, Q_2, Q_3 を計算し，連続式 (12.64) を満足しているかを検討する．もし満足していなければ，H_j を線形修正し，上記の計算を同様に繰り返して行う．そして，収束すればこれが解である．演習問題12.6で具体的に解いてみる．

12.15 管網計算

上水道のように管路系が多くの閉回路をなすとき，流量配分計算を**管網**（flow net）計算といい，**ハーディークロス法**（Hardy Cross, 1936, 米国）として知られている．

1) 全管網をその構成要素として閉回路系にわける（図12.14）．

2) 連続式を満足するように各管路の流量を仮定する．このとき，流向に応じて流量に正負をつける．時計回りを正とする．

3) 損失水頭 h_L と流量 Q には，

$$h_L = rQ^m \tag{12.72}$$

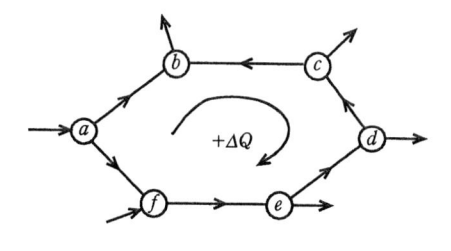

図 12.14 管網のハーディークロス法

の関係がある．マニング公式では，$m=2$ である．r は，管径，長さ，粗度などによって異なる値をもつ．

4) 仮定流量を Q'，実際流量を Q とし，これに対応する損失水頭を h'_L, h_L とする．すなわち，

$$Q = Q' + \Delta Q, \quad h_L = h'_L + \Delta h_L \tag{12.73}$$

式 (12.72) に代入してテイラー展開すれば，

$$h_L = h'_L + \Delta h_L = r(Q' + \Delta Q)^m = rQ'^m + mrQ'^{m-1}\Delta Q + O((\Delta Q)^2) \tag{12.74}$$

$$\therefore \quad \Delta h_L = rmQ'^{m-1}\Delta Q \tag{12.75}$$

5) これを1つの閉管路に適用すれば，

$$\sum h_L = \sum (h'_L + \Delta h_L) = \sum h'_L + \sum \Delta h_L = \sum h'_L + \sum mrQ'^{m-1} \Delta Q = 0 \quad (12.76)$$

$$\therefore \quad \Delta Q = \frac{-\sum h'_L}{m \sum rQ'^{m-1}} \quad (12.77)$$

したがって，各管路ごとに rQ'^{m-1} を求め，これを閉回路について代数和し，補正流量 ΔQ を求める．

6) 仮定流量 Q' に補正流量 ΔQ を加えたものを第1次補正量とする．以下，同様な手順で収束計算を行えばよい．すなわち，式（12.74）からわかるように，**線形逐次近似法**を行っているのである．なお，各管路の各種の形状損失を無視できない場合は，等値管法で，長さをあらかじめ補正しておく必要がある．

いずれにせよ，このような実用計算は，コンピュータを使って効率よく行う必要がある．この場合，管路流の基礎的理解が大いに必要になるのである．

12.16 管路流と電流のアナロジー

管網計算などで気がつかれた読者も多いであろう．管路流と電流はよく似ている．両者の実際の現象（**物理モデル**という）はまったく違うが，その**数学モデル**が似ているとき，類似（**アナロジー**，analogy）という．ハーディークロス法は，高校で習った電気の**キルヒホッフの法則**と類似している．キルヒホッフの法則とは，1) ある閉回路の任意の点に流れ込む電流の和は，そこから流れ出る電流の和に等しい．2) 閉回路をひとまわりするとき，各抵抗による電圧降下の和はその回路中にある起電力の和に等しい．

管路流では，1) は連続式に相当する．2) は流れの抵抗による損失水頭に相当し，起電力が水位差に相当する．では，管路流と電流とはまったくアナロジーかというとノーである．

例題 12.15 管路流と電流の数学モデルの類似点・相違点に関して論述せよ．

[解] 水流と電流の抵抗則が根本的に相違するのである．水流の抵抗則は式（12.11）で，再記すると

$$h_L = C \times v^2, \quad C \equiv \frac{f}{2g}\frac{L}{D} \quad \text{（管路流，乱流）} \quad (12.78)$$

一方，電流の抵抗則はオームの法則であり，電圧 V，電流 i，抵抗 R とすれば，

12.16 管路流と電流のアナロジー

表 12.1 管路流と電流のアナロジー

比較項目	管路流	電流
流れ	流速 v	電流 i
起因力	水頭差・損失水頭 h_L	電圧 V
抵抗則	ダルシー・ワイスバッハの式	オームの法則
損失	熱逸散	ジュール熱
ポテンシャル	水位	電位

$$V = R \times i, \quad R \equiv \rho_e \frac{L}{A} \quad (\text{電流}) \tag{12.79}$$

ここで，L は電気抵抗の長さ，A はその断面積，ρ_e は**比抵抗**とよばれる物質定数である．上式の比較から自明のように，損失水頭 h_L と電圧 V とが対応し，管路流では速度の 2 乗に比例する．すなわち，**非線形特性**である．一方，電圧は電流に比例し，**線形特性**である．したがって，電気回路の計算は線形であり，キルヒホッフの法則を用いて容易に計算できる．高校の物理で習得したはずである．一方，管網計算は非線形であり，式 (12.77) の逐次近似法すなわちハーディークロス法が必要になるのである．

ところで，上式の抵抗の係数はよく似ている．管路流では直径に反比例し，長さに比例するが，電気抵抗は面積に反比例し，長さに比例するのである．

しかし，流れが層流のとき，式 (12.24) を再記すると，

$$h_L = C \times v, \quad C = \rho_w \frac{L}{A}, \quad \rho_w \equiv \frac{8\pi\nu}{g} \quad (\text{管路流，層流}) \tag{12.80}$$

式 (12.79) と式 (12.80) は**完全なるアナロジー**である．物質定数の比抵抗 ρ_e は，流体の固有値 ρ_w に相当している．おもしろい事実ではないか！

表 12.1 に管路流と電流のアナロジーをまとめておく．

> ●**コーヒーブレイク 12.9** 相似（シミラリティー，similarity）と類似（アナロジー，analogy）は，よく似ているが，混同してはならない．相似は同じ物理モデルの比較であり，類似は数学モデルの比較である．前者は，11 章の相似律で学習した．類似は，異なる物理モデル（物理現象）を適当な数学モデルで表現したとき，数学式が同等となり，解き方が同じになる便利な比較である．管路流以外でも，流れと電流はよいアナロジーをもっている．式 (7.14) のポテンシャル関数 ϕ はラプラス方程式を満足する．電位ポテンシャルもラプラス方程式を満足する．したがって，電位の等ポテンシャル線すなわち等電位を計測すれば，完全流体の流れの挙動が電気のアナロジーから解明できる．また，コーヒーブレイク 12.2 で述べた地下水・浸透流はダルシーの法則に従い，この数学モデルもラプラス方程式を満足する．したがって，等電位を計測すれば，地下水現象が解明できる．たとえば，ダムを建設した場合の地下水の流線網（フローネット）は，電気回路による等電位の計測から解析でき，水理実験の興味ある演習として，学生に教育されている．

◉まとめ

管路の水理は，管径などの境界条件が既知であり，損失水頭 h_L がわかれば，ほとんどすべ

ての問題を計算できる．したがって，管路流のマクロな計算は損失水頭をいかに合理的に評価するかにかかっている．管路流そのものの流体力学的な内部構造を解明するのでなければ，水工学上，これで十分かもしれない．実学としてのこれまでの経験がフルに活かされると考えられる．

損失水頭は，**摩擦損失水頭**と**形状損失水頭**に大別される．前者は壁面せん断応力と結びつき，かなりの部分が理論的に考察できる．特に，対数則分布の役割は大きい．これを通して，開水路で確立されたマニングの公式が管路の粗面流れにも適用でき，摩擦損失水頭が評価できる．一方，後者の形状損失は，現在でも経験則（実験式）の域を出ていない．しかし，剥離渦などの内部挙動が解明されれば，これらの経験則や実験値に乱流理論から適切な説明や予測が可能となり，より合理的な水工設計ができるものと期待される．水理学・流体力学の学問的には，摩擦損失より各種の形状損失の解明の方が**ずっとおもしろい課題**であり，現在，高精度レーザ流速計を使った**実験的研究**や乱流モデル（k-ε モデルや応力モデル）を使った2次元，3次元の**数値計算的研究**（CFD）が精力的に行われている．

管路の実務計算では，一般に，形状損失水頭は摩擦損失水頭に比べてはるかに小さい．通常，**マイナーロス**ともいわれ，無視されることもある．あるいは，12.12節で述べたように，等置管の長さに置き換えて計算すればよい．表12.1に示したように，管路流と電流はよいアナロジーになっている．層流の抵抗則はオームの法則に完全にアナロジーであり，注目すべきである．このような管路の水理の基礎式を十分に理解したうえで，多くの演習問題を解いてほしい．

■演習問題

12.1 管壁に作用する摩擦力と損失水頭の関係式は，管を水平に置いて，式（12.6）が得られた．図12.1のように，一般に管が傾斜していても圧力のかわりにピエゾ圧を使えば式（12.6）が成立することを式（10.18）から示せ．

12.2 円管層流の流速分布は，式（9.27）で与えられる．このとき，エネルギー補正係数と運動量補正係数はそれぞれ $\alpha=2$, $\beta=4/3$ となることを示せ．

12.3 式（9.29）の層流解と式（12.11）のダルシー・ワイスバッハの式を使って，層流の摩擦損失係数 f は式（12.18）で理論的に与えられることを示せ．

12.4 滑面での対数則分布式（9.56）を断面平均して v を求め，式（12.11）を使って，摩擦損失係数 f が式（12.20）で与えられることを示せ．なお，ニクラーゼが実験で求めたカルマン定数および積分定数 $\varkappa=0.4$, $A=5.5$ を使ってよい．

12.5 粗面の対数則は，$U/U_* = \varkappa^{-1}\ln(y/k_s) + A_r$ で与えられる．ニクラーゼの値を使えば，$\varkappa=0.4$, $A_r=8.5$ である．これを使って粗面の抵抗則の式を求め，式（12.22）と比較せよ．

12.6 式（12.29）の関数 $n/k_s^{1/6} \equiv \phi(k_s/D)$ のグラフをプロットし，相対粗度 k_s/D の広い範囲で $\phi(k_s/D)$ がほぼ一定値になることを示せ．

12.7 図12.15に示すように，当初鉄管に流量 Q を流したとき2点AB間の損失水頭が h_L であったが，錆によって鉄管の内径が2％減少し，さらに粗度が増して，同じ流量を流すのに損失水頭が35％も大きくなった．マニングの粗度係数は何％大きくなったか．

12.8 図12.16のように，急拡管を2段階に拡大させると1段の場合よりも損失水頭を小さくできる．損失水頭を最小にするには中間の管の直径 d をどのように選べばよいか．またそのときの損失水頭はいくらか．

12.9 例題12.6で，直径 $D=10$ [m] の水槽で，$h=3$ [m], $d=20$ [cm], $L=10$ [m] の管路

とする．マニングの粗度係数を $n=0.015$，またベルマウス型流入損失係数を $K_e=0.1$ とする．このとき，流出速度を計算せよ．次に，エネルギー勾配線と動水勾配線を描け．

12.10 例題 12.7 で，水位差 $H=200$ [m]，各管路の形状を①$L_1=1000$ [m]，$A_1=200$ [cm^2]，$n_1=0.01$．②$L_2=200$ [m]，$A_2=400$ [cm^2]，$n_2=0.013$．③$L_3=500$ [m]，$A_3=100$ [cm^2]，$n_3=0.015$ とする．流入損失係数を $K_e=0.15$，急縮損失係数を $K_{sc}=0.43$ のとき，各管路の流速 v_1，v_2，v_3 を求めよ．

12.11 本文中の図 12.9 で，ペンストックの総落差が $H_0=500$ [m]，形状特性が $n=0.013$，$D=50$ [cm]，入口損失係数 $K_e=0.2$，その他の形状損失係数の合計が 0.5 である．タービンの有効落差を $H_e=200$ [m] とすれば，この水力発電量は何ワットか．ただし，タービンの効率を $\gamma=0.8$ とする．

12.12 図 12.17 に示す揚水発電所においてポンプで下池から上池に 0.12 m^3/s の水を揚水するのに必要なポンプの水力は何ワットか．上池と下池の総落差は $H=100$ [m] とする．また，$f_1=0.025$，$f_2=0.03$，入口損失 $K_e=0.2$，ポンプの効率 $\gamma=0.75$ とする．

12.13 本文中の図 12.10 で，サイフォン管の形状を $D=0.2$ [m]，$L_1=6.5$ [m]，$L_2=11.5$ [m] とし，各損失係数を $f=0.03$，$K_e=0.4$，$K_{90}=0.3$，$K_{180}=0.6$，水位差 $H=5$ [m] とするとき，キャビテーションが発生しない最大の高さ $(z_c)_{\max}$ を求めよ．

12.14 本文中の図 12.11 で，次の諸元をもつ 3 つに分岐する並列管に流量 $Q=8$ [m^3/s] を流すとき，それぞれの管に配分される流量を求めよ．ただし，形状損失は無視する．

$P_1 : D_1=100$ [cm], $\quad L_1=120$ [m], $\quad n_1=0.012$,
$P_2 : D_2=80$ [cm], $\quad L_2=100$ [m], $\quad n_2=0.012$,
$P_3 : D_3=40$ [cm], $\quad L_3=150$ [m], $\quad n_3=0.012$.

12.15 図 12.12 において $D_1=0.3$ [m]，$D_2=0.15$ [m]，$L_1=10$ [m]，$L_2=20$ [m] とするとき，バイパス管に流れる流量は全流量の何 % か．摩擦損失のみを考慮し，$f_1=0.03$，$f_2=0.04$ とする．

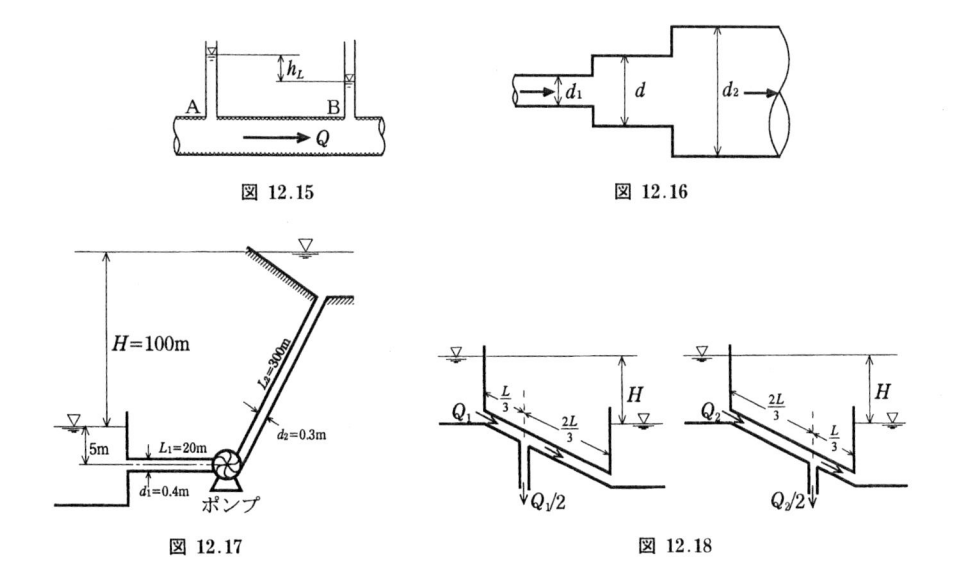

図 12.15

図 12.16

図 12.17

図 12.18

12.16 本文中の図12.13 (a) で,$H_1=20$ [m],$H_2=15$ [m],$H_3=10$ [m],$L_1=L_2=400$ [m],$L_3=600$ [m],$D_1=50$ [cm],$L_2=D_3=20$ [cm] とすれば,各管路にそれぞれいくらの流量が流れるか.ただし,マニングの粗度係数は,$n_1=n_2=0.013$,$n_3=0.015$ とし,形状損失は無視する.

12.17 水位差 H の2つの水槽を長さ L の円管で連結し,図12.18に示す2通りの方法で管の途中から分流する.①管の上流から $L/3$ の所から上水槽からの流出量 Q_1 の1/2を分流する.②管の下流から $L/3$ の所から上水槽からの流出量 Q_2 の1/2を分流する.この2ケースの流出量の比 Q_1/Q_2 はいくらになるか.なお,簡単なためにすべての形状損失を無視する.

12.18 図12.19の管路網を流量 Q が流れている.2段階分岐したBC管の管路を流れる流量 Q_3 と全流量 Q との比 Q_3/Q はいくらか.ただし摩擦損失のみを考慮し,摩擦損失係数 f はすべての管で等しいとする.管の長さおよび管径は図の通りである.

ヒント:ハーディークロス法を使う必要はない.

12.19 図12.20に示す直径 $D=3$ [m],水深 $h=2$ [m] のタンクの底から長さ $L=12$ [m],直径 $d=20$ [cm] のパイプで排水する.初期水面が管の出口より高さ $H_1=4.8$ [m] の位置にあるとき,タンクが空になるまでの時間 T を求めよ.マニングの粗度係数 $n=0.01$,入口損失 $K_e=0.3$,曲がり損失 $K_b=0.4$,バルブ損失 $K_v=0.8$ とする.

12.20 図12.21に示すように,ダムの放水管が角度 θ 傾斜して設置されている.$\theta=30°$,管径 $D=2$ [m],長さ $L=20$ [m],$H=10$ [m] とするとき,流入口のA点で最小圧力が生じることを示し,キャビテーションが起こるかどうかを判定せよ.ただし,マニングの粗度係数 $n=0.012$,入口損失係数 $K_e=0.2$,極限負圧水頭を -8 m とする.

12.21 表12.1で示したように,管路流と電流はよいアナロジー関係にある.このとき,完全流体は電流でいったらどのような状態か述べよ.

ヒント:他分野との研究交流や**学問の境界領域** (interdisciplinary study) を研究することは,水理学に限らず今後ますます重要である.互いが斬新なアイディアを触発するからである.

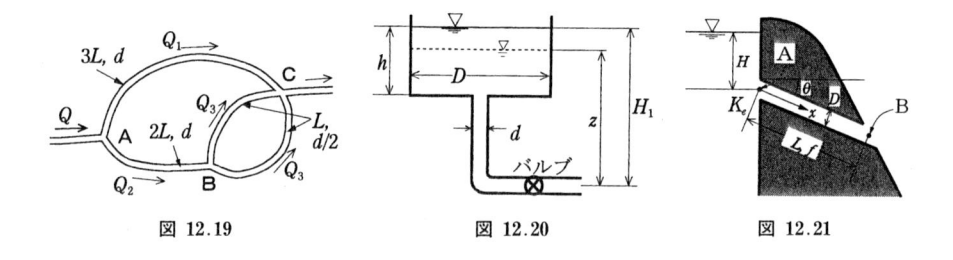

図 12.19   図 12.20   図 12.21

13
定常開水路流の水理学

13.1 潤辺水理学と界面水理学

　前章の管路の水理学は，潤辺が閉じており，その境界面は既存であって，円管で代表されるように人工構造物で構成されている．したがって，損失水頭がわかれば，容易に管路の水理が計算できた．一方，**開水路**（open channel）の水理は，潤辺が文字どおり開いており，管路の水理に比べれば**はるかに複雑**で，またそれだけ興味ある現象を呈するのである．図 13.1 は，開水路の典型例である河川の模式図である．開水路の境界条件は，潤辺と空気界面（一般には気液界面）の2つから構成されている．潤辺は，管路の水理と同様に，抵抗則の原因であるから，**治水事業の基礎学理**を与えるものとして古くから多くの研究がある．本書では，潤辺に関わるものを**潤辺水理学**とよぶ．自然河川は砂や礫で構成された移動床であるから，**土砂水理学**も潤辺水理学の一部である．

　一方の空気界面に関わる諸現象は**界面水理学**とよぶが，潤辺水理学に比べてその進展がはるかに遅れている．従来の水理学は，界面水理学を無視した潤辺水理学一辺倒であったといってよい．しかし，近年の環境水理や水域環境問題を解決するには，この界面水理学の進展が不可欠であり，21世紀ではより重要な学問分野に成長するものと考えられる．たとえば，地球温暖化の数値予測すなわちN-S方程式と関連関係式を連立させてスーパーコンピュータで解く**大気大循環**

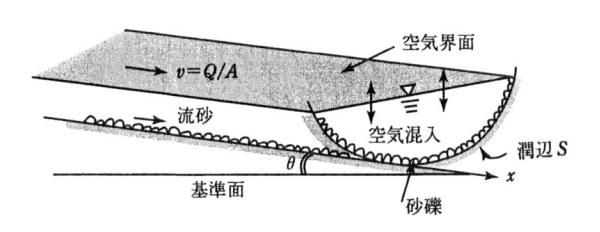

図 13.1　開水路流の水理

モデル（GCM, general circulation model）は，現在でも不確実性があるといわれている．この原因の一つとして，温暖化の主因である CO_2 の水域における交換現象にはまだ不明な点が多いことがあげられている．より身近な環境問題としては，酸欠化した河川をばっ気・浄化するには界面水理学の学理が不可欠である．界面水理学は，誕生したばかりの学問分野であり，21世紀を担う学生諸君や若手研究者は，従来の潤辺水理学に優るとも劣ることなく，いや整合性よく研究してほしいものである．

教科書として，本書は，潤辺水理学のみを対象にする．潤辺水理学には，2次元構造，さらに最近解明が進んでいる3次元構造（2次流構造）があるが，不明な点がまだ多い．本章においては，開水路定常流の基礎学理であり，ほぼ解明された**一次元水理解析法**を詳述する（図5.1を参照）．すなわち，12.1節で述べた管路流の水理と同じコンセプトであり，マクロな解析法である．

●コーヒーブレイク13.1 界面水理学では，水面上層の空気の流れすなわち風のシェアがきわめて重要になる．風速が遅いと，水面は鏡面的でスムースであり，鉛直方向の乱れ強度 v' は低減し，乱れの非等方性が強く，図12.3で示した開水路特有の2次流が発生する．風速が次第に大きくなると，3次元的な風波が発生し，**ガスの交換現象**が活発になる．さらに風速が大きくなると，2次元的な重力風波が発生し，ガス交換が進む．これらの現象は，水流のフルード数や風のシェアに依存し，界面近傍の渦構造（更新渦という）に支配される．乱流渦構造とそれに伴う界面現象は実に複雑である．現在，ガス交換に寄与する渦は，式（9.32）の逸散率 ε に規定される**最小渦モデル**（small eddy model）説が有力であるが，式（9.38）の乱れエネルギー k に規定された**最大渦モデル**（large eddy model）説もあり，界面水理学は緒についたばかりといってよい．

13.2 比エネルギーと比力

12.2節の一次元水理解析法の前提条件が開水路にも適用される．圧力は静水圧近似を行い，図13.2に示すような座標系をとる．「河床から測ったエネルギー」を**比エネルギー**（specific energy）といい，H_0 と書く．すなわち，

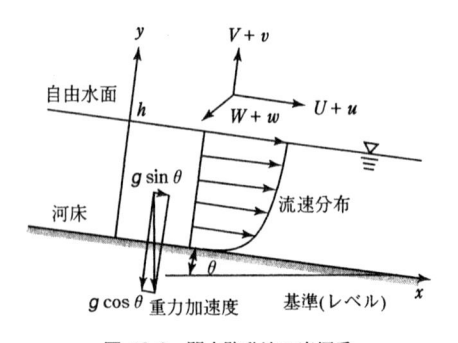

図 13.2 開水路乱流の座標系

$$H_0 \equiv \alpha \frac{v^2}{2g} + h\cos\theta = \frac{\alpha Q^2}{2gA^2} + h\cos\theta \tag{13.1}$$

河床から測った位置水頭と圧力水頭の和,すなわちピエゾ水頭は,以下で示すように $h\cos\theta$ で与えられ,それに速度水頭を加えたものが式 (13.1) の比エネルギーである.

同様にして,運動量に関しても,「圧力を加えた拡張された運動量」を用いて,**比力** (specific force) M_0 が次式で定義される.

$$M_0 \equiv \left(\beta \frac{v^2}{g} + \frac{1}{2}h\cos\theta\right)A = \left(\frac{\beta Q^2}{gA^2} + \frac{1}{2}h\cos\theta\right)A \tag{13.2}$$

●**コーヒーブレイク13.2** 「比 (specific)」とは,「ある特定の」を意味する.比エネルギーは「河床から測ったエネルギー」であり,比力とは「圧力を加えた拡張された運動量」である (コーヒーブレイク5.1).

例題 13.1 比エネルギーと比力を運動方程式から導け.

[解] 図 13.2 の座標系を使うと,河床から測った位置水頭は $z = y\cos\theta$,圧力水頭は式 (2.7) より $p/\rho g = (h-y)\cos\theta$ となる.よって,式 (10.44) に代入すれば,

$$\begin{aligned} H_0 &\equiv \frac{1}{Q} \iint_A \left\{\frac{U_1^2}{2g} + y\cos\theta + (h-y)\cos\theta\right\} U_1 dA \\ &= \alpha \frac{v^2}{2g} + h\cos\theta \end{aligned} \tag{13.3}$$

同様に,式 (10.15) に圧力水頭を代入して,

$$\begin{aligned} M_0 &\equiv \iint_A \left(\frac{U_1^2}{g} + \frac{p}{\rho g}\right) dA = \iint_A \left\{\frac{U_1^2}{g} + (h-y)\cos\theta\right\} dA \\ &= \left(\beta \frac{v^2}{g} + \frac{1}{2}h\cos\theta\right)A \end{aligned} \tag{13.4}$$

式 (13.3) と式 (13.4) より,比エネルギーと比力の内容がよくわかる.両者の表示形は,よく似ているが,本質的に相違するから留意してほしい.

13.3 基礎方程式

図 13.1 に示すように,流水断面積 A は任意形状でよいが,一般に長方形に近い.しかも,実際の河川では水路幅/水深比(これを**アスペクト比**という)B/h が 1 に比べて十分大きく,したがって式 (12.10) より径深 R は水深 h に近似しても一般性を失わない.以下では,開水路水理学の基本をマスターするために,このような簡略化された**広幅水路**を対象にする.管路の水理学と同様に,基礎方

程式は 10 章で学んだレイノルズ方程式の積分形から構成され，式 (10.49)～(10.51) を図 13.2 の開水路に適用すれば，以下の基礎方程式が得られる．

① **連続式**：

$$Q = Av = Bhv = \text{const.} \tag{13.5}$$

$$\therefore \quad q \equiv \frac{Q}{B} = hv = \text{const.} \tag{13.6}$$

q は，単位奥行きあたりの流量である．

② **エネルギー式**：式 (10.44) と式 (13.3) から

$$\frac{d}{dx}(H_0 + z_b) = -I_e \tag{13.7}$$

z_b は図 13.2 の基準線から河床 (bed) までの位置水頭であり，座標軸の方向を考慮すれば，

$$\frac{dz_b}{dx} = -\sin\theta \equiv -I_b \tag{13.8}$$

ここで，I_b は，河床勾配である．

式 (13.7) と式 (13.8) より，

$$\therefore \quad \frac{dH_0}{dx} = I_b - I_e \tag{13.9}$$

すなわち，河床勾配 I_b とエネルギー勾配 I_e との差が比エネルギーの変化に等しい．これが，**開水路のベルヌーイの定理**である．河床勾配とエネルギー勾配とが等しければ，比エネルギーは保存されることがわかる．等流の場合がこれに相当する．

③ **運動量式**：式 (10.19) と式 (13.4) から

$$(M_0)_2 - (M_0)_1 = V \sin\theta - F \tag{13.10}$$

ここで，F は摩擦外力 (>0) であり，水の重さ ρg で除している．$V \sin\theta$ は重力項である．水平勾配でしかも摩擦力が無視できるとき，比力は保存されることがわかる．

例題 13.2 運動量式から比力の変化率に関する方程式を導け．

［解］摩擦力は，$F = \tau_w \Delta x S / \rho g$ である．ここで，S は潤辺である．式 (13.10) より，

$$(M_0)_2 - (M_0)_1 = A\left(\Delta x \sin\theta - \frac{\tau_w}{\rho}\frac{\Delta x}{g(A/S)}\right)$$

$$\therefore \quad \frac{dM_0}{dx} = A\left(I_b - \frac{\tau_w}{\rho g R}\right) \tag{13.11}$$

式 (12.9) より,

$$\therefore \quad \frac{dM_0}{dx} = A(I_b - I_e) \quad \left(\because \quad I_e = \frac{\tau_w}{\rho g R}\right) \tag{13.12}$$

式 (13.12) は,比エネルギー方程式 (13.9) に対応し,両者がほぼ一致することは驚くべき結果である.すなわち,**エネルギー式に基づく水面形方程式と運動量式に基づく水面形方程式はほぼ一致する**のである(例題 13.15).

13.4 限界水深と交代水深関係

広幅水路の比エネルギー H_0 と単位幅比力 $\widehat{M}_0$ は,以下のようになる.なお,簡単のために,$\alpha = \beta = 1$ と近似しても一般性を失わない.

$$H_0 = \frac{q^2}{2gh^2} + h\cos\theta \tag{13.13}$$

$$\widehat{M}_0 \equiv \frac{M_0}{B} = \frac{q^2}{gh} + \frac{1}{2}h^2\cos\theta \tag{13.14}$$

比エネルギー H_0 が一定の場合,式 (13.13) は水深 h に関して 3 次関数となる.同様に比力 $\widehat{M}_0$ が保存される場合も,式 (13.14) は水深 h に関して 3 次関数となる.これらの 3 次関数の根の 1 つは負となるから水理学的意味をもたないが,他の 2 つの根は正の 2 実根をもつ場合が通常である.すなわち,同一の比エネルギーに対して,**取るべき水深が 2 種類ある**.これは,管路の水理ではない,開水路水理に特有なきわめて重要な知見である.

図 13.3 は,流量 q が一定の場合の比エネルギー H_0 と水深 h の関係すなわち h-H_0 曲線を太い実線でプロットしたものである.H_0 は,最小値 H_c をもつ.数学的にいうと,$H_0 < H_c$ ならばこの曲線との交点はないから 2 虚根をもち,したがって水理学的意味はない.$H_0 > H_c$ ならば,明らかに 2 実根 h_1,h_2 ($> h_1$) を

● **コーヒーブレイク 13.3** 射流,常流の用語は英語の方がわかりやすい.critical な流れを限界として,これより速度が小さい流れが subcritical flow(sub とは下の意味),これより大きくて速い流れが supercritical flow である.後述するが,限界水深でフルード数 Fr が 1 となり,$Fr < 1$ が subcritical,$Fr > 1$ が supercritical である.空気流でも,類似な現象がある.式 (11.27) で定義された**マッハ数**である.$Ma < 1$ は,速度が音速より小さい流れで亜音速流(subsonic flow),$Ma > 1$ が超音速(supersonic flow),そして $Ma = 1$ が音速流(sonic flow)である.

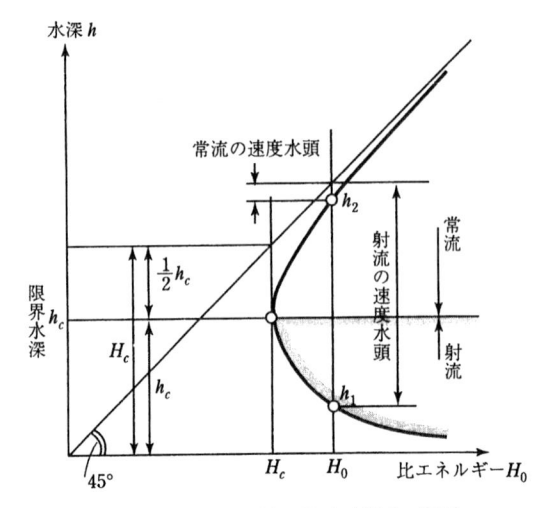

図 13.3 比エネルギー H_0 と水深 h の関係

もつ. すなわち, 同じ比エネルギーに対して, 水深が2通り存在する. 大きい方の水深 h_2 を**常流水深** (subcritical depth), 小さい方の水深 h_1 を**射流水深** (supercritical depth) という. h_1 と h_2 とを交換しても比エネルギーは変化しないから, 両者の関係を**交代水深** (alternative depth) **関係**という. $h_1 = h_2$ となる重根をもつ特殊な場合が, エネルギーが最小となる H_c に相当する. この意味で, この水深を**限界水深** (critical depth) といい, h_c と書く.

限界水深の定義は表 13.1 に示すように種々あるが, 上記のように最小エネルギーをもつ水深とまず定義できる. すなわち,

$$h = h_c \ \text{で} \ \frac{\partial H_0}{\partial h} = 0 \tag{13.15}$$

式 (13.1) を代入して微分すると, 次式が得られる.

$$\alpha \frac{Q^2}{gA^3} \frac{\partial A}{\partial h} = \cos\theta \quad (A \text{は任意の流水断面}) \tag{13.16}$$

式 (13.16) が**任意断面** A をもつ水路の限界水深を求める一般形である. いま, 長方形断面では, $A = Bh$ を式 (13.16) に代入して

$$\therefore \ h_c = \left(\frac{\alpha \cdot q^2}{g\cos\theta}\right)^{1/3} \cong \left(\frac{q^2}{g}\right)^{1/3} \quad (長方形断面) \tag{13.17}$$

河床勾配の角度 θ は，よほど急勾配河川でない限り小さく，$\cos\theta \cong 1$ と近似してよい（$I_b=1/10$ の非常に大きな急勾配河川でも $\cos\theta=0.995$，演習問題 13.2）．限界水深 h_c は，流量が与えられると一意に決定できる．すなわち，数学上は重根であった．また，式 (13.15) の条件を**最小エネルギーの原理**という．最小のエネルギーで水を流すには，限界水深にすればよい．これを**ベスの定理**（Böss, 1919, 独）という．

> **例題 13.3** 川幅 100m の河川に流量が 50 トン流れている．限界水深を求めよ．

[解] 流量 $Q=50$ トン $=50$ [m³/s]，$q=50/100=0.5$ を式 (13.17) に代入して，
$$\therefore\ h_c=(0.5\times 0.5/9.8)^{1/3}=0.294\ [\text{m}]=29.4\ [\text{cm}].$$
なお，m³/s を河川の現場では簡単にトン (ton) ということがある．1m³ の水の重さが1トンに当たるからである．

限界水深となる流れを**限界流**（critical flow）という．限界流の比エネルギー H_c の速度水頭を計算しよう．これは，式 (13.13) の第1項であるから，式 (13.17) を代入すると，

$$H_c = \frac{q^2}{2gh_c^2} + h_c\cos\theta = \frac{1}{2}h_c\cos\theta + h_c\cos\theta$$
$$= (速度水頭) + (ピエゾ水頭) \tag{13.18}$$

$$\therefore\ H_c = \frac{3}{2}h_c\cos\theta \cong \frac{3}{2}h_c \tag{13.19}$$

すなわち，限界流の速度水頭は，ピエゾ水頭のちょうど半分になる．したがって，**限界水深 h_c は比エネルギー $H_0=H_c$ の 2/3 である**という重要な結果が得られる．図 13.3 にこの特性を記入してある．なお，流水断面積 A が長方形以外の場合は，式 (13.19) は正確には成立しない．この場合は，式 (13.16) の一般式を使わねばならない．演習問題 13.5 をぜひやってほしい．

次に，限界流のフルード数 $Fr_c \equiv v_c/\sqrt{gh_c}$ を計算する．式 (13.17) を代入すれば，

$$\therefore\ Fr_c \equiv v_c/\sqrt{gh_c} = \sqrt{\cos\theta} \cong 1 \tag{11.20}$$

すなわち，限界流のフルード数はちょうど1となり，これを境にして**射流**と**常流**に区分される．これらの特性を表 13.1 にまとめて示す．同一の比エネルギーで，限界流を境にして，$Fr<1$ が**常流**で速度水頭は小さく，$Fr>1$ が**射流**で速

表 13.1 開水路流れの特性（長方形断面のとき）

	項　目	常　流	限界流	射　流
①	フルード数 Fr	<1	=1	>1
② エネルギー式	比エネルギー H_0	$H_0 > H_c$	最小 H_c（ベスの定理）	$H_0 > H_c$
	速度水頭	$< \frac{1}{2} h_c$	$= \frac{1}{2} h_c$	$> \frac{1}{2} h_c$
	交代水深	$h_2 > h_c$	$h_1 = h_2 = h_c$	$h_1 < h_c$
	流量 q	$q < q_{max}$	最大 q_{max}（ベランジェの定理）	$q < q_{max}$
③ 運動量式	比力 M_0	$M_0 > M_c$	最小 M_c	$M_0 > M_c$
	共役水深	$h_2 > h_c$	$h_1 = h_2 = h_c$	$h_1 < h_c$
④ 水面形	水面勾配 $\frac{dh}{dx}$	有　限	無限大 ∞（ブレッスの定義）	有　限
⑤ 波	微小攪乱波	上流にも伝幡する	ちょうど限界	上流に伝幡しない

度水頭は大きくなる．速度水頭が大きいと，速度は「射るように」速く，実際の河川では流体力が大きくなり橋脚の倒壊や河床が洗掘されやすく危険である．したがって，通常の河川では，水深を限界水深より大きくとって速度水頭を小さくして流すのが「通常（normal）」である．この意味から，この流れが「常流」と命名された．英語でも normal flow ということがある．

例題 13.4 比エネルギーが一定のとき，流量を最大に流す水深を求めよ．

[解] H_0 を一定にし，h-q 曲線を描けばよい（演習問題 13.3）．図 13.4 のグラフから，明らかに流量が最大となる流れが存在することがわかる．この条件を計算すると，式（13.13）より，

$$\frac{\partial q^2}{\partial h} = 2gh(2H_0 - 3h\cos\theta) = 0$$

$$\therefore \ h = \frac{2H_0}{3\cos\theta} \simeq \frac{2H_0}{3} \tag{13.21}$$

式（13.21）は式（13.19）と一致するから，この水深は限界水深にほかならない．より一般的には，$\partial Q^2/\partial h = 0$ の条件より式（13.16）が導ける（演習問題 13.4）．すなわち，比エネルギーが一定のとき流量を最大に流す水深が限界水深である．これを **最大流量の原理** という．この原理を証明したベランジェ（Bélanger, 1849, 仏）の名前をとって，**ベランジェの定理** ともいう（表13.1）．**最小エネルギーの原理** と **最大流量の原理** は，表裏一体をなすものと考えられる．

13.5 河川の流量測定の原理

河川の流量 $Q = B \times q$ は，いかにして計測したらよいか．実験室ならともかく，現場の河川の流量を計測するのは非常に困難と素人は思うだろう．水理学を学習した諸君は，**これは意外と簡単**と考えるようになれば，水理学が好きになった証拠と思って間違いあるまい．

例題 13.5 図 13.4 に示すように，**広頂堰**（クレストの幅が広い堰）に**スルースゲート**（sluice gate）を設置した．ゲートの開度を開けていくと，流量が射流状態 $h_1 (< h_c)$ で流れ始める．さらに開けていくと，流量は増加していくが，ついには最大流量に達して，これ以上ゲートを開けても水深は一定のままで増加しない．この一定に達した水深が限界水深であることを証明せよ．

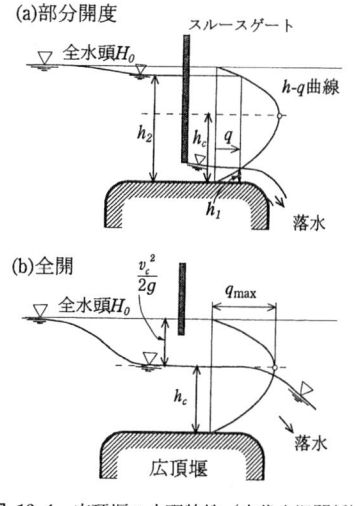

図 13.4 広頂堰の水理特性（交代水深関係）

[解] 図 13.4 に示すように，(a) の部分開度のとき，ゲートからの流出水深は $h_1(<h_c)$ となり，射流である．ゲートの前後で比エネルギー H_0 は保存されるから，$h\text{-}q$ 曲線を図中に描けば，h_1 の交代水深にあたる $h_2(>h_c)$ が求まる．これが，常流水深でちょうどゲートの前面の水深になっている．

ゲートの開度を開けていくと，流出水深は当然増加し，$h\text{-}q$ 曲線より流量 q も増加していく．そして，流出水深 h_1 がちょうど限界水深 h_c に一致したとき，**ベランジェの定理**より流出流量は最大値 q_{max} に達する．ゲートの開度を h_c 以上に開けても水深は増加せず，$h = h_c$，$q = q_{max}$ の定常のままである．ゲートは，水面上に上がってしまい，流量制御には無関係となる．

このように，河川に広頂堰を作り，落水させると，水深 h は限界水深 h_c となり，流量は最大，その比エネルギーは最小になる．したがって，広頂堰の水深 $h=h_c$ を計測すれば，式 (13.17) から，

$$\therefore Q = B \times q = \sqrt{g}\, B h_c^{3/2} = \sqrt{g}\, B h^{3/2} \quad (\because \theta = 0) \tag{13.22}$$

なぜこのように簡単に流量が算定できるのか？ 一般に，比エネルギーは式 (13.13) で与えられるから，水深 h を計測しても比エネルギー H_0 が不明なら，流量は求められない．しかしおもしろいことに，流量を最大にする装置あるいは比エネルギーを最小にする装置を作れば，ここで限界水深となり，流量が一意に式 (13.22) で決定できるのである．この装置の一つが，**広頂堰**である．

広頂堰による**流量観測**は，河川行政で中心的に行われている．河川の堤防の横に小さな水位観測小屋を見た諸君も多いであろう．この観測小屋には河川に通じる連通管が設置され，河川の水位が自動的に計測できる浮きセンサーが設置され，水深 $h=h_c$ の計測値がテレメータで自動的に実時間で役所に電送され，式 (13.22) を使って流量に変換されて，メモリーに記録され，また電光表示板に掲示される．国や地方の役所でこのような流量電光表示板を見学した諸君も多いであろう．

さらにいうと，実際の河川の断面は複雑で，しかも**河況係数**（洪水期の最大流量/渇水期の最小流量の比）が大きい日本の河川では，広頂堰でいつも厳密に限界水深が起きていると断言できない．また，起きてもその地点が特定できない場合がある．そこで，限界水深より比エネルギー H_0 を使った方がよいかもしれない．このとき，式 (13.21) を式 (13.22) に代入すれば，以下となる．

$$\therefore Q = \frac{2\sqrt{2g}}{3} CB \times H_0^{3/2} = 0.544\sqrt{g}\, B \times H_0^{3/2}, \quad C = \frac{1}{\sqrt{3}} = 0.577 \tag{13.23}$$

式 (13.23) はラウスの流量堰の式 (11.18) とほぼ一致するが，その差違は $H_0 = h + v_0^2/2g \approx h$ の近似に原因がある（図 7.7 参照）．このように，式 (13.23) には，計測誤差や適用限界がある．このため，実際に，流速計などを用いた**流観**（流量観測のこと，河川用語）を行い，式 (13.23) の**流量係数** C を検定しなければならない．このようにすれば水深と流量の関係が正確に求まり，これを **h-Q 曲線**といい，治水計画・水資源計画の基本となるデータベースを与えている．

13.6 跳水と共役水深関係

交代水深関係は，比エネルギーが同一でも，とるべき水深が 2 種類，すなわち

常流と射流があることを学んだ．では，比力の場合はどうであるうか．図5.1に示したように，比力あるいは運動量を適用する流れは損失水頭が漸変流近似できない急変流の場合であり，管路の形状損失（12.7節）に相当する．開水路では，水路幅急変流，湾曲流，河床の段上がり（シルともいう）や段落ち流れ（落差工ともいう．本書の扉のスケッチ画の賀茂川を参照願いたい），水制まわりの流れ，瀬と淵のある流れ，凸凹形状のキャビティ流れやわんどなどが代表例で，**流れの剝離や3次元流況**を示すため，その内部構造は現在でも不明な点が多く，河川工学では経験的に施工されている場合が多い．しかし，研究者の目からみると，解明すべき諸現象が山積しており，わくわくする課題が多い．現在，脚光を浴びている**多自然型川づくり**は，このような多種多様な急変流をうまく用いて，自然や生態系にやさしい川づくりがそもそものコンセプトであった．

急変流の一次元水理解析は，管路と同様で，急変流を挟む上下流に検査面Ⅰ，Ⅱをとり，この間の全エネルギー損失を h_L とすれば，エネルギー式と運動量式は，式（13.9）と式（13.10）より以下となる．ただし，簡単のために，水平河床 $I_b \equiv \sin\theta = 0$ を対象とする．

$$(H_0)_1 = (H_0)_2 + h_L \tag{13.24}$$

$$(M_0)_2 - (M_0)_1 = -F \leq 0 \tag{13.25}$$

急変流は，全体の水路長からみれば局所的に起こるから（このため，**局所流**ともいう），河床勾配の影響や摩擦の影響は無視できる場合が多い．したがって，比エネルギーの差が，全エネルギー損失 h_L と考えてよい．これが，式（13.24）である．

急変流のパターンは多種多様あるが，その中で最も基本的な急変流は図13.5に示す水平路床上の**跳水**（ちょうすい：hydraulic jump）である．これは，急拡管のボルダの公式（5.4節）と類似しており，比較的簡単な計算で現象を解析で

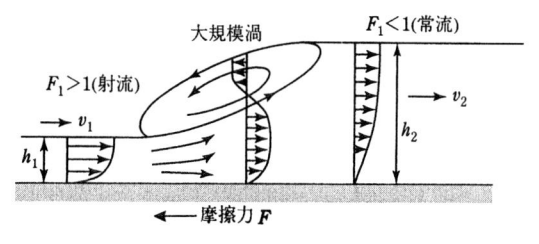

図 13.5 水平路床の跳水現象

● コーヒーブレイク 13.4　水理学の中で跳水現象ほどおもしろいものはない．実にダイナミックであり，流れに躍動感がある．たとえば，ダムからの放流には，射流のままでは危険なので跳水を強制的に起こさせ常流にする目的でダムの下流に副ダムを設置する（図13.7）．ダムからの放流は壮大で，近くでは怖いぐらいである．ナイヤガラの滝のように迫力満点である．複雑な跳水の理論的解析には限界があり，実際の設計では 11 章の相似律に従って，水理模型実験を行うことになっている．しかし，理論で求まる共役水深関係式 (13.27) は，実験値と比較的よく一致し，しかも流れに躍動感があるから，学生の水理実験にはもってこいの教材である．この跳水現象のおもしろさから，水理学の講座に入ってくる学生が多い．なお，跳水形状はフルード数 Fr_1 によって変化する．$Fr_1 = 1.0 \sim 1.7$ が**波状跳水**で不安定な動揺であるが，$Fr_1 = 4.5 \sim 9.0$ が**定常跳水**で最も安定している．したがって，定常跳水になるように設計する．

きる数少ない例である．数学的にいえば，跳水の起こる位置で水面形の勾配が無限大となり，水面があたかもジャンプするから，このように命名された．実際は，パルス状にジャンプするのではなく，大規模な渦を巻きながら，水深が急変する．もちろん，最も簡単な水平路床上の跳水ですら，その内部構造は水面近くの大規模な渦（このため大きなエネルギー損失が起こる）や底面には**壁面噴流**（したがって，シェアが大きい）が存在し，しかも空気を巻き込んだ**気液混相流**となり，現在でも重要な研究対象になっている．

以上のような跳水の内部構造を度外視して検査面だけの変化をみたものが，式 (13.25) である．しかも，外力（この場合は底面摩擦）は検査面の距離が短く，比力に比べて無視できる．すなわち，次の比力の保存則が成立する．式 (13.14) より

$$(\hat{M}_0)_1 = (\hat{M}_0)_2 = \hat{M}_0 \equiv \frac{q^2}{gh} + \frac{1}{2} h^2 \tag{13.26}$$

連続式 (13.6) を式 (13.26) に代入して，検査面 I と II で整理すると，以下の関係式が求まる．同様に，式 (13.24) から損失水頭 h_L も計算できる．その結果，

$$\phi \equiv \frac{h_2}{h_1} = \frac{\sqrt{1+8Fr_1^2}-1}{2} > 1 \quad \text{(共役水深関係)} \tag{13.27}$$

$$h_L = \frac{(h_2-h_1)^3}{4h_1 h_2} > 0 \quad \text{(損失水頭)} \tag{13.28}$$

ここで，$Fr_1 \equiv v_1/\sqrt{gh_1}\,(>1)$ は上流のフルード数で，射流となっている．

図 13.6 は，式 (13.26) の比力・水深関係を示す．図 13.3 の比エネルギー・

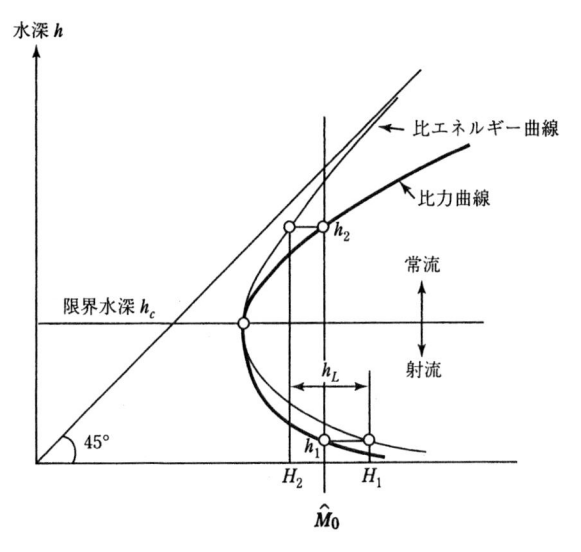

図 13.6 比エネルギー曲線と比力曲線

水深関係も図13.6に併示した．この**比エネルギー曲線**と**比力曲線**は，開水路水理学できわめて重要な関係図であり，的確にマスターしてほしい．まず，比力もある水深で最小値をとることがわかる．すなわち，

$$\frac{\partial \hat{M}_0}{\partial h} = -\frac{q^2}{gh^2} + h = 0$$

$$\therefore \quad h = \left(\frac{q^2}{g}\right)^{1/3} \tag{13.29}$$

式 (13.29) は，式 (13.17) と完全に一致する（$\because \theta = 0$）．すなわち，水平路床で比力が最小となるのは，やはり限界水深のときである．図13.6で明らかなように，比エネルギー曲線と比力曲線は，限界水深 h_c で最小値を取りながら**交差する**のである．したがって，比エネルギーからの常流・射流の区分は，比力に基づく区分とまったく一致するという重要な特性が得られる（表13.1参照）．

比エネルギー式 (13.1) と比力の式 (13.2) とは式形が微妙に似ているが，その本質は相違していた．ところが，両者から導いた限界水深が一致することは，**一種の驚きではないか！** これが，開水路水理学のおもしろさの一つである．図13.6に示すように，跳水区間で比力 $\hat{M}_0$ が一定のとき，上流側水深 h_1 は射流となり，一方，下流側水深 h_2 は常流となる．h_1 に対応する比エネルギーを H_1 と

して図中に記入する．同様に，h_2 に対応する比エネルギーを H_2 として図中に記入してある．このとき，(H_1-H_2) がエネルギー損失 h_L に等しく，これを計算したものが式 (13.28) であり，必ず正となる．同一の比力に対して，射流水深 h_1 と常流水深 h_2 の関係を**共役水深**（conjugate depth）という．フルード数が 1 以上の射流からフルード数が 1 以下の常流に流れが遷移するときは必ず**跳水現象**が起こり，エネルギーは大きく損失する．

13.7 跳水現象と減勢工

跳水は，ダム水理などの水理構造物に欠かせない現象である．図 13.7 は，重力ダムの模式図である．洪水時にダム放流する構造物を**余水吐**（よすいばき：spillway）という．余水吐からの水流はきわめて高速の射流で，このまま下流に流すと河床が洗掘されて危険である．そのため，ダム本体の下流に小さな**副ダム**を建設し，水深を上げて強制的に跳水を発生される．この跳水のためエネルギー損失は大きく，副ダムの下流では常流となって，流れが穏やかになる．このように水流のエネルギーを強制的に損失させる工法を**減勢工**（energy dissipator）と

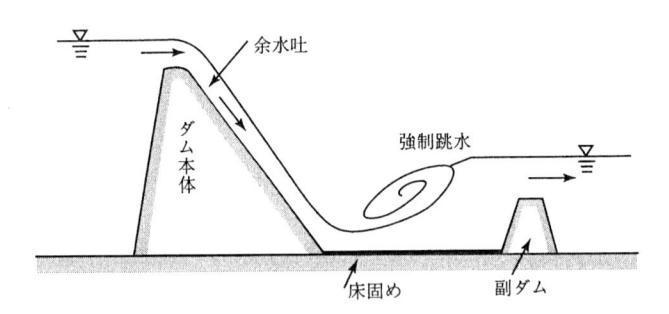

図 13.7 ダム水理の流れ

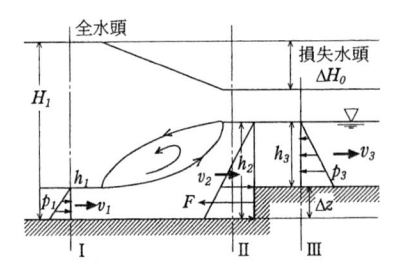

全エネルギー損失水頭 ΔH_0 は以下で与えられる．
I-II 間：$h_{L1}=H_1-H_2$ （跳水による損失水頭）
II-III 間：$h_{L2}=H_2-H_3$ （急縮による損失水頭）
∴ $\Delta H_0 = h_{L1}+h_{L2}=H_1-H_3$ （全損失水頭）

図 13.8 水平なシルによる跳水

いう．跳水は，減勢工の代表的な基礎学理である．図10.2に示すように，減勢工で乱れを発生させ，最終的に熱エネルギーに変換させるのである．

> **例題 13.6** 図13.8に示すように，水平路床に射流水深 h_1 のままだと下流が危険であり，**シル**（**段上がり**ともいい，副ダムの一種）を設置して，強制的に跳水を発生させ，下流水深を常流に遷移させたい．シルの高さ Δz をいくらにとればよいか．また，エネルギー損失水頭 ΔH_0 を求めよ．

[解] 単位幅あたりの運動量式を考える．検査面ⅠとⅡの間には，摩擦力は無視できるから，
$$(\hat{M}_0)_2 - (\hat{M}_0)_1 = 0 \tag{13.30}$$
これと連続式 (13.6) から式 (13.27) の共役水深関係が得られる．

次に，検査面ⅡとⅢの間に運動量式をたてると，
$$(\hat{M}_0)_3 - (\hat{M}_0)_2 = -F \tag{13.31}$$
ここで，外力 F として，摩擦力は無視できるが，シルからの反力は無視できない．この反力が静水圧で近似できると仮定すれば，台形の面積となるから
$$\therefore F = \frac{h_2 + (h_2 - \Delta z)}{2} \Delta z = \frac{\Delta z}{2}(2h_2 - \Delta z) \tag{13.32}$$
式 (13.31) に，式 (13.14) および式 (13.32) を代入して，
$$\left(\frac{q^2}{gh_3} + \frac{1}{2}h_3^2\right) - \left(\frac{q^2}{gh_2} + \frac{1}{2}h_2^2\right) = -F = -\frac{\Delta z}{2}(2h_2 - \Delta z) \tag{13.33}$$
$$\Delta z^2 - 2h_2 \Delta z + (h_2^2 - h_3^2) + \frac{2q^2}{g}\left(\frac{1}{h_2} - \frac{1}{h_3}\right) = 0 \tag{13.34}$$
この二次方程式を解いて，
$$\therefore \Delta z = h_2 - \sqrt{h_3^2 + \frac{2q^2}{g}\left(\frac{1}{h_3} - \frac{1}{h_2}\right)} \tag{13.35}$$
射流水深 h_1，q から式 (13.27) を使って h_2 が求まり，下流の常流水深 h_3 を与えれば，式 (13.35) よりシル高 Δz が計算される．

次に，検査面ⅠとⅢ間のエネルギー損失は以下となる（図13.8を参照のこと）．
$$\therefore \Delta H_0 = H_1 - H_3 = \frac{v_1^2}{2g} + h_1 - \left(\frac{v_3^2}{2g} + h_3 + \Delta z\right) \tag{13.36}$$

以上の跳水の解析は，水平路床 ($\theta = 0$) である．傾斜路床 ($\theta \neq 0$) の跳水は，式 (13.10) の重力項を検討せねばならず，複雑である．この理由は，跳水の長さ（開始から終了までの距離）を一次元水理解析では算定できず，体積 V を理論的に計算できないためである．したがって，水理模型実験から共役水深などを求めねばならない．余水吐の減勢工として，跳水式，スキージャンプ式，自由落下式などがある．各種の設計マニュアルが用意されているので，必要に応じてこれらの専門書を参照されたい．たとえば，土木学会刊行の『水理公式集』を参照されたい．跳水・減勢工の基礎学理は，以上の知見で十分であろう．

13.8 粗面の抵抗則と流砂現象

管路の完全粗面の抵抗式（12.22）が開水路でも適用できる．これは，流速分布が式（9.66）で与えられるからである．

例題 13.7 完全粗面の抵抗則を求めよ．

[解] 式（9.66）より断面平均流速 v を計算すれば，

$$\phi \equiv \frac{v}{U_*} = \frac{1}{h}\int_0^h U^+ dy = \frac{1}{\chi}\ln\left(\frac{h}{k_s}\right) + \left(A_r - \frac{1}{\chi}\right) + \frac{\Pi}{\chi} \tag{13.37}$$

開水路の摩擦損失係数 $\hat{f} \equiv 2(U_*/v)^2 = 2/\phi^2$ が容易に計算できる．この数式は，管路流の式（12.22）と一致する．また，ϕ を**流速係数**という．たとえば，$h=100$ [cm]，$k_s=1$ [cm] の河川では，$\chi=0.41$，$\Pi=0.2$，$A_r=8.5$ であるから，$\phi=17.8$ となる．

例題 13.8 断面平均流速が 1 m/s の河川では，完全粗面になる最小の粒径はいくつか．

[解] 粗面の流速係数 $\phi \equiv v/U_*$ は 20 程度であるから，摩擦速度 $U_*=100/20=5.0$ [cm/s]．よって，$k_s \equiv k_s^+ \nu/U_* = 70 \times 0.01/5 = 1.4$ [mm]．したがって，ほとんどの河川は完全粗面である

●**コーヒーブレイク 13.5** 自然河川の特徴は移動床（mobile bed）である．水流による**土砂輸送**（sediment transport）は，治水・利水・環境のすべて面から検討すべき大きな課題で，河川工学・防災工学上最も重要な点である．砂・礫が移動すると河床勾配や河床形状が変化し，流水抵抗が変化するから，乱流構造も変化する．逆に，乱流構造が変化すると流砂機構も変化するといった複雑な動的相互作用が介在し，その解明は基礎水理学上でも実用河川工学上でもきわめて重要である．流砂形態には，①**掃流砂**（bed load），②**浮遊砂**（suspended load），③**ウォッシュロード**（wash load）がある．掃流砂量 q_B（掃流砂の輸送量）は掃流力の関数で，世界各国で非常に多くの理論式・実験式・実用式などが提案されている．たとえば，日本では建設省土木研究所（土研）の佐藤・吉川・芦田の公式（土研公式ともいう，1957）が現場でよく使われる．浮遊砂は乱れによって浮上・輸送される形態で，乱流理論の格好の応用場である．最近は，各種の乱流モデル（9.15 節）を使った CFD から浮遊砂量 q_S を数値予測する試みが注目されている．一方，ウォッシュロードは非常に微細な粒子（粘土やシルト）の輸送で，河床に沈降することなく輸送される．上流から流されてくる一種の**濁水**である．この輸送形態は物理的・化学的要素が関与し，現在でもほとんど不明である（ウォッシュロードの輸送量 q_W は流量 Q のべき乗に比例するとの報告がある）．河川を設計・維持管理するには，的確な流砂量公式（$q_B+q_S+q_W$）の予測式が不可欠だが，河川のおかれた地質的・水理的・水文的・水利的（農業土木的）・化学的な多くのファクタに依存するから万能の流砂量公式はない．なお，流れと河床の相互作用から，各種の河床波（sand wave）が発生する（図7.3）．風による砂漠の風紋と同じである．k_s^+ と Fr 数によって，**砂漣**（ripple），**砂堆**（dune），**反砂堆**（anti-dune）などの河床波が分類できる．同様に，流れと川幅との相互作用から，**砂州**（bar），**蛇行**（meander），**網状河川**（braid）などの大規模な河川形態が現れる．これらは，河川工学の中心的課題であり，実用上重要である．

といえる．また，砂が移動し始める限界の摩擦速度を U_{*c} とすれば，その無次元流体力を**限界掃流力** τ_{*c} といい，以下で定義される．

$$\tau_{*c} \equiv \frac{U_{*c}^2}{(\sigma/\rho-1)gk_s} \approx 0.05 \tag{13.38}$$

ここで，σ は砂の比重で，約 2.65 である．掃流力 τ_* が限界掃流力 τ_{*c} 以上になると，砂は流れによって移動する．すなわち，移動床になる．τ_{*c} は k_s^+ の関数であることが知られている（演習問題 11.2）．この関係式を**シールズ曲線**（Shields, 1936）という．彼がこれを実験的に求めたのである．ところで，完全粗面では，τ_{*c} は式（13.38）のようにほぼ一定となる．上記の例では，掃流力

$$\tau_* \equiv \frac{U_*^2}{(\sigma/\rho-1)gk_s} = \frac{5^2}{(2.65-1) \times 980 \times 0.14} = 0.11 > 0.05$$

すなわち，限界掃流力以上であり，砂は移動することがわかる．なお，**浮遊砂**になる限界掃流力 $\tau_{*s,c}$ は約 0.28 であるから，上記の移動床は**掃流砂**の形態であることがわかる．掃流砂は掃流力によって砂が転倒・回転・滑動・跳躍などをして輸送される．

13.9 等 流 公 式

これまで，最も基本となる**等流**（uniform flow）すなわち流下方向に水深 h が変化しない乱流構造を述べてきた．管路では，管径 D が一定な流れに対応する．流速分布は対数則で与えられ，滑面では図 9.7 の結果が，また，粗面では式（9.66）が得られた．これを水深平均すれば，断面平均流速 v に関する抵抗則すなわちニクラーゼ図表が得られる（12.5 節）．しかし，等流公式は，河川を対象にして歴史的にいろいろなものが提案されてきたが，現在，次の 2 つがよく使われている（12.6 節）．

① **シェジー公式**（Chezy, 1775, 仏）：

$$v = CR^{1/2}\sqrt{I_e} \tag{13.39}$$

等流では，河床勾配 $I_b = \sin\theta$ はエネルギー勾配 I_e に等しい．等流になる水深を**等流水深**といい，h_0 で表す．広幅長方形水路（$B/h \gg 1$ をいう）では，式（13.39）から

$$I_e = I_b = \frac{Q^2}{C^2 RA^2} = \frac{(Q/B)^2}{C^2 Rh^2} \cong \frac{q^2}{C^2 h^3} \quad (\because R \cong h) \tag{13.40}$$

$$\therefore h_0 \equiv h = \left(\frac{q^2}{C^2 I_b}\right)^{1/3} = \left(\frac{q^2}{C^2 \sin\theta}\right)^{1/3} \quad (シェジー公式より) \tag{13.41}$$

ここで，C を**シェジーの係数**とよぶ．C が大きいほど流速 v あるいは流量 Q

は大きくなる．一種の「流れやすさ」を表すパラメータと思えばよい．

② **マニング公式**（Manning, 1889, アイルランド）：

$$v = \frac{1}{n} R^{2/3} \sqrt{I_e} \tag{13.42}$$

広幅長方形水路では，

$$I_e = I_b = \frac{n^2 Q^2}{R^{4/3} A^2} = \frac{n^2 q^2}{R^{4/3} h^2} \simeq \frac{n^2 q^2}{h^{10/3}} \quad (\because \quad R \cong h) \tag{13.43}$$

$$\therefore \quad h_0 \equiv h = \left(\frac{n^2 q^2}{I_b}\right)^{3/10} = \left(\frac{n^2 q^2}{\sin\theta}\right)^{0.3} \quad \text{（マニング公式より）} \tag{13.44}$$

ここで，nを**マニングの粗度係数**とよぶ．シェジーの係数Cとは逆で，nが大きいほど「流れにくさ」を表す．粗度が付いて流れにくくなることを物理的に表示したパラメータと考えられ，n値が大きいほど等流水深は深くなる．式(13.39)と式(13.42)より，

$$C = \frac{R^{1/6}}{n} \quad \text{(m-s 単位)} \tag{13.45}$$

シェジー公式とマニング公式で共通している点は，エネルギー勾配I_eが速度の2乗に比例することであり，管路で提案されたダルシー・ワイスバッハの式(12.11)と同型である．すなわち，摩擦損失係数fがレイノルズ数に依存しない粗面乱流で妥当な経験則で，マニングの粗度係数nとの関係式が式(12.28)であった．一方，シェジー公式とマニング公式の相違点は，式(13.45)の径深の項である．広幅水路では水深の1/6乗だけ相違している．この1/6乗の相違は小さいように思えるが，水理学的意味では大きな相違である．粗度粒径k_sとマニングの粗度係数nは，式(12.30)で関係づけられた．この重要な式を再記すると，$8 \times 10^{-6} \leq k_s/R \leq 0.8$の広い範囲で，

$$n \approx \frac{1}{24} k_s^{1/6} \quad \text{(m-s 単位)} \tag{13.46}$$

式(13.46)は粗面の対数則(9.66)から得られる結果であり，経験則であったマニング公式が理論的な対数則から裏づけられた点は大きい．すなわち，粗度粒径が一定なら水深の変化に関係なくn値も一定となり，水理学的に合理的である．本書では，式(13.46)を**粗度係数nに関する1/6乗則**とよぶ．この法則

表 13.2 マニングの粗度係数（土木工学ハンドブックによる）

水路の種類	n の値	水路の種類	n の値
・管路		・人工開水路（ライニングなし）	
真ちゅう管	0.009〜0.013	土の開削水路（直線状等断面）	0.017〜0.025
鋳鉄管	0.011〜0.015	土の開削水路（蛇行した鈍流）	0.023〜0.030
コンクリート管	0.012〜0.016	岩盤に開削した水路（滑らか）	0.025〜0.035
		岩盤に開削した水路（粗　面）	0.035〜0.045
・人工開水路（ライニングあり）		・自然河川	
滑らかな木材	0.010〜0.014	線形，断面とも規則正しく水深大	0.025〜0.033
コンクリート	0.012〜0.018	同上，河床が礫，草岸	0.030〜0.040
切石モルタル積	0.013〜0.017	蛇行していて，瀬淵のあるもの	0.033〜0.045
粗石モルタル積	0.017〜0.030	蛇行していて，水深の小さいもの	0.040〜0.055
		水草が多いもの	0.050〜0.080

は，河川の模型実験で必要なフルード相似則でも重要になる（例題 11.9）．

マニング公式はシェジー公式と比較して，粗面流すなわち自然河川の等流をより良好に表現している．このため，世界各国でマニング公式が多用されている．日本の国・地方の河川行政機関でもマニング公式の使用一辺倒であり，河川のデータベースとして粗度係数 n は不可欠な値である．表 13.2 に n 値を示す．粗度の物理的大きさ・配置・状態など（これらは等価砂粗度 k_s に反映される）によって n 値は異なる．標準的な概略値として，鋳鉄管 (0.013)，コンクリート製開水路 (0.015)，ライニングのない直線状開水路（土製 0.02，岩盤 0.03），直線状自然河川 (0.03)，蛇行河川 (0.04) と考えてよい．

このように，マニング公式は河川工学上優れているが，式 (13.44) の等流水深の計算に端数のべき乗 (0.3) 計算となり，シェジー公式の 1/3 乗に比べて解析上の見通しは悪い．なぜなら，水面形方程式において，**等流水深** h_0 と**限界水深** h_c とはペアで考えるべきで，式 (13.17) の限界水深を再記すると，

$$h_c = \left(\frac{a \cdot q^2}{g \cos \theta} \right)^{1/3} \tag{13.47}$$

であり，式 (13.41) の等流水深と同型だからである．したがって，水理学の基礎学理をまず習得するにはシェジー公式の方が見通しがよい．本書でもこの立場から詳述する．実績のあるマニング公式を使いたいときは，式 (13.45) で変換すればよい．

> **例題 13.9** 河川の粗度高さが 2 倍になると，マニングの粗度係数は何倍になるか

[解] 粗度高さは k_s に比例するから，式（13.46）より $n/n_0=(k_s/k_{s0})^{1/6}=2^{1/6}=1.122$ となり，わずか 12.2% 増加するのみである．換言すれば，n 値が少し変化しても実際上の粗度は大きく変化することがわかる．**n 値の変化は鈍い**のである．$n=0.015$（コンクリート製）から 0.03（自然河川）に変化すれば，$k_s/k_{s0}=(n/n_0)^6=2^6=64$ となり，なんと粗度が 64 倍も大きくなるのである．実感できようか！

例題 13.10 自然河川の断面は，図 13.9 に示すような放物線形 $y=ax^2$ をなすことが多い．河床勾配 $I_b=1/500$ の河川が等流のとき，川幅 $B=30\,[\mathrm{m}]$，最大水深 $h=3\,[\mathrm{m}]$ となった．流れている流量 Q を求めよ．ただし，マニングの粗度係数は $n=0.03$ である．

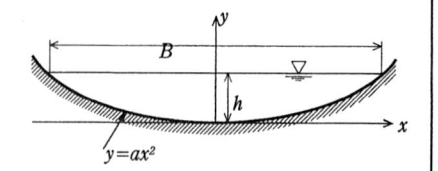

図 13.9 放物線形河川

[解] この問題は若干難しい．まず，断面積 A，潤辺 S，径深 R を計算する．

$$A=2\int_0^h x\,dy=2\int_0^h \sqrt{\frac{y}{a}}\,dy=\frac{2}{3}Bh \tag{13.48}$$

$$S=\int_{-B/2}^{B/2}\sqrt{1+\left(\frac{dy}{dx}\right)^2}\,dx=B\left(1+\frac{8}{3a^2}+O\left(\frac{1}{a^4}\right)\right)\cong B\left(1+\frac{8}{3a^2}\right) \tag{13.49}$$

ここで，$a\equiv B/h$ は河川の**アスペクト比**とよばれ，本題では $a=10$ である．

$$\therefore\ R=\frac{A}{S}=\frac{2}{3+8/a^2}h=\frac{2}{3+0.08}h=0.649h \tag{13.50}$$

マニング公式より，

$$\therefore\ Q=Av=A\frac{1}{n}R^{2/3}I_b^{1/2}=\frac{2}{3}\times 30\times 3\times\frac{1}{0.03}\times(0.649\times 3)^{2/3}\left(\frac{1}{500}\right)^{1/2}=139.5\,[\mathrm{m^3/s}] \tag{13.51}$$

単位 m³/s を河川用語では，トン（ton）ということが多い．流量は，140 トン流れている．

13.10 水理特性曲線と水理学的に有利な断面

下水管・水路トンネル，最近では地下河川においては，円形・卵形・馬蹄形などの断面が設計される．これらは閉管路であるが開水路として用いられる場合は，水深と断面積・潤辺・径深・流速・流量との関係を満水時のそれとの比で図示しておけば，任意の水深に対して流速や流量を求めるのに実用上便利である．この関係曲線を**水理特性曲線**という．

例題 13.11 円管の水理特性曲線を求めよ．流量を最大に流すには水深比をいくらにとればよいか．

13.10 水理特性曲線と水理学的に有利な断面

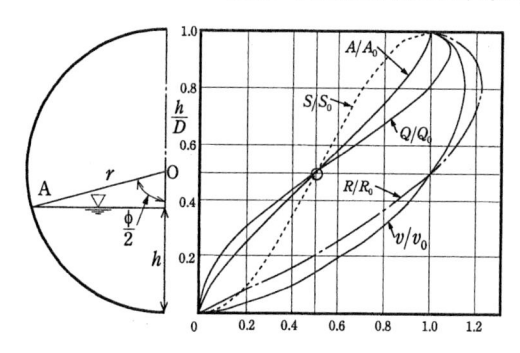

図 13.10 円管の水理特性曲線

[解] 図 13.10 に示すように，円管の直径を D，半径を r とし，水深が h のとき，OA が鉛直線となす角度を $\phi/2$ とすれば，幾何計算より以下が得られる．

$$\phi = 2\cos^{-1}\left(1 - 2\frac{h}{D}\right) \tag{13.52}$$

$$\frac{A}{A_0} = \frac{1}{2}r^2\frac{\phi - \sin\phi}{\pi r^2} = \frac{\phi - \sin\phi}{2\pi} \tag{13.53}$$

$$\frac{S}{S_0} = \frac{r\phi}{2\pi r} = \frac{\phi}{2\pi} \tag{13.54}$$

$$\frac{R}{R_0} = r\frac{\phi - \sin\phi}{2\phi}\bigg/\left(\frac{r}{2}\right) = 1 - \frac{\sin\phi}{\phi} \tag{13.55}$$

ここで，添字 0 は満水時の値を示す．よって，マニング公式 (13.42) から，速度 v および流量 $Q = Av$ が容易に計算できる．h/D に対して，A/A_0, S/S_0, R/R_0, v/v_0, Q/Q_0 の曲線を図示したものが図 13.10 である．興味ある点は，流速や流量が最大になる水深は満水時ではないことである．すなわち，$h/D \cong 0.8$ で最大値 $v_{\max}/v_0 = 1.14$，また，$h/D \cong 0.93$ で $Q_{\max}/Q_0 = 1.08$ となる．つまり，全閉管路より開水路にした方が抵抗が減少して有利である．

次に，水路勾配 I_b，断面積 A，粗度係数 n が与えられたとき，流量 Q を最大に流しうる断面形状を**水理学的に有利な断面**という．この条件は，$Q = An^{-1}R^{2/3}I_b^{1/2}$ より明らかなように，径深 R を最大にあるいは潤辺 S を最小にすることである．また，有利な断面は与えられた I_b, n, Q に対して**流積** A を最小にする断面形である．なお，河川工学では流水断面積（流積）を**河積**という．

例題 13.12 図 13.11 のような台形断面水路が水理学的に有利な断面になる形状は正六角形の 1/2 であることを示せ．

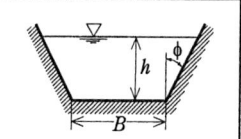

図 13.11 台形断面

[解] 幾何関係より，

$$A = Bh + h^2\tan\phi, \quad S = B + 2h\sec\phi \tag{13.56}$$

● コーヒーブレイク13.6　地下河川（underground river）は，最近の治水事業の大きなトピックスである．東京・大阪などの人家が密集した都市河川の治水は，川幅を拡幅して河積 A を大きくすることは実際上不可能であり，また河川環境の面から3面張りはよくない．そこで，深さ50m程度の大深度地下空間を利用して外径10m程度のシールドトンネルを建設し，洪水流量を地下河川から海に流すのである．現在，首都圏外郭放水路（中川ほかより流入），環七地下河川（神田川ほかより流入），大阪の寝屋川北部地下河川，同南部地下河川あるいは琵琶湖の南湖近くの大津放水路などが建設済みあるいは建設中である．これらは，最先端の土木技術が必要になる．地下の見えない所にも水理学の知識が必要である．なお，深さ40m以上を大深度地下といい，地下河川・地下鉄道・地下共同溝（電気・ガス・水道・通信）などを公共利用する法制化が現在（2000年）なされつつある．

断面積 A を一定の条件のもとで，S を最小にすればよい．まず，h のみを変化させると，$\partial S/\partial h=0$ より，

$$S_{min}=2h(2\sec\phi-\tan\phi), \quad A=h^2(2\sec\phi-\tan\phi)=\text{const.} \quad (13.57)$$

$$\therefore \quad S_{min}=2\sqrt{A}\sqrt{T}, \quad T\equiv 2\sec\phi-\tan\phi \quad (13.58)$$

今度は，角度 ϕ を変化させ，潤辺を最小にする．すなわち，

$$\therefore \quad 0=\frac{\partial T}{\partial \phi}=\frac{\partial}{\partial \phi}\left(\frac{2-\sin\phi}{\cos\phi}\right)=\frac{2\sin\phi-1}{\cos^2\phi} \quad (13.59)$$

$$\therefore \quad \sin\phi=1/2, \quad \phi=30°, \quad B=(2/\sqrt{3})h \quad (13.60)$$

よって，河床と側壁とがなす角度は120°であり，水理学的に有利な断面は正六角形の1/2であることがわかる．

13.11　水平路床の水理と水面形

等流水深 h_0 と限界水深 h_c との最大の相違点は，**h_0 が河床勾配に大きく依存する**のに対して，**h_c は河床勾配にはほとんど無関係である**ことである．なぜなら，式（13.41）と式（13.47）の分母の $\sin\theta\cong\theta$，$\cos\theta\cong 1$ の相違である．したがって，等流水深は河床勾配の影響を最も大きく受ける．理論上は，

$$\theta\to 0\text{（水平路床で）}, \quad h_0\to\infty\text{（水流はほとんど静止）} \quad (13.61)$$

すなわち，水平路床で等流を作ることは実際上不可能である．一方，限界水深は依然として存在し，跳水現象などが発生するのである（図13.5）．したがって，水平路床の水理は特殊な流れとも考えられる．いま，河床勾配 $I_b=0$，エネルギー勾配 I_e もゼロと近似すれば，式（13.9）から比エネルギー H_0 は流下方向に保存されることがわかる．

例題13.13　エネルギー損失が無視できる水平な長方形水路で，幅だけが流下方向に変化するとき，極小断面の位置で限界流が発生する可能性があるこ

とを示せ.

[解] 式 (13.1) の比エネルギーは保存される. 簡単なために, $\alpha=1$ と近似すれば,

$$H_0 = \frac{Q^2}{2gh^2B^2} + h = \text{const.} \tag{13.62}$$

x で微分すれば,

$$\frac{dH_0}{dx} = -\frac{Q^2}{gh^3B^2}\frac{dh}{dx} - \frac{Q^2}{gh^2B^3}\frac{dB}{dx} + \frac{dh}{dx} = 0 \tag{13.63}$$

$$\therefore \frac{dh}{dx} = \frac{Fr^2}{1-Fr^2} \times \frac{h}{B} \times \frac{dB}{dx} \tag{13.64}$$

ここで, $Fr = v/\sqrt{gh} = (Q/Bh)/\sqrt{gh}$ はフルード数である. 式 (13.64) が水深の流下方向変化 dh/dx を表す式で, 一般に**水面形方程式**という. 常流では $Fr<1$ であるから, dh/dx は dB/dx と同符号である. すなわち, 水路幅が拡大すれば $(dB/dx>0)$, 水深は逆に増加し $(dh/dx>0)$ 深くなるのである. 逆に水路幅が縮小すれば, 水深は減少し, 浅くなるのである. 水理学の知識がない者には, これは直感とは反し, 「ほんとか？」と自問するだろう. 開水路水理学はこのように不思議でおもしろいのである. したがって, 川幅が最も狭くなったところで (河川用語では**狭窄部**(きょうさくぶ)という. $dB/dx=0$, $d^2B/dx^2>0$), 水深は最小になり, 流速は最大となる. 常流の条件 ($Fr\leq1$) で水深が最小になる限界は, まさしく限界水深である. 限界流 ($Fr=1$) では式 (13.64) の分母がゼロとなるから, 式 (13.63) を使って, 極限操作を行えば以下が得られる.

$$h=h_c \text{ で,} \quad \frac{dh}{dx}=0, \quad \frac{dB}{dx}=0, \quad \frac{d^2B}{dx^2}>0 \tag{13.65}$$

以上より, 狭窄部で水深は最小になり, その極限として限界流になる可能性がある. 一方, 射流域 ($Fr>1$) では, dh/dx と dB/dx とは異符号である. すなわち, 水路幅が拡大すれば $(dB/dx>0)$, 水深は減少して $(dh/dx<0)$ 浅くなり, 「社会的常識」に合うのである.

以上の不思議な現象は, 水理学上きわめて重要なので, 比エネルギー曲線を使って図解的に証明しよう. 図 13.12 は, B を媒介変数にとり, 式 (13.62) を図

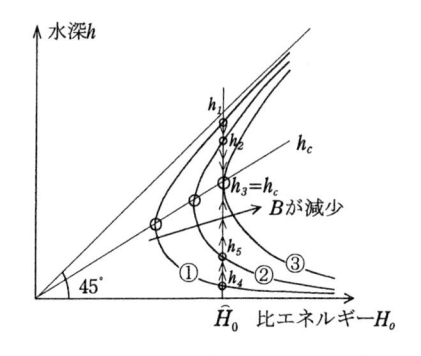

図 13.12 川幅の変化する比エネルギー曲線群
幅 B が減少すれば, ①→②→③の曲線に移行する.
h_1 と h_4, h_2 と h_5 がそれぞれ交代水深関係にある.
$h_3=h_c$ が限界水深.

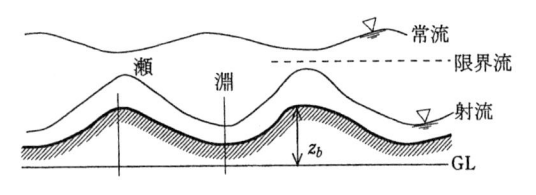

図 13.13 瀬・淵のある流れの水面形

示したものである．B が減少すれば H_0 は増大するから，曲線群は①→②→③と移行する．したがって，ある一定の比エネルギー $\hat{H}_0$ に対して，水路幅 B を減少すれば H_0-h 曲線と必ず2点で交差し（曲線①），水路幅を減少すれば常流域では水深は減少して図中の h_2 となる（曲線②）．さらに B が減少すれば H_0-h 曲線にちょうど接し（曲線③），常流域で水深は最小になり，これがまさしく限界水深である．射流域に関しても同様に考察すればよい（演習問題13.19）．

例題 13.14 エネルギー損失が無視できる2次元水路で，水路床高 z_b が波状に変化する（いわゆる河床波）とき，水面形を図示せよ．

[解] 全水頭 (H_0+z_b) は，一定であるから，

$$0 = \frac{dH_0}{dx} + \frac{dz_b}{dx} = \frac{d}{dx}\left(\alpha\frac{q^2}{2gh^2}+h\right) + \frac{dz_b}{dx} = \left(1-\alpha\frac{v^2}{gh}\right)\frac{dh}{dx} + \frac{dz_b}{dx} \quad (13.66)$$

$$\therefore \quad \frac{dh}{dx} = -\frac{1}{1-Fr^2}\frac{dz_b}{dx} \quad (13.67)$$

ここで，$Fr \equiv \sqrt{\alpha}v/\sqrt{gh} \cong v/\sqrt{gh}$ はフルード数である．常流（$Fr<1$）の場合では，dh/dx と dz_b/dx とは異符号である．すなわち，河床が上昇すれば（河川用語では**瀬**という）水深は浅くなり，急流となる．逆に，河床が下降すれば（**淵**という）水深は深くなり，緩流となる．

●**コーヒーブレイク13.7** 常流の水面形は社会常識（直感）に反し，射流の水面形は直感どおりである．なぜこのような相違が現れるのか？ それは，速度水頭のしわざである．射流は高速であるから，河床形状・境界条件に沿って平行に流れる．速いから急には変化できないためである．一方，常流は穏やかな流れで，エネルギーの大半は位置水頭である（図13.3）．瀬では流れは速く，水深は浅い．一方，淵では流れは遅く，水深も深い．川遊びするとき，水流が穏やかな淵で水深が急になり，溺れることがよくある．溺れそうになったら，水流の速い方に泳いでいけば助かる．水深が浅くなるからである．しかし，人間の本能として，溺れそうになると水流の弱い方にいくだろう．そして，足をすくわれ，本当に溺死してしまう．したがって，川遊びには水理学の知識が必要である．また，瀬・淵のある流れは水生動物・生態系には不可欠で，淵で休息し，瀬で活動する．最近の多自然型川づくりやビオトープ・ハビタットづくりには瀬・淵のある流れが一つのキーワードになっている．

この特性を図13.13に示す．常流では水面形と河床形状とは反位相を示す．この特性も，水理学の知識のない者には常識に反する不思議な現象と思われるであろう．一方，射流では水面形と河床形状とは同位相を示し，河床の頂部（**クレスト**という）で水深は最大となる．したがって，クレストで常流水深と射流水深とが一致する可能性があり，すなわち限界水深をとる．この特性は，図13.4の広頂堰のクレストと同じメカニズムである．演習問題13.20で上記の水理学的重要性を学習する．

13.12 漸変流近似

開水路水理学の一次元解析の目的は，主流方向の水面形すなわち水深変化を予測することである．与えられた流量（これを河川用語で**計画高水流量** Q という）に対して河道に安全に水を流すには堤防高をいくらにすればよいかが検討すべき不可欠な課題であり，水深 $h(x)$ の流下方向分布を知ることが治水事業を行う基本である．

水深 $h(x)$ を計算することを**不等流計算**という．$h=$一定なる等流では，式(13.42)のマニング公式を使えば容易に水深が計算できるから，等流ではない過渡的な流れすなわち不等流の計算が一次元水理解析の大きな目標である．

さて，不等流計算の基本式は，N-S方程式から導かれたエネルギー式(10.47)から得られる式(13.9)であった．式(13.9)に比エネルギーの式(13.1)を代入して変形すれば，偏微分の公式 $\dfrac{dH_0}{dx} = \dfrac{\partial H_0}{\partial x} + \dfrac{\partial H_0}{\partial h} \cdot \dfrac{\partial h}{\partial x}$ に注意して次式が得られる（式(13.63)の誘導と同様）．

$$\frac{dh}{dx} = \frac{\sin\theta - I_e + \dfrac{\alpha Q^2}{gA^3}\dfrac{\partial A}{\partial x}}{\cos\theta - \dfrac{\alpha}{g}\dfrac{Q^2}{A^3}\dfrac{\partial A}{\partial h}} \tag{13.68}$$

これが水面形方程式の一般形である．式(13.16)の限界水深のとき，式(13.68)の分母はゼロになる．上式の水理学的内容を見通すために，幅 B が一定な長方形断面 $A = Bh$ でしかも $\alpha \cong 1$ と近似すれば，以下となる．

$$\therefore \quad \frac{dh}{dx} = \frac{\sin\theta - I_e}{\cos\theta - \dfrac{\alpha q^2}{gh^3}} \cong \frac{\sin\theta - I_e}{\cos\theta - \dfrac{q^2}{gh^3}} \quad \left(\because \alpha \cong 1, \frac{\partial A}{\partial x} = 0\right) \tag{13.69}$$

重要な特性は，限界水深の式(13.17)でちょうど式(13.69)の分母がゼロになる．換言すれば，水面形方程式の勾配 dh/dx が無限大になる水深が限界水深

と定義してもよい．この定義を**ブレスの定義**（Bresse，1860，仏）という．これまでの限界水深に関する数々の定義や特性をまとめて一覧表にしたものが表13.1である．表中の⑤の波からの定義は非定常流から導かれるもので，15章で述べる．表13.1には，限界水深に関する5種類の定義が明瞭に示されている．開水路の基本であるから，よく理解してほしい．

次に，式 (13.69) を解くには，エネルギー勾配 $I_e \equiv dh_L/dx$ が既知でなければならず，管路の計算と同様に**損失水頭の評価が大前提となる**．そこで，開水路では，次の漸変流近似を仮定する（図5.1を参照）．

1) 流れの変化が緩く，すなわち漸変流（gradually-varied flow）であるから，エネルギー勾配 I_e は等流のエネルギー勾配 $I_e = I_b$ に近似できる．

2) そこで，シェジー公式では式 (13.40)，マニング公式では式 (13.43) から I_e が与えられ，式 (13.69) が完結する．

例題 13.15 運動量式から水面形方程式を導け．一様な長方形断面水路を対象としてよい．なお，一様（uniform）とは $\partial A/\partial x = 0$ のことである．

[解] 比力は，式 (13.2) で定義された．長方形断面水路 $A = Bh$ を対象とすれば，

$$M_0 = \left(\beta \frac{q^2}{gh} + \frac{1}{2} h^2 \cos\theta\right) B \tag{13.70}$$

運動量式 (13.12) に代入して計算すると，

$$\frac{dh}{dx} = \frac{(\sin\theta - I_e) h}{h\cos\theta - \beta \dfrac{q^2}{gh^2}} = \frac{\sin\theta - I_e}{\cos\theta - \beta \dfrac{q^2}{gh^3}} \simeq \frac{\sin\theta - I_e}{\cos\theta - \dfrac{q^2}{gh^3}} \quad \left(\because \beta \simeq 1, \ \frac{\partial A}{\partial x} = 0\right) \tag{13.71}$$

エネルギー式から導かれた水面形方程式 (13.69) と運動量式から導かれた水面形方程式 (13.71) は，補正係数 α, β の相違以外はまったく一致する．実用的には $\alpha = 1.1$, $\beta = 1.03$ であるが，基礎学理では $\alpha = \beta = 1$ と近似しても一般性を失わない．したがって，**エネルギー式と運動量式から誘導された水面形はまったく一致するという驚くべき結果が得られる**．比エネルギー H_0 の式 (13.13) と比力 M_0 の式 (13.14) を比較すると，両者には大きな相違があるにもかかわらず，水面形方程式は両者でまったく一致するのである．したがって，比エネルギーと比力から導かれた限界水深が両者で一致したのは当然の帰結である．これが，**開水路水理学の醍醐味**であろう．

では，なぜ一致するのか！ それは，流れをユニフローとして一次元解析したからである（12.2節）．運動量はベクトルで3成分をもつが，主流方向の運動量

成分が卓越するとして近似したのである（式 (10.12) 参照）．一方，エネルギーはスカラーであり，この種の近似は行っていない．したがって，強いていえば，エネルギー式から誘導された水面形方程式の方が運動量式からのものより理論的に正確といえる．ユニフローに限って，両者が一致したのである．

13.13 限界勾配，緩勾配および急勾配

後述するが，式 (13.69) から計算される不等流水深 h は，限界水深 h_c と等流水深 h_0 の中間に相当するから，h_c と h_0 によって区分するとわかりやすい．流量を与えると，限界水深 h_c は一意に決定し，河床勾配には依存しない．一方，等流水深 h_0 は，河床勾配をゼロから次第に増加していくと，無限大から次第に小さな値になっていく．したがって，どこかの河床勾配で，等流水深が限界水深に一致するはずである．この両者がちょうど一致する勾配を**限界勾配** θ_c という．すなわち，式 (13.41) と式 (13.47) から，$h_0 = h_c$ とおいて，

$$\therefore \quad I_c \equiv \tan\theta_c = \frac{g}{\alpha C^2} \simeq \frac{g}{C^2} = \frac{n^2 g}{R^{1/3}} \tag{13.72}$$

すなわち，限界勾配は，流量には依存せず，河床の特性（粗度の様子など）と径深で決まる．表 13.3 に示すように，限界勾配より小さい水路を**緩勾配水路** (mild channel)，大きい水路を**急勾配水路** (steep channel) とよぶ．不等流水深は，流れに障害物などがなければ等流水深に漸近するから，緩勾配で常流が発生し，急勾配で射流が発生する．

表 13.3 水路勾配の特性

	緩 勾 配	限 界 勾 配	急 勾 配
水路勾配	$I_b < I_c$	$I_b = I_c$	$I_b > I_c$
等流水深	常流 $h_0 > h_c$	限界流 $h_0 = h_c$	射流 $h_0 < h_c$
限界水深	勾配にはほぼ無関係		

13.14 水面形方程式と不等流計算

水面形方程式 (13.69) に，I_e として式 (13.40) あるいは式 (13.43) を，また式 (13.47) を代入すると，

$$\frac{dh}{dx} = \tan\theta \times \frac{1-(h_0/h)^m}{1-(h_c/h)^3} \tag{13.73}$$

ここで，シェジー公式では $m=3$，マニング公式では $m=10/3=3.33$ である．シェジー公式の方が見通しがよいから（解析的に積分できるから），これを使っても一般性を失わない．そこで，$m=3$ を代入すれば，

$$\frac{dh}{dx} = \frac{h^3 - h_0^3}{h^3 - h_c^3} I_b \tag{13.74}$$

ここで，河床勾配は以下のように近似している．

$$I_b \equiv \sin\theta \cong \tan\theta \tag{13.75}$$

式（13.74）は，うまいことに解析的に積分できる．

$$\int_{h_1}^{h_2} \left(1 + \frac{h_0^3 - h_c^3}{h^3 - h_0^3}\right) dh = I_b(x_2 - x_1) \tag{13.76}$$

不定積分の公式によると，任意の変数に関して，

$$\int \frac{dy}{1-y^3} = \frac{1}{6}\ln\frac{y^2+y+1}{(y-1)^2} + \frac{1}{\sqrt{3}}\tan^{-1}\left(\frac{2y+1}{\sqrt{3}}\right) \equiv B\left(\frac{1}{y}\right) = B_1(y) \tag{13.77}$$

この公式を用いて式（13.76）を積分すれば，次式となる．

$$\therefore \frac{I_b \times (x_1 - x_2)}{h_0} = \frac{h_1 - h_2}{h_0} + \left\{1 - \left(\frac{h_c}{h_0}\right)^3\right\}\left\{B\left(\frac{h_0}{h_2}\right) - B\left(\frac{h_0}{h_1}\right)\right\} \tag{13.78}$$

これを**ブレッスの背水**（backwater）**公式**（Bresse, 1860, 仏）という．次節で述べるが，常流では下流端から上流へと計算する（$x_2 < x_1$）から，下流端 $x=x_1$, $h=h_1$ が境界条件となる．たとえばこのとき，$h_1 > h_2 > h_0 > h_c$ となり，上流側の水深 h_2 は下流端 h_1 より次第に小さくなり，十分に上流では等流水深 h_0 に漸近することがわかる．この水面形が後述する M_1 曲線である．ブレッスの背水関数 $B(h_0/h)$ は数表が用意され，戦前戦後の河川技術者は多用したようである．$h_0/h = 0 \sim 1.0$ では $B(h_0/h)$ および $h/h_0 = 0 \sim 1.0$（$h_0/h = 1.0 \sim \infty$）では $B_1(h/h_0)$ が数表化されている．しかし，コンピュータが発達した現在は，式

●**コーヒーブレイク13.8** Backwater（背水）の意味が式（13.78）からよくかわる．等流の河川にダムや堰を築くと水面が後方にせり上がる．これが backwater である．背水というより，「バックウォータ」とよんだ方が実感がある．ダムや堰の築造によって上流のどの範囲までバックウォータの影響が現れるか（特に洪水時に）は，水災害ともからみ住民に公開すべき重要な情報である．また水理学の知識とその一次元解析の限界が正しく報道されなければならない．なお，正確にいうと，$dh/dx > 0$ を**堰上げ背水**（backwater）といい，$dh/dx < 0$ を**低下背水**（drawdown）という．ブレッスは著書 "Cours de mecanique appliquée（応用力学講義）"（1860）で backwater の解析的積分式（13.78）を導くのに初めて成功した．より専門的な知見は，たとえば物部『水理学』（岩波書店，1968）を参照されたい．

(13.73) あるいはもっと一般性のある式 (13.68) をルンゲ・クッタ法で容易に数値積分でき，ブレッスの背水関数 $B(h_0/h)$ は教育的意味が残るのみである．現実の河川では河床勾配 I_b および河積 A が x 方向に異なり（幅 B も変化する．$\partial A/\partial x \neq 0$ の一様でない水路）また横越流や浸透流などの潤辺を通しての水の流出入がある場合もあり，しかもマニング公式すなわち $m=10/3$ を使うから，水面形は式 (13.73) と同型だが，はるかに複雑になる．しかし，これらでもパソコンで計算できる内容で，不等流計算ソフトとしてすでに開発済みである．

したがって，式 (13.74) は教育的価値しかないかもしれないが，その定性的意義は現在でも決して失われていない．パソコンに頼ることなく，開水路水理学の全貌が理解されるのである．各種の水理条件で，水面形の概略図が書けないと技術者とはいえないからである．正確な計算はパソコンを使えばよい．以下では，水面形の概略図を描く方法を考えよう．

13.15 水面形の分類

水深 h は，境界条件が与えられれば，式 (13.74) あるいはこれと同型のより複雑な1階常微分方程式を解くことによって得られる．境界条件として与える h は，等流水深 h_0 と限界水深 h_c の組み合わせによって，図 13.14 に示すように3種類が決まる．

$dh/dx>0$ のとき，水深は流下方向に増加する．この流れを**堰上げ背水** (backwater) という．逆に，$dh/dx<0$ のときは水深は減少し，これを**低下背水** (drawdown) という．当然，$dh/dx=0$ が等流であるが，x のある地点のみにおいて $dh/dx=0$ となるときを**疑似等流** (quasi-uniform flow) として区別す

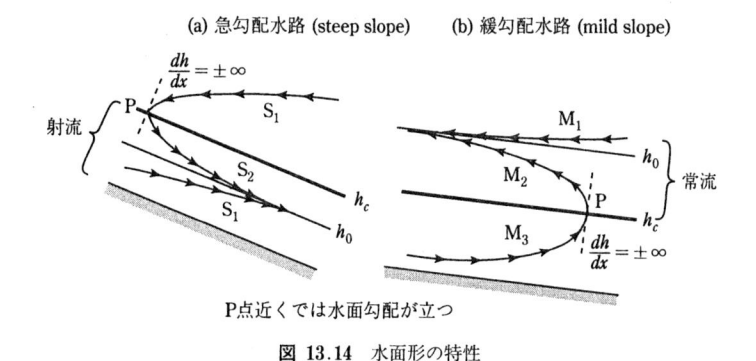

図 13.14 水面形の特性

表 13.4 水面形の分類

No.	水路の分類	定義	水面形状(略記)	水深関係	$\dfrac{dh}{dx}$ の符号
1	急勾配水路 (steep slope)	$I_b>I_c$ $h_c>h_0$	S_1 S_2 S_3	$h>h_c>h_0$ $h_c>h>h_0$ $h_c>h_0>h$	正 負 正
2	限界勾配水路 (critical slope)	$I_b=I_c$ $h_c=h_0$	C_1 C_2 C_3	$h>h_c=h_0$ $h=h_c=h_0$ $h_c=h_0>h$	正 0/0 正
3	緩勾配水路 (mild slope)	$I_b<I_c$ $h_c<h_0$	M_1 M_2 M_3	$h>h_0>h_c$ $h_0>h>h_c$ $h_0>h_c>h$	正 負 正
4	水平勾配水路 (horizontal slope)	$I_b=0$	H_2 H_3	$h>h_c$ $h_c>h$	負 正
5	逆勾配水路 (anti-slope)	$I_b<0$	A_2 A_3	$h>h_c$ $h_c<h$	負 正

る. たとえば, 幅 B が変化する水路では疑似等流が現れる.

表 13.4 は, 式 (13.74) から容易に判別できる水面形の分類を示したものである. 水平勾配水路は式 (13.61) の場合であり, 等流水深は無限大となる. また, $I_b<0$ となる逆勾配水路は, もともと等流公式が適用できず, 水面形を別途に考察せねばならない. この逆勾配水路はまれに起こる遷移的流れである. 表 13.4 にはこのような特殊なケースも参考までに載せておく. 河川の大半は緩勾配水路である. 一方, ダムや堰などの水理構造物が河川に設置された場合や山岳河川では急勾配水路が形成されることがある. 式 (13.72) の限界勾配水路も特殊なケースである.

1) 境界条件と計算方向の矢印: 15.4 節で述べるが, 常流と射流の大きな相違は, 微小擾乱が上流に伝播するか否かであり, これによって水面形の境界条件も異なってくる. 表 13.1 に示したように, 射流 ($Fr>1$) では, 微小擾乱が上流に伝播せず, したがって下流の境界条件をまったく受けない. 換言すれば, 上流の境界条件によって流れが規制される. このため, 射流では不等流計算を上流から下流に向かって行わねばならず, 水面形に計算の進行方向を示す下流向きの矢印をつける約束事になっている. 一方, 常流 ($Fr<1$) では, 微小擾乱は上下流に伝播するが, 水面形は下流の境界条件を受けやすい.「背水 (backwater)」という由縁であろう. このため常流では, 下流から不等流計算を開始

して，上流向きに矢印をつけ，射流と区別する．

2) 水面形の一般的特性：

① h, h_0, h_c の大小関係によって各水路勾配に対して，3種類の水面形が現れる．水深の大きい順に，添字 1，2，3 をつけて分類する．なお，水路の種類は，英語の頭文字をつけて区別する．急勾配 (steep) がS曲線，限界勾配 (critical) がC曲線，緩勾配 (mild) がM曲線，水平勾配 (horizontal) がH曲線そして逆勾配 (anti-slope) がA曲線である（表13.4）．ただし，水平勾配では h_0 は無限大および逆勾配水路では h_0 は存在せず，2種類の水面形をそれぞれとる．

② 水路が十分に長く，上流あるいは下流に障害物（たとえば，ダムやゲートなどの水理構造物）がない一様水路 (uniform channel, $\partial A/\partial x=0$ のこと) では水深は等流水深に収束する（図13.14）．すなわち，

$$x \to \pm\infty \text{ のとき} \quad h \to h_0 \tag{13.79}$$

これは，流れが十分に発達すれば河床せん断応力と重力とが釣り合った平衡状態に達することを意味する．不等流になると加速流あるいは減速流となり，その乱流構造は現在でも不明な点が多い．

③ 水深が限界水深に近づくと，水面勾配は急になる（図13.14の点P）．すなわち，

$$h \to h_c \text{ のとき} \quad dh/dx \to \pm\infty \tag{13.80}$$

これは，式 (13.74) より明らかである．ただし，$h_0 = h_c$ のときは $dh/dx \to 0/0$ の不定形となり，13.17節の特異点解析が必要になる．

④ 不等流計算の出発点は上流端あるいは下流端であるが，この他に次節で述べる支配断面がある．

⑤ 不等流計算の最終断面は，上・下流端以外に跳水がある．13.6節で学んだように，射流として上流から計算してきた水深が，常流として下流から計算してきた水深と共役水深関係を満足したとき跳水が現れ，水面形はジャンプする．

13.16 支配断面

式 (13.13) からわかるように，水深 h を計測しても比エネルギー H_0 が既知でないと流量 $q \equiv Q/B$ は決まらない．しかし，H_0 が最小となる，すなわち水深

が限界水深 h_c をとる断面では，流量 q は式（13.17）より一意的に決定される．すなわち，

$$\therefore \quad q = \sqrt{gh_c^3 \cos\theta} \cong \sqrt{g}\, h_c^{3/2} \tag{13.81}$$

h が h_c をとるのは，①常流から射流に遷移するとき，②逆に射流から常流に遷移するときであるが，②はまさしく跳水現象であり，大きなエネルギー損失を伴って水面が変動するから，式（13.81）は使えない．

一方，①の場合は水面が滑らかに遷移し，式（13.81）で水深-流量関係が一意に決定される．したがって，この断面を**支配断面**（control section）という．支配断面 dh/dx は 0/0 の不定形となるが，特異点解析すれば水深の変化率が定まり，この点が不等流計算の出発点となる．すなわち，支配断面より上流は「常流」であり，下流は「射流」となるから，支配断面より上流および下流に計算が進行される．この意味で，支配断面は流れをまさしく支配しているともいえる．

支配断面は，ダムのクレスト部，広頂堰（図 13.4），水路幅の狭窄部（例題 13.13），勾配急変部などで発生し，水面形計算の境界条件となる．13.5 節で学んだ流量計測の断面は，まさしく支配断面を指すのである．

13.17　特異点解析

これまで水路形状や河床勾配が x 方向に一定な場合（一様水路という）を考えてきたが，これらが変化する複雑な場合は，水面形方程式（13.68）は次の一般式に帰着する．

$$\frac{dh}{dx} = \frac{f(x, h)}{g(x, h)} \tag{13.81}$$

上式の解析解はもはやなく，コンピュータを使って数値計算を行わねばならない．水面形状は，基本的に表 13.4，また図 13.14 と同様なものが得られる．しかし，分母がゼロとなるすなわち $g(x, h_c)=0$ の限界水深 h_c では特異点となって計算できない．ところが，$h=h_c$ で同時に $f(x, h)=0$ となるならば（ここで $f(x, h_0)=0$ となる水深を**疑似等流水深**という），この x の地点で $h=h_c=h_0$ となり，dh/dx は 0/0 の不定形となる．このような場合は，微分学における不定形の極限演算を行って初期水面勾配値を求め，これを数値積分すればよい．すなわち，式（13.81）を特異点解析して，その水理学的挙動が把握される（マッセ（Massé, 1938））．詳細は専門書を参照してほしいが，以下の結果が得られてい

る．
① **鞍形点**：常流から射流に遷移する点で，支配断面となる．特異点解析より得られた初期水面勾配から計算が上流および下流に開始される．
② **渦状点**や**結節点**，その他：射流から常流に遷移する点に対応し，跳水が発生して計算は終了する．

13.18 水面形計算の演習例

水面形計算（不等流計算）は，実際にはコンピュータを使って行い，現在ではパソコンでも十分に処理できる．しかし，このような実務計算をしなくても，これまでの知識で水面形の変化の概略図が描けるはずである．簡単なために一様な長方形水路を考える．計算の手順は，以下のようである．

① 与えられた流量 q に対して，式 (13.17) から限界水深 h_c を計算する．河床勾配が変化しても h_c はほぼ一定であることに注意すること（演習問題 13.2）．
② 等流公式，たとえばマニング公式 (13.44) から等流水深 h_0 を計算する．河床勾配 $I_b \equiv \sin\theta$ が変化したら h_0 も変化することに注意すること．
③ $h_c(x)$ と $h_0(x)$ を流下方向の座標 x に対して図示し，両者が交差する点が特異点となる．$h_c(x)$ は一定であるから，$h_0(x)$ が交差することになる．
④ 境界条件に従って，常流域では上流方向に，射流域では下流方向に計算を進める．この計算の進行方向を水面に矢印で記入する．
⑤ 支配断面であれば，ここから計算を上流および下流に進める．堰上げ背水か低下背水かで水面形の概略図が得られる（表 13.4）．
⑥ 計算の進行方向（水面につけた矢印）が収れんする位置で跳水が発生する．上下流の水深が式 (13.27) の共役水深関係を満足したとき，跳水を描き，計算を終了する．

例題 13.16 緩勾配から急勾配水路に変化する場合の水面形を描け．

［解］境界条件によって，図 13.15 に示すように 5 種類の水面形が現れる．
① 下流端が常流のとき，S_1 曲線から M_1 曲線に常流のまま遷移する．M_1 曲線の上流では，等流水深 h_0 に漸近する．下流で堰上げられた場合に相当する．
② P 点で，$h_c(x)$ と $h_0(x)$ とは交差し，支配断面が発生する．したがって，P 点が計算の出発点となる．緩勾配では M_2 曲線，急勾配では S_2 曲線となり，両者は P 点で滑らかに接

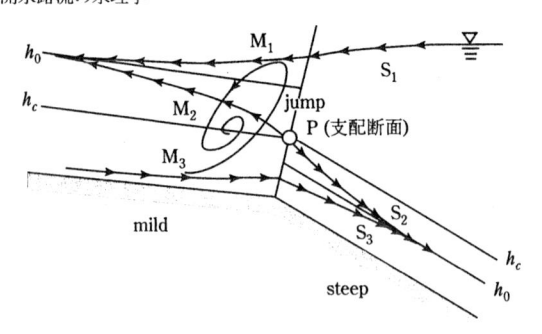

図 13.15 緩勾配から急勾配水路への水面形の変化

続する．P点の水深を測れば，流量がわかる（13.5節）．**支配断面が発生する典型例であり，完全にマスターすること．**
③ 上流端が射流のとき，M_3曲線で下流に向かって水深が増加し，急勾配に移っても射流のS_3曲線に遷移し，等流水深h_0に漸近する．
④ 上流端が射流の条件によっては，M_3曲線が限界水深h_cに接近する場合がある．このとき，M_1曲線と共役水深関係が満足されれば，跳水が発生する．すなわち，M_3→跳水→M_1→S_1の水面形が形成される．
⑤ M_3曲線からM_2曲線に跳水で接続する可能性がある．

例題 13.17 急勾配から緩勾配水路に変化する場合の水面形を描け．

[解] 境界条件によって，図13.16に示すように多くの水面形が現れる可能性がある．

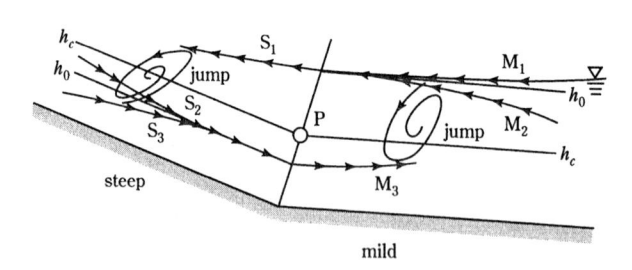

図 13.16 急勾配から緩勾配水路への水面形の変化

① 下流端が常流のとき，M_1曲線からS_1曲線に常流のまま遷移する．
② M_2曲線からS_1曲線に常流のまま遷移する．
③ 上流が射流のとき，S_2曲線あるいはS_3曲線は下流で等流水深h_0に漸近する．これが射流のままM_3曲線に接続する．
④ 特に重要な点は，跳水が各地点で起こる可能性があることである．

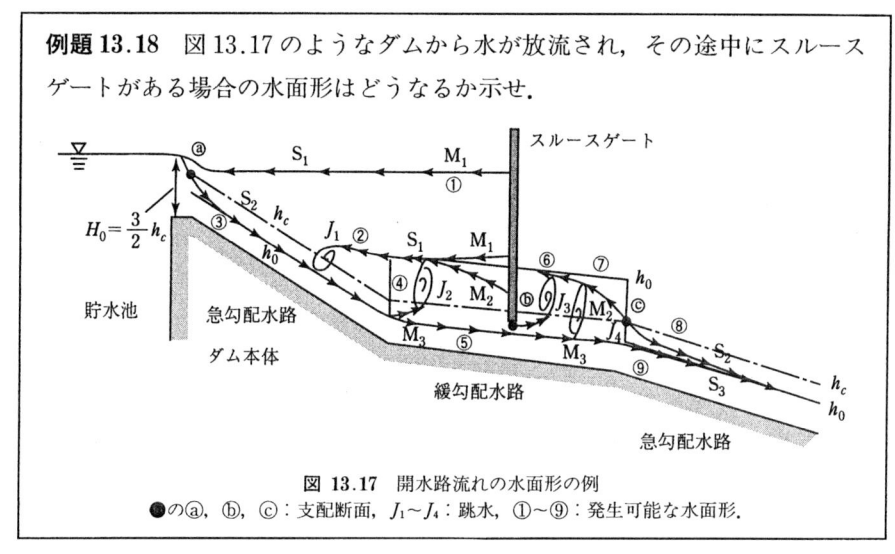

例題 13.18 図 13.17 のようなダムから水が放流され，その途中にスルースゲートがある場合の水面形はどうなるか示せ．

図 13.17 開水路流れの水面形の例
●の ⓐ，ⓑ，ⓒ：支配断面，$J_1 \sim J_4$：跳水，①〜⑨：発生可能な水面形．

[解] 例題 13.16 と 13.17 を組み合わせばよい．9 通りの発生可能な水面形が考えられる．本章のまとめとして，読者自身でこの例題を詳細に検討してほしい．

◉ ま と め

開水路の水理は，水理学の中心的な課題であり，河川工学の基礎的学理を与えるから，本章では，これらの知見をかなり詳細に述べてきた．ユニフロー (uni-directional flow) を対象にするのであれば，一次元水理解析法を用いて，その水面形方程式を導くことができ，現在，ほとんどの計算ができる．水路幅が流下方向に変化する場合 ($\partial B/\partial x \neq 0$) や，河床が流下方向に波状に変化する場合 ($\partial I_b/\partial x \neq 0$) などの複雑なユニフローもコンピュータを使って，これまでの考え方の延長線上で解くことが可能である．これらは，すべて主流（断面平均流速 v）のみを対象にしている．

しかし，各種の水域で現れる流れは，それほど単純ではない．主流に垂直な成分すなわち 2 次流が水工設計上重要になることも多い．特に，湾曲や蛇行している実際上の河川では，主流とそれに直角方向の水平流速成分が必要になる．このような場合は，断面平均するのではなく，水深平均して，2 次元解析が行われる．水路幅/水深比（アスペクト比という）が大きい河川では，浅水流モデルなどの多くのモデルが用意され，コンピュータソフトも開発されている．

アスペクト比がそれほど大きくなければ，流れは 3 次元流況を示し，最も複雑になる．アスペクト比が大きな通常の河川では，水面上で流速は最大になるが，アスペクト比が 5 以下の狭い河川では最大流速は水面上ではなく，水面下で最大となる．このような 3 次元の乱流構造は，高精度なレーザ流速計を駆使した実験的研究や，乱流モデルや LES を使っての数値シミュレーション (CFD) で解明されつつある．

頁の制約で本書ではほとんど取り上げなかったが，図 13.1 の潤辺では砂礫などが移動し，いわゆる移動床の水理が必要になる（コーヒーブレイク 13.5）．流れと砂（一般には物質輸送すなわちスカラー輸送）との相互作用が問題となる．一方，自由水面では，ガスと水との界面現

象が現れる．このような複雑な流れとそれに伴う輸送現象論は，近年，環境問題とも相まって活発に研究されている．若き諸君は，これらのさらに進んだ学理を学習し，各種の水域環境の保全に不可欠な水理学・流体力学を発展させてほしい．

■演習問題

13.1 比エネルギー方程式（13.9）と比力方程式（13.12）の類似点・相違点を比較して論ぜよ．

コメント：開水路水理学の最も基本的な重要問題．図5.1の流れの解析法を完全にマスターしてほしい．

13.2 日本の河川は，大陸河川に比べて河床勾配が1けた以上急勾配であるのが特徴である．明治時代のお雇いオランダ人（高給で雇った）のデレーケが富山県の急流河川を見て「これは川ではない，滝だ」といったのは名言である．デレーケの母国のライン川は $I_b=1/10^4$ の低勾配．日本の河川では $I_b=1/10^3$ が代表的である．このとき，$\cos\theta$ を求めよ．急流河川の $I_b=1/100$, $1/10$ の $\cos\theta$ はそれぞれいくらか．

コメント：理論水理学を展開する場合は，$\cos\theta$ を残すべきである．しかし，実用水理学では $\cos\theta\cong 1$ としてよい．ところが，$\sin\theta$ は両者とも省略してはならない．**$g\sin\theta$ が開水路流の起因力そのものであるからである．**

13.3 H_0 が一定のとき，h-q 曲線を描け．そして，最大流量をもつことを示せ．

13.4 比エネルギーが一定のとき，流量が最大となる水深が限界水深の一般式（13.16）に一致することを示せ．これが**ベランジェの定理**である．

13.5 開水路の断面積が $A=ah^k$ という関数で与えられるとき，限界水深 h_c を求めよ．また，このときの比エネルギー H_{0c} と限界水深 h_c の関係式を求めよ．さらに，この関係式を長方形断面，三角形断面，放物線断面の開水路に適用せよ．

ヒント：限界水深の一般式（13.16）を使え．限界水深がよく理解されよう！

13.6 重力ダムは，洪水期にダムクレストから放流する．この放流の流量を求めるにはどのようにすればよいか考察せよ．

コメント：開水路の流量測定の原理であり，実用性が高いから確実にマスターせよ．

13.7 共役水深関係式（13.27）とその損失水頭の式（13.28）を式（13.26）から誘導せよ．

コメント：共役水深関係は水理学で重要であるから，完全にマスターせよ．$Fr_1=1$ で $h_1=h_2$, $h_L=0$ となることを確認せよ．

13.8 跳水の下流におけるフルード数を Fr_2 とすれば，共役水深の関係式（13.27）を Fr_2 を用いて表せ．

13.9 水平路床上に流速が 13 m/s で，水深が 50 cm の開水路流れは，常流か射流か．射流ならば，跳水を発生させたい．下流の水深をいくらにすればよいか．跳水によるエネルギー損失水頭を求めよ．跳水を挟んで，上流のフルード数と下流のフルード数を求めよ．また，どのタイプの跳水か．

13.10 例題13.5において全水頭 $H_0=6$ [m] のとき，最大流量 q_{max} と限界水深 h_c を求めよ．

13.11 本文中の図13.7において，単位幅流量 $q=10$ [m³/s/m] が流れており，跳水前の水深 $h_1=0.8$ [m]，副ダム下流の水深 h_2 は共役水深の0.9倍であるとするとき，副ダムに作用する単位幅あたりの力 F を求めよ．ただし，摩擦損失は無視する．

13.12 等流では，河床勾配とエネルギー勾配が等しいことを示せ．

コメント：すでに何回も学習してきた．基礎中の基礎．完全に理解せよ．

13.13 シェジー係数 C と粗度粒径 k_s との関係を求めよ．そして，粗度粒径が一定でも水深が変化すればシェジー係数 C も変化し，水理学的に好ましくないことを示せ．

13.14 図13.18に示すように，側壁傾斜1：1で底面幅が10mの台形断面開水路に流量 $Q = 25$ [m³/s] の水を流したとき水深 $h=1.3$[m] となった．マニングの粗度係数 $n=0.025$ とするとき，水路勾配 I_b はいくらか．また，この流れは常流か射流か判定せよ．なお，$\alpha=1$ とおいてよい．

13.15 図13.19のように，勾配0.01で片側の傾斜1：4（河川用語では**4割勾配**という）の三角形断面をもつ道路側溝がある．流量 $Q=0.02$ [m³/s] が流れるとき水深 $h=10$ [cm] となった．マニングの粗度係数はいくらか．また，この流れは常流か射流か判定せよ．なお，$\alpha=1$ とおいてよい．

13.16 長方形断面積 A が一定のとき，「水理学的に有利な断面」にする，すなわち流量を最大にするにはアスペクト比 $a \equiv B/h$ をいくらにとればよいか．

13.17 例題13.11において，流速および流量が最大となる h/D を計算せよ．

13.18 例題13.13で，限界水深 $h=h_c$ が現れるのは，$dB/dx=0$ で $d^2B/dx^2>0$ すなわち幅 B が最小値をとる場合であることを示せ（図13.12）．式（13.65）の証明問題である．
ヒント：式（13.64）を x で微分すればよいが，かなり煩雑な計算である．挑戦してみよう．式（13.64）を x で微分し，d^2B/dx^2 が $h=h_c$ で正となることを示せばよい．

13.19 例題13.13で，射流域の水面形の変化挙動を図13.12を使って説明せよ．水深の変化の様子を図13.12の中に矢印で示せ．

13.20 図13.20に示すように，河床が高さ z_0 のマウンドをもつ開水路において単位幅流量 $q=5$ [m³/s/m] を流したとき，上流の水深 $h_0=2$ [m] であった．摩擦が無視できるとして，マウンド上で水面は下がることを示せ．また，マウンド上で限界水深を発生させるには z_0 をいくらにすればよいか．
ヒント：限界水深はマウンド頂部で発生する（例題13.14を参照）．

13.21 等流公式としてマニング公式を用いて式（13.73）の m を求めよ．

図 13.18

図 13.19

図 13.20

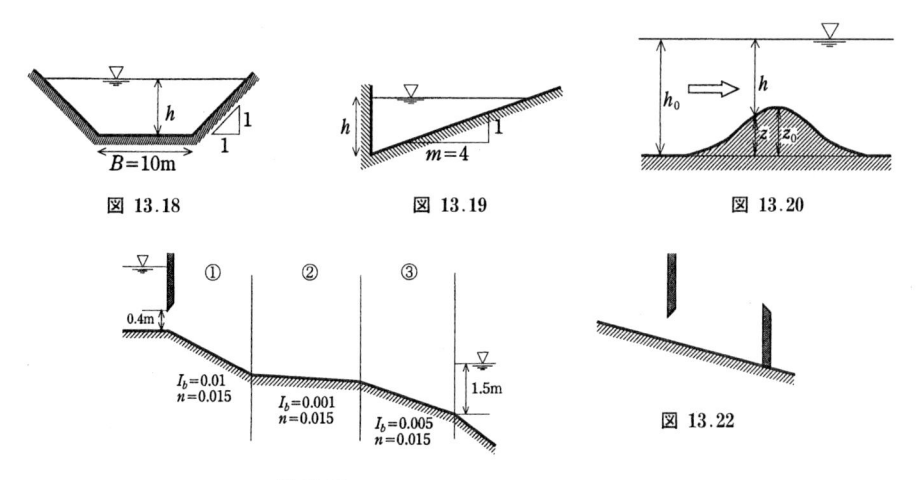

図 13.21

図 13.22

13.22 幅 50 cm，マニングの粗度係数 $n=0.02$ の長方形開水路に $Q=0.2\,[\mathrm{m^3/s}]$ の水を流すときの限界勾配を求めよ．ただし，エネルギー補正係数 $\alpha=1.1$ とする．

13.23 図 13.21 に示す勾配の変化する①から③区間からなる広幅の開水路に，単位幅流量 $q=2.5\,[\mathrm{m^3/s/m}]$ を流すとき，限界水深および各区間の等流水深を計算し，水面形の概略を描け．ただし，$\alpha=1.0$ としてよい．

13.24 図 13.22 に示すように，スルースゲートと堰を有する急勾配，限界勾配および緩勾配の開水路における水面形をそれぞれ描け．

13.25 図 13.23 の (a) から (d) の各水路に発生する可能な水面形を描け．ただし，図は鉛直方向に大きく拡大して示されており，各水路区間は十分長いものとする．

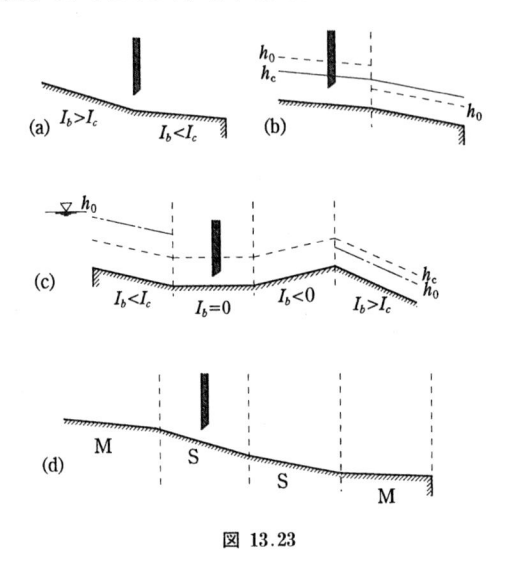

図 13.23

14 非定常管路流の水理学

14.1 概　　説

　管路の水理の基礎としては，12章で学んだ定常流を中心に扱って十分である．管路の非定常流の研究は，水力発電などのダム建設が盛んな1950～60年代に**サージタンク**（surge tank：調圧水槽）や**ペンストック**（penstock：圧力鉄管）のバルブを異常時（緊急事態）に急に閉鎖した場合の水理挙動の研究であった．**水力発電**にかかわる分野では現在でも重要な問題であるが，火力発電や原子力発電の比重が高まった現在では，水理学における管路の非定常問題は，以前ほど研究例が多くない．しかし，機械航空工学・原子力工学などの流体機器・精密機器の開発や化学工学などのプラントの設計では，管路流の非定常性は重要な問題である．管路の振動流が代表的な研究テーマである．血流など医学でも同じである．

　最近では，都市河川の洪水対策として，地下に大口径の管路を建設するいわゆる**地下河川**が脚光を浴びつつある（コーヒーブレイク13.6）．洪水は非定常流の代表例であるから，再び管路の非定常流の研究が高揚するかもしれない．以下では，管路流の非定常効果の基礎を概説し，詳細は専門書を参照してほしい．

14.2　非定常流の基礎方程式

　水が非圧縮である限り，連続式は形式上変化がない（10.3節）．すなわち，

$$v \cdot A = Q(t) \tag{14.1}$$

　エネルギー式は，式（10.47）に非定常項 $\partial K/\partial t \cong \partial(U_1^2/2)/\partial t$ が追加されるのみである（式（10.28）をみよ）．したがって，以下のように変形される．

$$\boxed{\frac{\beta}{g}\frac{\partial v}{\partial t} + \frac{\partial}{\partial x}\left(\alpha \frac{v^2}{2g} + z + \frac{p}{\rho g}\right) = -\frac{\partial h_L}{\partial x} \equiv -I_e} \tag{14.2}$$

式 (14.2) は，定常流の式 (10.47) に非定常項（局所的加速度項の結果である）が付加されたのみであるが，流速 v が場所 x と時間 t の 2 変数の関数となり，偏微分方程式となるからかなり複雑となる．

14.3 水撃作用と過渡現象

何らかの理由でたとえば緊急事態発生でペンストックに取り付けられたバルブを急激に全閉あるいは全開するとき，管路流の非定常性が問題になる．バルブを急激に全閉したとき，水流がもっている大きな速度水頭がバルブ部でゼロとなり，その分が圧力水頭になって水の圧縮性が無視できなくなる場合がある．このようにバルブ部で生じた**圧縮波**は疎密波（縦波）として管路の上流に向かって伝播し，上流の管の流入口で負の圧縮波として反射し，管内に圧力振動が起こる．この現象を**水撃作用**（water hammer）といい，バルブ部での急激な圧力上昇を**水撃圧**という．

水撃作用は文字どおり管路を水のハンマー（hammer）でたたくように急激に作用するから一般に管路も変形し，ときには破損する事故が起きる．このため，丈夫なペンストック（圧力鉄管）が必要となる．いま，管の直径を D，管の厚さを δ，弾性係数を E_s とし，水の体積弾性係数を E とすれば，圧縮性のある連続式と式 (14.2) より水撃圧の伝播速度 c が以下のように求められている．

$$c = \frac{1}{\sqrt{\rho(1/E + D/(\delta E_s))}} \tag{14.3}$$

管が変形しなければ，すなわち $E_s \gg E$ ならば，

$$c = \sqrt{\frac{E}{\rho}} \tag{14.4}$$

式 (14.4) は式 (1.3) と一致する．水中で c の値は式 (1.4) より約 1500 m/s であるが，水中に気泡を含んでいると水の体積弾性係数は減少し，一般には 1000 m/s 程度の高速で伝播する．バルブ全閉前の初期流速を v_0 とすれば，速度水頭がゼロに急変することに伴う圧力上昇分すなわち**水撃圧** p_{wh} は次式で与えられる．

$$p_{wh} = \rho \cdot c \cdot v_0 \tag{14.5}$$

式 (14.5) を **ジューコフスキの公式** (Joukowsky's formula) という.

> **例題 14.1** 流速 $v_0=10$ [m/s] でペンストックに流れていた水流がバルブで急閉された. この場合の水撃圧を水頭で表せば, いくらになるか.

[解] 式 (1.4) と式 (14.5) より, 水撃圧の水頭 h_{wh} は,

$$h_{wh}=\frac{p_{wh}}{\rho g}=\frac{c\cdot v_0}{g}=\frac{1485\,[\text{m/s}]\times 10\,[\text{m/s}]}{9.8\,[\text{m/s}^2]}=1515\,[\text{m}]=146.7\,[\text{気圧}] \quad (14.6)$$

ものすごい圧力であり, 水撃圧の怖さがわかるであろう.

> **●コーヒーブレイク 14.1** ロシア人で水理学・流体力学に貢献した最も有名な学者は, 乱流の局所等方性理論のコルモゴロフ (9.7節) とジューコフスキ (1847-1921) である. 前者は有名な数学者である. 後者は, ロシアが産んだ最初の流体力学者で, 揚力理論 (8.12節) や水撃作用に顕著な業績を残した. 1898年サンクトペテルスブルグ (旧レニングラード) の帝国アカデミー紀要にロシア語とドイツ語で水撃現象を初めて発表し, 式 (14.3)～(14.5) を導いた. ジューコフスキはモスクワの水道網を設計し, 水撃作用に関して注目すべき実験を行い, **安全弁の必要性**を指摘した. レーニンはついに彼に「ロシア航空の父」の称号を贈った. なお, 彼の父は土木技師である.

以上のように, バルブを急閉すると水の圧縮性が無視できず, 水撃作用が発生する. では, 逆にバルブを閉じた状態から全開した場合はどうであろうか.

> **例題 14.2** 図 14.1 に示すように, 大きな貯水池にペンストック (長さ L, 直径 D) を建設し, バルブを閉じて水位 H まで貯留した. いま, バルブを急に全開したとき, 管内の流れが定常に達するまでの時間を求めよ.

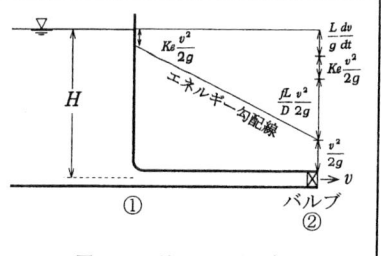

図 14.1 流れの過渡現象

[解] この場合は, 圧力が開放されるから流れは非圧縮で水撃波は発生しない. 簡単のために $\alpha=\beta=1$ とし, 式 (14.2) を①断面から②断面まで積分すれば,

$$\int_0^L \frac{1}{g}\frac{\partial v}{\partial t}dx + \left|\frac{v^2}{2g}+z+\frac{p}{\rho g}\right|_{x=0}^{x=L} + h_L = 0 \quad (14.7)$$

損失水頭 h_L は定常流の形式で与えられると仮定すれば,

$$h_L = \int_0^L \frac{f}{D}\frac{v^2}{2g}dx + K_e\frac{v^2}{2g} = \left(\frac{fL}{D}+K_e\right)\frac{v^2}{2g} \quad (14.8)$$

K_e は流入損失係数である. もし, 他の形状損失があればこれを式 (14.8) に加えておけばよい. また, ①断面では全水頭が H であり, ②断面ではピエゾ水頭はゼロである. 管の断面積 A は一定であるから, 連続式 (14.1) より速度 v は時間のみの関数である. したがって, 式 (14.8) を式 (14.7) に代入して

$$\frac{L}{g}\frac{dv}{dt}+\left(\frac{v^2}{2g}-H\right)+\left(\frac{fL}{D}+K_e\right)\frac{v^2}{2g}=0 \tag{14.9}$$

$$\therefore \quad \frac{dv}{dt}=\frac{1+fL/D+K_e}{2L}\left(\frac{2gH}{1+fL/D+K_e}-v^2\right) \tag{14.10}$$

いま,

$$v_0{}^2\equiv\frac{2gH}{1+fL/D+K_e} \tag{14.11}$$

とおけば, v_0 は定常流に達したときの流速である (例題 12.6). よって,

$$\frac{dv}{dt}=\frac{1+fL/D+K_e}{2L}(v_0{}^2-v^2) \tag{14.12}$$

初期条件として $t=0$ で $v=0$ を用いると, 式 (14.12) を積分して, 次式が得られる.

$$\therefore \quad \frac{v}{v_0}=\tanh\frac{v_0(1+fL/D+K_e)t}{2L} \tag{14.13}$$

この解より速度 v が定常流の値 v_0 に収束する過渡現象は永久に続くことになる. しかし実際には, ある時間 T で定常状態に達すると考えてよい. いま, $v/v_0=0.99$ で定常に達したとすれば, 式 (14.13) より

$$T=2.65\times\frac{2L}{v_0(1+fL/D+K_e)} \tag{14.14}$$

過渡現象が続く時間 T は, 管が短く, 定常となる流速が大きいほど, 短いことがわかる.

14.4 サージタンクの水理

図 14.2 に示すように, 大きな貯水池 R_1 と R_2 の間にタービンを設置し, 水力発電を設計する. タービンなどの異常事態に伴う水撃作用に耐えられるように, ペンストック (圧力鉄管) は鋼鉄製で造られるが, すべてを鋼鉄で造るのは経済的でない. そこで, 管路の途中に**サージタンク** (断面積 A) を設置し, 水撃波を開放した方が安全でしかも経済的である. サージタンクから上流の貯水池 R_1 までの管路 B (長さ L, 断面積 a) はペンストックでなくてもよい (たとえば, コンクリート製のトンネル水路でよい). このとき, 貯水池とサージタンクの間で何らかの原因により U 字管振動 (例題 7.5) が発生する場合がある. この振動は水撃波の伝播速度の式 (14.3) よりはるかに遅い周期で発生する. このような振動現象を**サージング** (surging, 低周波の「うねり」の意味) という. 以下で, このサージングを考えてみよう.

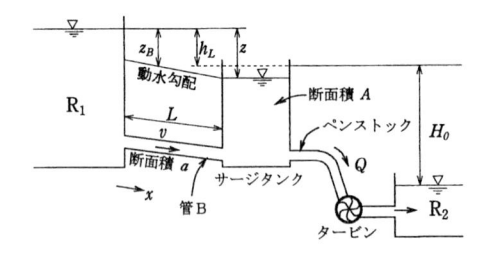

図 14.2 サージタンクの模式図

タービンに流れる流量を Q とすれば，サージタンク系の連続式は，

$$A\frac{dz}{dt} = Q - av \tag{14.15}$$

例題 14.2 と同様に，非定常流でもエネルギー勾配は定常流のダルシー・ワイスバッハ公式で近似できると仮定すれば，管路 B のエネルギー式は式 (14.2) より

$$\frac{\beta}{g}\frac{\partial v}{\partial t} + \frac{\partial}{\partial x}\left(\alpha\frac{v^2}{2g} - z_B\right) + f\frac{1}{D}\frac{v|v|}{2g} = 0 \tag{14.16}$$

流速 v の方向を考慮して，損失水頭に絶対値をつけている．また，z_B は貯水池水位から下向きに測った管 B のピエゾ水頭で，サージタンクの位置 $x=L$ で $z_B = z$ となる．ここで，z は貯水池水位から下向きに測ったサージタンクの水位である．$\alpha = \beta = 1$ と近似して，式 (14.16) を管 B の全長にわたって積分すると，

$$\frac{L}{g}\frac{dv}{dt} + \left|\frac{v^2}{2g} - z_B\right|_{x=0}^{x=L} + f\frac{L}{D}\frac{v|v|}{2g} = 0 \tag{14.17}$$

$fL/D \gg 1$ のとき，

$$\therefore \quad \frac{L}{g}\frac{dv}{dt} - z \pm f\frac{L}{D}\frac{v^2}{2g} = 0 \tag{14.18}$$

式 (14.15) と式 (14.18) が，サージタンクを含む管路 B の非定常流に関する基本式である．定常からの微小振動を考えれば，流れは逆流しないから複合記号は＋のみを対象にすればよい．サージタンクと貯水池 R_2 の放水口との有効落差を H とすれば，タービンの効率を γ とおいて，タービンの出力電力 P は式 (12.54) より

$$P = \gamma \rho g Q H \tag{14.19}$$

いま，定常運転に添字 0 を，微小変動量に ′ を付けて表すと，

$$z = z_0 + z', \quad H = H_0 - z', \quad Q = Q_0 + Q' \tag{14.20}$$

タービンには**調速機**（ガバナー governor）が取り付けられ，何らかの原因で有効落差 H が微小に変動しても自動的に流量 Q を変化させて，出力電圧 P を一定に保つようになっている．すなわち，

$$\frac{P}{\gamma \rho g} = QH = \text{const.} \quad \text{（定出力運転）} \tag{14.21}$$

式 (14.15)，(14.18)，(14.21) に式 (14.20) を代入して線形化すれば，次式

14 非定常管路流の水理学

> ●コーヒーブレイク 14.2　水力発電の開発は日本人にとって誇れる．世界で最初の水力発電所は，1881 年パリ近郊のセルメーズで竣工した（世界で最初の水力発電は米国のアスペン銀鉱山だが，商用ではない）．そして，わずか 9 年後の 1890 年（明治 23 年）に弱冠 28 歳の田邊朔郎（たなべさくろう，後年京都帝国大学土木工学科教授）による国産の琵琶湖疏水事業が竣工した．1892 年には 160 kW の水力発電所が蹴上（けあげ，現在の都ホテルの隣）に建設され（1897 年第一期発電所工事竣工で 1760 kW 電力），その電力で 1895 年に日本で最初の市電が京都に走り，東京遷都で低迷した古都を活性化させたのである．なお，蹴上発電所は現在に至るまで稼動し（4500 kW），琵琶湖疏水は京都に不可欠な金字塔になっている．このように，19 世紀末から水力発電の時代が先進諸国で始まり，日本もこれに参加できたのである．上記のトーマはドイツの水力発電を手がけた．

が得られる．

$$\frac{d^2 z'}{dt^2} + Q_0\left(\frac{f}{Da} - \frac{1}{H_0 A}\right)\frac{dz'}{dt} + \frac{a}{A}\left(\frac{g}{L} - \frac{fQ_0^2}{DH_0 a^2}\right)z' = 0 \quad (14.22)$$

これが**サージタンクの自励振動の方程式**である．振動学で学ぶように，第 2 項が減衰項，第 3 項が復元項である．減衰項の係数が負であれば，振動は時間的に発散する．同様に，復元項の係数が負であれば，復元せず発散する．したがって，サージタンクの水面が復元して安定である条件は，これらの係数が正でなければならない．よって，サージタンクの断面積 A の条件は，

$$A > \frac{D}{fH_0} a \quad (14.23)$$

管長 L の条件は，

$$L < \frac{gDH_0 a^2}{fQ_0^2} \quad (14.24)$$

である．定常運転では，

$$z_0 = f\frac{L}{D}\frac{(Q_0/a)^2}{2g} \quad (14.25)$$

であるから，式 (14.24) は以下のように簡単になる．

$$\therefore \quad z_0 < H_0/2 \quad (14.26)$$

式 (14.23) と式 (14.26) がサージタンクの微小振動に対する安定条件であり，**トーマの条件**（Thoma, 1910, 独）という．

● ま と め

非定常管路の水理学は定常管路のそれに局所的加速度項が付加したもので，方程式系が複雑になる．その代表例が発電水理学である．緊急事態発生でペンストックのバルブを急閉すると，流れが急にゼロになり，これが圧力波となって上流に伝播する．これが水撃作用であり，管路

固有の興味ある，しかし危険な現象である．空気流でも同様な現象が起こることを流体力学者のジューコフスキは示している．本章では割愛したが，水撃波は波動方程式で構成され，双曲線型の偏微分方程式となる．この場合，偏微分方程式の解法の一つである特性曲線法が有効であり，この手法は次章の非定常開水路で学ぶ．もう一つの興味ある現象はサージタンクである．登山していると，山の中に隠れるように大きな水槽が目の前に現れ，いったいあれは何だろうと思った諸君もいるであろう．あれがサージタンクである．本章では，これらの基本的な水理特性を学んだ．すなわち，トーマの条件である．管路系が複雑になると，水撃作用や各種のサージタンクの設計はより複雑になるから，必要に応じて専門書を参照されたい．たとえば，物部『水理学』(岩波書店，1968) が参考になろう．

本書では，割愛したが，管路の振動流・往復流に関しては，機械工学・化学工学・原子力工学などの分野で活発に研究されている．たとえば，エンジンの開発には欠かせない知見である．また，医学・生命科学でも非定常性は重要なテーマである．たとえば，心臓外科では，血管の非定常流れが重要となり，超音波ドップラ流速計（レーザ光線の替わりに超音波を利用，コーヒーブレイク9.10）で血流が計測されている．水理学が得意な諸君もこのような他の分野の研究成果をよく学び，水理学の発展に寄与してもらいたい．

■演習問題

14.1 エネルギー式 (14.2) の局所的加速度項に運動量補正係数 β が付くことを示せ．

14.2 例題 14.2 で，完全流体のとき，定常状態に達するまでの時間を求めよ．

14.3 図 14.1 で，バルブの開度を変化させて，流速 v が，① 加速流になるとき，② 減速流になるとき，全水頭に占める各水頭の寄与分を示せ．

14.4 わが国の総電力に占める水力発電・火力発電・原子力発電（原発）・風力発電・波力発電・その他の割合を年代変化（1900 年から現在まで）に対して図に示し，その特徴を論述せよ．

> ●コーヒーブレイク 14.3　スウェーデンやドイツなどでは原子力発電（原発）の危険性が叫ばれ，「脱原発」を打ち出している．2000 年現在において，1 kW 時あたりの発電コストは，石油・石炭火力の 10 円，原子力の 9 円に対して，風力が 20～25 円，太陽光は 70～100 円かかり，かなりの技術革新が必要であろう．21 世紀は，どのエネルギーが主体になるか興味があろう．なお，2010 年の日本のエネルギー需要予測は，石油 47.2%，原子力 17.4%，石炭 14.9%，天然ガス 13.0%，水力 3.8%，その他 3.7% である．1996 年の実績では，石油 55.2%，水力 3.4% であるから，化石燃料は若干減少し水力発電は若干増加するが，これが地球温暖化阻止の鍵となるかは現在でも不透明である．

15

非定常開水路流の水理学

15.1 概説

非定常開水路の代表例は河川の洪水である．管路の非定常流に比べて，開水路の非定常流は時間変化項が付加されることでは同じであるが，自由水面が時間的かつ場所的に変化することが大きな特徴である．すなわち，流れの境界条件ともいえる自由水面が時間と空間の関数になり，境界が固定した管路の非定常流に比べてはるかに複雑な現象で，またこれが自然現象をおもしろくさせている．

非定常開水路の内部構造すなわち乱流構造は，定常な乱流構造に比べて不明な点が多い．これは室内実験でも野外観測でも定常流に比べて計測などがはるかに困難なためである．しかし，近年，室内実験においては，非定常の流量変化をパソコンで自動制御したり，流れを乱さない非接触の高精度なレーザ流速計などの流体計測機器の進展で，ようやく非定常な開水路流の内部構造の研究が本格化したホットな課題である．このような非定常流の研究は，21世紀ではますます進展するであろうし，流れの3次元特性と非定常性などの流れの科学にとって重要な課題を解決してくれるはずである．

15.2 連続式

水などの非圧縮性流体の連続式の微分形は式 (6.20) のままであり，定常流のそれとまったく変わりない．しかし，ガウスの発散定理を用いてこれを積分形に変形すると，**自由水面の境界条件から非定常項が出現する**．これが，境界条件が固定した管路流（式 (14.1)）にはない大きな特徴である．

連続式 (6.20) から積分形の式 (10.3) が導かれた．ここで重要な点は，式 (10.2) の第3項が非定常流ではもはやゼロではないことである．図 15.1 に示すように，自由水面に相当する S_N は時間的に変化し，自由水面の鉛直方向の流速 v_s はゼロではない．この特性を式 (10.2) に導入すれば，非定常開水路の連続

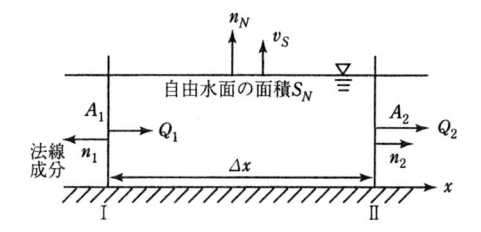

図 15.1 非定常開水路のコントロールボリューム

式が得られる.

さて, v_s は水深の時間微分であるから,

$$v_s = \frac{\partial h}{\partial t} \tag{15.1}$$

したがって, 式 (10.2) の第3項は以下のように変形される.

$$\iint_{S_E+S_W+S_S+S_N} U_j n_j ds = \iint_{S_N} v_s n_N dx dz = \int_0^{\Delta x} dx \int_0^B \frac{\partial h}{\partial t} \times (+1) dz$$

$$= \int_0^{\Delta x} dx \frac{\partial}{\partial t} \int_0^B h dz = \Delta x \times \frac{\partial A}{\partial t} \tag{15.2}$$

$$\therefore \iint_{A_2} U_1 dA - \iint_{A_1} U_1 dA + \Delta x \times \frac{\partial A}{\partial t} = 0 \tag{15.3}$$

式 (15.3) の両辺を Δx で割り, $\Delta x \to 0$ をとれば,

$$\therefore \frac{\partial Q}{\partial x} + \frac{\partial A}{\partial t} = 0 \tag{15.4}$$

これが**非定常開水路の連続式**である. 第2項が非定常項で, 自由水面という境界条件が時間的に変化するために付加されたものである. 流水断面 A が一定な定常流では $Q=$ 一定となり, 式 (10.5) に帰着する. 平易にいえば, 検査面間の流出入の差 (Q_2-Q_1) がコントロールボリューム内に貯まり, 水深がその分だけ増減するのである.

例題 15.1 2次元開水路の非定常流の連続式を求めよ.

[解] $A=Bh$, $Q=Av=Bhv$ であるから, 式 (15.4) に代入して,

$$\therefore \frac{\partial h}{\partial t} + \frac{\partial (h \cdot v)}{\partial x} = 0 \tag{15.5}$$

15.3 エネルギー式

非定常開水路のエネルギー式は水面の鉛直速度 v_s が平均速度 v に比べて無視できるから，管路流の式 (14.2) と同一となる．これを再記すると，

$$\frac{\beta}{g}\frac{\partial v}{\partial t} + \frac{\partial}{\partial x}\left(\alpha\frac{v^2}{2g} + z + \frac{p}{\rho g}\right) = -I_e \qquad (15.6)$$

式 (10.28) の運動エネルギー K の時間微分項から，式 (10.16) で定義された運動量補正係数 β が導入される（演習問題 14.1）．非定常流になると，水深 h，断面平均流速 v などの水理量は主流の座標 x と時間 t の 2 変数の関数であるから，定常流の常微分たとえば式 (13.9) などは偏微分になる．以下で，これを扱おう．

さて，13 章で学んだように，開水路を扱う場合は，式 (13.1) の比エネルギー H_0 を導入するのが常とう手段である．このとき，式 (15.6) は以下のように変形される．

$$\frac{\beta}{g}\frac{\partial v}{\partial t} + \frac{\partial H_0}{\partial x} = I_b - I_e \qquad (15.7)$$

当然，定常流では左辺第 1 項はゼロとなるから，式 (15.7) は式 (13.9) に帰着する．または，

$$\frac{\beta}{g}\frac{\partial v}{\partial t} + \frac{\alpha v}{g}\frac{\partial v}{\partial x} + \frac{\partial}{\partial x}(h\cos\theta) = \sin\theta - I_e \qquad (15.8)$$
　　　①　　　　②　　　　　③　　　　　　④　　⑤

①が局所的加速度項，②が速度水頭の変化，③が水深の変化，④が河床勾配，そして⑤が損失水頭の変化すなわちエネルギー勾配である．

エネルギー式 (15.8) を式 (15.4) と連立して解けば，原理的には問題は解決する．ここでいつも問題となるのが，**エネルギー勾配 I_e の評価である**．機械工学などの流体機器（ほとんど管路である）の非定常性は非常に大きいが（たとえば，エンジンやタービンの非定常性)，自然現象の解明と共生に必要な開水路水理学では，非定常性は格段に大きくなく，13 章の定常流の知見を準用した**準定常的な** (quasi-steady) 取り扱いが従来行われてきた．非定常開水路の内部構造の全貌が解明されるまでは，このような準定常的な解析でも重要であり，実際に洪水流がよく解析できるのである．解析の手順は，図 5.1 と同様である．すなわち，

① 漸変流では，I_e として等流公式を用いる．

② 急変流では，運動量式を使う．しかる後に，エネルギー損失を計算する．
以下では，①として河川工学で重要な**洪水流解析**を，②として**段波**を順に解説する．なお，式（13.12）と同様にして，非定常の運動量式を導くことができ，式（15.8）と同等な水面形方程式を導くことができるが，かなり複雑である．演習問題15.2で詳述しよう．

> ●コーヒーブレイク15.1　steady flow および unsteady flow を「定常流および非定常流」と邦訳することが定着した．以前は，「定流および不定流」と水理学の分野ではよんでいた．しかし，機械工学などの他の分野では前者の邦訳が多いから，「定流および不定流」の用語は使わない方がよい．

15.4　開水路の微小攪乱波

例題 15.2　図15.2に示すように，2次元開水路等流の水面に微小攪乱（かくらん）を与えたとき（たとえば水面に石を投げる），その伝播速度 c を求めよ．

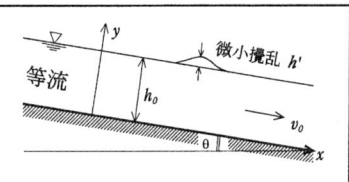

図 15.2　開水路の微小攪乱波

[解]　等流の水深，速度をそれぞれ h_0, v_0 とすれば，水深に比べて微小な変位を h'，それに伴う流速の変化を v' とする．すなわち，

$$h(x, t) = h_0 + h'(x, t), \quad v(x, t) = v_0 + v'(x, t) \tag{15.9}$$

式（15.9）を連続式（15.5）に代入し，**線形近似**（h', v' の2乗以上の高次項を無視する手法）すれば，

$$\frac{\partial h'}{\partial t} + v_0 \frac{\partial h'}{\partial x} + h_0 \frac{\partial v'}{\partial x} = 0 \tag{15.10}$$

基本流は等流であるから，$I_e = \sin\theta$ であり，式（15.9）を式（15.8）に代入して線形近似すれば，

$$\frac{\beta}{g} \frac{\partial v'}{\partial t} + \frac{\alpha v_0}{g} \frac{\partial v'}{\partial x} + \cos\theta \frac{\partial h'}{\partial x} = 0 \tag{15.11}$$

式（15.11）の両辺を x で偏微分し，その結果に式（15.10）の $\partial v'/\partial x$ を代入して v' を消去すれば，水位変化 h' に関する次の偏微分方程式が得られる．

$$\therefore \beta \frac{\partial^2 h'}{\partial t^2} + (\alpha + \beta) v_0 \frac{\partial^2 h'}{\partial t \partial x} + (\alpha v_0^2 - g h_0 \cos\theta) \frac{\partial^2 h'}{\partial x^2} = 0 \tag{15.12}$$

式（15.12）は線形2階偏微分方程式で，**双曲型**あるいは**波動型**の偏微分方程式になる．そこで，微小攪乱波の一般表示式

$$h'(x, t) = f(x - ct) \tag{15.13}$$

を仮定して，式（15.12）に代入すれば，攪乱波の伝播速度 c が次のように求められる．

$$\beta \times c^2 - (\alpha + \beta) v_0 \times c + (\alpha v_0^2 - g h_0 \cos\theta) = 0 \tag{15.14}$$

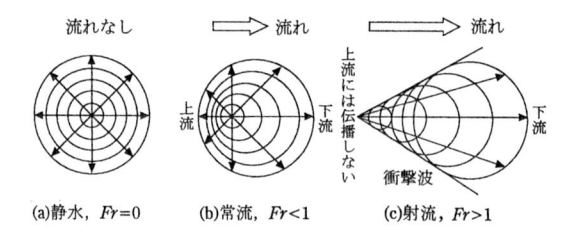

図 15.3 フルード数 Fr の違いによる微小撹乱波の伝播パターン

(a)静水, $Fr=0$ (b)常流, $Fr<1$ (c)射流, $Fr>1$

式 (15.14) は，数学で学んだように，偏微分方程式 (15.12) の**特性関数**であり，後述のように**特性曲線法**が有効であることがわかる．式 (15.14) を解くと，

$$\therefore c = \frac{\alpha+\beta}{2\beta} v_0 \pm \frac{v_0}{2\beta} \sqrt{(\alpha-\beta)^2 + 4\beta \frac{gh_0 \cos\theta}{v_0^2}} \tag{15.15}$$

$\alpha=\beta=1$ と近似できるから，結局，以下が得られる．

$$c = v_0 \pm \sqrt{gh_0 \cos\theta} \cong v_0 \pm \sqrt{gh_0} \tag{15.16}$$

すなわち，伝播速度 c は，流れ v_0 に相対的に上流および下流に

$$c_L = \sqrt{gh_0 \cos\theta} \cong \sqrt{gh_0} \tag{15.17}$$

で伝播することがわかる．次章で学ぶが，c_L は**長波**（long wave, 水深に比べて波長が長い波）の伝播速度と一致する．

ここで最も重要な特性は，微小撹乱波が上流に伝播する速度が $v_0 > \sqrt{gh_0}$ のとき負になるから，上流には伝播しないことである．図 15.3 にこの様子を示す．いま，フルード数 Fr を

$$Fr \equiv \frac{v_0}{\sqrt{gh_0}} = \frac{v_0}{c_L} \tag{15.18}$$

と定義すれば，$Fr>1$ すなわち射流のとき，微小撹乱波は上流に伝播しないことがわかる．したがって，下流の影響を受けないから，水面形計算は下流に向かって計算しなければならない（13.15 節参照）．そして，$Fr=1$ すなわち $v_0=c_L$ が限界流となり，限界水深が現れる．これが，表 13.1 の⑤の微小撹乱波の伝播速度から定義した限界流である．$Fr<1$ の常流では，撹乱波は上流に伝播するから，水面形計算を下流から上流に向かって計算するのであった．また，$Fr=0$ となる静水のときは，$c=\pm c_L$ となり，図 15.3 (a) に示すように，撹乱波は円状に伝播する．池に石を投げた波紋がこれである．

さらに興味ある点は，v を気流速度，c を音速とすれば，式 (11.27) より

$$Ma = \frac{v}{c} \tag{15.19}$$

> ●コーヒーブレイク15.2　波の伝播速度と流体自身の速度（velocity）は同一ではない．velocityと区別するためにcelerity（伝播速度）の用語を導入したのが，サンブナン（Saint-Venant；1797-1886, 仏）である．このため，後世では波の伝播速度をcと書き，速度uやvと暗黙のうちに区別している．彼は，弾性力学の分野で顕著な業績を残したが，水理学も研究した．特に，非定常流れを解析した．フランスの水理学は，現在でも名門でエリート校であるEcole Nationale des Ponts et Chaussées（ENPC）とEcole Polytechnique（パリ理工科大学）やソルボンヌ大学で発展してきた．当時のエリートは，ポリテクニクで学んだ後，ENPCでより専門的な教育を受けたのである．ENPCは国立ボンゼショセ，直訳すれば「国立橋梁道路大学」であるが，「国立土木大学院」と邦訳した方がよい．「橋梁道路」といっても，水理学もちゃんと研究している．日本・中国の「土木」と同じ．土木は漢詩の「築土構木」に由来するが，やはり「水」は表面的にはない．このように古今東西を問わず，「水」の学問は人間に直結した環境にあり，強いていう必要のない重要な学問であったためであろう．あるいは，逆に「土」「木」など固体力学に比べて流体力学はとらえどころのない難しさを感じさせたかもしれない．ENPCはルーブル美術館から徒歩10分程度の小さな建物で，その向かいにパリ大学医学部がある．ENPCの玄関フロアには19世紀に活躍した20名の教授陣の胸像が飾られている．その中には，① 上述のサンブナン，② N-S方程式のナヴィエ（Navier；1785-1836），③ コーシー・リーマンの関係式（7.4節）で有名なコーシー（Chaucy；1789-1857），④ 水面形計算や初めて土砂輸送，特に浮遊砂を研究したデュブイ（Dupuit；1804-1866）などがおり，当時のフランスアカデミーや土木工学界のすごさが再認識される．なお，ENPCは1747年に創立され，1997年は250周年に当たることから，サンブナンシンポジウムが開催された．著者も実行委員の一人であった．

なるマッハ数が空気力学で重要なパラメータになることが知られている．水理学のフルード数がこのマッハ数に対応する．マッハ数が1を超える超音速が射流に対応する．超音速になると，音（疎密波）が上流には伝わらず，エネルギー密度がきわめて高い**衝撃波**（shock wave）が音源を取り巻くように形成される．射流でも同様な衝撃波が水面に形成される．ただ，水は非圧縮のため，開水路の衝撃波のエネルギーは弱い．

流れが常流か射流かを実験的に簡便に判定する方法は，攪乱源（たとえば，流れに棒を入れ，微小に攪乱する）が上流に伝わるか否か，また衝撃波が形成されるか否かを調べればよい．

15.5　キネマティックウエーブ理論（クライツ・セドンの法則）

河床勾配が急な河川，たとえば$I_b>1/1000$では，エネルギー式（15.8）の①，②，③は，④および⑤に比べて十分小さく，無視できると仮定する．すなわち，洪水の伝播が速いため，等流公式を常に満足すると仮定する．したがって，実質

的には N-S 方程式から誘導された運動方程式をいっさい使わずに，洪水の収支を表す連続式 (15.4) をフルに使う方法である．この意味で，**キネマティックウエーブ理論** (kinematic wave theory) という．kinematic の邦訳は「運動学的」であるが，力学面 (dynamic) が考慮されていない点を強調した表現と考えればよい．

この式の誘導は簡単であるが，実に巧妙である．等流公式として，シェジー公式 (13.39) を使えば，

$$Q = A \cdot v = CA\sqrt{RI_b} \tag{15.20}$$

流水断面積 A および径深 R は水深 h の関数である．逆に，水深は A の関数であるから，径深も A の関数である．したがって，

$$Q(x, t) = \text{func.}(A, I_b) = Q(A) \tag{15.21}$$

$$A = A(x, t) \tag{15.22}$$

すなわち，流量 Q は，河床勾配が一定のとき，流水断面積のみの関数である．さて，数学の公式によると，

$$\frac{dA}{dt} = \frac{\partial A}{\partial t}\frac{dt}{dt} + \frac{\partial A}{\partial x}\frac{dx}{dt} = \frac{\partial A}{\partial t} + c\frac{\partial A}{\partial x} \tag{15.23}$$

$$c \equiv \frac{dx}{dt} \tag{15.24}$$

式 (15.23) は，式 (6.3) のラグランジュ微分とオイラー微分の関係に似ている．しかし，式 (6.3) は流体の実質微分で，dx/dt は流速そのものである．一方，式 (15.23) の A は洪水波とともに移動する流水断面積で，この洪水波の伝播速度 (celerity) c は流体の実質速度すなわち v ではない．

一方，連続式 (15.4) を式 (15.21) の単一関数の特性を使って変形すれば，

$$\frac{\partial A}{\partial t} + \frac{dQ}{dA}\frac{\partial A}{\partial x} = 0 \tag{15.25}$$

式 (15.23) と式 (15.25) を比較すれば，次の重要な関係式が得られる．

$$\boxed{c = \frac{dQ}{dA} = \frac{d(vA)}{dA} = v + A\frac{dv}{dA} > v} \tag{15.26}$$

$$\frac{dA}{dt} = 0 \tag{15.27}$$

式 (15.27) は，洪水波が時間経過に対して不変である，すなわち減衰や変形

することなく下流に伝播することを示している（図15.4a）．この伝播速度 c は，式（15.26）で与えられ，洪水波は流速 v より速く伝播することは注目に値する．

式（15.26）は，1887年クライツ（Kleitz）によって理論的に導かれ，1900年にセドン（Seddon）がミシシッピー川やミズリー川の洪水観測で実証し，洪水流理論の基本となっている．彼ら先人の名にちなんで，式（15.26）で与えられる洪水波の伝播速度を**クライツ・セドンの法則**という．ここにきて，初めてアメ

> ● コーヒーブレイク15.3　移民の国・アメリカが水理学・流体力学で本格的に活躍するのは戦後（1945年以降）であり，戦争の被害がなかった自由な国で開花したのである．20世紀初めから戦前までの約半世紀は，欧州からの移民による研究者がその基礎を作った．なかでもフォン・カルマン（von Kármán；1881-1963）とクーリガン（Keulegan；1890-1989）の果たした業績はまことに大きい．プラントルの愛弟子のカルマン（コーヒーブレイク8.4）は1930年にカリフォルニア工科大学（Caltech）の教授に就任し，米国における水理学・流体力学をはじめ構造力学の分野にも多大な影響を与え，米国科学界を活性化させた．カルマンの所には，戦中・戦後の水理学・河川工学の発展に多大な貢献をなした若き日のアインシュタイン（Hans Albert Einstein，偉大な物理学者・相対性理論のAlbert Einstein の子，確率過程論的な流砂量公式の創設者），ヴァノニ（Vanoni，流砂現象の実験的研究），イッペン（Ippen，開水路の乱れを最初に計測した），デイリー（Daily，抵抗則の研究）らのそうそうたる学者が集まっており，またドイツのカールスルーエ（Karlsruhe）大学のレーボック（Rehbock）教授の水理研究所（Institut für Hydromechnik）に留学していたハンター・ラウス（Rouse，浮遊砂のラウス公式で有名）青年をカルマンはカルテックの助教授として呼び戻したのである（コーヒーブレイク16.1）．これらの若き日のカルマン門下生のはつらつとした自由な研究の雰囲気が推察される．水理学にもアメリカンドリームがあったのである．ラウスは，カルマンの影響を強く受け，1938年に名著 "Fluid Mechanics for Hydraulic Engineers" を出版し，経験則のみに立脚していた当時の水理学・河川工学に流体力学の必要性を説いたのである．ラウスはアイオワ（Iowa）大学水理実験所，アインシュタインはカリフォルニア大学バークレー（Berkeley）校，イッペンとデイリーはMIT，ヴァノニはカルテックの水理部門の発展に尽力し，米国の大学の現在の水理学研究の拠点を作った．一方，クーリガンはアルメニア人で，当時はトルコ支配下にあり，苦労して渡米して教育を受け，20代初めに物理学者として米国政府の規格局（National Bureau of Standards）に任用された．そして，新設の水理研究所のスタッフとして，開水路の流速分布や密度流の研究に活躍した第一級の科学者であった．カルマンとは異なり，クーリガンは政府機関から米国の水理学・流体力学の発展に寄与した．特に，密度流の研究で顕著な業績を残し，内部波の安定条件を示す**クーリガン数**を提案している．彼の生誕100年を祝うために1990年にMITでクーリガンシンポジウムが企画されたが，まことに残念にも彼はその前年に99歳で亡くなり，当シンポジウムではクーリガンを偲んで約30カ国から約150人の水理研究者が集まって盛大に開催された．そして，出席者のサインとメッセージを彼の妻に贈ったのである．

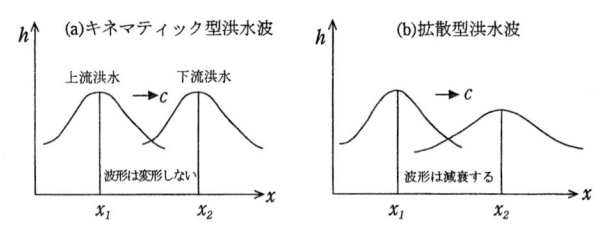

図 15.4 洪水波の変形と伝播

(a) キネマティック型洪水波: 上流洪水、下流洪水、波形は変形しない
(b) 拡散型洪水波: 波形は減衰する

リカの水理学が芽生えるのである．

例題 15.3 広幅水路の洪水波の伝播速度をキネマティックウエーブ理論で求めよ．

[解] 等流公式として，シェジー公式（13.39）を用いる．すなわち，

$$v = C\sqrt{RI_b} \cong C\sqrt{hI_b} \qquad (15.28)$$

式（15.26）のクライツ・セドンの法則を適用すれば，

$$\therefore c = v + A\frac{dv}{dA} = v + h \times \frac{dv}{dh} = v + h \times \frac{v}{2h} = 1.5v \quad \text{（シェジー公式による）} \qquad (15.29)$$

等流公式としてマニング公式を使えば，以下が得られる（演習問題 15.7）．

$$c = v + \frac{2}{3}v = \frac{5}{3}v = 1.67v \quad \text{（マニング公式による）} \qquad (15.30)$$

簡単にいえば，洪水波は，等流公式の径深のべき乗数 m に流速 v を掛けた分だけより速く伝播することになる．

15.6 洪水流のループ特性

キネマティックウエーブ理論の最大欠点は式（15.27）からもわかるように，洪水波の減衰や変形を説明できないことである．河床勾配が緩くなると，流速 v が小さくなり伝播速度 c も小さくなるから，波の減衰がもはや無視できなくなる（図 15.4 b）．このとき，水深-流量曲線いわゆる h-Q カーブは，図 15.5 のようにループを示すことが知られている．水深 h が最大水深 $h_{\max}$ に達するまでを**増水期**，最大水深 $h_{\max}$ から減少して定常流（**ベースフロー**（base flow）という）までを**減水期**という．キネマティックウエーブでは，式（15.21）より

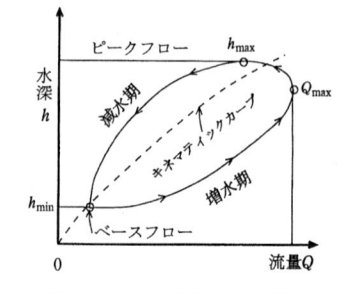

図 15.5 h-Q 曲線のループ特性

$$Q = Q(h) \tag{15.31}$$

すなわち，水深と流量の関係は一意に決まる．しかし，h-Q カーブがループを描くと，同一水深でも増水期の流量の方が減水期より大きくなる．そして，最大流量 $Q_{\max}$ が発生するのは増水中（$h < h_{\max}$）で起こり，水深がピークに達するときには流量 Q は最大流量 $Q_{\max}$ より小さい．

この**ループ特性**は河床勾配が小さい都市河川では一般的にみられ，洪水対策・土砂災害対策上きわめて重要である．$Q = Bhv$ であるから増水期の方が減水期よりはるかに高速流になる．したがって，増水期の方が減水期より河床せん断応力や乱れが大きくなり，河床は洗掘されやすく，土砂移動も大きい．野外観測によれば，浮遊砂も増水期でより活発に起こり，減水期で堆積する．

このように，非定常開水路流れの乱流構造は非定常性が大きいほど大きなループ特性をもつことが最近室内実験から解明されつつある．開水路実験において流量の時間的変化がコンピュータで制御でき，流れに非接触なレーザ流速計（コーヒーブレイク 9.10）によって非定常流れを高精度に計測できるようになったためである．より詳しい文献は，拙著のアメリカ土木学会論文集（*Journal of Hydraulic Eng.*, vol. 123, pp. 752-763, 1997）を参照されたい．

15.7　速水の理論（拡散型洪水波理論）

前節の流れのループ特性を説明するには，式（15.8）のエネルギー式を使わねばならない．速水（Hayami, 1951）は，波の減衰すなわち水深の変化を取り入れて，他の①および②を無視した．すなわち，式（15.8）から以下の近似式が得られる．

$$I_e = \sin\theta - \frac{\partial h}{\partial x}\cos\theta \cong I_b - \frac{\partial h}{\partial x} \tag{15.32}$$

いま，簡単なために広幅長方形水路を対象にすれば，連続式は式（15.5）で与えられる．漸変流近似（13.12 節）すれば，エネルギー勾配 I_e は等流公式から与えられる．今度は例題として，マニング公式を適用してみよう．すなわち，式（13.43）より

$$I_e \cong \frac{n^2 v^2}{h^{4/3}} \tag{15.33}$$

式（15.32）に代入して，v を解けば，

$$v = \frac{h^{2/3}}{n} I_e^{1/2} = \frac{h^{2/3}}{n}\left(I_b - \frac{\partial h}{\partial x}\right)^{1/2} \qquad (15.34)$$

式 (15.34) を式 (15.5) に代入すれば，その第1項は，

$$\frac{\partial h \cdot v}{\partial t} = \frac{\partial}{\partial t}\left\{\frac{h^{5/3}}{n}\left(I_b - \frac{\partial h}{\partial x}\right)^{1/2}\right\} = \frac{5}{3}\frac{h^{2/3}}{n}\left(I_b - \frac{\partial h}{\partial x}\right)^{1/2}\frac{\partial h}{\partial x} - \frac{h}{2}\frac{h^{2/3}}{n}\left(I_b - \frac{\partial h}{\partial x}\right)^{-1/2}\frac{\partial^2 h}{\partial x^2}$$

$$= \frac{5}{3}v\frac{\partial h}{\partial x} - \frac{h \cdot v}{2(I_b - \partial h/\partial x)}\frac{\partial^2 h}{\partial x^2} \qquad (15.35)$$

よって，式 (15.5) は，式 (15.30) および式 (15.35) を用いて以下となる．

$$\therefore \quad \frac{\partial h}{\partial t} + c\frac{\partial h}{\partial x} = D\frac{\partial^2 h}{\partial x^2} \qquad (15.36)$$

$$D = \frac{h \cdot v}{2(I_b - \partial h/\partial x)} = \frac{h \cdot v}{2I_e} \qquad (15.37)$$

ここで，洪水波の伝播速度 c は式 (15.26) で与えられ，クライツ・セドンの法則と同じ結果を与える（演習問題 15.9 では，シェジー公式を使って確認する）．最も異なる点は洪水波を支配する基礎方程式が式 (15.36) の**拡散方程式**になることであり，係数 D は見かけ上の**拡散係数**に相当している．キネマティックウエーブ理論は，拡散係数 D がゼロになる場合であり，洪水波が拡散や減衰しないことが再確認される．式 (15.36) は非線形方程式であるから（なぜなら D は一定ではないから），洪水到達以前の等流水深を h_0，洪水の平均水深を $h_0 + h'$ とおいて，速水は次式のような級数展開して疑似非定常流を解析した．

$$h = (h_0 + h')\left\{1 + \frac{\phi_1(x,t)}{h_0 + h'} + \frac{\phi_2(x,t)}{(h_0 + h')^2} + \cdots\right\} \qquad (15.38)$$

ここで，

$$\frac{\partial \phi_1}{\partial t} + \frac{3}{2}v_0\frac{\partial \phi_1}{\partial x} = D_0\frac{\partial^2 \phi_1}{\partial x^2} \qquad (15.39)$$

$$\frac{\partial \phi_2}{\partial t} + \frac{3}{2}v_0\frac{\partial \phi_2}{\partial x} = D_0\frac{\partial^2 \phi_2}{\partial x^2} + \frac{3v_0}{4I_e}\left(\frac{\partial \phi_1}{\partial x}\right)^2 - \frac{3v_0}{4h_0}\phi_1\frac{\partial \phi_1}{\partial x} \qquad (15.40)$$

以下同様で，第一次近似解 ϕ_1，第二次近似解 ϕ_2 が上記の拡散方程式を解いて得られる．

なお，シェジー公式 $v_0 = C\sqrt{(h_0 + h')I_e}$ と $D_0 = (h_0 + h')v_0/(2I_e)$ を用いている．この場合，v_0 と D_0 は定数となる．マニング公式でも同様にできる．速水によれば，第一次近似 ϕ_1 で洪水の変形が十分に説明でき，また図式的に解く方法も提案している．

●コーヒーブレイク15.4　欧州，ロシア，米国における水理学の発展を述べてきた．最後は，日本の水理学の進展を述べるのが順序である．しかし，関係者がご存命で書きにくい点が多々あるが，著者の偏見と独断で簡単に述べてみる．日本の水理学・流体力学の発展は米国より遅れ，それが本格化するのは敗戦から立ち直った昭和30年代（1955年～）からであろう．明治維新（1868年）で，新政府は主としてオランダ技術者を治水事業のお雇い外国人として高額で招聘し，利根川・淀川・木曽三川など主要な河川の調査・改修に乗り出した．なかでもデレーケは日本に29年間にわたって滞在し，治水治山計画を立案し，その後の治水計画に大きな影響を残した．しかし，彼は大学を出ておらず，いわゆるたたき上げの河川技術者で，当時水理学の中心であったフランスアカデミーからみれば学術的には物足りなさを禁じえない．現場サイドから即戦力が要求されたことは事実である．日本の水理学の芽が出るのは，フランス留学から帰国した若き研究者・技術者の貢献であろう．たとえば，1880年にフランスから帰国した古市公威（ふるいちきみたけ）が治水行政や土木工学教育の基礎を築き，1886年に帝国大学工科大学（東京大学工学部の前身）の初代学長，1914年に土木学会の初代会長になった．一方，田邊朔郎（たなべさくろう）は工部大学校（東京大学工学部の前身）の卒業論文に琵琶湖疏水運河計画を立案し，彼が最高責任者となって1890年に純国産で完成させた．その後，京都帝国大学土木工学科教授となり，土木教育に尽力した．水理学の最初の本は，1933年（昭和8年）物部長穂（土木試験所（土木研究所の前身）所長，東大教授兼任）によって岩波書店から出版された．そして，物部門下生（本間仁・東大教授を中心に）によってこの全面改訂版ができ，『物部水理学』の名で1962年に刊行された．戦前・戦後の水理学の教育・研究は，石原藤次郎・京大教授（戦前は橋脚周辺の局所洗掘の研究），本間仁・東大教授（戦前は，射流の研究）らに先導されたといってよい．石原・本間の両教授は，1953年開催の国際水理学会ミネソタ大会に日本を代表する形で渡米し，戦後の日本における水理学・海岸工学の発展の基礎を与えた．石原は，戦後の荒涼としたわが国に大型台風が襲来し，未曾有の水災害をもたらしたこと（1945年枕崎台風：死者・行方不明3756人，1947年カスリン台風：利根川氾濫：死者・行方不明1910人，1948年アイオン台風：岩手県で大水害，死者・行方不明838人，1950年ジェーン台風：関西地方被害，死者・行方不明539人など）を憂い，防災研究の必要性を説き，1951年（昭和26年）京都大学に防災研究所を設置し，所長として尽力し，また工学部長・土木学会会長を歴任し，土木工学の教育・研究に多大な業績を残した．上記の速水の理論は防災研究所ブレッチン（英文論文集）の創刊号に発表されたのである．

15.8　ダイナミックウエーブ理論（特性曲線法）

河床勾配がさらに平坦になり，たとえば $I_b < 1/3000$ 程度になれば，エネルギー式（15.8）の各項は同オーダーとなり，結局は近似のない式（15.8）自体を使わざるをえない．簡単なために，$\alpha = \beta = 1$ とし，広幅長方形水路を対象としても一般性を失わない．連続式（15.5）とエネルギー式（15.8）を書き下すと，以下のような連立偏微分方程式系が得られる．

$$\frac{\partial h}{\partial t}+h\frac{\partial v}{\partial x}+v\frac{\partial h}{\partial x}=0 \tag{15.41}$$

$$\frac{\partial v}{\partial t}+v\frac{\partial v}{\partial x}+g\frac{\partial h}{\partial x}=g(I_b-I_e) \tag{15.42}$$

これらの解 $h=h(t,x)$, $v=v(t,x)$ は，上式が双曲線型の偏微分方程式系であるから，特性曲線法を使って解くことができる．**特性曲線法**は偏微分方程式を解くきわめて有効な理論で，多くの数学的専門書があるから参照してほしい．

さて，数学公式から，

$$\frac{dh}{dx}=\frac{\partial h}{\partial x}+\frac{dt}{dx}\frac{\partial h}{\partial t}, \qquad \frac{dv}{dx}=\frac{\partial v}{\partial x}+\frac{dt}{dx}\frac{\partial v}{\partial t} \tag{15.43}$$

これをマトリックスの形に並べ替えると，

$$\left.\begin{aligned}\frac{\partial h}{\partial t}+0+h\frac{\partial v}{\partial x}+v\frac{\partial h}{\partial x}&=0\\0+\frac{\partial v}{\partial t}+v\frac{\partial v}{\partial x}+g\frac{\partial h}{\partial x}&=g(I_b-I_e)\\\frac{dt}{dx}\frac{\partial h}{\partial t}+0+0+\frac{\partial h}{\partial x}&=\frac{dh}{dx}\\0+\frac{dt}{dx}\frac{\partial v}{\partial t}+\frac{\partial v}{\partial x}+0&=\frac{dv}{dx}\end{aligned}\right\} \tag{15.44}$$

特性曲線の理論によると，式 (15.44) が特異解をもつ条件は，0/0 の不定形になるときである．すなわち，連立方程式の係数の行列式がゼロとなるときに限られる．

よって，

$$\begin{vmatrix} 1 & 0 & h & v \\ 0 & 1 & v & g \\ \dfrac{dt}{dx} & 0 & 0 & 1 \\ 0 & \dfrac{dt}{dx} & 1 & 0 \end{vmatrix}=0 \tag{15.45}$$

かつ

$$\begin{vmatrix} 1 & 0 & h & 0 \\ 0 & 1 & v & g(I_b-I_e) \\ \dfrac{dt}{dx} & 0 & 0 & \dfrac{dh}{dx} \\ 0 & \dfrac{dt}{dx} & 1 & \dfrac{dv}{dx} \end{vmatrix}=0 \tag{15.46}$$

式 (15.45) を計算すれば，dx/dt に関する 2 次方程式 (**特性方程式**という)

が得られる．したがって，2つの特性曲線 C^-，C^+ が存在し，これが洪水波の伝播速度 c に相当している．そして，この C^-，C^+ 上で，式 (15.46) を計算して，結局，次式が得られる．

$$C^-（上流に伝播）: c \equiv \frac{dx}{dt} = v - c_L \quad \text{かつ} \quad \frac{d}{dt}(v - 2c_L) = g(I_b - I_e) \tag{15.47}$$

$$C^+（下流に伝播）: c \equiv \frac{dx}{dt} = v + c_L \quad \text{かつ} \quad \frac{d}{dt}(v + 2c_L) = g(I_b - I_e) \tag{15.48}$$

ここで，

$$c_L \equiv \sqrt{gh} \tag{15.49}$$

なお，一般形は，

$$c_L = \sqrt{g \frac{A \cos \theta}{\partial A / \partial h}} \tag{15.50}$$

で与えられる．当然，$A = Bh$，$\cos \theta \cong 1$ ならば，式 (15.50) は式 (15.49) に一致する．式 (15.49) は式 (15.17) と一致し，伝播速度 c は微小擾乱波の伝播速度である式 (15.16) と一致する．なお，一般形の式 (15.50) は，式 (13.16) に対応している（限界流の速度 v_c が c_L と一致する）．すなわち，ダイナミックウエーブの伝播速度は微小擾乱波のそれに一致し，図 15.3 と同様なパターンをとることがわかる．式 (15.47)，(15.48) は，図解でも概略は解けるが，通常はコンピュータで処理される．

例題 15.4 水理学というより数学の例題だが，式 (15.45) を計算して式 (15.44) の特性方程式を導け．

[解] 式 (15.45) の行列式を計算する．まず 4 行 4 列を 3 行 3 列に展開して，その後，公式に代入する．その結果，以下の 2 次方程式が得られる．

$$a\left(\frac{dx}{dt}\right)^2 - 2b\left(\frac{dx}{dt}\right) + c = 0 \tag{15.51}$$

この特性方程式が 2 実根をもつとき，もとの偏微分方程式 (15.44) を**双曲型**という．判別式より，

$$D = b^2 - ac > 0 \tag{15.52}$$

が 2 実根をもつ条件である．式 (15.51) を解くと，根の公式より

$$\frac{dx}{dt} = \frac{b \pm \sqrt{D}}{a} \tag{15.53}$$

●コーヒーブレイク15.5 感潮河川（estuary）では，淡水の河川と塩水の海水とが共存し，通常は満潮時に海水が河川水に潜るように進入する．このような流れを**塩水くさび**という．くさびの形状をなしているからである．塩水・淡水はその密度差のためなかなか混合しない．このような流れを一般に**密度流**という．本書では取り扱わなかったが，密度流では混合現象が重要になる．エスチャリーは，塩水・淡水の微妙な密度流であり，生態系・動植物の生育に欠かせない環境（**ビオトープ**あるいは**ハビタット**という）である．河口での水位変化が周期的に起こる（干満潮）場合，潮が河川にどのように遡上するかは本節のダイナミックウエーブ理論で解析できるのである．

さて，式（15.45）を上記の手順で行列式の計算をすると，$a=1$，$b=v$，$c=v^2-gh$ となる．これを式（15.53）に代入すると，

$$\therefore \quad \frac{dx}{dt} = v \pm \sqrt{gh} \tag{15.54}$$

これが，式（15.47）および式（15.48）の伝播速度である．

15.9 段波（運動量保存則の応用）

急変流で起こる非定常現象の代表が**段波**（surge あるいは hydraulic bore）である．ゲートを何らかの理由で急激に開放し，流れを急増させた場合とか（図15.6①に相当），逆にゲートを急に閉じて流れを急減された場合（図15.6②）に段波が発生する．また，大陸河川では，干満の差が大きく，河口がラッパ状に開いた河川では大潮のとき河口から段波が上流に遡上し，いわば移動する「跳水現象」が起こることがある．これが**ボア**（bore）とよばれ，正の段波（図15.6③）である．中国の長江で発生するボアや，アマゾン川で発生するボア（現地ではポロロッカとよぶ）は壮大で，自然界の不思議さや未知なる力を感じさせる．ボアの発生を祝うお祭りがあるとも聞く．

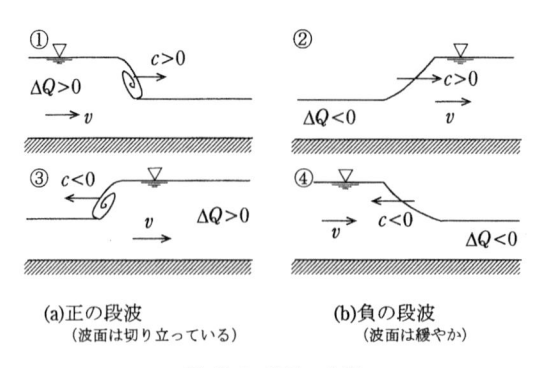

(a) 正の段波
（波面は切り立っている）

(b) 負の段波
（波面は緩やか）

図 15.6 段波の分類

図15.6に段波の分類を示す．段波には4種類ある．すなわち，①上流側の流量が急増（$\Delta Q>0$）あるいは，②急減（$\Delta Q<0$）した段波．一方，③下流側の流量が急増（$\Delta Q>0$）あるいは，④急減（$\Delta Q<0$）した段波である．このうち，①と③は，流量の急増に伴って段波が前進するから波面が切り立ち，跳水的挙動を示すから**正の段波**とよばれる．数学モデルでは，波面は垂直になり，まさしく「段の付いた波」である．これを**理想段波**ということがある．一方，②と④は，流量の急減に伴って発生する段波で，波（水深）が進行方向に引けるから波面の落ち込みは穏やかで，**負の段波**という．正の段波は跳水的で，後述するようにエネルギー損失が大きいが，負の段波のエネルギー損失はほとんど起こらない．当然，正の段波の方が迫力がある．①はゲートを急に開放したとき，下流に伝播する段波で起こる．③は下流の潮位などが急増したとき起こる現象で，上述のボアである．

図15.7が段波の模式図である．段波の伝播速度 c で移動する座標系からみれば，跳水と同様な解析ができる．まず，連続式は，移動座標系からみれば，流体の収支（流量フラックス）は一定であるから，

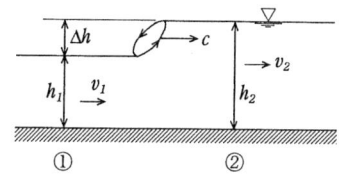

図15.7 段波の解析

$$Q = A(v-c) = \text{const.} \tag{15.55}$$

跳水と同様に，段波を挟む検査面①と②の間の外力（摩擦力）はエネルギー損失に比べて無視できると仮定する（図5.1の急変流の解析と同じ）．この場合，比力が保存される．移動座標系から見た比力は

$$M_0 \equiv \left\{ \beta \frac{(v-c)^2}{g} + \frac{h}{2}\cos\theta \right\} A = \text{const.} \tag{15.56}$$

例題15.5 長方形断面 $A = Bh$ での段波の伝播速度 c を求めよ．ただし，$\beta=1$，$\theta=0$ とおいてよい．

[解] 連続式（15.55）から，

$$h_1(v_1-c) = h_2(v_2-c) \tag{15.57}$$

運動量式（15.56）から，

$$\left\{ \frac{(v_1-c)^2}{g} + \frac{h_1}{2} \right\} h_1 = \left\{ \frac{(v_2-c)^2}{g} + \frac{h_2}{2} \right\} h_2 \tag{15.58}$$

両式を連立して解くと，

$$c = v_1 \pm \sqrt{gh_1}\left\{\frac{1}{2}\frac{h_2}{h_1}\left(\frac{h_2}{h_1}+1\right)\right\}^{1/2} \quad (15.59)$$

複合記号の＋は下流に伝播する段波で，図 15.6 の②の負の段波に当たる．一方，－記号は上流に伝播する段波で，図 15.6 の③の正の段波である．伝播速度 c をゼロにおくと，跳水の共役水深関係式（13.27）が得られる．すなわち，伝播速度 c がゼロの段波が跳水に当たっている．

いま，段波の差 $\Delta h = h_2 - h_1$ が無限小ならば，$h_1 \cong h_2$ とおいて，式（15.59）は

$$c \cong v_1 \pm \sqrt{gh_1} \cong v_2 \pm \sqrt{gh_2} \quad (15.60)$$

式（15.60）は，微小攪乱波の伝播速度である式（15.16）に一致することがわかる．すなわち，流速 v に対して，長波 $c_L = \sqrt{gh}$ で伝播する．

一方，段波の差 $\Delta h = h_2 - h_1$ が有限であるが，$\Delta h \ll h_1$ ならば式（15.59）をテイラー展開して以下となる．

$$c = v_1 \pm \sqrt{gh_1}\left\{1 + \frac{3}{4}\frac{\Delta h}{h_1} + O\left(\left(\frac{\Delta h}{h_1}\right)^2\right)\right\} = v_1 \pm c_L\left(1 + \frac{3}{4}\frac{\Delta h}{h_1}\right) \quad (15.61)$$

すなわち，段波の差 Δh が有限のときは，長波の伝播速度 c_L より速く伝播することがわかる．

移動座標系からみた跳水が段波であるから，段波のエネルギー損失を上下流のエネルギーの差として計算できる．単位時間あたりのエネルギー損失 E は，

$$\frac{dE}{dt} = \frac{\rho g Q}{4h_1 h_2}(h_2 - h_1)^3 = \frac{Mg}{4h_1 h_2}\Delta h^3 > 0 \quad (15.62)$$

ここで，式（15.55）より，

$$M = \rho Q = \rho A(v - c) = \text{const.} \quad (15.63)$$

は，質量フラックスである（3.5 節）．エネルギー損失は，段波差の 3 乗に比例する．式（15.62）は，定常跳水の式（13.28）に対応している．

15.10 ダム決壊に伴う段波

主にダムの基礎からの漏水による**パイピング**でダム本体が滑って水圧によって決壊し，悲惨な水害事故が過去に起きたことがある．この場合も，段波が発生する．実際の段波の挙動はダムの形体や地形条件などにより複雑であるが，その基

15.10 ダム決壊に伴う段波　263

本は以下のように解くことができる．

いま，図15.8に示すように，長方形断面のダムの決壊前に水深 h だけ貯留していたとする．ダムが決壊すると，上流側（x 軸を正にとる）に負の段波が生じる（図15.6④）．図15.8(b)のように，任意の検査面を①，②にとり，①で水深 y，流速 v，②で $y+\varDelta y$，$v+\varDelta v$ に変化すると考える．

1) **連続式**：式 (15.55) より，

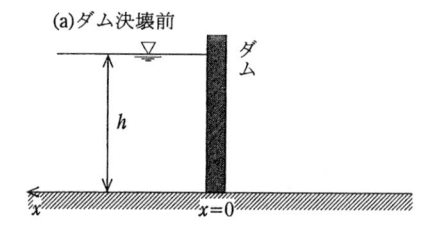

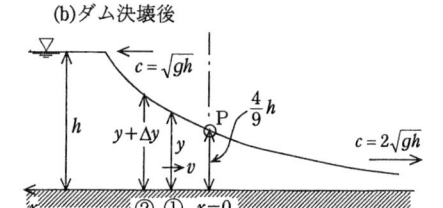

$$(v-c)y = (v+\varDelta v-c)(y+\varDelta y) \tag{15.64}$$

2次の無限小を無視して極限をとれば，

$$\therefore \quad \frac{dv}{dy} = \lim\left(\frac{\varDelta v}{\varDelta y}\right) = \frac{c-v}{y} \tag{15.65}$$

2) **運動量式**：式 (15.56) より，$\beta \cong 1$ として式 (15.64) を使うと，

$$\left\{\frac{(v-c)^2}{g} + \frac{y}{2}\right\}y = \left\{\frac{(v+\varDelta v-c)^2}{g} + \frac{y+\varDelta y}{2}\right\}(y+\varDelta y)$$

$$= \frac{(v+\varDelta v-c)(v-c)y}{g} + \frac{y^2}{2} + y\varDelta y + \frac{(\varDelta y)^2}{2} \tag{15.66}$$

$$\therefore \quad \frac{dv}{dy} = \lim\left(\frac{\varDelta v}{\varDelta y}\right) = \frac{g}{c-v} \tag{15.67}$$

式 (15.65) と式 (15.67) より，伝播速度 c が簡単に求められる．

$$c = v \pm \sqrt{gy} \tag{15.68}$$

これを式 (15.67) に代入し，+記号（x の正方向）のみを考えれば，

$$\frac{dv}{dy} = \sqrt{\frac{g}{y}} \tag{15.69}$$

初期条件・境界条件として，$t=0$ で $y=h$ のとき $v=0$ であるから，式 (15.69) を積分して，

$$v = -2\sqrt{g}(\sqrt{h}-\sqrt{y}) < 0 \tag{15.70}$$

当然ではあるが，流速は下流（$x<0$）に向かって流れる．伝播速度 c は，式

(15.68) に代入して,

$$c = 3\sqrt{gy} - 2\sqrt{gh} \qquad (15.71)$$

ダム決壊の水面の上流端 $y=h$ および下流端 $y=0$ での伝播速度は以下となる.

$$c = \sqrt{gh} > 0 \quad (\text{上流端 } y=h \text{ のとき}) \qquad (15.72)$$
$$c = -2\sqrt{gh} < 0 \quad (\text{下流端 } y=0 \text{ のとき}) \qquad (15.73)$$

図 15.8 に示すように,上流に向かっての負の段波は長波の伝播速度 $c=\sqrt{gh}$ で伝播する.一方,下流端ではこの 2 倍も速く伝播することは注目すべきである.このときの流速は,式 (15.70) より $v=-2\sqrt{gh}$ すなわち伝播速度で流れている.

さて,伝播速度の定義は $c \equiv dx/dt$ であるから,式 (15.71) を代入して積分すれば,

$$x = ct = (3\sqrt{gy} - 2\sqrt{gh}) \times t \qquad (15.74)$$

このように,水面形は時間とともに変化する.ダムの建設地点 $x=0$ では,

$$y = \frac{4}{9}h \qquad (15.75)$$

と時間には無関係の一定値であり,図 15.8 に P 点で示す.ここでの平均流速は式 (15.70) に代入して,

$$v = -\frac{2}{3}\sqrt{gh} < 0 \qquad (15.76)$$

すなわち,ダム地点の流速は下流側に長波の伝播速度の 2/3 で流れている.

例題 15.6 水位 100 m 貯留している大型ダムが決壊したと仮定する.流下する先端の水の流速は時速何 km か.

[解] $c = v = 2\sqrt{gh} = 2\sqrt{9.8 \times 100} = 62.6$ [m/s] $= 225.4$ [km/h].これは新幹線並の高速で,とてもこの山津波からは逃げられない.死者が多くなるのである.

●コーヒーブレイク 15.6 ダムの決壊事故は未曾有な被害をもたらす.20 世紀において世界で約 200 個の著名なダムが決壊し,8000 人以上の人命が失われている.幸いにも日本での決壊事故はゼロである.1963 年のイタリア Vaiont ダム決壊(約 2600 人死亡),1979 年インド Machhu II ダム決壊(2000 人以上死亡)が主な事故である.ダムは計り知れない恵みを人間に与えるが,巨大災害を引き起こす可能性もある.

● ま と め

　非定常開水路の流れは複雑であるが，興味深い現象を伴う．その中で代表的なものは，①洪水現象，②段波現象である．①は漸変流近似を行ってエネルギー式から解析できる．一方，②は急変流であるから運動量保存則から解析できる．クライツ・セドンの法則では，洪水波の伝播速度 c は水深には無関係に流速 v で決まる．シェジー公式では $c=1.5v$，マニング公式では $c=5/3\times v$ と流速より速く伝播する．一方，洪水波を特性曲線法で解くと，洪水の伝播速度は長波的特性をもつ．すなわち，流れに波（長波）が乗った特性である．段波にもこのような特性がみられる．16.11 節の津波も長波で伝播し，共通点がある．

　このように，非定常な開水路流れは，流れと波が共存した複雑な流れとみなすこともできる．流れ自体の特性はすでに学んだから，次の段階として波の水理を次章で学んでみよう．

■ 演習問題

15.1　13.3 節の定常流のエネルギー式（13.9）に対応する非定常流のエネルギー式（15.7）を導け．

15.2　式（13.12）と同様にして，非定常開水路流れの運動量式を導き，$\alpha=\beta=1$ のときに限って，エネルギー式（15.8）と一致することを示せ．

　コメント：これは，水理学の本質をついた問題であるが，かなりむずかしい．これができたら，開水路の一次元水理解析法はほぼ完全にマスターしたと考えて自信をもってよい．式（10.6）の局所的加速度項 $\dfrac{\partial U_1}{\partial t}$ を体積積分すれば，$\dfrac{\partial(vA)}{\partial t}\Delta x$ となり，$\dfrac{\partial(vA)}{\partial t}$ が式（13.12）に加わるのみである．式（14.2）の非定常管路流と比較して誘導してみよ．実力がつくはずである．

15.3　式（15.8）で，④-③が水面勾配になることを図示して示せ．

15.4　微小攪乱波の連続式（15.10）を連続式（15.5）から導け．

15.5　（15.11）をエネルギー式（15.8）から導け．

15.6　式（15.10），（15.11）から，線形2階偏微分方程式（15.12）を導け．

15.7　広幅水路の洪水波の伝播速度をクライツ・セドンの法則を使って求めよ．ただし，等流公式としてマニング公式を用いよ．

15.8　洪水流が図 15.5 のループ特性を示すとき，洪水災害・土砂災害で注意すべき点を論述せよ．洪水は，文明発祥に関してどのような意義をもっているか述べよ．

　ヒント：洪水は水災害の典型例と一般には考えられるが，一方で河川水系・生態系に活力とダイナミックスを与えるともいえる．最近，アメリカで試みられた**人工洪水**も大いに参考になろう．

15.9　シェジー公式を使って，拡散方程式（15.36）を導け．

15.10　式（15.36）で，拡散係数 D がゼロのとき，キネマティック理論になることを示せ．

15.11　段波の伝播速度 c の算定式（15.59）を導け．

15.12　式（15.59）で $c=0$ とおけば，跳水の共役水深関係式（13.27）が導けることを示せ．

15.13　ダムが何らかの原因で決壊したとき，下流に伝播する決壊波は水流の速度に等しいことを示せ．

　コメント：最初は水がなかった所に水が流れるのであるから，$v=c$ となるのは当然の帰結である．

15.14 演習問題 15.13 で上流に伝播する決壊波は長波に等しいが,この水流速度はゼロになることを示せ.

コメント:このように,ダム決壊に伴う流出速度は河床で最大となり,大規模な洗掘が起こって水・土砂災害が起こるのである.

16
波動の水理学

16.1 波の一般的特性

前章の非定常開水路流で学んだように，水の実質移動速度が**流速**（velocity）v であり，波の**波速**あるいは**伝播速度**（celerity）c は波形の移動速度（**位相速度**）であった．いま，x 方向に進行する次の波形を考えてみよう．式（15.13）と同様にして，波高 $\eta(x,t)$ は，

$$\eta(x,t) = f(x-ct) \tag{16.1}$$

これは，$x-ct=$ 一定の線上では $\eta(x,t)$ は一定であることを示している．これが波速 c で伝播する波の一般形である．式（16.1）より，次の偏微分方程式が得られる．

$$\frac{\partial^2 f}{\partial t^2} = c^2 \frac{\partial^2 f}{\partial x^2} \tag{16.2}$$

これは**双曲型偏微分方程式**で**波動方程式**とよばれる．図 16.1 に示すように，次のサイン波を考えてみる．

$$\eta = \frac{H}{2}\sin(kx-\omega t) = a\sin k(x-ct) \tag{16.3}$$

ここで，H は波高，$a \equiv H/2$ は振幅とよばれる．x が $x=0$ から $x=L$ に移動

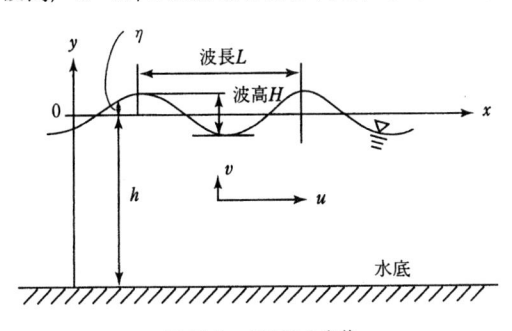

図 16.1 水面波の定義

しても波形が同じとき，L を **波長** とよぶ．したがって，式 (16.3) より

$$k = \frac{2\pi}{L} \quad (k = 波数) \tag{16.4}$$

k を **波数** という．次元は $[L^{-1}]$ である．

同様に，$t=0$ と $t=T$ の波形が同一のとき，T を周期という．$f \equiv 1/T$ を周波数といい，その単位は Hz（ヘルツ）である．式 (16.3), (16.4) より

$$\omega = \frac{2\pi}{T} = 2\pi f = kc, \quad c = fL \quad (\omega = 角周波数) \tag{16.5}$$

ω を **角周波数** といい，波数 k に対応している．また，f は周波数で周期 T の逆数である．

水理学で取り扱う波動は，重力場での自由水面の時間的・場所的変化である．このような波動を **重力波** という．重力波の大きな特徴は，水底までの距離が比較的離れているため，摩擦損失水頭 h_L を無視してよい場合が多い点である．すなわち，完全流体と近似してもよい点である．また，静止状態から波が発生したと仮定すれば，渦度の保存則（7.1 節）より，波動場でも渦度はゼロとなるから，結局，**水面波はポテンシャル流理論が近似的に適用できる**．

以下では，波動の最も基本的な理論である **微小振幅波理論** を考える．この理論は英国のエアリ（Airy, 1845）によって提唱されたから **エアリ波** とよぶことがある．

> ●**コーヒーブレイク 16.1** 周波数 f の単位はヘルツである．以前は，サイクル [1/s] ともよばれていたが，現在ではヘルツに統一された．ヘルツ（Hertz）はドイツのカールスルーエ大学教授で，電磁気学で顕著な業績を残した．また，カールスルーエ大学はライン川の近くにあり，古くから水理学・河川工学の研究が盛んで，世界をリードしてきた．ドイツとフランスの国境線であるライン川の蛇行を固定する必要があったからである．米国のラウス（Rouse）青年もこの大学に留学したのである（コーヒーブレイク 15.3）．

16.2 微小振幅波理論（エアリ波の理論）

（1） **基礎方程式**：水面波はポテンシャル流理論が近似的に適用できるから，ポテンシャル関数 Φ は式 (7.14) のラプラス方程式を満足する．奥行きが無限大の 2 次元流を対象にすれば（図 16.1），式 (7.14) を再記して，

$$\frac{\partial^2 \Phi}{\partial x^2} + \frac{\partial^2 \Phi}{\partial y^2} = 0 \tag{16.6}$$

座標系は，波の静止時の水面上を x 軸，鉛直上向きを y 軸にとる．Φ は，場所 (x, y) と時間 t の関数である．そこで，式 (16.3) を考慮して，Φ が以下のように表現できると仮定する．これを**変数分離法**という．

$$\Phi(x, y, t) = Y(y) \times \cos(kx - \omega t) \tag{16.7}$$

（2） **底面における境界条件**：水深を一定とすれば，底面 $y = -h$ で流速の鉛直成分 v はゼロでなければならない．式 (7.6) より次の境界条件が得られる．

$$v = \frac{\partial \Phi}{\partial y} = 0 \quad (y = -h \text{ のとき}) \tag{16.8}$$

$$\therefore \quad \frac{dY}{dy} = 0 \quad (y = -h \text{ のとき}) \tag{16.9}$$

（3） **自由水面における境界条件**：式 (7.22) の非定常流に拡張されたベルヌーイの定理を使用する．すなわち，

$$\frac{1}{g}\frac{\partial \Phi}{\partial t} + \frac{u^2 + v^2}{2g} + y + \frac{p}{\rho g} = \text{const.} \tag{16.10}$$

いま，式 (16.10) を自由水面の位置 $y = \eta$ に適用する．波の振幅が小さく，速度水頭は無視できると仮定すれば（**微小振幅波の仮定**．これを仮定しない理論が**有限振幅波理論**である），式 (16.10) は，以下のように近似できる．

$$\frac{1}{g}\frac{\partial \Phi}{\partial t} + \eta + \frac{p_{\text{in}}}{\rho g} = \frac{p_{\text{out}}}{\rho g} \tag{16.11}$$

$(p_{\text{in}} - p_{\text{out}})$ は水面をはさんでの圧力の差違で，これが表面張力に等しい．まず，表面張力を無視すれば，

$$\therefore \quad \eta = -\frac{1}{g}\frac{\partial \Phi}{\partial t}\bigg|_{y=\eta} \cong -\frac{1}{g}\frac{\partial \Phi}{\partial t}\bigg|_{y=0} \tag{16.12}$$

式 (16.12) はベルヌーイの定理から誘導されたから，**力学的条件**という．

一方，水面の水粒子は水面とともに運動するから，水面の実質微分 $D\eta/Dt$ は鉛直速度 v に等しい．すなわち，式 (6.7) より

$$\frac{D\eta}{Dt} \equiv \frac{\partial \eta}{\partial t} + u\frac{\partial \eta}{\partial x} = v \quad (y = \eta \text{ のとき}) \tag{16.13}$$

微小項を無視し，波の振幅が小さいとすれば（**微小振幅波の仮定**），以下のように近似される．

$$\frac{\partial \eta}{\partial t} = v \equiv \frac{\partial \Phi}{\partial y} \quad (y \cong 0 \text{ のとき}) \tag{16.14}$$

これは，水面波の運動に関する条件で，**運動学的条件**という．力学的条件と運動学的条件を 1 つにまとめると，式 (16.12) と式 (16.14) より，

$$\therefore \quad \frac{\partial^2 \Phi}{\partial t^2} + g \frac{\partial \Phi}{\partial y} = 0 \quad (y \cong 0 \text{ のとき}) \tag{16.15}$$

これが，**自由水面の境界条件**である．

（4） **ラプラス方程式の解**：式 (16.7) をラプラス方程式 (16.6) に代入すれば，

$$\frac{d^2 Y}{dy^2} - k^2 Y = 0 \tag{16.16}$$

これを解いて，

$$\therefore \quad Y(y) = C_1 \exp(ky) + C_2 \exp(-ky) \tag{16.17}$$

式 (16.9) に代入すれば，

$$C_1 \exp(-kh) = C_2 \exp(kh) \equiv \frac{C}{2} \tag{16.18}$$

数学の定義式 $\cosh x = (\exp(x) + \exp(-x))/2$ を適用すれば，ラプラス方程式の解は，

$$\Phi = C \cosh k(y+h) \cos(kx - \omega t) \tag{16.19}$$

となる．ここで，C は積分定数で，(3) の自由水面における境界条件から決定される．すなわち，式 (16.19) を式 (16.14) に代入し，水面波が式 (16.3) のサイン波で表されるとすれば，式 (16.19) は以下のような解となる．

$$\therefore \quad \Phi = -\frac{H\omega}{2k} \frac{\cosh k(y+h)}{\sinh(kh)} \cos(kx - \omega t) \tag{16.20}$$

例題 16.1 エアリ波の理論では，双曲線関数が出てくる．この関数を示せ．

[解] 双曲線関数は以下のとおりである．

$$\sinh(x) = \frac{e^x - e^{-x}}{2}, \quad \cosh(x) = \frac{e^x + e^{-x}}{2} \tag{16.21}$$

$$\therefore \quad \tanh(x) = \frac{\sinh(x)}{\cosh(x)} = \frac{e^{2x} - 1}{e^{2x} + 1} \tag{16.22}$$

例題 16.2 積分定数を境界条件の式（16.12）と式（16.14）からそれぞれ求め，比較せよ．

[解] 式（16.19）を式（16.12）に代入すると

$$\eta = -\frac{1}{g}\frac{\partial \Phi}{\partial t}\bigg|_{y=0} = -\frac{C\omega}{g}\cosh(kh)\sin(kx-\omega t) \equiv \frac{H}{2}\sin(kx-\omega t) \quad (16.23)$$

$$\therefore \quad C = -\frac{gH}{2\omega\cosh(kh)} \quad (16.24)$$

一方，式（16.14）の境界条件を使うと，

$$\frac{H}{2}\cos(kx-\omega t)\times(-\omega) = Ck\sinh(kh)\cos(kx-\omega t) \quad (16.25)$$

$$\therefore \quad C = -\frac{\omega H}{2k\sinh(kh)} \quad (16.26)$$

式（16.24）と式（16.26）より，

$$\therefore \quad \omega^2 = gk\tanh(kh) \quad (16.27)$$

したがって，定数 C として，式（16.24）でも式（16.26）でもどちらを使ってもよい．式（16.20）は，式（16.26）を使っての表現である．

● **コーヒーブレイク 16.2** 波動の理論はポテンシャル流理論が近似的に適用できる好例である．したがって，式（16.6）のラプラス方程式を各種の境界条件で解けばよい．では，流れの非線形性はどこに隠れているのか．それは，式（16.10）の拡張されたベルヌーイの定理の中にある（例題 7.7）．この中の速度水頭が非線形である．非線形の波動理論を有限振幅波理論という．ストークス波，トロコイド波，クノイド波，孤立波などがある．最近注目のソリトンも非線形である．

16.3 位相速度

波の波形が伝わる伝播速度を**位相速度**という．前章での非定常流の伝播速度と同じ考え方であるが，本章では流れ v がない水面波自体の位相速度である．また，位相速度の用語は 16.8 節の**群速度**と明確に区別するために用いる．位相速度 c は，式（16.4）と式（16.5）より

$$c = \frac{\omega}{k} = \frac{L}{T} \quad (16.28)$$

式（16.27）を使うと，

$$\therefore \quad c = \sqrt{\frac{g}{k}\tanh(kh)} = \sqrt{\frac{gL}{2\pi}\tanh\left(\frac{2\pi h}{L}\right)} \quad (16.29)$$

これが，位相速度 c と波長 L との関係式である．この式を**分散関係式**とよぶ．

位相速度 c が波長または周波数によって変化するとき，一般に**分散がある**とよぶ．式 (15.17) や式 (15.49) の長波は分散がない．

16.4　表面張力波

波長が小さくなり自由水面の曲率が無視できなくなると，表面張力を考慮した自由水面の条件式を用いなければならない．いま，表面張力を σ（次元は [N/m]）とすると，式 (2.41) および式 (16.11) より，

$$\sigma \frac{\partial^2 \eta}{\partial x^2} = p_{\text{out}} - p_{\text{in}} = \rho \left(\frac{\partial \Phi}{\partial t} + g\eta \right) \tag{16.30}$$

式 (16.30) の両辺を t で偏微分した後，式 (16.14) を代入すれば，

$$\therefore \quad \frac{\partial^2 \Phi}{\partial t^2} + g \frac{\partial \Phi}{\partial y} - \frac{\sigma}{\rho} \frac{\partial^3 \Phi}{\partial x^2 \partial y} = 0 \quad (y = 0 \text{ のとき}) \tag{16.31}$$

第3項が表面張力を表している．式 (16.20) を式 (16.31) に代入して計算すれば，次式となる．

$$c = \sqrt{\frac{g}{k}\left(1 + \frac{\sigma k^2}{\rho g}\right) \tanh(kh)} = \sqrt{\left(\frac{gL}{2\pi} + \frac{2\pi\sigma}{\rho L}\right) \tanh\left(\frac{2\pi h}{L}\right)} \tag{16.32}$$

表面張力 σ がゼロのとき，式 (16.32) は式 (16.29) に一致する．したがって，式 (16.32) が**分散関係式**の一般式である．式 (16.32) からわかるように，位相速度 c は，ある波長 L_0 に対して最小値 $c_{\min}$ をもつ．まず，$L \ll h$ のとき式 (16.32) を $\tanh(kh) \to 1$ と漸近させたのち，式 (16.32) を L で微分してゼロと置き，最小値を計算すると以下の結果が得られる．

$$c_{\min} = \sqrt{\frac{gL_0}{\pi}}, \quad L_0 = 2\pi\sqrt{\frac{\sigma}{\rho g}} \tag{16.33}$$

図 16.2 は，式 (16.32) を示したものである．$L < L_0$ では表面張力の影響が強く（**表面張力波**とよぶ），波長が小さいほど波の伝播速度は大きくなる．一方，$L > L_0$ では水面波の復元力として重力の影響が強く（**重力波**とよぶ），波速 c は式 (16.29) に収束する．したがって，波長が長いほど波速は大きい．水理学・海岸工学では，もっぱら重力波が重要となる．以下では，$L > L_0$

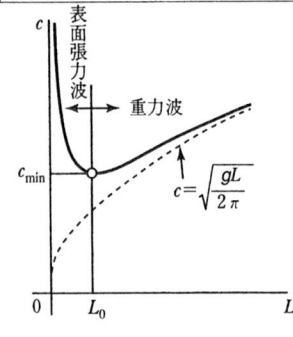

図 16.2　波の伝播速度と波長の関係（分散関係式）

の重力波を扱う．

> **例題 16.3** 水の波の伝播速度の最小値とそのときの波長を求めよ．

[解] 水の表面張力は，巻末の付表8より，20℃の水温で $\sigma=0.0728$ [N/m]．これを式 (16.33) に代入して，

$$L_0 = 2\pi\sqrt{\frac{0.0728 \text{ [N/m]}}{998.2 \text{ [kg/m}^3\text{]} \times 9.8 \text{ [m/s}^2\text{]}}} = 1.714 \text{ [cm]} \tag{16.34}$$

また，

$$c_{\min} = \sqrt{\frac{980 \text{ [cm/s}^2\text{]} \times 1.714 \text{ [cm]}}{\pi}} = 23.1 \text{ [cm/s]} \tag{16.35}$$

すなわち，波の伝播速度は 23.1 cm/s より遅くなることはありえない．換言すれば，この伝播速度より遅い波は発生しない．

> ●コーヒーブレイク 16.3 表面張力波のイメージを増すために，波の周波数 f を求めると式 (16.5) より $f=c/L$ であるから，波長 L が小さいほど c は増加し f はますます高周波になる．これはちょうど弦の張力が大きいほど高周波（高い音）になることに対応している．

16.5 重力波の分類

関数 $\tanh(x)$ は，両極限において

$$\tanh(x) \equiv \frac{e^{2x}-1}{e^{2x}+1} = \begin{cases} \cong x & (x \to 0) \\ \cong 1 & (x \to \infty) \end{cases} \tag{16.36}$$

と近似されるから，重力波は以下の3つに分類される．

(1) **深水波** ($h/L > 1/2$)：波長 L に比べて水深 h が十分に大きいとき，式 (16.36) の漸近関係により $h/L \to \infty$ のとき $\tanh(h/L) \to 1$ であるから，式 (16.28) と式 (16.29) を使って，

$$c = \sqrt{\frac{gL}{2\pi}}, \quad L = \frac{gT^2}{2\pi}, \quad f = \sqrt{\frac{g}{2\pi L}} \tag{16.37}$$

波速 c は波長 L のみの関数となり，水深には無関係となる．このような波を**深水波** (deep water wave) といい，通常は，$h/L > 1/2$ なる波を近似的に深水波とよぶ．波長が大きいほど，周期が長い波が速く伝わるのである．

(2) **長波** ($h/L < 1/25$)：(1) とは逆に，波長に比べて水深が小さいとき，式 (16.36) の関係より $\tanh(h/L) \to h/L$ であるから，式 (16.28) と式 (16.29) を使って，

$$c=\sqrt{gh}\equiv c_L, \qquad \frac{L}{h}=\sqrt{\frac{g}{h}}\,T\gg1 \qquad (16.38)$$

波速は水深のみの関数で，波長には無関係となる．このような波を**長波**（long wave）とよぶ．したがって，分散関係がない（16.3節）．この近似は，$h/L<1/25$ で行われる．式（16.38）は開水路非定常流で求めた微小攪乱波の伝播速度の式（15.17）やダイナミックウェーブの式（15.49）に一致する．また，長波の周期は長い．これは，16.11節の津波が代表例である．

（3）**浅水波**（$1/25\leq h/L\leq 1/2$）：深水波と長波の中間領域に属する波で，**浅水波**（shallow water wave）とよばれる．波速は式（16.29）で与えられ，もはや近似関数を使えず，波速の一般式となる．すなわち，波速 c は波長 L と水深 h の関数となり，分散関係式をもつ．

> ●コーヒーブレイク16.4　波の規模は，その復元力によって決まる．復元力が重力のとき，**重力波**とよばれ，深水波・浅水波・長波の3種類がある．復元力が表面張力のとき，**表面張力波**とよばれ，その波長は，式（16.34）の1.71 cm以下と小さな波である．式（11.26）のウェーバ数に支配される現象で，風波の発生に重要な寄与を果たす．いわゆる「さざ波」の発生であり，湖畔でよく観察される．一方，波長が非常に長くなると，地球の自転の効果すなわちコリオリ力が重要になる．地球の中緯度帯には西から東に流れるジェット気流があり，コリオリ力を復元力として波動・蛇行運動をすることがよく知られている．その波長は数千キロメートルにも達し，気象に重大な影響を及ぼす．コリオリ力は，式（11.28）のロスビー数に支配されるから，コリオリ力を復元力とする波動を**ロスビー波**とよび，気象学で重要になる．

例題16.4　深水波の定義である $h/L>1/2$ はどの程度の近似か．また，長波の定義である $h/L<1/25$ はどの程度の近似か．

[解]　式（16.36）に $h/L=1/2$ を代入すれば，

$$\tanh\left(\frac{2\pi h}{L}\right)=\tanh(\pi)=\frac{e^{2\pi}-1}{e^{2\pi}+1}=0.996\cong1.0 \qquad (16.39)$$

すなわち，0.4%以内の誤差である．
一方，$h/L=1/25$ を代入すれば，

$$\tanh\left(\frac{2\pi h}{L}\right)=\tanh\left(\frac{2\pi}{25}\right)=\tanh(0.2513)=0.2462 \qquad (16.40)$$

すなわち，$(0.2513-0.2462)\div 0.2462=0.0207$．よって，2.07%以内の誤差である．

例題 16.5 海洋での周期5秒の波の波長と波速を求めよ．

[解] 海洋の平均水深は4117 [m]であり，深水波と考えられる．式(16.37)に代入して，

$$L = \frac{gT^2}{2\pi} = \frac{9.8\,[\text{m/s}^2] \times (5\,[\text{s}])^2}{2\pi} = 39.0\,[\text{m}] < 2h = 2 \times 4117\,[\text{m}] \quad (16.41)$$

確かに深水波である．式(16.41)を式(16.37)に代入して，

$$c = \sqrt{\frac{gL}{2\pi}} = \sqrt{\frac{9.8\,[\text{m/s}^2] \times 39.0\,[\text{m}]}{2\pi}} = 7.8\,[\text{m/s}] \quad (16.42)$$

16.6 水粒子の運動

波の伝播速度はわかったが，実際の水粒子はどのような運動をするのであろうか．水粒子の速度 (u, v) は，ポテンシャル関数 Φ が式(16.20)で求まったから，定義式(7.6)を使って以下のように計算される．

$$u = \frac{\partial \Phi}{\partial x} = \frac{H\omega}{2} \frac{\cosh k(y+h)}{\sinh(kh)} \sin(kx - \omega t) \quad (16.43)$$

$$v = \frac{\partial \Phi}{\partial y} = -\frac{H\omega}{2} \frac{\sinh k(y+t)}{\sinh(ky)} \cos(kx - \omega t) \quad (16.44)$$

波の伝わる水面下の水粒子は，ある静止の位置 (x_0, y_0) から (x, y) の位置での速度 (u, v) で運動している．すなわち，

$$u = \frac{d(x - x_0)}{dt}, \quad v = \frac{d(y - y_0)}{dt} \quad (16.45)$$

式(16.45)を積分すれば，

$$\left. \begin{array}{l} x - x_0 = \dfrac{H}{2} \dfrac{\cosh k(y+h)}{\sinh(kh)} \cos(kx - \omega t) \\[2mm] y - y_0 = \dfrac{H}{2} \dfrac{\sinh k(y+h)}{\sinh(kh)} \sin(kx - \omega t) \end{array} \right\} \quad (16.46)$$

$\sin^2 x + \cos^2 x = 1$ の公式を使うと，水粒子の軌跡が得られる．

$$\left(\frac{x - x_0}{A}\right)^2 + \left(\frac{y - y_0}{B}\right)^2 = 1 \quad (16.47)$$

ここで，係数 A と B を $y \cong y_0$ で近似すれば，

$$A \equiv \frac{H}{2} \frac{\cosh k(y_0 + h)}{\sinh kh}, \quad B \equiv \frac{H}{2} \frac{\sinh k(y_0 + h)}{\sinh kh} \quad (16.48)$$

水の軌跡は (x_0, y_0) を中心として楕円を描き，その長径は A で，短径は B で与えられる．式(16.3)で表される波の進行方向を正軸 $(x > 0$，図16.1$)$ とすれば，$u \propto \eta$ であるから（例題16.6），水粒子の運動の軌跡は時計回りをなし，

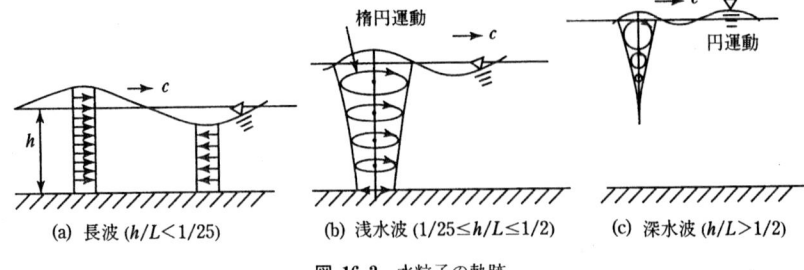

(a) 長波 ($h/L<1/25$)　(b) 浅水波 ($1/25 \leq h/L \leq 1/2$)　(c) 深水波 ($h/L>1/2$)

図 16.3　水粒子の軌跡

波の山（$\eta>0$）では正の速度（$u>0$）をもち，波の谷（$\eta<0$）では負の速度（$u<0$）となる．底面 $y_0=-h$ に近づくにつれて，A，B は指数的に小さくなるが，底面では $B=0$ でなり，水粒子の楕円運動は直線往復運動をすることがわかる（図 16.3(b)）．

例題 16.6　速度 u と波形 η との関係を求めよ．

[解] 式（16.3）と式（16.43）より，

$$\frac{u}{\eta}=\omega\frac{\cosh k(y+h)}{\sinh(kh)}>0 \tag{16.49}$$

したがって，u と η は同位相である．

以上は浅水波であるが，この両極端の波である①深水波と，②長波を考えてみよう．

① **深水波**：$h/L \to \infty$ では，$kh \to \infty$ となるから，式（16.48）は以下のように近似される．

$$A=B=\frac{H}{2}\exp(ky_0) \tag{16.50}$$

すなわち，半径 $A=B$ の円運動をなし，深いほど $y_0<0$ が大きいから円運動の半径は小さくなり，静止の状態となる（図 16.3(c)）．

② **長波**：x が微小のとき $\sinh(x) \cong x$，$\cosh(x) \cong 1$ の近似式を使えば，h/L が小さいとき，式（16.48）は以下となる．

$$A=\frac{H}{4\pi}\frac{L}{h} \gg 1, \quad 0<B=\frac{H}{2}\left(1+\frac{y_0}{h}\right)<\frac{H}{2} \tag{16.51}$$

長径 A は全水深で一定となり，短径 B は深さとともに直線的に減少し水底でゼロとなる（$\because -h<y_0<0$）．このように，長波は全水深で一体となった運動を

している（図16.3(a)）.

なお，式（16.45）で与えられる水粒子の運動の軌跡は，厳密にいうとラグランジュ的に解析しなければならない．これを考慮すると，個々の水粒子は式（16.47）の運動を第一次近似として，付加的な**ストークス・ドリフト**（Stokes drift）とよばれる波の進行方向に移動する付加項がつく．すなわち，厳密にいうと，波の軌跡は完全には閉じておらず，水粒子は楕円運動を描きながらストークス・ドリフト速度で，波の進行方向に移動する．

16.7 波のエネルギー

微小振幅波の単位幅あたりの1波長がもつ波のエネルギー E は，運動エネルギー E_k と位置エネルギー E_p の和で与えられる．

$$\therefore \quad E = E_k + E_p \tag{16.52}$$

まず，運動エネルギー E_k は，その定義から

$$E_k = \rho \int_0^L dx \int_{-h}^{\eta} \frac{u^2 + v^2}{2} dy = \frac{\rho}{2} \int_0^L dx \int_{-h}^{\eta} \left\{ \left(\frac{\partial \Phi}{\partial x} \right)^2 + \left(\frac{\partial \Phi}{\partial y} \right)^2 \right\} dy \tag{16.53}$$

式（16.43），（16.44）を代入して直接計算してもよいが，計算が非常に煩雑である．この計算には，次の**グリーンの定理**を使えば，計算が楽で，また巧妙である．2次元（$dz=1$ とおく）のグリーンの定理は以下で与えられ，式（16.6）のラプラス方程式を使えば，簡単になる．

$$\iint_V \left\{ \left(\frac{\partial \Phi}{\partial x} \right)^2 + \left(\frac{\partial \Phi}{\partial y} \right)^2 \right\} dxdy \equiv \int_S \Phi \frac{\partial \Phi}{\partial n} ds - \iint_V \Phi \cdot \nabla^2 \Phi dxdy = \int_S \Phi \frac{\partial \Phi}{\partial n} ds \tag{16.54}$$

これを図16.4のコントロールボリュームに適用すれば，左右の積分は法線方向 n が逆であるから互いに相殺する．底面では $v = -\partial \Phi / \partial n = 0$ であるから，式（16.54）の底面での値はゼロとなる．結局，水面での積分が残るが，微小振幅波として，$y = \eta \cong 0$ の近似を行うと，式（16.20）を代入して以下のようになる．

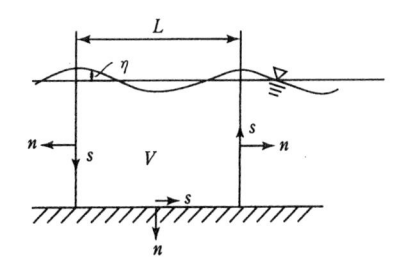

図 16.4 波のコントロールボリューム

$$E_k = \frac{\rho}{2}\int_0^L \left(\Phi\frac{\partial\Phi}{\partial y}\right)_{y=0} ds = \frac{1}{16}\rho g H^2 L \tag{16.55}$$

一方,位置エネルギー E_p は,静止水面を基準として,

$$E_p = \rho g \int_0^L \int_{-h}^{\eta} y\,dy\,dx - \rho g \int_0^L \int_{-h}^{0} y\,dy\,dx = \int_0^L \int_0^{\eta} y\,dy\,dx = \frac{\rho g}{2}\int_0^L \eta^2\,dx \tag{16.56}$$

式 (16.3) を代入して計算すると,

$$E_p = \frac{1}{16}\rho g H^2 L = E_k \tag{16.57}$$

$$\therefore\ E = \frac{1}{8}\rho g H^2 L \quad (全エネルギー) \tag{16.58}$$

すなわち,波の運動エネルギーと位置エネルギーは等しく,全エネルギー E は式 (16.58) で与えられる.**1波長のエネルギーは,波高 H の2乗で与えられる**ことが特徴的である.なお,波のエネルギーを以下のように単位水平面あたりのエネルギー $\bar{E}$ で表すこともある.

$$\bar{E} \equiv \frac{E}{L} = \frac{1}{8}\rho g H^2 \tag{16.59}$$

16.8 群速度

これまで式 (16.3) の単一のサイン波を扱い,波速すなわち位相速度 c を求めてきた.しかし,実際には異なった波長や周期の波が合成されて現れることが多い.いま,波長と周期がわずかに異なる波が合成された場合を考えてみる.すなわち,サイン波 $\eta_1 = a\sin(kx-\omega t)$ ともう一つのサイン波 $\eta_2 = a\sin\{(k+\delta k)x - (\omega+\delta\omega)t\}$ が合成され,η になったとすれば,

$$\eta = \eta_1 + \eta_2 = A\sin\left\{\left(k+\frac{\delta k}{2}\right)x - \left(\omega+\frac{\delta\omega}{2}\right)t\right\} \cong A\sin(kx-\omega t) \tag{16.60}$$

$$A \equiv 2a\cos\left\{\frac{1}{2}(\delta k \cdot x - \delta\omega \cdot t)\right\} \tag{16.61}$$

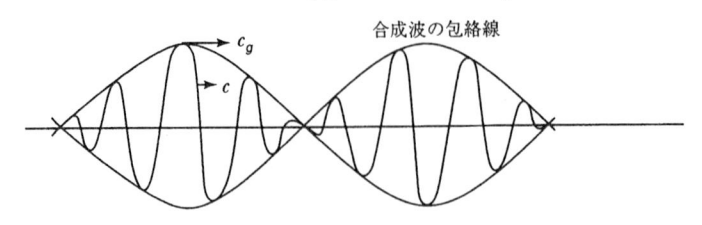

図 **16.5** 波の群速度 c_g と位相速度 c

図16.5に式 (16.60) の模式図を示す．合成波 η は，単一波とほぼ同じ波速で伝播するが，振幅 A は時間 t と場所 x に関して緩やかに変化する．この扱いは，さらに多くのサイン波が重なる場合でも同様である．このようなサイン波の包絡線の位相速度を**群速度** (group velocity) といい，c_g と書けば，式 (16.5) より

$$c_g = \lim \frac{\delta \omega}{\delta k} = \frac{d\omega}{dk} = \frac{d(kc)}{dk} = c + k\frac{dc}{dk} \tag{16.62}$$

式 (16.27) を使うと，

$$c_g = \gamma \times c, \quad \gamma \equiv \frac{1}{2}\left(1 + \frac{\alpha}{\sinh\alpha}\right), \quad \alpha \equiv \frac{4\pi h}{L} = 2kh \tag{16.63}$$

式 (16.63) は浅水波の一般式であるが，この両極端である 16.5 節の深水波と長波では以下のように近似される．

① **深水波**：式 (16.63) で，$h/L \to \infty$ ($\alpha \to \infty$) とおけば，$\gamma = 1/2$ となるから

$$c_g = \frac{c}{2} = \sqrt{\frac{gL}{8\pi}} \tag{16.64}$$

② **長波**：式 (16.63) で，$h/L \to 0$ ($\alpha \to 0$) とおけば，$\gamma = 1$ となるから，

$$c_g = c = \sqrt{gh} \tag{16.65}$$

すなわち，深水波の群速度は位相速度の半分であるが，長波の群速度は位相速度に等しい．

例題 16.7 重力波の群速度は $c/2 \leq c_g \leq c$ であることを示せ．

[解] 式 (16.4) より $dk = -2\pi dL/L^2$ であるから式 (16.62) は

$$c_g = c - L\frac{dc}{dL} \tag{16.66}$$

図16.2 より $dc/dL > 0$ であり，両極端で $c_g = c/2$，c であるから $c/2 \leq c_g \leq c$ となる．式 (16.63) の γ を α に対してグラフに書けば，より明解である（演習問題 16.11）．

16.9 波のエネルギー輸送

x 軸に垂直な断面を単位幅・単位時間あたりに輸送されるエネルギー W を考えてみよう．すなわち，W は全エネルギーの速度 u によるフラックスになる．式 (10.30) におけるエネルギーフラックスの式に式 (7.22) の拡張されたベルヌーイの定理を用いると，次式が得られる．

$$W = \rho \int_{-h}^{\eta} \left(\frac{u^2+v^2}{2} + gy + \frac{p}{\rho} \right) \times u\, dy = \rho \int_{-h}^{\eta} -\frac{\partial \Phi}{\partial t} \times u\, dy \quad (16.67)$$

Φ として式 (16.20), u として式 (16.43) を使い, 式 (16.55) と同様に $\eta \cong y \cong 0$ の近似を行えば,

$$W = \frac{1}{8} \rho g H^2 c \left(1 + \frac{2kh}{\sinh 2kh} \right) \cos^2(kx - \omega t) \quad (16.68)$$

1周期の平均を $\overline{W}$ とすれば, 式 (16.59) と式 (16.63) を使って,

$$\overline{W} = \frac{1}{T} \int_0^T W\, dt = \frac{1}{8} \rho g H^2 \frac{c}{2} \left(1 + \frac{2kh}{\sinh 2kh} \right) = \overline{E} \times c_g = \text{const.} \quad (16.69)$$

この関係式は, **波によるエネルギー輸送が群速度で行われること**を意味している. ここでは波動を完全流体に近似しているから, 式 (10.30) より $W=$ 一定すなわちエネルギーフラックス W は保存される. 群速度は式 (16.63) より水深によって変化するから, 式 (16.69) は波高の変化や波の屈折など海岸工学上重要な諸量を解析する際の基本的な関係式となっている.

例題 16.8 波高 H_0 の深水波が海岸に斜めにおし寄せるとき, その波高 H の変化式を求めよ.

[解] 図 16.6 に示すように, 波面に平行な幅 B における波高を H とすれば, 波のエネルギー輸送に関して保存則が成立するから,

$$\overline{E} \times c_g \times B = \overline{E}_0 \times c_{g0} \times B_0 \quad (16.70)$$

ここで, 添え字 0 は, 深水波の値を示す. 式 (16.59) と式 (16.63) を代入すれば, $c_{g0} = c_0/2$ および $c_g = \gamma c$ であるから

$$\therefore \quad \frac{H}{H_0} = \sqrt{\frac{B_0}{B}} \sqrt{\frac{c_0}{2\gamma c}} \quad (16.71)$$

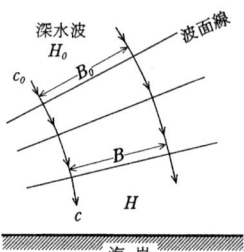

ここで

$$\gamma \equiv \frac{1}{2}\left(1 + \frac{\alpha}{\sinh \alpha}\right), \quad \alpha = \frac{4\pi h}{L} \quad (16.72)$$

図 16.6 波高変化

$K_r \equiv \sqrt{B_0/B}$ は**屈折係数**, $K_s \equiv \sqrt{c_0/(2\gamma c)}$ は**浅水係数**とよばれる. V字形の湾奥では幅 B が小さくなり (屈折係数は大きくなる), また水深 h が浅くなると浅水係数も大きくなるから, 波が海岸におし寄せると波高は増大する. なお, K_r, K_s に関する図表は, たとえば『水理公式集』(土木学会刊行) を参照されたい.

16.10 重複波

これまで進行波を扱ってきたが, 振幅, 周期および波長が等しい2つの微小振幅波が向かい合って伝播する場合を考える. すなわち,

$$\eta_1 = \frac{H}{2}\sin(kx - \omega t), \qquad \eta_2 = \frac{H}{2}\sin(kx + \omega t) \qquad (16.73)$$

この合成波は，以下となる（三角関数の和の公式を使う．演習問題 16.10 の解答を参照）．

$$\eta(x, t) = \eta_1 + \eta_2 = H \sin kx \cos \omega t \qquad (16.74)$$

この波は，場所 x と時間 t とが分離でき，前進も後退もしないサイン波である．このような波を**重複波**（ちょうふくは）あるいは**定在波**（standing wave）という．$\sin kx = 0$ となる場所を**節**，$\sin kx = \pm 1$ となる場所を**腹**という．節では静水状態であり，腹で最も振幅が大きくなる．節と腹は交互に $L/4$ ごとに現れることがわかる．重複波は楽器などの音波にもみられるが，自然界の水域でもよく観察される．湖沼や入口の狭い湾内では岸を腹とした振動が現れることがあり，これを**静振**（seiche, セイシュ）という．また，湾口の広い湾内では，湾口を節に，湾奥を腹とする振動が起こることがある．これを**副振動**という．

重複波のポテンシャル関数は，ラプラス方程式が線形であるから解の重ね合わせで，これまでの知識を援用すれば容易に解くことができる．

例題 16.9 幅 X の湖にセイシュが起きている．このセイシュの周期 T を求めよ．

[解] 湖の両岸で腹，湖の中央で節となるセイシュが起きるから，波長は $L = 2X$ となる．式 (16.74) より，周期 T は $T = 2\pi/\omega$ であり，式 (16.27) を代入すると，

$$T = \frac{2\pi}{\sqrt{gk\tanh(kh)}} \quad \left(k = \frac{2\pi}{L}\right) \qquad (16.75)$$

湖の幅が水深に比べて十分大きければ $X = L/2 \gg h$ であるから（長波になる），式 (16.75) は以下に近似される．

●**コーヒーブレイク 16.5** セイシュ（seiche）は，耳慣れない用語である．何語か？ 実は，フランス語である．普通の仏和辞書にも載っている．辞書によると，「湖面・海面の周期的な定常振動」とある．まさに，重複波である．ことの由縁は定かでないが，スイスのジュネーブにある美しいレマン湖に重複波がよく観察されたからこの振動を seiche と命名したようである．レマン湖周辺はフランス語圏である．これを邦訳して，「静振」と書くが，「せいしん」と読まず，「せいしゅ」と読むのである．当て字のようであるが，この由来も定かでない．湖が静かなのに，湖面が振動している不思議な現象を訳したかったからであろう．したがって，静振と書くより，原語のセイシュの方がよい．タライに水を入れ，タライを傾けて手を離すと，タライの周囲で振動が最大となり腹となる．タライの中央で節となり，容易にセイシュを作れる．タライが湖のモデルと考えれば，納得がいく．

$$\therefore \quad T = \frac{2\pi}{\sqrt{gk^2 h}} = \frac{L}{\sqrt{gh}} = \frac{2X}{\sqrt{gh}} \tag{16.76}$$

いま，$X=10$ [km]，$h=20$ [m] ならば，$T=1429$ [sec]$=23$ [min] 49 [sec] となり，かなりゆっくりした振動であることがわかる．

16.11 津　　波

海底地震などの地殻変動によって海底が局所的に変位すると，これが上部の海面に垂直方向の変位を起こさせ，周期が長く（通常 10～40 分）波長も長い波が発生し，ほぼ長波の伝播速度で海岸に襲来する．これを**津波**といい，日本ではよく起きる現象である．地震による海面上昇は海の深いところでは小さいが，津波が海岸におし寄せると水深の影響を受け，浅くなるに従って次第に波高を増す．さらに，湾に進入すると地形の影響を受け，特に V 字形の湾奥では異常な高さとなり，**津波災害**が起こる．1960 年のチリ地震による三陸海岸の大津波災害はこの代表例である．

> **例題 16.10**　湾内の地形変化で津波が幅 B，水深 h で襲来したとき，波高の変化を求めよ．

[解] 例題 16.8 と同様に考えればよい．式 (16.70) で，群速度は長波の式 (16.65) を適用すればよい．エネルギー保存則から，

$$\frac{1}{8}\rho g H^2 \times \sqrt{gh} \times B = \frac{1}{8}\rho g H_0^2 \times \sqrt{gh_0} \times B_0 \tag{16.77}$$

$$\therefore \quad \frac{H}{H_0} = \left(\frac{B_0}{B}\right)^{1/2}\left(\frac{h_0}{h}\right)^{1/4} \tag{16.78}$$

ここで，添字 0 は深海での値である．式 (16.78) を**グリーンの法則**（Green's law）という．

> ●**コーヒーブレイク 16.6**　フランス語の次は，日本語である．国際語になった日本語として，台風（typhoon）や津波（tsunami）が有名である．日本の自然災害を代表しているのであろう．戦後に限っても津波災害は起きている．1946 年の南海地震で死者 1074 人，1952 年十勝沖地震で 28 人，1960 年チリ地震で 127 人，1968 年十勝沖地震で 48 人，1983 年日本海中部地震で 100 人，最近では 1993 年北海道南西沖地震で奥尻島を中心に 198 人それぞれ死者を出している．一方，1995 年 1 月 17 日の阪神・淡路大震災（6430 名の死者），1999 年 8 月 17 日と 11 月 12 日の 2 回にわたるトルコの大地震（17000 人以上の死者），同年 9 月 21 日の台湾の大地震（2400 人以上の死者）はいずれも都市直下型地震で，幸いにも**津波災害**は起きていない．

●ま　と　め

本章では，ポテンシャル流理論が適用できる**微小振幅波理論**（Airy 波）とその応用に関する

基礎を述べた．考えるアプローチはほぼ同じだが，海岸工学や海洋科学で実際に問題となる水面波は有限振幅波また不規則波になることが多く，解析が複雑になる．また，海底や水底には境界層があり，非常に複雑な挙動を示す．波の種類も各種の仮定の下で，いろいろな数理モデルが提示されている．**有限振幅波理論**として，ストークス（Stokes）波，トロコイド波，クノイド波，孤立波などがある．また，波の非線形現象であるソリトンやカオスなどに興味をもつ学生も多いであろう．河口部では，塩水・淡水の密度流的な内部波（コーヒーブレイク15.3のクーリガンの寄与が大きい）が問題になることもあり，生態系とも絡んだエスチャリー（estuary）問題として，最近話題になっている．

潮汐波（異常波浪），津波，高潮，また波と構造物との相互作用，波による砂の移動（漂砂や海岸変形）などの研究が海岸災害上また海洋利用上から工学的に重要になっている．これらのさらに進んだ波動の応用研究は，海岸工学や海洋科学などの専門書を参照されたい．

■演習問題

16.1 自由水面の境界条件の式 (16.15)，さらに一般性のある式 (16.31) が得られるには，どのような近似・仮定がなされているか述べよ．これが微小振幅波理論の成立条件である．

16.2 波高 1 m，周期 10 s，波速 5 m/s のサイン波を数式で表せ．

16.3 式 (16.18) を式 (16.17) に代入して，ラプラス方程式の解である式 (16.19) を求めよ．

16.4 分散関係式の一般式 (16.32) を導け．

16.5 位相速度 c の最小値が式 (16.33) で与えられることを示せ．
　ヒント：式 (16.32) を L で微分すればよいが，非常に複雑である．まず，収束近似を使え．

16.6 比重が 0.9 の原油の表面張力は $\sigma \cong 0.03$ [N/m] である．原油の波の伝播速度の最小値とそのときの波長を求めよ．また，水の波と比較せよ．

16.7 深水波の関係式 (16.37) を導き，式 (16.33) と比較せよ．

16.8 式 (16.20) を x，y で偏微分して，式 (16.43)，(16.44) を求めよ．

16.9 式 (16.3) のサイン波を使って，式 (16.57) の位置エネルギー E_p を求めよ．

16.10 16.8節で，もう一つのサイン波が振幅まで変化する場合，すなわち $\eta_2 = (a+\delta a) \times \sin\{(k+\delta k)x - (\omega+\delta\omega)t\}$ でも式 (16.60) が近似的に成立することを示せ．

16.11 式 (16.63) を使って，群速度の無次元量 $\gamma \equiv c_g/c$ を $\alpha \equiv 4\pi h/L$ に対して図示し，$1/2 \leq \gamma \leq 1$ であることを示せ．
　ヒント：γ 関数を微分して増加関数か減少関数かを調べよ．

16.12 位相速度の比 c/c_0 を水深波長比 $\alpha \equiv 4\pi h/L$ で表せ．次に，式 (16.71) で，浅水係数 K_s を α で表せ．

16.13 日本と地理的に反対側にあるチリで起きた地震で日本に押し寄せる津波の伝播速度を求めよ．1960年のチリ地震で三陸地方が津波被害を受けたのである．
　ヒント：海洋の平均水深は $h = 4117$ [m] である．これを使え．

演習問題解答

1.1 質量 $M=1[\text{g}]=0.001[\text{kg}]$. 重さ $=Mg=0.001\times 9.8=0.0098[\text{N}]$.

1.2 圧力の次元は, 力/面積 $=[\text{MLT}^{-2}/\text{L}^2]=[\text{ML}^{-1}\text{T}^{-2}]$. 単位は $\text{N/m}^2(\equiv \text{Pa})$.

1.3 $p_0=0.76[\text{m}]\times 13.6(\text{水銀の比重})\times 1000[\text{kg/m}^3](\text{水の密度})\times 9.8[\text{m/s}^2](\text{重力加速度})=101292.8[\text{N/m}^2]=101292.8[\text{Pa}]=1013[\text{hPa}]$.

1.4 $p_0=1013[\text{mb}]=1013\times 10^3[\text{dyn/cm}^2]=1013\times 10^3\times(10^{-3}[\text{kg}]\times 10^{-2}[\text{m}])/(10^{-2}[\text{m}])^2=1013\times 10^2[\text{N/m}^2]=1013[\text{hPa}]$.

1.5 体積力は単位体積あたりに働く力 $=$ 力/体積 $=[\text{MLT}^{-2}/\text{L}^3]=[\text{ML}^{-2}\text{T}^{-2}]$：これに体積をかけると力になる（例：重力 ρg）．面積力は単位面積あたりに働く力 $=$ 力/面積 $=[\text{MLT}^{-2}/\text{L}^2]=[\text{ML}^{-1}\text{T}^{-2}]$：これに面積をかけると力となる（例：圧力 p, せん断応力 τ）．これらの力 $[\text{MLT}^{-2}]$ どうしが釣り合うのである．

1.6 $n=\dfrac{R^{2/3}\sqrt{I_e}}{v}\left[\dfrac{\text{s}}{\text{m}^{1/3}}\right]=0.3048^{1/3}\dfrac{R^{2/3}\sqrt{I_e}}{v}\left[\dfrac{\text{s}}{\text{ft}^{1/3}}\right]=\dfrac{1}{1.49}n_2\left[\dfrac{\text{s}}{\text{ft}^{1/3}}\right]$.

ここで n_2 はフィート単位の粗度係数．∴ メートル単位の n と同じ値を用いるためには,
$$v=\dfrac{1.49}{n}R^{2/3}\sqrt{I_e} \quad (\text{ft-s 単位})$$
となる．

1.7 $1[\text{Pa}\cdot\text{s}]=1[\text{N/m}^2]\cdot[\text{s}]=1[\text{kg}\cdot\text{m/s}^2]/[\text{m}^2]\cdot[\text{s}]=1[\text{kg/(m}\cdot\text{s})]=10[\text{g/(cm}\cdot\text{s})]$. したがって, 水の動粘性係数 $\nu=\mu/\rho=1.002\times 10^{-3}\times 10\div 0.9982[\text{cm}^2/\text{s}]=0.010038[\text{cm}^2/\text{s}]$. また, 同様に空気の動粘性係数 $\nu=0.01822\times 10^{-3}\times 10\div 0.001205[\text{cm}^2/\text{s}]=0.1512[\text{cm}^2/\text{s}]$ となる．**空気の動粘性係数が水よりも 15.1 倍も大きい**ことに注意されたい．なぜこのような「常識に反する結果」になるのか理由を考えよ．

1.8 速度勾配 $\dfrac{du}{dy}=\dfrac{10[\text{cm/s}]}{0.5[\text{cm}]}=20[1/\text{s}]$.

$\tau_w=\mu\dfrac{du}{dy}=1.0\times 10^{-3}[\text{Pa}\cdot\text{s}]\times 20[1/\text{s}]=0.02[\text{Pa}]=0.02[\text{N/m}^2]$.

2.1 式(2.22)：$I_0=2\displaystyle\int_0^{a/2}x^2 b\,dx=\dfrac{a^3 b}{12}$, 式(2.23)：$I_0=2\displaystyle\int_0^a x^2(2\sqrt{a^2-x^2})\,dx=\dfrac{\pi}{4}a^4$.

2.2 $h_G\equiv\dfrac{1}{A}\displaystyle\int_{z_1}^{z_2}B(z)\cdot z\,dz$ より $P=\displaystyle\int_{z_1}^{z_2}\rho g z\cdot B(z)\,dz=\rho g h_G A$.

水面まわりのモーメントを M とすると,

$$I_0\equiv\int_{z_1}^{z_2}B(z)\cdot(z-h_G)^2 dz=\int_{z_1}^{z_2}B(z)\cdot z^2 dz-2h_G\int_{z_1}^{z_2}B(z)\cdot z\,dz+h_G^2\int_{z_1}^{z_2}B(z)\,dz$$

$$=\dfrac{M}{\rho g}-h_G^2 A \quad (\because A=\int_{z_1}^{z_2}B(z)\,dz)$$

∴ $M=\rho g(I_0+h_G^2 A)$, $z_c=\dfrac{M}{P}=\dfrac{M}{\rho g h_G A}=h_G+\dfrac{I_0}{h_G A}$.

コメント：P と z_c の結果は公式として活用されたい。

2.3 O点まわりのモーメントは，
$$F \cdot L = \rho g B \left(\frac{h_1^2}{2} \frac{h_1}{3} - \frac{h_2^2}{2} \frac{h_2}{3} \right) \quad \therefore \quad F = \frac{\rho g B}{6L}(h_1^3 - h_2^3).$$ 数値を正しく代入して $F=13.3[\mathrm{kN}]$ が得られる。

2.4 水平方向：$P_H = \dfrac{\rho g h^2}{2}$, $z_c = \dfrac{2}{3}h$, 鉛直方向：$P_V = \rho g \displaystyle\int_0^{\sqrt{h/a}} (h - ax^2)\,dx = \dfrac{2}{3}\rho g h \sqrt{\dfrac{h}{a}}$

$P_V \cdot x_c = \rho g \displaystyle\int_0^{\sqrt{h/a}} x(h - ax^2)\,dx = \dfrac{\rho g h^2}{4a} \quad \therefore \quad x_c = \dfrac{3}{8}\sqrt{\dfrac{h}{a}}$

2.5 全圧力：$P = \rho g h_G A$, $h_G = h + \dfrac{d}{2}$, $A = \dfrac{\pi}{4}d^2$ より $P = \rho g \dfrac{\pi d^2}{4}\left(h + \dfrac{d}{2}\right) = 5.29[\mathrm{kN}]$

作用点：$z_c = h_G + \dfrac{I_0}{h_G A}$, $I_0 = \dfrac{\pi d^4}{64}$, $z_c = \left(h + \dfrac{d}{2}\right) + \dfrac{d^2}{16\{h + (d/2)\}} = 2.76[\mathrm{m}]$

2.6 水平反力：$R_H = \left\{ \dfrac{\rho g}{2}(2r)^2 - \dfrac{\rho g}{2}\left(\dfrac{r}{2}\right)^2 \right\} B = \dfrac{15}{8}\rho g r^2 B$

圧力の鉛直成分は図1の斜線部分の面積の水の重さ (ρg)：

$$P_V = \rho g \dfrac{\pi r^2}{2} B + \rho g \left(\dfrac{\pi r^2}{6} - \dfrac{\sqrt{3}r^2}{8} \right) B$$

$\therefore$ 鉛直反力：$R_V = W - P_V = W - \rho g B \left(\dfrac{2\pi r^2}{3} - \dfrac{\sqrt{3}r^2}{8} \right)$

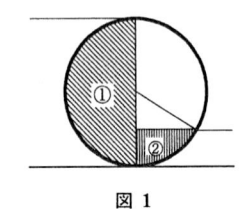

図 1

2.7 $P_H = \rho g h_G A = \rho g h \pi r^2$, $z_c = h_G + \dfrac{I_0}{h_G A} = h + \dfrac{\pi r^4/4}{h \cdot \pi r^2} = h + \dfrac{r^2}{4h}$

鉛直成分は半球の体積の水の重さに相当する（$\because$ 浮力）。

$\therefore$ $P_V = \dfrac{2}{3}\rho g \pi r^3$, 球中心まわりのモーメントの釣り合いより $P_V \cdot x_c = P_H \cdot (z_c - h)$. これを解いて，$x_c = \dfrac{3r}{8}$ となる。

2.8 (a) P_H は台形の面積の水の重さであるから，$P_H = \rho g \{h - (r\sin\theta)/2\} r\sin\theta = 68.8[\mathrm{kN}]$, $(h - z_c)P_H \equiv \displaystyle\int_{h - r\sin\theta}^{h} \rho g z^2 \,dz$, $\therefore z_c = 1.09[\mathrm{m}]$.

P_V は円弧上に作用する水面までの水の重さに等しいから，
$$P_V = \rho g \left\{ h(r - r\cos\theta) + \dfrac{r^2}{2}\sin\theta\cos\theta - \dfrac{\pi r^2}{6} \right\} = 31.7[\mathrm{kN}].$$

O点まわりのモーメントの釣り合いより，$P_H \cdot z_c = P_V(x_c + r\cos\theta)$, $\therefore x_c = 0.866[\mathrm{m}]$.

(b) 水平成分については全圧力・作用点とも(a)と同じ。円弧上に下から作用する力 P_V は，円弧上から水面までの水の重さ（この図では架空で，浮力になっている）に等しいから，
$$P_V = \rho g \left\{ (h - r\sin\theta)(r - r\cos\theta) + \dfrac{\pi r^2}{6} - \dfrac{r^2}{2}\sin\theta\cos\theta \right\} = 47.7[\mathrm{kN}].$$

$P_H(r\sin\theta - z_c) = P_V(r - x_c)$, $\therefore x_c = 0.825[\mathrm{m}]$.

コメント：x_c は，(a)よりも(b)の方が小さくなることに注目されたい。

2.9 H_1 に作用する全水圧：$P_1 = \displaystyle\int_0^{H_1} \rho_1 g z\,dz = \dfrac{\rho_1 g}{2}H_1^2 = 30.625[\mathrm{kN}]$,

H_2 に作用する全水圧：$P_2 = \displaystyle\int_{H_1}^{H_1 + H_2} \{\rho_1 g H_1 + \rho_2 g(z - H_1)\}\,dz = \rho_1 g H_1 H_2 + \dfrac{\rho_2 g}{2}H_2^2 = 25.87[\mathrm{kN}]$,

$\therefore P = P_1 + P_2 = \dfrac{\rho_1 g}{2}(H_1^2 + 2H_1H_2) + \dfrac{\rho_2 g}{2}H_2^2 = 56.5[\text{kN}]$.

作用点の水面からの深さを z_c とすると:

$P \times z_c = P_1 \times \dfrac{2}{3}H_1 + \displaystyle\int_{H_1}^{H_1+H_2} z\{\rho_1 g H_1 + \rho_2 g(z-H_1)\}dz = 126.58[\text{kN}\cdot\text{m}]$. $\therefore z_c = 2.24[\text{m}]$

2.10 すべて同じである.栓の位置における圧力は $\rho g h$,栓にかかる全圧力は $\rho g h A$ である.液体の重量の違いは容器が受け持っているのである.手品のねた?

2.11 $p_A - p_B = (\rho_2 - \rho_1)gh\sin\theta$. よって,$h = (p_A - p_B)/\{(\rho_2 - \rho_1)g\sin\theta\}$ となるから,読みを拡大するには $\rho_2(>\rho_1)$ を小さくするか,または θ を小さくすればよい.**傾斜マノメータの原理**である.

2.12 A 点:$p_A = 0$ (大気圧). C 点:$p_C = \rho_1 g h_1$. D 点:$p_D = p_C = \rho_1 g h_1$.
よって,B 点:$p_B = \rho_1 g(h_1 - h_3) - \rho_2 g h_2$. 圧力を引いていけば容易に求まる.

2.13 a-a 断面にかかる左管の圧力を p_1,右管の圧力を p_2 とすると,$p_1 = p_2$ である.
$p_A + 0.30\rho g = p_1 + 0.16\sigma_2\rho g$, $p_B + 0.18\rho g + 0.28\sigma_2\rho g = p_2 + 0.20\sigma_1\rho g$. $p_1 = p_2$ より,
$p_A - p_B = 9800 \times (-0.12 + 0.44 \times 1.26 - 0.2 \times 0.79) = 2709[\text{Pa}]$

2.14 円柱の底面から水面までの深さ(これを**喫水**(きっすい)という)を d とすれば,
$\overline{\text{GB}} = \dfrac{h-d}{2}$, $V_B = \dfrac{\pi D^2 d}{4}$, $I_0 = \dfrac{\pi D^4}{64}$.

式 (2.19) より $\overline{\text{GM}} = \dfrac{I_0}{V_B} - \overline{\text{GB}} = \dfrac{D^2 - 8dh + 8d^2}{16d} > 0$ のとき安定.

ここで,$\rho_0 \dfrac{\pi D^2}{4}h = \rho\dfrac{\pi D^2}{4}d$ より,$d = \dfrac{\rho_0}{\rho}h$. $\therefore \dfrac{D}{h} > 2\sqrt{2\dfrac{\rho_0}{\rho}\left(1 - \dfrac{\rho_0}{\rho}\right)}$ のとき安定.

2.15 比重 $\sigma = 0.5$ であるから,(a),(b) とも $V_B = a^2 b/2$.
(a) のとき $I_0 = a^3 b/12$, $\overline{\text{GB}} = a/4$. $\therefore \overline{\text{GM}} = -a/12 < 0$. したがって不安定.
(b) のとき $I_0 = (\sqrt{2}a)^3 b/12$, $\overline{\text{GB}} = (\sqrt{2}/6)a$. $\therefore \overline{\text{GM}} = \sqrt{2}a/6 > 0$. したがって安定.

2.16 $\overline{\text{OG}} = 3h_0/4$.
$\overline{\text{OB}} = \dfrac{\int_h^{h_0} x\pi x^2 \tan^2\theta dx}{\int_h^{h_0} \pi x^2 \tan^2\theta dx} = \dfrac{3(h_0^3 + h_0^2 h + h_0 h^2 + h^3)}{4(h_0^2 + h_0 h + h^2)}$. $\therefore \overline{\text{GB}} = \overline{\text{OB}} - \overline{\text{OG}} = \dfrac{3h^3}{4(h_0^2 + h_0 h + h^2)}$

$\overline{\text{GM}} = \dfrac{I_0}{V_B} - \overline{\text{GB}} = \dfrac{3\{h^4\tan^2\theta - h^3(h_0 - h)\}}{4(h_0^3 - h^3)} > 0$ のとき安定.したがって,$\tan^2\theta > \dfrac{h_0}{h} - 1$. また,重力の釣り合いから $h = (1-\sigma)^{1/3}h_0$ となる. $\therefore \cos^6\theta \leq (1-\sigma) < 1$. すなわち,$\theta$ が大きいほど安定.これは経験と一致する.

2.17 慣性力:$F_x = -g\sin\theta\cdot\cos\theta$,$F_z = g - g\sin\theta\cdot\sin\theta$. $dp = \rho(F_x dx + F_z dz)$. $x = z = 0$ で $p = 0$ より,$p = \rho g\{(-\sin\theta\cdot\cos\theta)x + (1-\sin^2\theta)z\}$. 水面では $p = 0$ より,水面の式は $z/x = \tan\theta$ で,斜面と平行となる.

2.18 $dp = \rho\omega^2 x dx - \rho g dz$, $\therefore p = \rho(\omega^2 x^2/2 - gz) + C$ (C:積分定数). (1) $x = 0$,$z = h - a$ で $p = 0$ より,$C = \rho g(h-a)$. 一方,(2) $x = R$,$z = h + a$ で $p = 0$ より,$C = \rho g(h+a) - \rho\omega^2 R^2/2$. よって,(1) と (2) で C が等しいという条件から,
$\therefore a = \dfrac{\omega^2 R^2}{4g}$.

2.19 中心から距離 r の点における外力は,$F_r = v^2/r$,$F_z = -g$. $\therefore dp = \rho\{(v^2/r)dr - g dz\}$. 水面では $p = 0$ であり,$r = R_1$ で $z = h_1$ とすると,$h - h_1 = (v^2/g)\ln(r/R_1)$.

∴ $\Delta h = (v^2/g)\ln(R_2/R_1)$. これに数値を代入して $v = 2.20$ [m/s].

2.20 式 (2.36) より，

$$\Delta p = \frac{2\sigma}{R} = \frac{4\sigma}{D}. \quad ∴ \quad D = \frac{4\sigma}{\Delta p} = \frac{4 \times 0.00728 [\text{N/m}]}{100[\text{Pa}]} = 2.91 [\text{mm}]. \quad 約 3\,\text{mm} のきれいな水滴$$

となるはずである．

3.1 船や浮子を使い，流れに乗って観測を行えばよい．

3.2 式 (3.5) より，質量フラックスは保存されるから，$\rho_1 v_1 A_1 = \rho_2 v_2 A_2$. よって連続式 (3.3) が成立するのは，密度 ρ が一定のときである．

3.3 連続式：$Q = \frac{\pi d_1^2}{4} v_1 = \frac{\pi}{4}\left(d_1 + \frac{d_2 - d_1}{L}x\right)^2 v$. よって，$v = v_1 \left/ \left(1 + \frac{d_2 - d_1}{d_1}\frac{x}{L}\right)^2\right.$.

3.4 連続式：$D^2 V = \frac{\pi d^2}{4} v$ より，降下速度は $V = \frac{\pi d^2 v}{4 D^2}$ となる．

4.1 空気の圧力水頭は，1気圧20°C では $p/\rho g = 101300 [\text{kg/m/s}^2]/(1.205 \times 9.8)[\text{kg/m}^3] \cdot [\text{m/s}^2] = 8578.2 [\text{m}]$. したがって，実質的に位置水頭は圧力水頭に比べて無視できる．これは，ρ が非常に小さいためである．**水の密度 ρ は空気の密度より 828 倍も大きい．**

4.2 水中でも同様に摩擦が働くが，密度 ρ が空気より大きいため，抵抗（**抗力**という）が大きく働き，振り子の振幅の減少は速くなる（8.10節参照）．

4.3 流出に際して，若干のエネルギー損失があり，また流出速度は分布をもつため．

4.4 式 (4.8) より，出口の管径すなわち断面積が変わっても流速はほとんど変化しない．なぜなら，$d \ll D$ であるから $v_2 = \sqrt{2gh}$. しかし，流量は断面積に比例して減少する．$v_A = (ad/d_A)^2 v_2$ となり，$h_A \cong \{1 - (ad/d_A)^4\}h$.

4.5 式 (4.20) 〜 (4.22) より，$\frac{d_3}{d_1} = 1 \left/ \left\{1 + \frac{2p_1}{\rho_1 v_1^2} + \frac{2g}{v_1^2}\left(\frac{\rho_2}{\rho_1}\right)h_B\right\}^{1/4}\right.$.

4.6 動水勾配は図2のように変化するが，エネルギー勾配は水平である．これは，摩擦がゼロであるから．

4.7 流下にしたがってエネルギー損失は増大するから，$I_e = dh_L/dx > 0$ となる．完全流体では，エネルギー損失がないから，$h_L = 0$ であるため，$I_e = dh_L/dx = 0$ となる．なお，厳密な証明は，10.5節で行う．

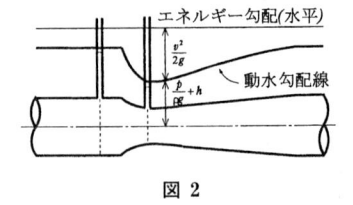

図 2

4.8 図 4.7 より $I_h = \frac{1}{L}\left\{\left(z_1 + \frac{p_1}{\rho g}\right) - \left(z_2 + \frac{p_2}{\rho g}\right)\right\} = \frac{1}{L}\left\{\frac{v_2^2}{2g} - \frac{v_1^2}{2g} + h_L\right\}$ となるので（L は I 断面と II 断面の間の距離），上流の流速 v_1 が増大すれば動水勾配は負となることがわかる．連続式から考えて，下流に向かって断面積が増大する場合に発生する可能性がある．たとえば，図 2 のベンチュリー管の動水勾配線を見てほしい．なお，断面積が変化しないとき，動水勾配はエネルギー勾配に等しい（$I_h = I_e$）．

4.9 ピンポン玉が噴水中心からずれると，噴水中心側の流れが高速となり圧力が減少しているため，内側へ押し戻す力を受ける．したがって，ピンポン玉は噴水から落下しない．

4.10 (1) $v_1 = \sqrt{2gH}$. (2) $v_1 = \sqrt{2gH}$（密度に依存しない）．(3) ベルヌーイ式は，同一密度の流体中で成立する．したがって，水・油境界面（圧力は $p_1 = \rho_1 gh$）と出口でベルヌーイ式を立

てると，$H-h+\dfrac{\rho_1 gh}{\rho_2 g}=\dfrac{v_3^2}{2g}$. ∴ $v_3=\sqrt{2g\left\{H-\left(1-\dfrac{\rho_1}{\rho_2}\right)h\right\}}$. (4) 同様にして，$v_4=\sqrt{2g\left\{H-\left(1-\dfrac{\rho_2}{\rho_1}\right)h\right\}}$. $\rho_2>\rho_1$ であるから，$v_4>v_1=v_2>v_3$ となる．

4.11 放出水は水平初速度 $v=\sqrt{2g(H-h)}$ の放物運動を行う．地面に到達するまでの時間は，$t=\sqrt{2h/g}$. したがって，水平到達距離 $x=v\cdot t=2\sqrt{h(H-h)}$ となる．$\partial x/\partial h=0$ より，$h=H/2$ のとき，x は最大となる．このとき，$x=H$ である．

4.12 (1) ピトー管に総圧 $p_A+\rho g\dfrac{v_A^2}{2g}$ がかかる．Y-Y 断面の圧力の釣り合い式は，$p_A+\dfrac{\rho}{2}v_A^2+\rho g(h_3+y)=p_A+\rho gh_3+\rho_0 gy$ であるから，$v_A=\sqrt{2g\left(\dfrac{\rho_0}{\rho}-1\right)y}$. (2) ベンチュリー管のベルヌーイ式は，$\dfrac{v_A^2}{2g}+\dfrac{p_A}{\rho g}=\dfrac{v_B^2}{2g}+\dfrac{p_B}{\rho g}+h_1$. X-X 断面の圧力の釣り合い式は，$p_A+\rho g(h_2+x)=p_B+\rho g(h_1+h_2)+\rho_0 gx$ である．連続式より $v_A=\alpha v_B$ となる（図 4.11 をみよ）．∴ $v_B=\sqrt{\dfrac{2gx}{1-\alpha^2}\left(\dfrac{\rho_0}{\rho}-1\right)}$, $Q=\alpha Sv_B$.

コメント：差圧の読み x または y のみで流速 v_A, v_B および流量 Q が算定できることは驚きである．

4.13 (a) 連続式とベルヌーイの式より，$v_2=\sqrt{2g(h+L)}$. $v_1=\dfrac{d_2^2}{d_1^2}\sqrt{2g(h+L)}=1.205$ [m/s]. $Q=0.0852$ [m³/s]. $p_1=\rho g\left\{h-\dfrac{d_2^4}{d_1^4}(h+L)\right\}=9074$ [Pa]. (b) いずれの式も (a) と同じ．数値を代入すると，$v_1=97.6$ [m/s]. $Q=0.766$ [m³/s]. $p_1/\rho g=-485$ [m]. これは明らかにありえない現象である．管入口では $p_1/\rho g=-10.33$ [m]（真空）までしか下がらず，流れは管の途中で圧力がゼロとなり，管壁から離れて自由落下する．

4.14 連続式は，$Q=\dfrac{\pi}{4}d_A^2 v_A=\dfrac{\pi}{4}(d_B^2 v_B+d_C^2 v_C)$. AB 間および AC 間のベルヌーイ式をたてると，位置水頭が一定であるから，$\dfrac{v_A^2}{2g}+\dfrac{p_A}{\rho g}=\dfrac{v_B^2}{2g}=\dfrac{v_C^2}{2g}$. ∴ $v_B=v_C=\dfrac{d_A^2 v_A}{d_B^2+d_C^2}$. $\dfrac{Q_B}{Q_A}=\dfrac{d_B^2}{d_B^2+d_C^2}$, $\dfrac{Q_C}{Q_A}=\dfrac{d_C^2}{d_B^2+d_C^2}$. また，$p_A=\dfrac{\rho v_A^2}{2}\left\{\left(\dfrac{d_A^2}{d_B^2+d_C^2}\right)^2-1\right\}$.

4.15 ベルヌーイの式より，$(v_2^2-v_1^2)/2g=(p_1-p_2)/\rho_1 g$. マノメータの読みよりオリフィス前後の圧力差は $(p_1-p_2)/\rho_1 g=\{(\rho_2/\rho_1)-1\}h$. 連続式は $Q=\pi D^2 v_1=C\pi d^2 v_2/4$. 以上より，$Q=\dfrac{\pi D^2}{4}\sqrt{\dfrac{2g\{(\rho_2/\rho_1)-1\}h}{(D/d)^4/C^2-1}}$. 数値を代入して，$Q=0.0166$ [m³/s] となる．

4.16 ベルヌーイの式：$v_A^2/2g+p_A/\rho g=(D/d)^4 v_A^2/2g-8$. 連続式：$Q=(\pi D^2/4)v_A=0.15$ [m³/s]．これらを解き，数値を代入して $v_A=2.122$ [m/s]. ∴ $p_A=101.76$ [kPa].

4.17 時刻 t における水位差を h, 小孔の流速 v とすると，$v=\sqrt{2gh}$, $dh/dt=-2av/A$. 水位差を H から 0 まで積分して，
$$T=\int_H^0 -\dfrac{A}{2\sqrt{2g}\cdot a}h^{-1/2}dh=\dfrac{AH^{1/2}}{a\sqrt{2g}}.$$

コメント：dh/dt が水面降下速度の 2 倍になるのがミソである．

4.18 $d\ll D$ より水位 h における水面の断面積 $A=(h/H)^2(\pi D^2/4)$ としてよい．出口流速も近似的に $v=\sqrt{2gh}$ としてよい．連続式より $\left(\dfrac{h}{H}\right)^2\dfrac{\pi D^2}{4}V=C\dfrac{\pi d^2}{4}\sqrt{2gh}$. よって，水面の降

下速度 $V = C\sqrt{2g}\left(\dfrac{d}{D}\right)^2 \dfrac{H^2}{h^{3/2}}$. $V = -\dfrac{dh}{dt}$ であるから, $T = \displaystyle\int_H^0 -\dfrac{1}{V}dh = \dfrac{2}{5\sqrt{2g}\,C}\left(\dfrac{D}{d}\right)^2\sqrt{H}$.

4.19 側面形状を $y = bx^n$ とすると, 水面の半径は $x = (y/b)^{1/n}$. 出口の断面積 a とすると, 連続式は $a\sqrt{2gy} = V\cdot\pi(y/b)^{2/n}$ となり,

よって, $V = \dfrac{ab^{2/n}\sqrt{2g}}{\pi}y^{\left(\frac{1}{2}-\frac{2}{n}\right)}$

水面降下速度 V が y に無関係となるには, $\dfrac{1}{2}-\dfrac{2}{n}=0$ でなければならない.

したがって $n=4$ となる.

4.20 (1) 水面が O 点より上のとき : O 点の圧力が大気圧に等しくなり, ビン内の空気の圧力は $p = -\rho g H$ である. したがって, 水面と出口でベルヌーイ式を立てると $h = v^2/2g$ となり, 流出速度は $v = \sqrt{2gh}$ と一定, すなわち, 水位差 H に無関係に**流出速度は一定となる**. 一種の手品のようではないか. (2) 水面が O 点より下のときは $p = 0$ となり, 通常のとおり.

5.1 $F_x = 0$ になる条件は, $a = \sqrt{\dfrac{\rho v_1^2}{\rho v_1^2 + 2p_1}} < 1$ である. 当然, 縮流管になっている.

5.2 流体に作用する力 $\boldsymbol{F} = (F_x, F_y)$ を図のような向きにとる. 流量 $Q = Av$. コーヒーブレイク 5.2 のように圧力 pA を外力として考えてみる. x 方向の運動量式 : $\rho Qv\cos\theta - \rho Qv = pA - pA\cos\theta + F_x$. y 方向の運動量式 : $\rho Qv\sin\theta - 0 = 0 - pA\sin\theta - F_y$. 以上より, $F_x = -(\rho v^2 + p)A(1-\cos\theta) < 0$, $F_y = -(\rho v^2 + p)A\sin\theta < 0$.
∴ 合力 $F = \sqrt{F_x^2 + F_y^2} = (\rho v^2 + p)A\sqrt{2(1-\cos\theta)}$. パイプに作用する力は, この反力で, $-F$ となり, その力の成分はともに正となる. よって, 図 5.5 のようにパイプに力が作用している.

5.3 空気中の水平の噴流では位置水頭・圧力水頭ともに 0 であるから, $v_2 = v_3 = v$ となる (これを**自由流線**という). x 方向の運動量式 : $\rho(Q/2)v\cos 60° - \rho Qv\cos 45° = F_x$. y 方向の運動量式 : $\{\rho(Q/2)v - \rho(Q/2)v\sin 60°\} - \rho Qv\sin 45° = F_y$. 数値を代入して, $F_x = -165[\mathrm{N}]$. $F_y = -230[\mathrm{N}]$. よって, 壁に作用する力は流体に作用する反力であるから, $(-F_x, -F_y) = (165[\mathrm{N}], 230[\mathrm{N}])$ でともに正値となる.

5.4 x 方向の運動量式 : $-\rho Qv\cos\theta - \rho Qv = F_x$. ∴ $F_x = -\rho Qv(1+\cos\theta)$. y 方向の運動量式より, $F_y = \rho Qv\sin\theta$. よって, 合力 $F = \sqrt{F_x^2 + F_y^2} = \rho Qv\sqrt{2(1+\cos\theta)}$.

5.5 ベルヌーイの式, 連続式を用いて, $v_2 = \sqrt{2g\{(p_1/\rho g) - h\}}/\sqrt{1-(d_2/d_1)^4} = 31.3[\mathrm{m/s}]$. 最高点の高さ $H = (v_2\sin\theta)^2/2g = 25.0[\mathrm{m}]$. 水平到達距離 $L = 2v_2^2\cos\theta\sin\theta/g = 100[\mathrm{m}]$. 次にノズル軸方向の運動量式を立てると, $\rho Qv_2 - \rho Qv_1 = \pi d_1^2 p_1/4 - W\sin\theta - F$. ここで, W はノズル部分 (円錐台の体積) の水の重量で, $W = \rho g\pi h\{(d_1^2 + d_1 d_2 + d_2^2)/12\}/\sin\theta$. 数値を代入して, $F = 3.60[\mathrm{kN}]$.

5.6 図 5.9 の点線部分で囲まれた領域と縮脈後の断面積 a の断面で囲まれたコントロールボリュームを考えて運動量式を立てると, $\rho av^2 = \rho g HA$ となる. また, $v = \sqrt{2gH}$ であるから, $a = A/2$ となる. すなわち, 完全流体ではボルダの縮脈係数が $k = 0.5$ となる.

5.7 連続式 : $\dfrac{\pi}{4}d_A^2 v_A = \dfrac{\pi}{4}d_B^2 v_B + \dfrac{\pi}{4}d_C^2 v_C = 0.1227[\mathrm{m^3/s}]$ より, $v_A = 6.944[\mathrm{m/s}]$.

A → B 間のベルヌーイの式 : $\dfrac{v_A^2}{2g} + \dfrac{p_A}{\rho g} = \dfrac{v_B^2}{2g} + \dfrac{p_B}{\rho g}$ より, $p_B = 34.11[\mathrm{kPa}]$.

演習問題解答　291

A→C 間のベルヌーイの式：$\dfrac{v_A{}^2}{2g}+\dfrac{p_A}{\rho g}=\dfrac{v_C{}^2}{2g}+\dfrac{p_C}{\rho g}$ より，$v_C=v_B$ であるから $p_C=p_B=34.1$ [kPa].

x 方向の運動量式：$\rho A_B v_B{}^2\cos\theta_B+\rho A_C v_C{}^2\cos\theta_C-\rho A_A v_A{}^2=-F_x+p_A A_A-p_B A_B\cos\theta_B-p_C A_C\cos\theta_C$. 数値を代入して $F_x=381.8$[N].

y 方向の運動量式：$\rho A_B v_B{}^2\sin\theta_B+\rho A_C v_C{}^2\sin\theta_C=F_y-p_B A_B\sin\theta_B+p_C A_C\sin\theta_C$. 数値を代入して $F_y=23.68$[N]. これらを合成して $F=\sqrt{F_x{}^2+F_y{}^2}=382.5$[N].

5.8 (1) 連続式とベルヌーイの式より $v_2=\sqrt{2gH}$. $p_1=\rho gH(1-\alpha^2)$. (2) 運動量式：$\rho\alpha A_1 v_2{}^2-\rho A_1(\alpha v_2)^2=A_1 p_1-F$. ∴ $F=\rho gA_1H(1-\alpha)^2$. (3) 板に垂直方向の運動量式：$0-\rho Qv_2\cos\theta=-F'$ より，板に垂直に働く力 $F'=\rho Qv_2\cos\theta$. ヒンジまわりのモーメントの釣り合いより，

$W\dfrac{L}{2}\sin\theta=F'\cdot L$. これより，$\sin\theta=\dfrac{2\rho Qv_2\cos\theta}{W}$.

∴ $\tan\theta=\dfrac{2\rho Qv_2}{W}=\dfrac{4\rho\alpha A_1 gH}{W}$，あるいは $\theta=\tan^{-1}\left(\dfrac{4\rho\alpha A_1 gH}{W}\right)$

6.1 $F=F'/(\rho V)$. ρV は密度×体積＝質量であるから，F は単位質量あたりの力である.

6.2 直交座標 (u,v) と極座標 (u_r,u_θ) の関係は，図 6.41 の図解より，容易に $u=u_r\cos\theta-u_\theta\sin\theta$，$v=u_r\sin\theta+u_\theta\cos\theta$ が得られる.

6.3 演習問題 7.4 の解より（Φ を u,v で置き換えればよい）．$\dfrac{\partial u}{\partial x}=\cos\theta\dfrac{\partial u}{\partial r}-\dfrac{\sin\theta}{r}\dfrac{\partial u}{\partial \theta}$，$\dfrac{\partial v}{\partial y}=\sin\theta\dfrac{\partial u}{\partial r}+\dfrac{\cos\theta}{r}\dfrac{\partial u}{\partial \theta}$. 演習問題 6.2 の結果を代入し，$r$ と θ で微分して整理すれば，$\dfrac{\partial u}{\partial x}+\dfrac{\partial v}{\partial y}=\dfrac{u_r}{r}+\dfrac{\partial u_r}{\partial r}+\dfrac{\partial u_\theta}{r\partial\theta}=0$ となる. 座標変換に慣れておくことを勧める. 数学の問題である.

6.4 $\dfrac{\partial u}{\partial t}+u\dfrac{\partial u}{\partial x}+v\dfrac{\partial u}{\partial y}+w\dfrac{\partial u}{\partial z}=F_x-\dfrac{1}{\rho}\dfrac{\partial p}{\partial x}$, $\dfrac{\partial v}{\partial t}+u\dfrac{\partial v}{\partial x}+v\dfrac{\partial v}{\partial y}+w\dfrac{\partial v}{\partial z}=F_y-\dfrac{1}{\rho}\dfrac{\partial p}{\partial y}$,

$\dfrac{\partial w}{\partial t}+u\dfrac{\partial w}{\partial x}+v\dfrac{\partial w}{\partial y}+w\dfrac{\partial w}{\partial z}=F_z-\dfrac{1}{\rho}\dfrac{\partial p}{\partial z}$.

6.5 重力に直角方向には重力が働かないから外力項が落ち，$u\dfrac{du}{dx}=-\dfrac{1}{\rho}\dfrac{dp}{dx}$ となる. これを積分して，$u^2/2+p/\rho=$ 一定となる.

6.6 $\dfrac{\partial}{\partial x_j}\left(\dfrac{\partial u_j}{\partial x_i}\right)=\dfrac{\partial}{\partial x_i}\left(\dfrac{\partial u_j}{\partial x_j}\right)$. 連続式より $\dfrac{\partial u_j}{\partial x_j}=0$ であるから，**Vis** の右辺第 2 項はゼロになる.

6.7 $\dfrac{\partial u}{\partial t}+u\dfrac{\partial u}{\partial x}+v\dfrac{\partial u}{\partial y}+w\dfrac{\partial u}{\partial z}=F_x-\dfrac{1}{\rho}\dfrac{\partial p}{\partial x}+\nu\left(\dfrac{\partial^2 u}{\partial x^2}+\dfrac{\partial^2 u}{\partial y^2}+\dfrac{\partial^2 u}{\partial z^2}\right)$,

$\dfrac{\partial v}{\partial t}+u\dfrac{\partial v}{\partial x}+v\dfrac{\partial v}{\partial y}+w\dfrac{\partial v}{\partial z}=F_y-\dfrac{1}{\rho}\dfrac{\partial p}{\partial y}+\nu\left(\dfrac{\partial^2 v}{\partial x^2}+\dfrac{\partial^2 v}{\partial y^2}+\dfrac{\partial^2 v}{\partial z^2}\right)$,

$\dfrac{\partial w}{\partial t}+u\dfrac{\partial w}{\partial x}+v\dfrac{\partial w}{\partial y}+w\dfrac{\partial w}{\partial z}=F_z-\dfrac{1}{\rho}\dfrac{\partial p}{\partial z}+\nu\left(\dfrac{\partial^2 w}{\partial x^2}+\dfrac{\partial^2 w}{\partial y^2}+\dfrac{\partial^2 w}{\partial z^2}\right)$.

7.1 $z=x+y\cdot i$ を式 (7.41) に代入し，実部と虚部に分ければ，

$$\Phi = U_\infty \frac{x(x^2+y^2+a^2)}{x^2+y^2}, \quad \Psi = U_\infty \frac{y(x^2+y^2-a^2)}{x^2+y^2}$$

式 (7.15) に代入して, $u = \dfrac{\partial \Phi}{\partial x} = U_\infty \left\{1 - \dfrac{a^2(x^2-y^2)}{(x^2+y^2)^2}\right\}$, $v = \dfrac{\partial \Phi}{\partial y} = -2U_\infty \dfrac{a^2 xy}{(x^2+y^2)^2}$

7.2 $\dfrac{dW}{dz} = U_\infty \left(1 - \dfrac{a^2}{z^2}\right) = U_\infty \left\{1 - \dfrac{a^2(x^2-y^2)}{(x^2+y^2)^2} + i\dfrac{2a^2 xy}{(x^2+y^2)^2}\right\} \equiv u - v\cdot i$ より, 問題7.1とまったく同じになる. このように複素関数論は威力がある. 単に常微分すればよいからである.

7.3 図解より容易に, $U_r = u\cos\theta + v\sin\theta$, $U_\theta = u\sin\theta - v\cos\theta$.

7.4 $x = r\cos\theta$, $y = r\sin\theta$ を x と y でそれぞれ偏微分すれば,

$$1 = \frac{\partial r}{\partial x}\cos\theta - r\sin\theta \frac{\partial \theta}{\partial x}, \quad 0 = \frac{\partial r}{\partial x}\sin\theta + r\cos\theta \frac{\partial \theta}{\partial x}.$$

$$\therefore \frac{\partial r}{\partial x} = \cos\theta, \quad \frac{\partial \theta}{\partial x} = -\frac{\sin\theta}{r}.$$

同様にして, $\dfrac{\partial r}{\partial y} = \sin\theta$, $\dfrac{\partial \theta}{\partial y} = \dfrac{\cos\theta}{r}$.

$$\therefore \frac{\partial \Phi}{\partial x} = \frac{\partial r}{\partial x}\frac{\partial \Phi}{\partial r} + \frac{\partial \theta}{\partial x}\frac{\partial \Phi}{\partial \theta} = \cos\theta \frac{\partial \Phi}{\partial r} - \frac{\sin\theta}{r}\frac{\partial \Phi}{\partial \theta},$$

$$\frac{\partial \Phi}{\partial y} = \frac{\partial r}{\partial y}\frac{\partial \Phi}{\partial r} + \frac{\partial \theta}{\partial y}\frac{\partial \Phi}{\partial \theta} = \sin\theta \frac{\partial \Phi}{\partial r} + \frac{\cos\theta}{r}\frac{\partial \Phi}{\partial \theta}.$$

$$\frac{\partial^2 \Phi}{\partial x^2} = \frac{\partial r}{\partial x}\frac{\partial}{\partial r}\left(\frac{\partial \Phi}{\partial x}\right) + \frac{\partial \theta}{\partial x}\frac{\partial}{\partial \theta}\left(\frac{\partial \Phi}{\partial x}\right) = \cos\theta \frac{\partial}{\partial r}\left(\cos\theta \frac{\partial \Phi}{\partial r} - \frac{\sin\theta}{r}\frac{\partial \Phi}{\partial \theta}\right)$$
$$- \frac{\sin\theta}{r}\frac{\partial}{\partial \theta}\left(\cos\theta \frac{\partial \Phi}{\partial r} - \frac{\sin\theta}{r}\frac{\partial \Phi}{\partial \theta}\right)$$

$$\frac{\partial^2 \Phi}{\partial y^2} = \frac{\partial r}{\partial y}\frac{\partial}{\partial r}\left(\frac{\partial \Phi}{\partial y}\right) + \frac{\partial \theta}{\partial y}\frac{\partial}{\partial \theta}\left(\frac{\partial \Phi}{\partial y}\right) = \sin\theta \frac{\partial}{\partial r}\left(\sin\theta \frac{\partial \Phi}{\partial r} + \frac{\cos\theta}{r}\frac{\partial \Phi}{\partial \theta}\right)$$
$$+ \frac{\cos\theta}{r}\frac{\partial}{\partial \theta}\left(\sin\theta \frac{\partial \Phi}{\partial r} + \frac{\cos\theta}{r}\frac{\partial \Phi}{\partial \theta}\right).$$

以上の微分をして整理すれば,

$$\nabla^2 \Phi = \frac{\partial^2 \Phi}{\partial x^2} + \frac{\partial^2 \Phi}{\partial y^2} = \frac{\partial^2 \Phi}{\partial r^2} + \frac{1}{r}\frac{\partial \Phi}{\partial r} + \frac{1}{r^2}\frac{\partial^2 \Phi}{\partial \theta^2}$$

となる.

7.5 $\dfrac{\partial \Phi}{\partial r} = U_\infty \left(1 - \dfrac{a^2}{r^2}\right)\cos\theta$, $\dfrac{\partial^2 \Phi}{\partial r^2} = U_\infty \dfrac{2a^2}{r^3}\cos\theta$, $\dfrac{\partial^2 \Phi}{\partial \theta^2} = -U_\infty \left(r + \dfrac{a^2}{r}\right)\cos\theta$.

$$\therefore \nabla^2 \Phi = U_\infty \cos\theta \left\{\frac{2a^2}{r^3} + \left(\frac{1}{r} - \frac{a^2}{r^3}\right) - \left(\frac{1}{r} + \frac{a^2}{r^3}\right)\right\} = 0.$$

一方, $\dfrac{\partial \Psi}{\partial r} = U_\infty \left(1 + \dfrac{a^2}{r^2}\right)\sin\theta$, $\dfrac{\partial^2 \Psi}{\partial r^2} = -U_\infty \dfrac{2a^2}{r^3}\sin\theta$, $\dfrac{\partial^2 \Psi}{\partial \theta^2} = -U_\infty \left(r - \dfrac{a^2}{r}\right)\sin\theta$.

$$\therefore \nabla^2 \Psi = U_\infty \sin\theta \left\{-\frac{2a^2}{r^3} + \left(\frac{1}{r} + \frac{a^2}{r^3}\right) - \left(\frac{1}{r} - \frac{a^2}{r^3}\right)\right\} = 0.$$

7.6 式 (7.41) を z で微分すると,

$$\frac{dW}{dz} = U_\infty \left(1 - \frac{a^2}{z^2}\right) = U_\infty \left(1 - \frac{a^2}{r^2}e^{-2\theta i}\right). \quad \text{よって, 複素共役関数は} \quad \frac{d\overline{W}}{dz} = U_\infty \left(1 - \frac{a^2}{r^2}e^{2\theta i}\right).$$

$$\therefore V^2|_{r=a} = \left(\frac{dW}{dz}\right)\left(\frac{d\overline{W}}{dz}\right)\Bigg|_{r=a} = U_\infty^2 (1 - e^{-2\theta i})(1 - e^{2\theta i}) = 2U_\infty^2 (1 - \cos 2\theta) = 4U_\infty^2 \sin^2\theta.$$

式 (7.40) あるいは式 (7.50) より, $\Delta p \equiv p - p_\infty = \dfrac{\rho}{2}(U_\infty^2 - V^2) = \dfrac{\rho U_\infty^2}{2}(1 - 4\sin^2\theta)$.

このように複素関数論を使うと計算が華麗である.

7.7 極座標における渦度は，
$$\omega = -\frac{1}{r}\frac{\partial(U_\theta \cdot r)}{\partial r} - \frac{\partial U_r}{r\partial \theta}.$$ 式 (7.59) を代入すると，確かに $\omega = 0$ となる．
直交座標を使っても得られる．試みてほしい．

7.8 図 6.4 より $x = r\cos\theta$, $y = r\sin\theta$, $u = U_r\cos\theta - U_\theta\sin\theta$, $v = U_r\sin\theta + U_\theta\cos\theta$.
$$\therefore \Gamma = \oint(udx + vdy) = \oint(U_r dr + U_\theta r d\theta) \quad (極座標の変換式).$$
$U_r = 0$, $U_\theta = \dfrac{A}{r}$ であるから，$\Gamma = \displaystyle\int_0^{2\pi} U_\theta r d\theta = 2\pi A$.

7.9 $U_r = \dfrac{1}{r}\dfrac{\partial \Psi}{\partial \theta} = nAr^{n-1}\cos n\theta$. $U_\theta = -\dfrac{\partial \Psi}{\partial r} = -nAr^{n-1}\cdot\sin n\theta$. したがって，式 (7.74) に一致する．

7.10 $\dfrac{dW}{dz} = nAz^{n-1} = nAr^{n-1}\mathrm{e}^{(n-1)\theta i}$. $\dfrac{d\overline{W}}{dz} = nAr^{n-1}\mathrm{e}^{-(n-1)\theta i}$.
$$\therefore V = \sqrt{\frac{dW}{dz}\frac{d\overline{W}}{dz}} = nAr^{n-1}.$$

7.11 $\dfrac{\partial u}{\partial x} + \dfrac{\partial v}{\partial y} = \dfrac{m(x^2+y^2)-2mx^2}{(x^2+y^2)^2} + \dfrac{m(x^2+y^2)-2my^2}{(x^2+y^2)^2} = 0$. 流線の式 (7.10) より $vdx = udy$ に代入すると $ydx = xdy$. 積分すると，$\log y = \log x + C'$. ゆえに，$y = Cx$（C : 積分定数）となり，流線は原点を通る直線群を表す．このとき，渦度は $\omega \equiv \dfrac{\partial v}{\partial x} - \dfrac{\partial u}{\partial y}$ に代入して，$\omega \equiv 0$ となる．すなわち，ポテンシャル流れであることがわかる．

7.12 $u = \dfrac{m\cos\theta}{r}$, $v = \dfrac{m\sin\theta}{r}$ より $U_r = u\cos\theta + v\sin\theta = \dfrac{m}{r}$. $U_\theta = u\sin\theta - v\cos\theta = 0$.
$\dfrac{\partial \Phi}{\partial r} = \dfrac{\partial \Psi}{r\partial \theta} = U_r = \dfrac{m}{r}$ より，速度ポテンシャルは $\Phi = m\ln r$，流れ関数は $\Psi = m\theta$ となる．
$$\therefore W(z) = \Phi + \Psi i = m(\ln r + \ln e^{i\theta}) = m\ln z. \quad また，Q = \int_0^{2\pi} U_r r d\theta = 2\pi m.$$

7.13 $\Phi = \dfrac{Cx}{x^2+y^2}$, $\Psi = \dfrac{-Cy}{x^2+y^2}$. 流線は $\Psi = $ 一定 より得られ，$x^2 + (y+A)^2 = A^2$. $A \equiv C/(2\Psi)$. これは中心 $(0, -A)$，半径 A の円．等ポテンシャル線は $\Phi = $ 一定 より得られ，$(x-B)^2 + y^2 = B^2$. $B \equiv C/(2\Phi)$. これは，中心 $(B, 0)$，半径 B の円である（図 3 参照）．ここで，A と B は任意の定数である．

図 3

8.1 式 (8.1) の層流でも，式 (8.3) の乱流でも，流れが十分に発達していれば，$L \gg \delta$ となる．$x \propto L$, $y \propto \delta$. よって，連続式 $\partial U/\partial x = -\partial V/\partial y$ から，$U/L \approx V/\delta$, $V/U \approx \delta/L \ll 1$ となる．

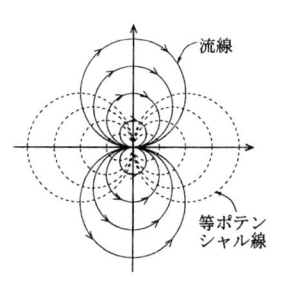

8.2 全水頭は，$H = \dfrac{U^2}{2g} + \dfrac{P_\infty}{\rho g} + h_L = $ const. $\dfrac{\partial U}{\partial x} = 0$ であるから，$I_e \equiv \dfrac{dh_L}{dx} = -\dfrac{1}{\rho g}\dfrac{dP_\infty}{dx}$. この結果は，式 (9.26) に一致する．

8.3 レイノルズ方程式から導かれた式 (8.18) の誘導過程において，何ら流速分布に関する情報を用いていない．したがって，層流・乱流の区別はされておらず，どちらでも成立する．

ただし，式 (9.34) より，せん断応力 τ_{12} の中身は相違する．たとえば，層流ではレイノルズ応力はゼロとなり，τ_{12} は粘性応力に完全に一致する．

8.4 式 (8.23) から，$\dfrac{U_\infty}{U_*} \propto \left(\dfrac{U_\infty \delta}{\nu}\right)^{m/2} = \left(\dfrac{U_* \delta}{\nu}\right)^{m/2} \left(\dfrac{U_\infty}{U_*}\right)^{m/2}$ ．∴ $\dfrac{U_\infty}{U_*} \propto \left(\dfrac{U_* \delta}{\nu}\right)^{m/(2-m)}$ ．

8.5 式 (8.16) より，$0 = -\dfrac{1}{\rho}\dfrac{dp}{dx} + \dfrac{1}{\rho}\dfrac{\partial \tau_{12}}{\partial y}$ ．式 (1.12) の定義より $\tau_{12} \equiv \mu \dfrac{\partial u}{\partial y}$ から，∴ $\dfrac{\partial^2 u}{\partial y^2} = \dfrac{1}{\mu}\dfrac{dp}{dx}$ ．ここで，$p = P_\infty$（ピエゾ圧）とおいている．

8.6 ベルヌーイの式を x で微分すると，$\dfrac{v}{g}\dfrac{dv}{dx} = -\dfrac{1}{\rho g}\dfrac{dp}{dx}$ より明らかである．

8.7 ϕ が $\pi/2$ より小さい場合を考えれば，容易である．ds の方向を考慮して，$dx = ds \cdot \sin\phi$，$dy = -ds \cdot \cos\phi$．これらを代入すれば，式 (8.35)，(8.36) が得られる．

8.8 $L_f \equiv -\displaystyle\iint_S \tau_w \cos\phi\, ds$ であるから，上壁面と下壁面でせん断応力 τ_w は符号が異なり，その絶対値がほぼ等しいから，$L_f \approx 0$．

8.9 $D - iL = \dfrac{i\rho}{2}\displaystyle\oint U_\infty^2 \left(1 - \dfrac{a^2}{z^2}\right)^2 dz = 0$（留数の定理の式 (8.43) より）．∴ $D = 0,\ L = 0$．

8.10 留数の定理の式 (8.43) より被積分関数が $1/z$ 以外はゼロとなる．よって，式 (8.40) が得られる．

8.11 流れが剥離すると速度は小さくなり，ベルヌーイの定理より翼の上面に作用する圧力が大きくなって，揚力が減少するためである．これが**失速現象**である．

8.12 このとき，上面で $\phi \approx \pi/2$，下面で $\phi \approx -\pi/2$ であるから，式 (8.35)，(8.36) に代入して，$D_f \approx 2\tau_w A$，$D_p \approx 0$．ここで，A は slender body の表面積である．

9.1 $e^{i(\alpha x - \beta t)} = \exp i\alpha(x - ct) = \exp(\alpha c_i t)\cdot\exp\{i\alpha(x - c_r t)\}$ より，振幅は $\exp(\alpha c_i t)$ に比例して変化する．波数 α が正であるから，式 (9.10) が得られる．なお，波形は式 (16.1) と同型で，c_r が波の伝播速度となる．

9.2 非線形項である移流項のみが式 (9.17) と変形され，$\overline{u_i u_j}$ を右辺に移項すれば，式 (9.18) が導ける．したがって，レイノルズ応力 $-\overline{u_i u_j}$ は**非線形性**のために発生した**付加応力**ともいう．

9.3 これは座標変換に関する数学の問題であり，各自確認してほしい．図 6.4 参照．ただし，図の z 軸をここでは x 軸にとっている．ラプラス演算子 $\nabla^2 U_x$ の極座標表示は，式 (7.78) で学んだ．演習問題 7.3，7.4 より移流項も容易に計算できよう．

9.4 式 (9.20) を式 (9.75) に代入すると，
$$0 = -g\dfrac{dh}{dx} + \nu\left(\dfrac{\partial^2 U_x}{\partial r^2} + \dfrac{1}{r}\dfrac{\partial U_x}{\partial r}\right) = -g\dfrac{dh}{dx} + \nu\dfrac{1}{r}\dfrac{d}{dr}\left(r\dfrac{dU_x}{dr}\right)$$
より自明である．

9.5 $V = 0$，$\partial U/\partial x = 0$，$F_x = g\sin\theta$，$F_y = -g\cos\theta$ より，

$$0 = g\sin\theta - \dfrac{1}{\rho}\dfrac{\partial p}{\partial x} + \nu\dfrac{\partial^2 U}{\partial y^2} \quad \cdots(a)$$

$$0 = -g\cos\theta - \dfrac{1}{\rho}\dfrac{\partial p}{\partial y} \quad \cdots(b)$$

式(b)より，$p = \rho g(h - y)\cos\theta$，すなわち圧力は静水圧分布を示す．これを式(a)に代入すれば，

∴ $0 = gI_e + \nu \dfrac{\partial^2 U}{\partial y^2}$. ここで，$I_e \equiv \sin\theta - \dfrac{dh}{dx}\cos\theta$ はエネルギー勾配である．

開水路等流なら $I_e = \sin\theta$, **管路**では $\theta = 0$ とおいて式 (9.26) と一致する．

9.6 $\left(\tau + \dfrac{\partial \tau}{\partial y}dy\right)dxdz - \tau \cdot dxdz + \rho g\sin\theta \cdot dxdydz = 0$. $\tau \equiv \mu\dfrac{\partial U}{\partial y}$ より式 (9.76) が得られる．

9.7 $\partial U/\partial y = -(gI_e/\nu)y + C_1$. $y = h$ で $\partial U/\partial y = 0$ より，$C_1 = ghI_e/\nu$. さらに積分して，$y = 0$ で $U = 0$ より，式 (9.77) が得られる．

9.8 $v = \int_0^1 \dfrac{gI_e h^2}{\nu}\left(\xi - \dfrac{\xi^2}{2}\right)d\xi = \dfrac{gh^2 I_e}{\nu}\left[\dfrac{\xi^2}{2} - \dfrac{\xi^3}{6}\right]_0^1 = \dfrac{gh^2 I_e}{3\nu}$. また，$q = vh = \dfrac{gI_e}{3\nu}h^3$. 断面平均流速 v は円管流と同様に，I_e に比例する（線形）するが，流量 q は水深の 3 乗に比例する．

9.9 $\varepsilon = \nu\left\{\overline{\left(\dfrac{\partial u}{\partial x}\right)^2} + \overline{\left(\dfrac{\partial u}{\partial y}\right)^2} + \overline{\left(\dfrac{\partial u}{\partial z}\right)^2} + \overline{\left(\dfrac{\partial v}{\partial x}\right)^2} + \overline{\left(\dfrac{\partial v}{\partial y}\right)^2} + \overline{\left(\dfrac{\partial v}{\partial z}\right)^2} + \overline{\left(\dfrac{\partial w}{\partial x}\right)^2} + \overline{\left(\dfrac{\partial w}{\partial y}\right)^2} + \overline{\left(\dfrac{\partial w}{\partial z}\right)^2}\right\}$

9.10 力学エネルギー（＝運動エネルギー＋位置エネルギー＋圧力エネルギー）は熱エネルギーに変換されるが，その逆はないということ．これを**非可逆過程**という．**熱力学の第 2 法則**である．平易にいえば，粘性（摩擦）があれば，力学エネルギーは必ず損失（ロス, loss）する．

9.11 $\dfrac{\partial \overline{(U_i + u_i)}}{\partial x_i} = \dfrac{\partial U_i}{\partial x_i} = 0$ ($\because \overline{u_i} = 0$). また，$\dfrac{\partial(U_i + u_i)}{\partial x_i} = \dfrac{\partial U_i}{\partial x_i} + \dfrac{\partial u_i}{\partial x_i} = 0$ と前式より，

$\dfrac{\partial u_i}{\partial x_i} = 0$. すなわち，連続式は，瞬間流速 $\tilde{u}_i$, 平均流速 U_i および乱れ u_i のいずれの成分に関しても成立する．これは，**連続式が線形であるためである**．

9.12 $\tilde{\varepsilon} \equiv \dfrac{1}{2}\nu\left\{\overline{\left(\dfrac{\partial u_i}{\partial x_j}\right)^2} + 2\overline{\left(\dfrac{\partial u_i}{\partial x_j}\right)\left(\dfrac{\partial u_j}{\partial x_i}\right)} + \overline{\left(\dfrac{\partial u_j}{\partial x_i}\right)^2}\right\} = \nu\overline{\left(\dfrac{\partial u_i}{\partial x_j}\right)^2} + \nu\dfrac{\partial}{\partial x_j}\overline{\left(u_i\dfrac{\partial u_j}{\partial x_i}\right)}$

$= \varepsilon + \nu\dfrac{\partial}{\partial x_j}\left(\dfrac{\overline{\partial u_i u_j}}{\partial x_i}\right)$.

$\left(\because \dfrac{\partial u_i}{\partial x_i} = \dfrac{\partial u_j}{\partial x_j} = 0\right)$. したがって，レイノルズ応力による粘性仕事（粘性フラックス，右辺第 2 項）のみ両者で相違するが，レイノルズ数が大きければ，この差違は無視でき，$\tilde{\varepsilon} \cong \varepsilon$ となる．

9.13 式 (9.56) と式 (9.54) を等しいとおいて，$\dfrac{1}{0.41}\ln\delta_{cp}^+ + 5.3 = \delta_{cp}^+$. これを解けば，$\delta_{cp}^+ = 11.2$ となる．

9.14 式 (9.68) を書き下すと，$-\overline{uw} = \nu_t\left(\dfrac{\partial U}{\partial z} + \dfrac{\partial W}{\partial x}\right)$, $-\overline{vw} = \nu_t\left(\dfrac{\partial W}{\partial y} + \dfrac{\partial V}{\partial z}\right)$. 2 次元流だから z 方向には一定で（$\because \partial/\partial z = 0$）かつ $W = 0$ ゆえ，$-\overline{uw} = -\overline{vw} = 0$ となる．

9.15 式 (9.72) より，$\dfrac{\overline{\nu_t}}{U_* h} = \int_0^1 \chi\xi(1-\xi)d\xi = \chi\left[\dfrac{\xi^2}{2} - \dfrac{\xi^3}{3}\right]_0^1 = \dfrac{\chi}{6} = 0.0683$ ($\because \chi = 0.41$).

9.16 式 (9.41) と式 (9.56) より，$\dfrac{Gh}{U_*^3} = \dfrac{-\overline{uv}}{U_*^2}\dfrac{\partial U^+}{\partial \xi} = \left(1 - \xi - \dfrac{1}{\chi R_*\xi}\right)\dfrac{1}{\chi\xi}$ …(a)

9.17 式 (a) と式 (9.65) を横軸 ξ に対して図示すればよい．ξ の値によって，発生率 G とその逸散率 ε は大きく変化する．そこで，両対数紙（log-log plot）にプロットした方がよい．たとえば，レイノルズ数 $R_* = 10^3$ の流れにおいて，河床近傍 $\xi = 0.05$ では $Gh/U_*^3 = 44.0$, $\varepsilon h/U_*^3 = 37.7$ となり，乱れの発生率がその逸散率より大きくなり，乱れエネルギーは**過剰**となる．この位置をプラス表示で表せば，$y^+ \equiv R_*\xi = 50$ で，対数則領域に入っているから，式 (a) は正確である．$y^+ \approx 50$ の壁面近傍では，乱れ発生機構である**バースティング現象**が顕

著に組織的かつ周期的に出現し，組織乱流理論の最も重要な現象である．図9.10で示すように，エジェクションとスウィープがほぼ周期的に現れ，平均流から乱れを発生させる（コーヒーブレイク9.11参照）．一方，水面近くの $\xi=0.95$ では $Gh/U_*^3=0.121$, $\varepsilon h/U_*^3=0.582$ となり，逸散率の方が発生率より大きくなり，乱れエネルギーは**不足する**．したがって，河床近傍の過剰な乱れエネルギーが，**乱れの拡散作用**（乱れ変動の3次相関）によって，エネルギーが不足している水面領域に輸送され，エネルギーの収支が賄われる．開水路・管路・境界層などの壁面乱流には以上の乱流構造が普遍的に成立している．$G>\varepsilon$ の領域を**壁面領域**，$\varepsilon>G\approx0$ を**自由水面領域**とよび，その中間に $G\approx\varepsilon$ なる動的平衡領域が存在する．**平衡領域**では，発生した乱れは図10.2に示す**カスケード**過程を経て熱逸散される．このような乱流現象に興味がある皆さまは，拙著 "Turbulence in Open Channel Flows（開水路乱流）"（国際水理学会専門書，Balkema出版社，オランダ，1993）をぜひ参照願いたい．

10.1 定常流では，式（10.6）は
$$\frac{\partial \rho U_i U_j}{\partial x_j}+\frac{\partial}{\partial x_i}(\Omega+p)=\frac{\partial}{\partial x_j}\{\rho U_i U_j+(\rho g z+p)\delta_{ij}\}=\frac{\partial}{\partial x_j}(\tau_{ij})$$
となる．いま，式（10.11）なる $\widehat{M}_{ij}\equiv \rho U_i U_j+(\rho g z+p)\delta_{ij}$ を定義する．

式（10.7）を代入して，連続式を使えば，
$$\therefore \frac{\partial \widehat{M}_{ij}}{\partial x_j}=\frac{\partial \tau_{ij}}{\partial x_j}=\frac{\partial}{\partial x_j}\left\{-\rho\overline{u_i u_j}+\mu\left(\frac{\partial U_i}{\partial x_j}+\frac{\partial U_j}{\partial x_i}\right)\right\}=\frac{\partial}{\partial x_j}\left(-\rho\overline{u_i u_j}+\mu\frac{\partial U_i}{\partial x_j}\right)$$
$$\left(\because \frac{\partial U_j}{\partial x_j}=0\right)$$

10.2 $j=2$ 軸方向は北（N）方向，$j=3$ 軸方向は東（E）方向であるから，
$$\widehat{F}=\iint_{S_E}\tau_{w,3}ds-\iint_{S_W}\tau_{w,3}ds+\iint_{S_N}\tau_{w,2}ds-\iint_{S_S}\tau_{w,2}ds$$
$$=\mu\iint_{S_E}\frac{\partial U_1}{\partial z}\bigg|_E ds-\mu\iint_{S_W}\frac{\partial U_1}{\partial z}\bigg|_W ds+\mu\iint_{S_N}\frac{\partial U_1}{\partial y}\bigg|_N ds-\mu\iint_{S_S}\frac{\partial U_1}{\partial y}\bigg|_S ds$$
$$=-\mu\left(\iint_{S_S}\frac{\partial U_1}{\partial y}\bigg|_S ds-\iint_{S_N}\frac{\partial U_1}{\partial y}\bigg|_N ds\right)<0$$

なぜなら，2次元流れであり，下面（S 面）ほど上面（N 面）よりせん断応力が大きいため．

10.3 図から明らかに，重力成分は $F_1=g\sin\theta$, $F_2=-g\cos\theta$, $F_3=0$ となる．

10.4 式（10.18）の重力項は，検査面①，②の重心の差によっておこる．$(\bar{z}_2-\bar{z}_1)=-x\sin\theta$ であるから，$\rho g[\bar{z}A]_1^2=-\rho g V\sin\theta$ となる．式（10.18）のこの項を右辺に移項すれば，式（10.19）の重力成分 $\rho g V\sin\theta$ となる．

10.5 x_1 方向の重力成分は，
$$\iiint \rho F_1 dV=\iint x_1\cdot\rho g\sin\theta dA=\rho g V\sin\theta$$
となり，演習問題10.4と一致する．

10.6 式（9.41）の両辺に $\partial U/\partial y$ をかけると，
$$-\overline{uv}\frac{\partial U}{\partial y}=U_*^2\left(1-\frac{y}{h}\right)\frac{\partial U}{\partial y}-\nu\left(\frac{\partial U}{\partial y}\right)^2.$$
よって，G と E の定義式を代入すると，式（10.41）が得られる．

10.7 部分積分すると $\int_0^1(1-\xi)\frac{\partial U}{\partial \xi}d\xi=[(1-\xi)U]_0^1+\int_0^1 U d\xi=\int_0^1 U d\xi\equiv v.$

∴ $\bar{G}+\bar{E}=U_*^2 v/h=(gI_e)v>0$.

10.8 定義式 (8.20) の $\tau_w=\rho U_*^2$ と式 (10.42) より $W=U_*^2 v=(\tau_w/\rho)v$ となる. すなわち, 力学エネルギーの全損失量 W は, 底面摩擦力 τ_w に抗して平均流速がなした仕事に等しい.

10.9 式 (9.41) と式 (9.55) を式 (10.37) に代入すれば, 式 (10.39) より,

$$\bar{G}\equiv\frac{U_*^3}{h}\int_0^{R_*}\left(\frac{-\overline{uv}}{U_*^2}\right)\frac{\partial U^+}{\partial y^+}dy^+=\frac{U_*^3}{h}\int_0^{R_*}\left(1-\xi-\frac{1}{xy^+}\right)\frac{1}{xy^+}dy^+$$

$$=\frac{U_*^3}{h}\int_0^{R_*}\left(\frac{1}{xy^+}-\frac{1}{xR_*}-\frac{1}{(xy^+)^2}\right)dy^+\cong\frac{U_*^3}{xh}\left[\ln y^+-\frac{y^+}{R_*}+\frac{1}{xy^+}\right]_{\delta_{cp^+}}^{R_*}$$

$$\cong\frac{U_*^3}{xh}\left\{\ln\left(\frac{R_*}{\delta_{cp^+}}\right)+\frac{1}{x}\left(\frac{1}{R_*}-\frac{1}{\delta_{cp^+}}\right)\right\}$$

ここで, 対数則は粘性底層端 $\delta_{cp}^+=11.2$ まで適用できると仮定している (コーヒーブレイク 9.9 参照). 一方, 式 (10.38) と式 (10.40) より

$$\bar{E}=\frac{U_*^3}{h}\int_0^{R_*}\left(\frac{\partial U^+}{\partial y^+}\right)^2 dy^+=\frac{U_*^3}{x^2 h}\left[-\frac{1}{y^+}\right]_{\delta_{cp^+}}^{R_*}\cong\frac{U_*^3}{x^2 h}\left(\frac{1}{\delta_{cp^+}}-\frac{1}{R_*}\right)$$

$$\therefore\ \Gamma\equiv\frac{\bar{E}}{\bar{G}}=\frac{A}{\ln(R_*/\delta_{cp}^+)-A},\quad A=\frac{1}{x}\left(\frac{1}{\delta_{cp^+}}-\frac{1}{R_*}\right)$$

よって, R_* が大きくなると, Γ は $(\ln R_*)^{-1}$ に従って漸減し, ゼロに収束する. たとえば, 実河川では, $h=2\text{[m]}$, $U_*\cong v/15=7\text{[cm/s]}$. ∴ $R_*\cong 1.4\times 10^5$ ($R_e=hv/\nu=2.1\times 10^6$) であるから, $A=0.218$, $\Gamma=0.0236$ となり, エネルギー損失は乱れを介して散逸される (図 10.2). **これが, 実河川の流れの大半は乱流といわれる由縁である.**

11.1 $F(v,\rho,\nu,D,(\rho_s-\rho)g)=0$. 基本量として, ρ, ν, D をとり, π 定理より

$$\pi_1=\frac{vD}{\nu},\quad \pi_2=\left(\frac{\rho_s}{\rho}-1\right)\frac{gD^3}{\nu^2}.\quad \therefore\ \frac{vD}{\nu}=F\left\{\left(\frac{\rho_s}{\rho}-1\right)\frac{gD^3}{\nu^2}\right\}.$$

コメント:層流のとき, 次の理論解 (**ストークスの法則**という) が得られている.
$$v=\frac{1}{18}\left(\frac{\rho_s}{\rho}-1\right)\frac{gD^2}{\nu}.\ \text{したがって, 関数}\ F\ \text{はなんと}\ \frac{1}{18}\text{の定数である.}$$

11.2 π 定理より無次元パラメータは, π_1 と π_2 の 2 つである. よって,

$$\therefore\ \tau_{*c}\equiv\frac{U_*^2}{\{(\rho_s/\rho)-1\}gk_s}=F\left(\frac{U_* k_s}{\nu}\right).$$

コメント:この関数 F を**シールズ曲線**という (例題 13.8).

11.3 関数関係は $F(c,\sigma,\rho,L)=0$ であり, 次元行列のランクは 3 であるから無次元パラメータは π_1 の 1 つのみである. よって, π 定理より容易に $c=K\sqrt{\sigma/(\rho L)}$ となる. K は定数となるが, 当然, 次元解析からは K 値は求められない.

コメント:式 (16.32) の漸近式より理論的に, $K=\sqrt{2\pi}$ と求められる.

11.4 隠された因子は重力加速度 g である. g が関与している現象であるから, π 定理より $F\left(\sqrt{\frac{g}{L}}T,\frac{h}{L}\right)=0$. これを解いて, $T=\sqrt{\frac{L}{g}}\text{func.}\left(\frac{h}{L}\right)$. これは, 流体振動の式 (7.29) と同型である.

11.5 (a) 隠された因子は粘性係数 μ である. これがわかればあとは簡単. π 定理より $\frac{\rho Q}{\mu D}=F\left(\frac{\rho D^3(dp/dx)}{\mu^2}\right)$. $F(\ )$ を 1 次関数とすれば, $Q=K\frac{D^4}{\mu}\frac{dp}{dx}$. 理論解の式 (9.28) と比較すれば, $K=\pi/128$ と判明する.

(b) $\dfrac{\rho q}{\mu}=F\left(\dfrac{\rho^2 h^3 g\sin\theta}{\mu^2}\right)$. $F(\ )$を1次関数とすれば，$q=K\dfrac{g\sin\theta}{\nu}h^3$. 理論解は，演習問題9.8であり，$K=1/3$と判明する．

コメント：以上の解析解は，**層流のN-S方程式の数少ない厳密解**である．十分にマスターしてほしい．

11.6 関数関係は$F(c, D, x, t, M)=0$であり，次元行列のランクは3であるから無次元パラメータはπ_1とπ_2の2つである．π定理より$\sqrt{Dt}\cdot c/M=F_1(x/\sqrt{Dt})$. これを書き直せば$c=(M/\sqrt{Dt})\,\text{func.}(x/\sqrt{Dt})$.

11.7 π定理より，容易に$S(k)=C\varepsilon^{2/3}k^{-5/3}$が得られる．

コメント：これが有名な**コルモゴロフの−5/3乗則**である．実際，コルモゴロフは乱流理論の中心的定理である−5/3乗則を次元解析から誘導したと伝えられている．なお，定数Cは各種の流れの実験や河川乱流・海洋乱流・大気乱流などの野外計測から$C\cong 0.5$の普遍定数であることが判明している．

11.8 レイノルズ相似則は$\dfrac{L_r U_r}{\nu_r}=1$，フルード相似則は$\dfrac{U_r}{\sqrt{g_r L_r}}=1$である．

重力加速度の比は$g_r=1$であるから，ゆえに$L_r=\nu_r^{2/3}$．数値を代入すれば，$L_m/L_p\equiv L_r=(0.01/0.74)^{2/3}=1/17.6$.

コメント：数値を代入するとき，模型と原型を混同しないこと．「そら覚えは，けがの元」．簡単な問題でも論理的に着実にやること．

11.9 式（11.43）を使って$n_m=n_p n_r=n_p L_r^{1/6}=0.04\times(1/200)^{1/6}=0.0165$.
$Q_m=Q_p Q_r=Q_p L_r^{5/2}=3000\times(1/200)^{5/2}[\text{m/s}]=5.3[l/\text{s}]$.

コメント：表13.2より粗度係数$n_p=0.04$は礫床（れきしょう）河川に相当し，その模型水路の$n_m=0.0165$としてかなり滑らかなコンクリート水路を作成すればよい．

11.10 式（11.42）において$\alpha=1$とすれば，
$n_m=n_p n_r=n_p L_r^{-1/2} H_r^{2/3}=0.04\times(1/200)^{-1/2}(1/50)^{2/3}=0.0417$.
$Q_m=Q_p Q_r=Q_p H_r^{3/2} L_r=3000\times(1/50)^{3/2}(1/200)[\text{m}^3/\text{s}]=42.4[l/\text{s}]$.
$T_p=T_m T_r^{-1}=T_m H_r^{1/2} L_r^{-1}=10\times(1/50)^{1/2}(1/200)^{-1}[\text{min}]=282.8[\text{min}]=4[\text{h}]\,42.8[\text{min}]$.

コメント：歪み模型では，流量Q_mは歪みがない模型に比べて$42.4/5.3=8.0$倍も多く流れることは驚きであろう！ しかも，歪み模型の粗度係数は実河川とほぼ同じで，礫床水路を用いればよい．このようにほぼ同一の粗度係数で流量Q_mを歪みのない模型の場合より8.0倍も多く流すのである．なんと不思議ではないか．これは，河床勾配の比が$(I_b)_r=H_r/L_r=4$で，模型の河床勾配を実河川より4倍も大きくとらねばならない．

12.1 図12.1において管の断面積を一定とすれば$v_1=v_2$であるから式（10.18）は$\rho g\left(z_2+\dfrac{p_2}{\rho g}\right)A-\rho g\left(z_1+\dfrac{p_1}{\rho g}\right)A=F$. ここで，$F$は全摩擦力である．一方，エネルギー式（10.48）より$h_L=\left(z_1+\dfrac{p_1}{\rho g}\right)-\left(z_2+\dfrac{p_2}{\rho g}\right)$. よって$h_L=-\dfrac{F}{\rho g A}\geq 0$となり，式（12.6）と一致する．

12.2 式（9.27）を式（10.16）に代入し，vとして式（9.29）を使えば，
$$\beta=\dfrac{1}{\pi a^2 v^2}\left(\dfrac{gI_e}{4\nu}\right)^2\iint(a^2-r^2)^2 r\,dr\,d\theta=\dfrac{8}{a^6}\int_0^a(a^4 r-2a^2 r^3+r^5)\,dr=8\times\left(\dfrac{1}{2}-\dfrac{2}{4}+\dfrac{1}{6}\right)=\dfrac{4}{3}$$

演習問題解答　299

同様にすれば，式 (10.45) より $\alpha=2>\beta$ が得られる．

12.3　式 (12.11) より，$f=\dfrac{2gI_eD}{v^2}$．式 (9.29) の断面平均流速 v を代入すれば，$f=\dfrac{16D\nu}{va^2}=\dfrac{64\nu}{vD}=\dfrac{64}{Re}$ となり，式 (12.18) が得られる．

12.4　$v=\dfrac{1}{\pi a^2}\iint U\times rdrd\theta=2U_*\int_0^1\left\{\dfrac{1}{\chi}\ln(1-\xi)+\dfrac{1}{\chi}\ln\left(\dfrac{aU_*}{\nu}\right)+A\right\}\xi d\xi$　$\left(\because \xi\equiv\dfrac{r}{a}\right)$

変数変換したのち部分積分を行うと，

$$\int_0^1 \xi\ln(1-\xi)\,d\xi=\int_0^1(1-x)\ln xdx=\left[\left(x-\dfrac{x^2}{2}\right)\ln x\right]_0^1-\left[x-\dfrac{x^2}{4}\right]_0^1=-\dfrac{3}{4}.$$

$\therefore \dfrac{v}{U_*}=-\dfrac{3}{2\chi}+\dfrac{1}{\chi}\ln\left(\dfrac{1}{2}\dfrac{U_*}{v}Re\right)+A$　$\left(\because Re\equiv\dfrac{Dv}{\nu}\right)$．式 (12.13) を代入すれば

$$\sqrt{\dfrac{8}{f}}=\dfrac{1}{\chi}\ln(Re\sqrt{f})-\dfrac{1}{\chi}\left(\ln 4\sqrt{2}+\dfrac{3}{2}\right)+A=\dfrac{1}{\chi}\ln(Re\sqrt{f})-\dfrac{3.233}{\chi}+A$$

$\chi=0.4$, $A=5.5$ を使うと，

$\therefore \dfrac{1}{\sqrt{f}}=\dfrac{1}{\sqrt{8}\chi}\ln(Re\sqrt{f})-0.913.$

コメント：これが，歴史的に有名な式 (12.20) である．円筒座標を使うため計算がかなり煩雑であるが，一度はこの計算に挑戦してみること．対数則の積分を使うので部分積分の知識が必要である．

12.5　演習問題 12.4 と同様にすればよい．$\dfrac{v}{U_*}=\dfrac{1}{\pi a^2}\iint\left(\dfrac{U}{U_*}\right)rdrd\theta=-\dfrac{3}{2\chi}-\dfrac{1}{\chi}\ln\left(\dfrac{2k_s}{D}\right)+A_r$．式 (12.13) と $A_r=8.5$ を代入すれば，$\dfrac{1}{\sqrt{f}}=-\dfrac{1}{\sqrt{8}\chi}\ln\left(\dfrac{2k_s}{D}\right)+1.68$．

コメント：これが式 (12.22) に対応する流速分布から計算された抵抗則で，ほぼこれに一致している．$\ln(\ )$ の中に U_* が入っていないから，演習問題 12.4 より計算が楽である．

12.6　各自で $\phi(k_s/D)$ のグラフを描いてほしい．いま，下限値 $k_s/D=2\times 10^{-6}$ を式 (12.29) に代入すると，$\phi(2\times 10^{-6})=1/15.6$，上限値 $k_s/D=0.2$ で $\phi(0.2)=1/21.6$ となり，この間にほぼ一定の最小値をもつ．これが，$\phi\approx 1/24$ である．すなわち，式 (12.30) が成立する．

12.7　変化後の諸量に $'$ をつけて示すと，$Q'=A'\dfrac{1}{n'}R'^{2/3}I_e'^{1/2}$ であるから，

$\therefore \dfrac{Q'}{Q}=\dfrac{A'}{A}\dfrac{n}{n'}\dfrac{D'^{2/3}}{D^{2/3}}\left(\dfrac{I_e'}{I_e}\right)^{1/2}=\dfrac{n}{n'}\left(\dfrac{D'}{D}\right)^{8/3}\left(\dfrac{I_e'}{I_e}\right)^{1/2}.$

流量は変化しないから，

$\therefore 1=\dfrac{Q'}{Q}=\dfrac{n}{n'}\times(0.98)^{8/3}(1.35)^{1/2}$．計算すると，$\dfrac{n'}{n}=1.101$．よって，粗度係数は 10.1%増加したことになる．

12.8　式 (12.32) より，$(h_L)_{se}=\dfrac{Q^2}{2g}\left\{\left(\dfrac{1}{A_1}-\dfrac{1}{A}\right)^2+\left(\dfrac{1}{A}-\dfrac{1}{A_2}\right)^2\right\}$．損失水頭を最小にする条件は，$\dfrac{d}{dA}(h_L)_{se}=0$ より $A=\dfrac{2}{1/A_1+1/A_2}$ となり，調和平均となっている．これを直径に直すと $d=\sqrt{2d_1^2d_2^2/(d_1^2+d_2^2)}$．このときの損失水頭は $h_{se}=\{(1-A_1/A_2)^2/2\}(v^2/2g)$ となり，1段の場合のちょうど半分になる．計算結果が華麗である！

12.9　式 (12.28) より**メートル単位で数値を代入**し，$f=0.0479$．式 (12.37) に数値を代入して $v_2=4.10$ [m/s]．エネルギー勾配線および動水勾配線は図 12.6 に示すように平行な直線

である．

コメント：このように管路流計算でマニングの粗度係数が与えられておれば必ずメートル単位で計算すること．以下同様である．

12.10 $d_1=15.96\,[\text{cm}]$, $d_2=22.57\,[\text{cm}]$, $d_3=11.28\,[\text{cm}]$, $f_1=0.0230$, $f_2=0.0346$, $f_3=0.0580$. 式 (12.32) より $K_{se}=0.25$. 出口損失 $K_{out}=1.0$.

$$\therefore H=\left\{\left(K_e+f_1\frac{L_1}{d_1}+K_{se}\right)\left(\frac{A_3}{A_1}\right)^2+\left(f_2\frac{L_2}{d_2}\right)\left(\frac{A_3}{A_2}\right)^2+\left(K_{sc}+f_3\frac{L_3}{d_3}+K_{out}\right)\right\}\frac{v_3^2}{2g} \quad \cdots(\text{a})$$

数値を代入し，また連続式を使って，$v_1=1.93\,[\text{m/s}]$, $v_2=0.963\,[\text{m/s}]$, $v_3=3.85\,[\text{m/s}]$ が得られる．

コメント：形状損失の式 (12.31) の速度は断面積が小さい（速度は大きい）方の管路の値を使うルールを着実にマスターせよ．式(a)の内容がよく理解されるはずである．

12.11 式 (12.28) より $f=0.0265$. 式 (12.53) より $v=10.37\,[\text{m/s}]$, $Q=1.036\,[\text{m}^3/\text{s}]$ が得られる．これらを式 (12.54) に代入して，$P=3192\,[\text{kW}]$.

12.12 例題 12.10 の類似問題．ポンプで引き上げる水頭（有効落差に相当する）は，式 (12.52) より**数値をメートル単位で代入して**，$H_e=24.62\,[\text{m}]$ が得られる．よって，必要な水力は $P=\gamma\rho gQH_e=38.6\,[\text{kW}]$ である．

12.13 式 (12.56) に数値を代入して $v=4.57\,[\text{m/s}]$ となる．よって，式 (12.59) より $(z_c)_{\text{max}}=5.15\,[\text{m}]$.

12.14 式 (12.62), (12.63) とダルシー・ワイスバッハの式 (12.11) を使って連立して解くと，$Q_1=5.13\,[\text{m}^3/\text{s}]$, $Q_2=2.58\,[\text{m}^3/\text{s}]$, $Q_3=0.29\,[\text{m}^3/\text{s}]$ が得られる．

12.15 式 (12.67) に数値を正しく代入して，$Q_2/(Q_1+Q_2)=9.77\,[\%]$ となる．

12.16 式 (12.69)～(12.71) に数値を正確に代入すれば，$20-H_j=417.3\,Q_1^2$, $H_j-15=3726\,Q_2^2$, $H_j-10=7436\,Q_3^2$. H_j に適当な値を仮定して試算法により求める．連続式を満足するまで収束計算を行う．その結果は下表である．

H_j	Q_1	Q_2	Q_3	Q_2+Q_3	
16	0.0968	0.0164	0.0284	0.0348	
19	0.0484	0.0328	0.0348	0.0672	
18	0.0684	0.0284	0.0328	0.0612	($\because Q_1=Q_2+Q_3$)
18.5	0.0592	0.0306	0.0338	0.0644	
18.3	0.0631	0.0298	0.0334	0.0632	←答え

12.17 ①の場合の左水面と右水面のベルヌーイ式：$H=f\dfrac{L/3}{d}\dfrac{v_1^2}{2g}+f\dfrac{2L/3}{d}\dfrac{v_2^2}{2g}$. 連続式より $v_1=\dfrac{4Q_1}{\pi d^2}$, $v_2=\dfrac{4(Q_1/2)}{\pi d^2}$ を代入すると $Q_1^2=\dfrac{g\pi^2 d^5}{4fL}H$. ②の場合も同様に $H=f\dfrac{2L/3}{d}\dfrac{v_1^2}{2g}+f\dfrac{L/3}{d}\dfrac{v_2^2}{2g}$, 連続式より $v_1=\dfrac{4Q_2}{\pi d^2}$, $v_2=\dfrac{4(Q_2/2)}{\pi d^2}$. $\therefore Q_2^2=\dfrac{g\pi^2 d^5}{6fL}H$. したがって，$Q_1/Q_2=\sqrt{3/2}=1.225$.

コメント：当然，流入口から短い地点で分流させた方が損失は少なく，流量は多く流れる．

12.18 連続式より $Q_2=2Q_3$, $Q=Q_1+Q_2=Q_1+2Q_3$. 上の経路 AC 間の損失と下の経路 ABC 間の損失が等しいから $f\dfrac{3L}{d}\dfrac{Q_1^2}{2gA^2}=f\dfrac{2L}{d}\dfrac{(2Q_3)^2}{2gA^2}+f\dfrac{L}{d}\dfrac{Q_3^2}{2gA^2}$. これより $Q_1=\sqrt{3}\,Q_3$. $Q=$

$Q_1+2Q_3=(2+\sqrt{3})Q_3$. ∴ $\dfrac{Q_3}{Q}=\dfrac{1}{2+\sqrt{3}}=2-\sqrt{3}=0.268$

12.19 水面と出口でベルヌーイの式：$z=\dfrac{v^2}{2g}+\left(K_e+K_b+K_v+f\dfrac{L}{d}\right)\dfrac{v^2}{2g}$. $K_e+K_b+K_v+f\dfrac{L}{d}+1=K$ とおくと，$v=\sqrt{\dfrac{2gz}{K}}$. 連続式より，$\dfrac{dz}{dt}=-\dfrac{av}{A}=-\left(\dfrac{d}{D}\right)^2\sqrt{\dfrac{2g}{K}}z^{1/2}$. これを積分すれば，$T=-\displaystyle\int_{H_1}^{H_1-h}\sqrt{\dfrac{K}{2g}}\left(\dfrac{D}{d}\right)^2 z^{-1/2}dz=-\sqrt{\dfrac{K}{2g}}\left(\dfrac{D}{d}\right)^2\left[\sqrt{2z}\right]_{H_1}^{H_1-h}$.

∴ $T=2\sqrt{\dfrac{K}{2g}}\left(\dfrac{D}{d}\right)^2(\sqrt{H_1}-\sqrt{H_1-h})$. $f=\dfrac{124.5n^2}{d^{1/3}}=0.0213$. その他の値を正確に代入すれば，$K=3.778$ となり，$T=102.3[\mathrm{s}]$ が得られる．

12.20 水面と出口でベルヌーイの式：$H+L\sin\theta=\dfrac{v^2}{2g}+\left(K_e+f\dfrac{L}{D}\right)\dfrac{v^2}{2g}$ …①

水面と任意の点でベルヌーイの式：$H+x\sin\theta=\dfrac{v^2}{2g}+\left(K_e+f\dfrac{x}{D}\right)\dfrac{v^2}{2g}+\dfrac{p}{\rho g}$ …②

①と②より $\dfrac{p}{\rho g}=\dfrac{Hf/D-(1+K_e)\sin\theta}{1+K_e+f(L/D)}(L-x)$ …③.

これを x で微分すれば，$\dfrac{1}{\rho g}\dfrac{\partial p}{\partial x}=\dfrac{(1+K_e)\sin\theta-Hf/D}{1+K_e+f(L/D)}>0$ のとき A 点 ($x=0$) で圧力は最小となる．数値を代入すると $f=\dfrac{124.5n^2}{D^{1/3}}=0.0142$. $\dfrac{1}{\rho g}\dfrac{\partial p}{\partial x}=(1+0.2)\sin 30°-\dfrac{10\times 0.0142}{2}=0.529>0$. ゆえに，A 点で圧力 p_A は最小となる．このとき，③式に $x=0$ を代入し，また数値を代入すれば，$\dfrac{p_A}{\rho g}=\dfrac{10\times 0.0142/2-(1+0.2)\sin 30°}{1+0.2+0.0142\times(20/2)}\times 20=-7.884[\mathrm{m}]$.

コメント：A 点の管の上部ではさらに位置水頭の分だけ圧力が下がり，キャビテーションが発生する可能性が大きい．この事態はダムにとって危険である．コーヒーブレイク 4.6 を参照されたい．なお，管の外では静水圧分布となり，水圧 ρgH が作用する．この様子は例題 4.4 と同様である．

12.21 **解とコメント**：電気抵抗がゼロになる状態である．これが，**超伝導現象**で，21 世紀の交通の花形であるリニアモータカーなどの開発とからみ最近研究が活発である．電気抵抗がゼロであるから，ジュール熱の発生もなく，エネルギー損失がない．水理学・流体力学では，超伝導が完全流体に対応する．しかし残念なことに，**完全流体は現在のところ，発見されていない**．宇宙のどこかに存在するかもしれない．研究しよう？！ 探してみよう！

13.1 相違点は，比エネルギー H_0 が**スカラー量**であるのに対し，比力 M_0 は運動量で本来**ベクトル量**である点である．流れの一次元解析を行うと，見かけ上両者はよく似た挙動を示す．主流が卓越した流れたとえば直線状河川では，漸変流に関してはエネルギー解析と運動量解析からの水面形などの結果はほぼ一致する．補正係数 α と β 程度の相違と考えてよいであろう．しかし，急変流の解析では大きな相違がある．急変流ではエネルギー損失が大きく，等流公式が近似でも適用できないから運動量解析からエネルギー損失を評価しなければならない．このような流れの解析の類似点・相違点をまとめたものが，図 5.1 にほかならない．

13.2 $I_b=1/1000$ で，$\cos\theta=0.9999995$，また $I_b=1/100$ で $\cos\theta=0.99995$，$I_b=1/10$ で $\cos\theta=0.995$. したがって，通常の河川解析では $\cos\theta\cong 1$ と近似してよい．しかし，理論水理学では $\cos\theta$ を残しておいた方がよい．たとえば，限界勾配の理論式 (13.72) を $\sin\theta_c=$

$g/(\alpha C^2)$ と表示することは誤りである。

13.3 各自確かめよ。図13.4に示すようなグラフが得られ、限界水深で流量は最大になる。

13.4 式 (13.1) を水深で偏微分すれば $\dfrac{\alpha Q}{gA^2}\dfrac{\partial Q}{\partial h} - \dfrac{\alpha Q^2}{gA^3}\dfrac{\partial A}{\partial h} + \cos\theta = 0$。流量が最大となる条件は $\dfrac{\partial Q}{\partial h} = 0$ であるから、$\dfrac{\alpha Q^2}{gA^3}\dfrac{\partial A}{\partial h} = \cos\theta$ が得られ、式 (13.16) に厳密に一致する。

13.5 式 (13.16) に $A = ah^k$ を代入すれば $h_c = \left(\dfrac{\alpha kQ^2}{ga^2\cos\theta}\right)^{\frac{1}{2k+1}}$ が得られる。これを比エネルギー式 (13.1) に代入して $H_{0c} = \dfrac{h_c}{2k}\cos\theta + h_c\cos\theta \cong \left(\dfrac{2k+1}{2k}\right)h_c$ となる。すなわち、速度水頭の寄与は第1項で、k が大きいほど小さくなる。長方形断面では $A = Bh$ で $k = 1$. ∴ $H_{0c} = (3/2)h_c$ となり、式 (13.19) に一致する。三角形断面では $A = mh^2$ (斜面勾配 $1:m$) で $k = 2$. ∴ $H_{0c} = (5/4)h_c$. 放物線形では $A = 4/(3\sqrt{B})h^{3/2}$ (断面形状 $y = Bx^2$) で $k = 3/2$. ∴ $H_{0c} = (4/3)h_c$.

13.6 クレスト付近では限界水深が現れる。その限界水深を計測すれば、式 (13.17) から単位幅流量 q が求められる。なお、クレストの勾配はほぼゼロであるから $\cos\theta \cong 1$ とおいてよい。すなわち、式 (13.22) が成立する。

13.7 式 (13.26) から $\dfrac{q^2}{gh_1} + \dfrac{1}{2}h_1^2 = \dfrac{q^2}{gh_2} + \dfrac{1}{2}h_2^2$. 連続式 (13.6) から $q = h_1v_1 = h_2v_2$. 両式から容易に式 (13.27) が得られる。損失水頭 h_L は、エネルギー式より $\dfrac{\alpha v_1^2}{2g} + h_1 = \dfrac{\alpha v_2^2}{2g} + h_2 + h_L$ から得られる。簡単のために $\alpha \cong 1$ とすれば、容易に式 (13.28) が求められる。華麗な展開式である。水理学が好きになるだろう!

13.8 連続式から $Fr_1 = \dfrac{q}{\sqrt{gh_1^3}} = \left(\dfrac{h_2}{h_1}\right)^{3/2}Fr_2 \equiv \phi^{3/2}Fr_2$. これを式 (13.27) に代入して、$\phi \equiv h_1/h_2$ に関して整理すると $\phi^2 + \phi - Fr_2^2 = 0$ となり、これを解いて $\phi = \dfrac{h_1}{h_2} = \dfrac{\sqrt{1+8Fr_2^2}-1}{2} < 1$ (∵ $Fr_2 < 1$)。すなわち、下流は常流水深であることがわかる。
コメント: Fr_1 と ϕ との関係式と Fr_2 と ψ との関係式はまったく同一になる。びっくり!

13.9 $Fr_1 = \dfrac{v_1}{\sqrt{gh_1}} = \dfrac{13}{\sqrt{9.8 \times 0.5}} = 5.87 > 1$ であるから射流。これを式 (13.27) に代入して $\dfrac{h_2}{h_1} = 7.82$. よって、$h_2 = 3.91$[m], $h_L = \dfrac{(h_2-h_1)^3}{4h_1h_2} = 5.07$[m], $Fr_2 = \left(\dfrac{h_1}{h_2}\right)^{3/2}Fr_1 = 0.268 < 1$.
コメント: この跳水の損失水頭 h_L が下流水深より大きく、エネルギー逸散がいかに激しい現象か理解できよう。なお、この跳水は「定常跳水」に分類され (コーヒーブレイク13.4)、最も安定している典型的な跳水である。

13.10 式 (13.21) より $h_c = (2/3)H_0 = 4$[m]. $q_{max} = v_ch_c = g^{1/2}h_c^{3/2} = 25.0$[m³/s/m].

13.11 $Fr_1 = q/\sqrt{gh_1^3} = 4.464$. よって、共役水深は $h_2' = \phi h_1 = 5.827 \times 0.8 = 4.666$[m]. $h_2 = 0.9h_2' = 4.199$[m]. 跳水直前と副ダム直後の間で運動量式を立てると、$\rho qv_2 - \rho qv_1 = \rho gh_1^2/2 - \rho gh_2^2/2 - F$. $F = 17.9$[kN].
コメント: 副ダム前後で運動量式を立てても同じ結果が得られる。なぜか? 答は、「運動量保存則がどのコントロールボリュームでも成立するから」である。

13.12 等流では $dh/dx = 0$ となり、式 (13.68) より $\sin\theta = I_e$ となる。
コメント: 重力と河床の摩擦力とが釣り合った流れで、図9.11の問題とからめて理解せよ。

13.13 式 (13.45) を式 (13.46) へ代入すると, $C \approx 24(R/k_s)^{1/6}$. したがって, シェジー係数 C は相対粗度 k_s/R に依存することがわかり, k_s が一定でも径深 R によって変化する.

コメント: マニング公式がシェジー公式より優れている点は, 粗度係数 n が水深に関係せず粗度粒径のみによって決まる点にある.

13.14 式 (13.43) より $I_b = \frac{n^2}{R^{4/3}}\left(\frac{Q}{A}\right)^2$. 図から $A = (B+h)h = 14.69 [\text{m}^2]$, $R = \frac{A}{B+2\sqrt{2}h} = 1.074 [\text{m}]$. よって, $I_b = \frac{0.025^2}{1.074^{4/3}}\left(\frac{25}{14.69}\right)^2 = 0.00165 = \frac{1}{606}$. 限界水深は式 (13.16) から $aQ^2(B+2h) = gA^3$. $\therefore h_c = \frac{Q^{2/3}(B+2h_c)^{1/3}}{g^{1/3}(B+h_c)}$. 数値を代入し, 繰り返し計算を行い, $h_c = 0.836 [\text{m}] < h_0 = 1.3 [\text{m}]$. ゆえに, 常流である.

13.15 式 (13.43) より $n = \frac{R^{2/3}I_b^{1/2}}{Q/A}$. 図より m は側壁勾配 $1:m$ とすれば, $A = \frac{mh^2}{2} = 0.02 [\text{m}^2]$, $R = \frac{mh}{2\sqrt{m^2+1}} = 0.0485 [\text{m}]$. よって, $n = \frac{0.0485^{2/3} \times 0.01^{1/2}}{0.02 \div 0.02} = 0.0133$ である. 式 (13.16) より $h_c = \left(\frac{8Q^2}{gm^2}\right)^{1/5} = 0.115 [\text{m}]$. $h < h_c$ となるから, この流れは射流である.

コメント: 演習問題 13.14, 13.15 はマニング公式を使った典型的問題で, 完全に理解してほしい.

13.16 マニング公式より $Q = \frac{1}{n}AR^{2/3}I_b^{1/2} \propto R^{2/3}$. よって, 径深 R を最大にとれば, 流量 Q も最大となり, 水理学的に有利な断面となる (13.10 節). このとき, $R = \frac{Ah}{A+2h^2}$ より $\frac{\partial R}{\partial h} = \frac{A(A-2h^2)}{(A+2h^2)^2} = 0$, $\therefore A = 2h^2$, すなわち $\alpha = 2$ のとき流量は最大となる.

13.17 満管時の量に下付添字 0 をつけると, 式 (13.52) と式 (13.55) より $\frac{v}{v_0} = \left(\frac{R}{R_0}\right)^{2/3} = \left(1 - \frac{\sin\phi}{\phi}\right)^{2/3}$, $\frac{Q}{Q_0} = \frac{(\phi - \sin\phi)^{5/3}}{2\pi\phi^{2/3}}$. これらを ϕ で微分した後, ゼロとおけば流速および流量は最大となる条件が得られる. このとき, 最大流速の条件は $\phi = \tan\phi$ となり, これを解いて $\phi/2 = 2.248 [\text{rad}] = 129°$. $\therefore \frac{h}{D} = \frac{1}{2}\left\{1 - \cos\left(\frac{\phi}{2}\right)\right\} = 0.813$. 最大流量の条件は $5\phi\cos\phi = 3\phi + 2\sin\phi$ で, これを解いて $\phi/2 = 151°10'$. $\therefore h/D = 0.938$. これらは図 13.10 からもよくわかる.

コメント: このように流速 v は満水位の約 8 割で最大になる点は, 特徴的である. これは, 満水位近くになると側壁からの抵抗が急増し, 流れにくくなるためである.

13.18 式 (13.64) から $hFr^2\frac{dB}{dx} = (1-Fr^2)\frac{dh}{dx}B$. 両辺を x で微分し, $Fr=1$, $\frac{dB}{dx}=0$ を代入して整理すると, $h\frac{d^2B}{dx^2} = \frac{3Q^2}{gBh^4}\left(\frac{dh}{dx}\right)^2 > 0$ となる. すなわち, 川幅 B は最小値をとり, この位置で流れは限界流となる可能性がある. ここで, $dh/dx = 0/0$ の不定形で, 有限値をもつと仮定している. このような数学的証明は, 図 13.12 の図解よりかなり難しい.

13.19 射流域 ($Fr>1$) では, 川幅 B が減少すれば ($dB/dx<0$), 式 (13.64) より $dh/dx>0$ となり, 水深は増加する. この挙動は図 13.12 から説明できる. いま, 比エネルギーが $\hat{H}_0$ という一定な流れにおいて, 川幅 B が減少すれば, ①曲線で h_4, ②曲線で h_5 と変化し, 水

深は明らかに $h_4 < h_5$ すなわち増水する．そして，最大に増加した水深がちょうど限界水深となり，この位置で川幅 B は最小となる．このように，「射流では狭窄部で，水深は増加して限界水深になる可能性」がある．これは，「常流の狭窄部で水深は減少して限界水深になる可能性」とちょうど裏腹関係にある．水理学はほんとうに楽しくおもしろい！

13.20 式 (13.67) と同様で，$\dfrac{dh}{dx}(1-Fr^2)+\dfrac{dz}{dx}=0$．上流のフルード数は $Fr \equiv \dfrac{q}{\sqrt{g}\,h_0^{3/2}} = 5 \div (\sqrt{9.8} \times 2^{3/2}) = 0.565 < 1$ で常流となる．マウンドで $dz/dx>0$ のとき $dh/dx<0$ となり水面は下がる．この流れの比エネルギーは，式 (13.13) より $H_0 = \dfrac{q^2}{2gh_0^2} + h_0 = 5^2 \div (2 \times 9.8 \times 2^2) + 2 = 2.32$ [m]．限界水深は，式 (13.17) より $h_c=(q^2/g)^{1/3}=(5^2 \div 9.8)^{1/3}=1.37$ [m]．限界水深は $dz/dx=0$ となるマウンド頂部で発生するから，ここでの比エネルギーは $H_c=(3/2)h_c$ となる．エネルギーは保存されるから $H_0=H_c+z_0$（∵ 損失はゼロ）．よって，$z_0= H_0-H_c=2.32-1.37\times1.5=0.265$ [m]．

コメント：$z_0<0.265$ [m] では，マウンド頂部の比エネルギー H_m は $H_m > H_c$ となり，最小エネルギーとならない．すなわち，この場合は頂部でも限界水深は発生しない．

13.21 式 (13.17) から $\alpha q^2=h_c^3 g\cos\theta$，式 (13.44) から $\sin\theta \equiv I_b=n^2q^2h_0^{-10/3}$，$I_e= n^2q^2h^{-10/3}$．これらを式 (13.69) に代入すれば，式 (13.73) が得られる．この場合，$m=10/3$ となる．

13.22 限界勾配は，等流水深が限界水深に等しくなる勾配である．限界水深は，式 (13.17) より $h_c=\{\alpha(Q/B)^2/g\}^{1/3}=0.262$ [m] $=h_0$．径深は，$R=Bh_0/(2h_0+B)=0.128$ [m]．これをマニング公式 (13.43) に代入すると，$I_c=\dfrac{n^2q^2}{R^{4/3}h_0^2}=\dfrac{0.02^2 \times (0.2\div 0.5)^2}{0.128^{4/3}\times 0.262^2}=0.0145$．

コメント：限界水深 h_c の計算にあたって $\cos\theta \cong 1$ と仮定し，$I_c=\sin\theta$ を計算した．これは，あくまでも近似計算であるが，この場合 $\cos\theta=\sqrt{1-I_c^2}=0.999895$ となり，非常によい近似計算である．演習問題 13.2 を見よ．

13.23 式 (13.17) で $\alpha=1.0$ とすれば，$h_c=0.861$ [m]．式 (13.44) のマニング公式を使えば，$h_{01}=0.555$ [mg]，$h_{02}=1.108$ [m]，$h_{03}=0.683$ [m]．河床勾配が小さいとき，式 (13.27) の水平路床の共役水深関係が近似的に使用できるから，h_{01} の共役水深を計算すると，$h_{01}'=1.264$ [m] $>h_{02}$．したがって，図 4 に示すように①区間で跳水は発生せず，②区間で発生する．参考までに②区間における跳水直前の共役水深 h_{02}' は，跳水直後の水深が h_{02} であるから，式 (13.27) の逆算により $h_{02}'=0.654$ [m] $<h_c$，$h_{02}'>h_{01}$ となり，確かに②区間で跳水が発生する．

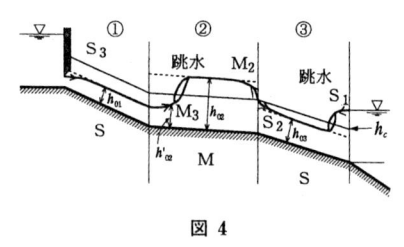

図 4

コメント：限界水深 h_c は流下方向に対して変化せず，等流水深 h_0 のみが変化することを確認せよ．これが**一様水路** (uniform channel) の水面形の基本形である．幅 B が流下方向に変化する**一様でない水路** (non-uniform channel) は，限界水深 h_c も変化し，$h_0=h_c$ で 0/0 の不定形となり，特異点解析が必要になる (13.17 節参照)．なお，通常は一様水路の水面形の学習で十分であろう．

13.24 図 5 に一例を示す．h_0，h_c およびゲート高や堰高の大小関係によって水面形もまた多

図 5

図 6

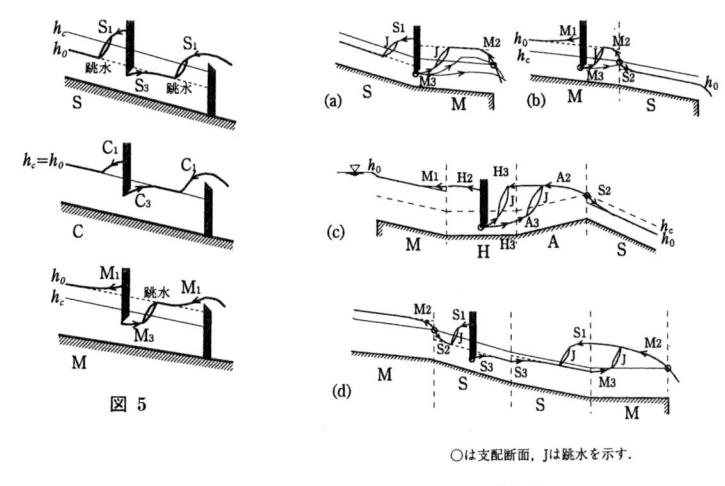

○は支配断面，Jは跳水を示す．

様に変化する．

13.25 図6を参照されたい．ただし，○は支配断面，Jは跳水を示している．

コメント：これまでの知識を結集して，水面形の変化挙動を十分マスターしてほしい．コンピュータがなくても水面形の概略図が描がけなければ研究者・技術者とはいえない．

14.1 式（10.28）の局所的加速度項は，体積積分して式（10.16）を使って変形すると，

$$\iiint_V \frac{\partial K}{\partial t}\,dv \cong \frac{1}{2}\frac{\partial}{\partial t}\iint_A U_1^2 dA \times dx = \frac{1}{2}\frac{\partial}{\partial t}(\beta A v^2) \times dx = \beta Q dx \frac{\partial v}{\partial t}.$$

式（10.47）の形式にするには $Qgdx$ で割ればよい．したがって，積分形の局所的加速度項は $(\beta/g)\partial v/\partial t$ となり，式（14.2）が得られる．

14.2 完全流体では摩擦損失も形状損失もゼロであるから，$f = K_e \equiv 1$. したがって，式（14.11）と式（14.14）より $T = 5.3L/v_0 = 5.3L/\sqrt{2gH}$. 初期水深 H が大きいほど定常に達するまでの時間 T は小さくなることに注意されたい．この特性は，式（14.14）の実在流体でも同じ現象である．

14.3 加速流では $(L/g)dv/dt > 0$ となり，図14.1のような寄与分となる．一方，減速流では $(L/g)dv/dt < 0$ となり，新たな損失水頭が発生する．これがバルブ損失である．

14.4 1960年代までは水主火従であったが，近年，火主水従と逆転し，また原子力発電の寄与も大きくなった．最近では，地球環境問題のためにクリーンなエネルギーが見直されており，風力発電，波力発電などが注目されている．通産省の白書などを参照して，各発電量の割合を図示してほしい．

15.1 式（15.6）を開水路に適用すれば，式（13.1）の比エネルギーを用いて

$$\frac{\beta}{g}\frac{\partial v}{\partial t} + \frac{\partial}{\partial x}(H_0 + z_b) = -I_e, \quad \therefore \quad \frac{\beta}{g}\frac{\partial v}{\partial t} + \frac{\partial H_0}{\partial x} = -\frac{\partial z_b}{\partial x} - I_e = I_b - I_e$$

15.2 式（10.6）を体積積分してガウスの発散定理を用いれば，式（10.12）に局所的加速度項が付加される．すなわち，

$$\rho \frac{\partial (vA)}{\partial t}\Delta x + \iint_{A_2} \widehat{M}_{11}dA - \iint_{A_1} \widehat{M}_{11}dA = \widehat{F},$$

$$\therefore \frac{1}{gA}\frac{\partial (vA)}{\partial t} + \frac{1}{\rho gA}\frac{\partial}{\partial x}\iint \widehat{M}_{11}dA = \frac{\widehat{F}}{\rho gA\Delta x}$$

式 (10.13) を代入し,また摩擦力は $\widehat{F} = -\tau_w S\Delta x$ (<0) であるから,

$$\therefore \frac{1}{gA}\frac{\partial (vA)}{\partial t} + \frac{1}{A}\frac{\partial}{\partial x}\iint_A\left(\frac{U_1^2}{g} + z + \frac{p}{\rho g}\right)dA = -\frac{\tau_w}{\rho gR} \equiv -I_e$$

式 (13.4) の比力 M_0 を代入して,

$$\therefore \frac{1}{gA}\frac{\partial (vA)}{\partial t} + \frac{1}{A}\frac{\partial M_0}{\partial x} = I_b - \frac{\tau_w}{\rho gR} \equiv I_b - I_e \quad \cdots(\text{a})$$

この式は,定常流のとき式 (13.12) に確かに一致する.式 (13.2) を代入し,いま $A=Bh$ と仮定すると,

$$\frac{1}{gA}\frac{\partial (vA)}{\partial t} = \frac{1}{g}\frac{\partial v}{\partial t} + \frac{v}{gA}\frac{\partial A}{\partial x}$$

$$\frac{1}{A}\frac{\partial M_0}{\partial x} = \frac{1}{A}\frac{\partial}{\partial x}\left(\frac{\beta vQ}{g}\right) + \frac{1}{A}\frac{\partial}{\partial x}\left(\frac{h^2}{2}B\cos\theta\right) = \frac{\beta v}{g}\frac{\partial v}{\partial x} - \frac{\beta v}{Ag}\frac{\partial A}{\partial t} + \frac{\partial}{\partial x}(h\cos\theta)$$

$$\left(\because \text{連続式 (15.4) より } \frac{\partial Q}{\partial x} = -\frac{\partial A}{\partial t}\right)$$

以上を式(a)に代入すると

$$\therefore \frac{1}{g}\frac{\partial v}{\partial t} + \frac{\beta v}{g}\frac{\partial v}{\partial x} + \frac{v}{gA}(1-\beta)\frac{\partial A}{\partial t} + \frac{\partial}{\partial x}(h\cos\theta) = \sin\theta - I_e \quad \cdots(\text{b})$$

これが, **非定常開水路流れの運動量式**であり, 式 (15.8) のエネルギー式に対応する. そして, $\alpha=\beta=1$ のときに限って, 運動量式とエネルギー式は**まったく一致**するのである. なんと驚きではないか!

コメント:式(b)の誘導は相当難しく, 大学院のレベルである. 非定常管路のエネルギー式 (14.2) よりはるかに難しく, 複雑である. この理由は流水断面積 A が時間の関数になるためである. しかし, 幸いなことに $\beta=1$ とすると $\partial A/\partial t$ の項がゼロとなり, 結果的に非定常管路また非定常開水路のエネルギー式に一致するのである.

15.3 水平基準線 GL (ground level) に沿っての水面高 z_s は, $z_s \equiv h\cos\theta + z_b$ で与えられる. 水面勾配は, 右下りを正とするから

$$\therefore -\frac{\partial z_s}{\partial x} = -\frac{\partial}{\partial x}(h\cos\theta) - \frac{\partial z_b}{\partial x} = \sin\theta - \frac{\partial}{\partial x}(h\cos\theta) \equiv ④-③$$

すなわち, 水面は流下方向に低下する. 図を書けば明らか.

15.4 式 (15.9) を連続式 (15.5) に代入すると,

$$\frac{\partial (h_0+h')}{\partial t} + \frac{\partial (h_0+h')(v_0+v')}{\partial x} = \frac{\partial h'}{\partial t} + v_0\frac{\partial h'}{\partial x} + h_0\frac{\partial v'}{\partial x} + \frac{\partial h'v'}{\partial x} = 0$$

$h'v'$ は, 2次の微小項ゆえ, これを無視すれば (線形近似), 式 (15.10) が得られる.

15.5 これも同様にできる. 式 (15.8) の②項が線形化され, 容易に式 (15.11) が得られる.

15.6 式 (15.10) を式 (5.11) に代入して $\partial v'/\partial x$ をまず消去する. 次に, この式の両辺を x で偏微分したのち, $\frac{\partial}{\partial t}\left(\frac{\partial v'}{\partial x}\right)$ の項を式 (15.10) を使って消去すれば, 式 (15.12) が得られる.

15.7 例題 15.3 と同様にすればよい. マニング公式は $v = n^{-1}R^{2/3}I_b^{1/2} \cong n^{-1}h^{2/3}I_b^{1/2}$. これをクライツ・セドンの法則の式 (15.26) に代入すれば,

$$\therefore \quad c = v + h\frac{dv}{dh} = v + \frac{2}{3}n^{-1}h^{2/3}I_b^{1/2} = \frac{5}{3}v$$

15.8 水深がピーク（最大値）になるまでを**増水期**といい，水深が減少してベースフローになるまでを**減水期**という．図 15.5 から明らかに，最大流量 $Q_{\max}$ は増水期中に現れる．すなわち，水深がピークになる以前に流量は最大値を示す．流速は $v = Q/A = (Q/h)/B$ であるから，流速の最大値は増水期でより大きくなる．したがって，式（8.37）の抗力は $D \propto v^2$，式（8.20）の河床せん断応力は $\tau_w/\rho = U_*^2 \propto v^2$，式（13.38）の土砂への掃流力は $\tau_* \equiv U_*^2/\{((\sigma/\rho)-1)gk_s\} \propto v^2$ ゆえ，流れの抵抗や掃流力は増水期の方が減水期に比べてはるかに大きく，洪水災害・土砂災害は起こりやすいと考えられる．たとえば，橋脚に作用する流体力は増水期の方がはるかに大きく，かつ橋脚周辺が局所洗掘されるから落橋は増水時に起こりやすい．掃流砂・浮遊砂を含めた土砂輸送は増水期で起こりやすく，洗掘されやすい．一方，減水期では同一水深でも流速は小さくなり，土砂は堆積しやすい．複断面河道では，増水期で活発に浮遊・輸送された土砂は減水期で**高水敷（河川敷）**に堆積して，**自然堤防**を作る．浮遊砂は肥よくな栄養を含んでいるから，河川敷で農作物が生産され，これが 4 大文明発祥地（①ナイル川，②チグリス・ユーフラテス川，③インダス川，④黄河）の成立条件といわれている．洪水は常に悪い現象ではない．動植物に定期的に活力を与えるダイナミックスがあり，洪水予測のために暦が発明されたのである．洪水制御技術としてダムの建設が有効だが，洪水をダムでカットしてしまうとダムの下流に河川のダイナミックスを失わせてしまう．土砂輸送がカットされ，ダム下流で河床低下が発生し，河川をとりまくインフラを脆弱にしてしまう．最も大きな欠点の一つは，肥沃な栄養材がカットされるから，生態系に大きなインパクトを与える懸念である．この影響を評価するために，米国コロラド州にかかっている巨大なグレンキャニオンダム（名勝のグランドキャニオンの上流に位置する高さ 216 m のコンクリートアーチダム，ダム底までエレベータで見学できる．見学を奨めたい）の貯水湖（パウエル湖という）の総貯水容量約 300 億 m³（わが国のダム湖の全合計よりはるかに大きい，12.10 節の中国の三峡ダムも参照されたい）の水を使って，1996 年に**人工洪水**を発生（7 日間放流で総放流量 9 億 m³）させ，下流のコロラド川の生態系や土砂輸送に関する調査・研究をしたことは特筆される．「人工洪水」の発想自体もおもしろい．「ダムはムダ」との批判もある昨今，ダムや河川構造物（インフラ）と人間・生態系との共生や水域環境の保全にいかにかかわるかは，21 世紀の不可欠な研究課題である．そして，これを解く基礎的な知見として「水理学」は必須な科目といえるのである．

15.9 シェジー公式は，式（13.39）の $v = Ch^{1/2}I_e^{1/2}$ であるから，

$$\frac{\partial(h \cdot v)}{\partial x} = \frac{\partial}{\partial x}(Ch^{3/2}I_e^{1/2}) = \frac{3}{2}v\frac{\partial h}{\partial x} - \frac{h \cdot v}{2I_e}\frac{\partial^2 h}{\partial x^2}, \quad \therefore \quad c = \frac{3}{2}v$$

連続式（15.5）に代入すると，

$$\therefore \quad \frac{\partial h}{\partial t} + c\frac{\partial h}{\partial x} = \frac{h \cdot v}{2I_e}\frac{\partial^2 h}{\partial x^2}$$

すなわち，式（15.36）が得られる．

15.10 式（15.36）で $D = 0$ とおけば，式（15.25）と一致する．ただし，$A = Bh$ とおいている．すなわち，キネマティック理論に一致する．

15.11 式（15.57）を使って式（15.58）の v_2 を消去すると，c に関して二次方程式が得られる．そして，根の公式より容易に式（15.59）が得られる．

15.12 式（15.59）で，$c = 0$ とおけば，

$$Fr_1^2 = \frac{1}{2}\frac{h_2}{h_1}\left(\frac{h_2}{h_1}+1\right), \quad \phi \equiv \frac{h_2}{h_1}$$

となる．これを ϕ について解けば，式 (13.27) が容易に得られる．

15.13 下流に伝播する決壊波の伝播速度は，式 (15.71) で $y=0$（波の先端位置）とおいて $c=-2\sqrt{gh}$ となる．一方，流速は，式 (15.70) で $y=0$ とおいて $v=-2\sqrt{gh}$ となる．すなわち，下流に伝播する決壊波は水流の速度に等しい．

15.14 式 (15.70)，(15.71) で $y=h$ とおけば，$v=0$，$c=\sqrt{gh}$（長波）となる．すなわち，ダムの水は静止しているのである．

16.1 式 (16.15) が誘導される条件は次の 2 つある．① 自由水面の位置 $y=\eta$ でのポテンシャル関数 Φ の値は，$y=0$ の値に近似される．② 非線形項を微小と考えて無視する．すなわち，式 (16.10) の非線形項は速度水頭であり，これは他の線形項に比べて無視できると仮定する．同様に，式 (16.13) の非線形項 $u\partial\eta/\partial x$ も無視する．②は，これらの非線形項は局所的加速度項（波動の本質）に比べて無視できると仮定するのである．したがって，微小振幅波理論は線形問題に帰着され，その解法が華麗で「解の重ね合わせ理論」も成立する．たとえば，16.10 節の重複波はポテンシャル関数 Φ の和 $\Phi_1+\Phi_2$ で表現され，この和が境界条件を満足するように解けばよい．①の近似は $|\eta|\leq a$ であるから，式 (16.3) の振幅 a が微小とするもので，「微小振幅波」とよばれる由縁である．なお，式 (16.31) の成立条件も，上記の①と②である．これらの条件を満足しない波が「有限振幅波」であり，式展開が複雑になる．

16.2 $T=10[\mathrm{s}]$，$c=5[\mathrm{m/s}]$ と式 (16.5) より，$k=2\pi/(cT)=0.126[\mathrm{m}^{-1}]$．これらと $H=1[\mathrm{m}]$ を式 (16.3) に代入して，$\therefore\ \eta=0.5\times\sin\{0.125\times(x-5t)\}[\mathrm{m}]$

コメント：sin 関数はラジアンで計算すること．他の三角関数も同様．

16.3 式 (16.18) より，$C_1=(C/2)\mathrm{e}^{kh}$，$C_2=(C/2)\mathrm{e}^{-kh}$．これを式 (16.17) に代入すれば，

$$Y(y)=\frac{C}{2}\{\mathrm{e}^{k(y+h)}+\mathrm{e}^{-k(y+h)}\}\equiv C\cosh k(y+h)$$

となり，式 (16.19) が得られる．

コメント：ラプラス方程式を式 (16.7) の変数分離法で解けたのである．

16.4 微分の公式 $(\sinh x)'=\cosh x$，$(\cosh x)'=\sinh x$ を使えば容易に導ける．すなわち，式 (16.20) を式 (16.31) に代入して微分すれば，式 (16.32) が得られる．

16.5 式 (16.32) を L でまともに微分すれば，解析解は得られない．$h/L \gg 1$ のとき最小値が得られるから，式 (16.32) を近似（漸近）すれば $c^2 \cong \dfrac{gL}{2\pi}+\dfrac{2\pi\sigma}{\rho L}$．これを微分してゼロとおけば，$2c\dfrac{dc}{dL}=\dfrac{g}{2\pi}-\dfrac{2\pi\sigma}{\rho L^2}=0$．$\therefore\ L=L_0=2\pi\sqrt{\dfrac{\sigma}{\rho g}}$．これを前式に代入すれば c の最小値が得られ，$c_{\min}=\sqrt{gL_0/\pi}$ となる．

16.6 式 (16.33) に代入して，

$$L_0=2\pi\sqrt{\frac{0.03}{900\times 9.8}}=1.16[\mathrm{cm}], \quad c_{\min}=\sqrt{\frac{980\times 1.16}{\pi}}=19.0[\mathrm{cm/s}]$$

したがって，水の波の式 (16.34)，(16.35) と比較すれば原油の波は，水の波より波長が小さく，伝播速度も小さいことがわかる．

16.7 $h/L\to\infty$ で $\tanh(h/L)\to 1$ であるから，式 (16.29) より $c=\sqrt{gL/2\pi}$ が得られる．すなわち，最小値 $c_{\min}$ の $1/\sqrt{2}$ 倍で，形式的には深水波は表面張力波より小さな伝播速度とな

り，パラドックスである．しかし，深水波の波長は表面張力波よりはるかに長いから，このようなことは起こらない．

16.8 三角関数と双曲線関数の微分公式から容易に得られる．ぜひ計算してほしい．

16.9 式 (16.56) に式 (16.3) のサイン波を代入すると，

$$\therefore E_P = \frac{\rho g}{2}\int_0^L a^2 \sin^2(kx-\omega t)\,dx = \frac{\rho g a^2}{2}\int_0^L \frac{1-\cos 2(kx-\omega t)}{2}\,dx = \frac{\rho g a^2 L}{4} = \frac{\rho g H^2 L}{16}$$

16.10 三角関数の和の公式 $\sin A + \sin B = 2\sin\dfrac{A+B}{2}\cos\dfrac{A-B}{2}$ を使う．

$$\therefore \eta = \eta_1 + \eta_2 = a\sin(kx-\omega t) + (a+\delta a)\sin\{(k+\delta k)x-(\omega+\delta\omega)t\}$$
$$= 2a\cos(\delta k \cdot x - \delta\omega \cdot t)\sin\left\{\left(k+\frac{\delta k}{2}\right)x - \left(\omega+\frac{\delta\omega}{2}\right)t\right\}$$
$$\quad + \delta a\sin\{(k+\delta k)x-(\omega+\delta\omega)t\}$$
$$\cong 2a\cos(\delta k\cdot x-\delta\omega\cdot t)\sin(kx-\omega t) + \delta a\sin(kx-\omega t)$$
$$\cong 2a\cos(\delta k\cdot x-\delta\omega\cdot t)\sin(kx-\omega t)$$

すなわち，第2項は第1項に比べて無視でき，式 (16.60) が成立する．

16.11 $\gamma(\alpha) \equiv \dfrac{1}{2}\left(1+\dfrac{\alpha}{\sinh\alpha}\right)$ を α に関してプロットすればよい．

$$\frac{d\gamma}{d\alpha} = \frac{\sinh\alpha - \alpha\cosh\alpha}{2\sinh^2\alpha} < 0$$

であるから，γ 関数は単調減少関数である．0/0 の不定形計算より

$$\gamma(0) = \frac{1}{2}+\frac{1}{2}\lim_{\alpha\to 0}\frac{1}{\cosh\alpha} = 1. \quad \gamma(\infty) = \frac{1}{2}. \quad \text{すなわち，} \frac{1}{2}\leq\gamma\leq 1.$$

両極端がそれぞれ長波 ($\alpha=0$) および深水波 ($\alpha=\infty$) に対応する．

16.12 位相速度 c として，式 (16.29) を使うと，$c=\sqrt{\dfrac{2gh}{\alpha}\tanh\left(\dfrac{\alpha}{2}\right)}$．

$$\therefore \frac{c}{c_0} = \tanh^{1/2}\left(\frac{\alpha}{2}\right), \quad \text{浅水係数は } K_s(\alpha) \equiv \sqrt{\frac{c_0}{2\gamma c}} = \frac{1}{\sqrt{2\gamma}}\tanh^{-1/4}\left(\frac{\alpha}{2}\right).$$

16.13 津波は長波である．平均水深は $h=4117[\text{m}]$ であるから，$c=\sqrt{gh}=\sqrt{9.8\times 4117}=200.9[\text{m/s}]=723.1[\text{km/h}]$．これは，飛行機の速度に近い高速である．このように，津波の伝播速度は非常に速く，津波災害が起きやすいから，要注意である．

付　表

付表 1　SI 単位系（国際単位系 Systéme International d'Unités の略）

	物 理 量	名　　称		記号	組 立 等 号
基本単位	長さ [L] 質量 [M] 時間 [T]	メートル キログラム 秒	(meter) (kilogram) (second)	m kg s	
人名の ついた 組立単位	力 圧力, 応力 エネルギー, 仕事, 熱量 仕事率, 電力	ニュートン パスカル ジュール ワット	(Newton) (Pascal) (Joule) (Watt)	N Pa J W	$N = kg \cdot m/s^2$ $Pa = N/m^2$ $J = N \cdot m$ $W = J/s$

付表 2　単位の接頭語

倍数	SI 接頭語		記号	倍数	SI 接頭語		記号
10^{12}	テラ	(tera)	T	10^{-1}	デシ	(deci)	d
10^9	ギガ	(giga)	G	10^{-2}	センチ	(centi)	c
10^6	メガ	(mega)	M	10^{-3}	ミリ	(milli)	m
10^3	キロ	(kilo)	k	10^{-6}	マイクロ	(micro)	μ
10^2	ヘクト	(hecto)	h	10^{-9}	ナノ	(nano)	n
10	デカ	(deca)	da	10^{-12}	ピコ	(pico)	p

付表 3　大気圧・標準 1 気圧（1013 ヘクトパスカル(hPa)）における水と空気の密度

温　度　°C		0	5	10	15	20	30	40
ρ kg/m³	水	999.9	999.992	999.7	999.1	998.2	995.7	992.2
	空気	1.293	1.270	1.247	1.226	1.205	1.165	1.127

4 °C で水の密度は最大値 ρ =1000.000 kg/m³ をとる。

付表 311

付表 4 水と空気の粘性係数と動粘性係数（大気圧・標準1気圧）

温度	水		空気	
°C	粘性係数 μ ($\times 10^{-3}$) Pa·s	動粘性係数 ν cm²/s	粘性係数 μ ($\times 10^{-3}$) Pa·s	動粘性係数 ν cm²/s
0	1.792	0.01792	0.01724	0.1333
10	1.307	0.01307	0.01772	0.1421
20	1.002	0.01004	0.01822	0.1512
30	0.797	0.00801	0.01869	0.1604
40	0.653	0.00658	0.01915	0.1698

付表 5 水の動粘性係数の詳細表 $\nu (\times 10^{-2} \text{ cm}^2/\text{s})$

t°C	0.0	0.1	0.2	0.3	0.4	0.5	0.6	0.7	0.8	0.9
0	1.792	1.786	1.780	1.774	1.768	1.761	1.755	1.749	1.743	1.737
1	1.731	1.725	1.719	1.713	1.707	1.701	1.696	1.690	1.684	1.679
2	1.673	1.667	1.661	1.655	1.650	1.645	1.639	1.634	1.629	1.624
3	1.619	1.613	1.608	1.603	1.598	1.592	1.587	1.582	1.577	1.572
4	1.567	1.562	1.557	1.552	1.547	1.542	1.537	1.533	1.528	1.524
5	1.519	1.515	1.510	1.505	1.500	1.496	1.491	1.478	1.482	1.477
6	1.473	1.468	1.464	1.459	1.455	1.451	1.446	1.442	1.438	1.433
7	1.428	1.424	1.420	1.416	1.412	1.408	1.402	1.398	1.394	1.390
8	1.385	1.382	1.378	1.374	1.370	1.366	1.362	1.358	1.354	1.350
9	1.345	1.341	1.338	1.334	1.330	1.326	1.322	1.318	1.314	1.310
10	1.307	1.303	1.299	1.295	1.292	1.288	1.284	1.281	1.277	1.273
11	1.270	1.266	1.263	1.258	1.254	1.251	1.248	1.244	1.241	1.238
12	1.235	1.231	1.228	1.224	1.221	1.218	1.215	1.212	1.209	1.205
13	1.202	1.199	1.196	1.192	1.189	1.186	1.183	1.180	1.175	1.172
14	1.169	1.166	1.163	1.159	1.156	1.153	1.150	1.147	1.144	1.141
15	1.138	1.135	1.132	1.129	1.126	1.123	1.120	1.117	1.114	1.112
16	1.109	1.106	1.103	1.099	1.096	1.094	1.091	1.088	1.085	1.082
17	1.080	1.077	1.074	1.071	1.068	1.065	1.063	1.061	1.058	1.055
18	1.053	1.051	1.049	1.046	1.043	1.041	1.038	1.036	1.032	1.030
19	1.027	1.024	1.021	1.019	1.017	1.014	1.012	1.009	1.007	1.004
20	1.002	0.999	0.997	0.995	0.992	0.990	0.988	0.985	0.983	0.981
21	0.978	0.976	0.973	0.971	0.968	0.966	0.963	0.961	0.958	0.956
22	0.954	0.952	0.949	0.947	0.945	0.943	0.941	0.939	0.936	0.934
23	0.932	0.930	0.928	0.926	0.923	0.921	0.919	0.917	0.915	0.913
24	0.911	0.909	0.906	0.904	0.902	0.900	0.898	0.896	0.894	0.892
25	0.890	0.888	0.886	0.884	0.882	0.880	0.878	0.876	0.874	0.872
26	0.870	0.868	0.866	0.864	0.862	0.860	0.859	0.857	0.855	0.853
27	0.851	0.849	0.847	0.845	0.843	0.841	0.839	0.838	0.836	0.834
28	0.832	0.830	0.828	0.826	0.825	0.823	0.821	0.819	0.818	0.816
29	0.814	0.812	0.811	0.809	0.807	0.806	0.804	0.802	0.801	0.799
30	0.797	0.796	0.794	0.792	0.791	0.789	0.787	0.786	0.784	0.783

付表 6　その他の液体の粘性係数
（大気圧・標準1気圧, 25℃）

液　　体	粘性係数 μ ($\times 10^{-3}$) Pa·s
グリセリン	782
ひまし油	700
硫　　酸	23.8
水　　銀	1.528
エチルアルコール	1.084
四塩化炭素	0.912
水	0.890
ベンゼン	0.603
メチルアルコール	0.543
アセトン	0.310

付表 7　液体の体積弾性係数と圧縮率（温度20℃, 1気圧）

液　　体	体積弾性係数 E (N/m²)	圧縮率 β (m²/N)
メチルアルコール	0.81×10^9	12.3×10^{-10}
水	2.2×10^9	4.5×10^{-10}
グリセリン	4.8×10^9	2.1×10^{-10}
水　銀*	26.0×10^9	0.39×10^{-10}

断熱変化の1気圧空気: $E = 1.418 \times 10^5$ N/m²
伝播速度　$c = \sqrt{E/\rho}$, 圧縮率 $\beta = 1/E$
* 1000気圧下

付表 8　液体の表面張力 σ（温度20℃）

液　　体	表面流体	表　面　張　力 N/m
エチルアルコール	空　気	0.0223
石　油	空　気	0.026
原　油	空　気	0.023〜0.038
クロロホルム	空　気	0.0273
ベンゼン	空　気	0.0289
グリセリン	空　気	0.0634
水	空　気	0.0728
水　銀	水	0.373
水　銀	空　気	0.476

σ の次元は［力／長さ］である。

参考図書

1) 岩佐義朗 (1967)：水理学，朝倉書店．
2) ラウス・インス (高橋・鈴木訳) (1974)：水理学史，鹿島出版会．
3) 日野幹雄 (1992)：流体力学，朝倉書店．
4) 禰津家久 (1995)：水理学・流体力学，朝倉書店．
5) 池田駿介 (1999)：水理学，技報堂出版．
6) Lamb, H. (1932) : Hydrodynamics (6th ed.), Cambridge University Press.
7) Rouse, H. (1946) : Elementary Mechanics of Fluids, John Wiley.
8) Schlichting, H. (1979) : Boundary Layer Theory (7th ed.), McGraw-Hill.
9) Nezu, I. and Nakagawa, H. (1993) : Turbulence in Open-Channel Flows, IAHR-Monograph, Balkema, Netherlands.

　本書を執筆するにあたって特段に参考にした図書や文献はない．「水理学」および「流体力学」に関する名著は和書でもかなりあり，洋書に及んでは枚挙にいとまがない．著者の成長過程において，精読しないにせよ，これらの図書や論文から陽に陰に何らかの影響を受けている．
　上記に掲げた図書は，著者がほぼ直接影響を受けたものである．1) の水理学は，著者の学生時代の教科書で，最も影響を受けた名著である．2) は水理学史である．3) の流体力学は，この旧版に教えられることが多かったが，改訂版で内容もずいぶん豊富になった．4) と 5) は最近の本である．6) はラムの名著であり，とくにポテンシャル流理論を体系化した功績は大きい．この訳本が，東京図書から出版されている．7) はハンター・ラウスの名著で，水理学・流体力学がわかりやすく書いてある．8) のシュリヒティングの境界層理論の本も不朽の名著である (原著はドイツ語)．9) は著者が国際水理学会 (IAHR) から委託されて執筆した専門書で，開水路乱流に関して書いてある．
　以上の著書には，より詳細な参考図書や参考論文が載っており，専門的なことをさらに習得する場合には参考にしてほしい．

索引

ア 行

アインシュタインの縮約 61
アスペクト比 180, 203, 220
圧縮性 4
圧縮波 4, 240
圧力 5
　――の染み込み現象 101
圧力エネルギー 31
圧力水頭 31
アナロジー 196
アルキメデスの原理 16
鞍形点 233
安全弁 241

位相速度 267, 271
位置エネルギー 31
一次元水理解析法 84, 147, 175, 202
位置水頭 31
逸散率 125, 138
移動座標系 20
移動床 216
異方性 125
移流項 61, 66

ウエイク関数 134
ウエイクパラメータ 135
ウェーバ数 21, 168
ウォッシュロード 216
浮きの原理 19
渦 87
　――に関する保存則 74
渦糸 89
渦糸モデル 89
渦度 →渦度（かど）を参照
渦なし流れ 76
運動エネルギー 31
運動学的条件 270
運動学的相似 167

運動方程式 113
運動量 48
　――の保存則 149
運動量厚 100
運動量式 55, 176
運動量的変形 68, 101
運動量フラックス 30, 67
運動量補正係数 150, 177
運動量保存式 48

エジェクション 139
SI 単位系 3, 13
h-Q 曲線 166, 210
N-S 方程式 32, 71, 113
エネルギー逸散率 42
エネルギー勾配 43, 102, 176
エネルギー式 55, 176
エネルギー損失水頭 42
エネルギー的変形 68
エネルギーの損失公式 157
エネルギーフラックス 30
エネルギー補正係数 155, 177
エネルギー保存則 41
エネルギーロス 153
エルゴード性 122
遠心力 20
塩水くさび 260

オア・ゾンマーフェルト方程式 117
オイラー的観測 28, 60
オイラーの運動方程式 69
オイラー微分 60
応力 5
応力モデル 143

カ 行

開水路 201
　――のベルヌーイの定理 204

外層 131
回転 65
回転角速度 73, 169
解の重ね合わせ 78, 278
外部変数表示 131
界面水理学 201
ガウスの発散定理 146
カオス 119, 120
カオス現象 67
カオス理論 88, 117
河況係数 210
拡散係数 256
拡散方程式 256
角周波数 268
拡大管 53
拡張された運動量 49, 52, 149
拡張されたベルヌーイの定理 80
攪乱波
　――の増幅率 118
　――の伝播速度 118
河床 75
渦状点 233
河床波 75
カスケード過程 125, 152
ガスの交換現象 202
河積 148, 221
河相 147
仮想原点 140
加速流 105
渦度（かど） 68, 73, 74
渦動粘性係数 141
渦動粘性モデル 141
壁法則 131
カルマン渦 110, 171
カルマン渦列 89, 171
カルマン定数 131, 132
カルマンの運動量方程式 103
間欠性 99
間欠的 75

索　引　315

間欠率　98
完結問題　128
緩勾配水路　227
慣性項　66
　　──の非線形性　119
慣性小領域　125
慣性力　67
完全粗面　140
完全なアナロジー　198
完全流体　8, 33, 69
管網　195
管網計算　196

気液混相流　212
幾何学的相似　167
疑似等流　229
疑似等流水深　232
基礎方程式　268
キネマティックウエーブ理論　252
逆圧力勾配　105, 136
逆流　106
キャビティー　92
キャビテーション　38, 192
急拡　54
急拡損失　54
急勾配水路　227
急変流　186
境界層　95
境界層厚　96
境界層近似　101
境界層理論　87, 95
狭窄部　223
強制渦　89
共役水深　214
極限負圧　192
極限負圧水頭　38
極座標　85
局所抵抗係数　103
局所的加速度項　61
局所等方性理論　125, 174
局所流　51, 211
局所流速　30, 46
霧吹きの原理　37
キルヒホッフの法則　196

空洞　92

クエット流　10
屈折係数　280
クッタ・ジューコフスキの定理　107
クライツ・セドンの法則　253
グリーンの定理　277
クレスト　75, 225
群速度　271, 279

k-ε モデル　139, 142
K-H 不安定性　76
傾斜マノメータ　25
形状損失　186
形状損失水頭　177
形状抵抗　86
形状抵抗力　106
傾心（メタセンタ）　18
径深　178
結節点　233
ゲッティンゲン学派　111
ケルヴィン・ヘルムホルツの不安定性理論　75
限界勾配　227
限界水深　206, 219
限界掃流力　174, 217
限界流　207
限界レイノルズ数　114
原型　162
検査面　28
減衰関数　131
減衰係数　131
減勢工　126, 214
減速流　105

後縁　109
格子乱流　126
洪水流解析　249
交代水深関係　206
広頂堰　209, 210
勾配　64, 65
抗力　106
抗力係数　106, 165
コーシー・リーマンの関係式　78
4/5 乗則　104
コリオリ係数　155
コリオリ力　155

混合距離　129
混合距離モデル　128, 130
痕跡線　28
コントロールボリューム　28

サ　行

最小渦　125
最小渦モデル　202
最小エネルギーの原理　207, 208
再層流化現象　105
最大渦　125
最大渦モデル　202
最大流速点降下現象　181
最大流量の原理　208
サイフォン　192
再付着点　75, 92
サージタンク　239, 242
サージング　242
砂洲　216
砂堆　216
砂漣　216
3次元性　147
3次元流れ　145
3次元流況　211

シェア　127
シェジー公式　217
シェジーの係数　217
CFD　89
次元解析　162
次元行列　164
死水域　93
実学　43, 175
実機試験　170
実在流体　8, 42, 70, 113
　　──の拡張されたベルヌーイの定理　156
実質微分　61
失速現象　108
質点系の位置エネルギー　33
質量フラックス　30
質量保存則　28, 63
支配断面　232
支配パラメータ　162
射流　207
射流水深　206

316　索　引

自由渦　88
集合平均　122
重心　13, 17
自由水面　13
　——の境界条件　267, 270
修正 k-ε モデル　143
集中荷重の作用点　13
自由流線　93
重力が卓越した流れ　168
重力波　268, 272, 274
重力ポテンシャル　79
主曲率半径　21
縮尺比　162, 167
縮脈係数　56
縮約　61, 64
縮流管　53
縮流係数　46
ジューコフスキの公式　241
シュワルツ・クリストフェル変
　換　79
順圧力勾配　105
順圧力勾配流れ　136
循環　73, 74
循環公式　74
循環不変の定理　74
準定常的　248
潤辺　178
潤辺水理学　201
衝撃波　4, 251
条件抽出　88
常流　207
常流水深　206
シル　215
シールズ曲線　217
人工洪水　265
深水波　273, 279

水素気泡法　138
水撃圧　240
水撃作用　240
垂直応力　127
垂直成分　14
水頭　6, 31
水平成分　14
水面形方程式　223
水理学的滑面　140
水理学的に有利な断面　221

水理特性曲線　220
水理模型実験　161
水力発電　239
スウィープ　139
数学モデル　196
数値計算的研究　198
図心　13
スタントン図表　182
ストークス・ドリフト　277
ストークスの定理　73
ストークス波　85
ストローハル数　171
スペクトル関数　174
スペクトルの $-5/3$ 乗則　139
slender body　109
スルースゲート　209

瀬　224
静圧管　40
静圧孔　39
セイシュ（静振）　281, 279
静水圧近似　101
静水力学　11
　——の基本式　12
正の段波　261
堰上げ背水　228, 229
節　281
接近流速　100
接触角　23
絶対圧　37
絶対圧力　12
線形近似　249
線形逐次近似法　196
線形特性　198
線形方程式　78
全水圧　13
浅水係数　280
全水頭　31
遷移区間　78
浅水波　274
浅水流モデル　145
せん断応力　6, 102, 127
漸変流　50, 186

総圧管　39
双曲型偏微分方程式　249, 259, 267

相似律　167
相対圧　37
層流　115
層流解　122
層流境界層　97
層流境界層厚の $1/2$ 乗則　104
掃流砂　216
層流剥離　111
速度欠損則　135
速度水頭　31
速度ポテンシャル　76
組織構造　98
組織乱流構造　88
粗度係数 n に関する $1/6$ 乗則
　218
粗面の分類　140
粗面乱流　139
ソリトン　85
損失水頭　42

タ　行

大気大循環モデル　87, 201
代数応力モデル　143
対数則　132
対数則分布　140
対数則領域　132
対数抵抗則　182
体積弾性係数　4
体積力　5
第1種2次流　181
第2種2次流　180
ダ・ヴィンチ　31
濁水　216
蛇行　216
多自然型河川　147, 211
ダブレット　94
ダミーインデックス　61
ダランベールのパラドックス
　87, 93
ダルシーの法則　83, 179
ダルシー・ワイスバッハの式
　178
段上がり　215
弾性圧縮係数　168
段波　249, 260
　正の——　261
　負の——　261

索　引

断面2次モーメント　18
断面平均流速　29, 30, 46

地下河川　175, 239
地球温暖化問題　87
治水事業の基礎学理　201
跳水　211
跳水現象　214
調速機　243
長波　250, 273, 279
重複波　281
直接熱逸散率　151
直接熱逸散量　153
直結管　193
直交座標　85

津波　282

低下背水　229
定在波　281
定常跳水　212
定常流　27, 62
ディフューザー　53
底面における境界条件　269
テンソル表示　5
伝播速度　4, 267

動圧　40, 107
等角写像　79
等価砂粗度　140, 181, 183
動水勾配　43, 123, 176
動水勾配線　45
等値管　193
動粘性係数　9, 71
等方性　5, 13, 125
等方性乱流　126
等流　102, 217
等流水深　217, 219
特性関数　250
特性曲線法　250, 258
特性方程式　258
土砂水理学　201
土砂輸送　216
土壌内の毛管現象　168
トーマの条件　244
トリチェリーの原理　34, 189
トルミエン・シュリヒティング

波　118

ナ 行

内層　131
内部変数　131
内部変数表示　131
ナヴィエ・ストークスの方程式　32, 71
流れ
　――の可視化　28
　――の抵抗力　95
　――の剥離　211
流れ関数　77
ナップ　82
ナブラ記号　64
ニクラーゼ図表　182
二重わき出し　94
2次流　145, 147, 180
ニュートン　3
　――の運動方程式　59
　――の法則　7, 34
ニュートン流体　7

熱線流速計　98, 138
禰津の公式　137
禰津・ロディの図表　136
粘性応力　6, 126
粘性係数　8, 9
粘性底層　132
粘性流体　70, 113

ノンスリップ条件　8, 93, 81, 123

ハ 行

排除厚　100
刃型堰　82
薄層流不安定性　172
剥離　106
剥離域　93
剥離渦　54, 75, 186
剥離現象　53
ハーゲン・ポアズイユ流れ　123
波状跳水　212
波数　268

パスカルの原理　16
バースティング現象　137
波速　267
波長　268
バッキンガムのπ定理　163, 164
発散　65
発進渦　109
バッファー層　133
ハーディークロス法　195
馬蹄型渦　51
波動型偏微分方程式　249
波動方程式　267
ハビタット　260
腹　281
バルジ運動　99
反砂堆　216
半理論式　132
非圧縮性　4
ピエゾ　33
ピエゾ圧　149
ピエゾ水頭　33, 43, 101, 122, 176
比エネルギー　49, 202
比エネルギー曲線　213
ビオトープ　260
非回転流れ　76
非可逆過程　152
比重　16
微小振幅波の仮定　269
微小振幅波理論　85, 282
歪み模型　172
非線形k-εモデル　143
非線形性　67, 85
非線形増幅　119
非線形特性　198
比抵抗　198
非定常開水路　246
　――の連続式　247
非定常流　27, 62
ピトー管　40, 45
非ニュートン流体　7
非粘性流体　114
標準k-εモデル　142
表面張力　21
表面張力波　21, 168, 272, 274

表面摩擦力　86
比力　49, 203
比力曲線　213
広幅水路　178, 203

負圧　37
付加応力　121
不完全粗面　140
副振動　281
複素速度ポテンシャル　78, 84
副ダム　214
ブシネスク係数　150
浮心　18
淵　224
フックの法則　7
物理モデル　196
不等流計算　225
負の段波　261
普遍定数　132
普遍的特性　126
浮遊砂　216
ブラウジウス
　――の層流解　98
　――の1/7乗則　100, 104
　――の第一公式　107
プラス表示　131
フラックス　30
bluff body　109
浮力　16
フルード数　168
フルード相似則　169, 173
ブレッスの定義　226
ブレッスの背水公式　228
フローネット　82
フローネット理論　82
分散関係式　271, 272
分子動粘性係数　141
噴流　56

平均自由行程　130
平均流の運動エネルギー　151
並列管　193
壁面せん断応力　102, 106, 149, 177
壁面噴流　212
ベクトル解析　52
ベスの定理　207

ベースフロー　254
ベナコントラクタ　38
ベランジェの定理　208, 209
ベルヌーイの定理　31, 32, 55, 153
　開水路の――　204
　拡張された――　80
　実在流体の拡張された――　156
変曲点　105
変曲点不安定性理論　105, 118
ペンストック　191, 239
ベンチュリ管　41, 45
ボア　260
ポアズ　9
ポアッソン方程式　77
ボイル渦　76
ポテンシャル関数　76
ボルダの公式　53, 187
ボルダ損失　54
ボルダの口金　56
ボルダの公式　53, 54

マ 行

－5/3乗則　125
マイナーロス　188, 194, 198
マグナス効果　108
摩擦外力　149
摩擦速度　102
摩擦損失係数　103, 178
摩擦損失水頭　95, 177, 178
摩擦力　6
摩擦レイノルズ数　131
マッハ数　4, 168, 205
マニング公式　10, 185, 218
マニングの粗度係数　173, 185, 218
マノメータ　35
マリオットのビン　47
乱れ
　――の運動エネルギー　127
　――の局所等方性理論　174
　――の歪み率　145
　――の非等方性　180
　――の平衡　138

乱れエネルギー　127
　――の発生率　138, 151
乱れ強度　121, 127
乱れ特性　141
乱れ発生量　153
密度　3
無次元数　162
ムーディ図表　182
面積力　5
毛管現象　21, 23
　土壌内の――　168
網状河川　216
模擬した数値実験　161
模型　162
模型実験　161
モデル　162
モデル定数　142

ヤ 行

油圧の原理　17
有限振幅波　85
有限振幅波理論　269, 283
有効落差　191
ユニフロー　147

揚力　106
揚力係数　106
余水吐　170, 214
4割勾配　237

ラ 行

ラグランジュ的観測　28, 59
ラグランジュ微分　60
ラプラス方程式　77, 78
　――の解　270
ランキン渦　90
ランク　164
RANS方程式　101
乱流　116
　――の本質　121
乱流渦　186
乱流境界層　98
乱流現象　67
乱流構造　175

索　引

乱流遷移　111
乱流剝離　111
乱流斑点　98
乱流モデル　128
乱流輸送　88

力学エネルギー　31, 42
力学的条件　85, 269
力学的相似　167
力積　48
理想段波　261
理想流体　8
流管　28
流観　210
流水横断面積　29
流水断面積　148

留数の定理　107, 112
流積　221
流跡線　27
流線　27
流速　267
　——の点計測　40
流速係数　216
流体振動　80
流体のエネルギー保存則　32
流量観測　210
流量係数　166, 210
流量堰の公式　166
理論上の原点　140

ループ特性　255

レイノルズ応力　121, 126
レイノルズ数　113, 168
レイノルズせん断応力　127
レイノルズ相似則　169, 173
レイノルズの分解法　120
レイノルズ方程式　101, 121
レイリーの方法　163
レイリー方程式　118
レーザ流速計　40
連結管　193
連続式　29, 55, 65, 113, 176
　——の一般形　63
連続体力学　117

ロスビー数　168
ロスビー波　274

著者略歴

禰津家久（ねづ・いえひさ）

1947年　長野県に生まれる
1976年　京都大学大学院工学研究科博士課程修了
現　在　京都大学大学院工学研究科社会基盤工学専攻教授
　　　　工学博士

冨永晃宏（とみなが・あきひろ）

1956年　福井県に生まれる
1980年　京都大学大学院工学研究科修士課程修了
現　在　名古屋工業大学工学部社会開発工学科教授
　　　　工学博士

水　理　学　　　　　　　　　　　定価はカバーに表示

2000年4月5日　初版第1刷
2022年3月25日　　　第16刷

　　　　　　　　　　著　者　禰　津　家　久
　　　　　　　　　　　　　　冨　永　晃　宏
　　　　　　　　　　発行者　朝　倉　誠　造
　　　　　　　　　　発行所　株式会社　朝倉書店
　　　　　　　　　　　　　　東京都新宿区新小川町 6-29
　　　　　　　　　　　　　　郵便番号 162-8707
　　　　　　　　　　　　　　電話 03(3260)0141
　　　　　　　　　　　　　　FAX 03(3260)0180
　　　　　　　　　　　　　　https://www.asakura.co.jp
〈検印省略〉

© 2000〈無断複写・転載を禁ず〉　　　中央印刷・渡辺製本

ISBN 978-4-254-26139-4　C 3051　　Printed in Japan

JCOPY　〈出版者著作権管理機構　委託出版物〉

本書の無断複写は著作権法上での例外を除き禁じられています．複写される場合は，そのつど事前に，出版者著作権管理機構（電話 03-5244-5088, FAX 03-5244-5089, e-mail: info@jcopy.or.jp）の許諾を得てください．

好評の事典・辞典・ハンドブック

物理データ事典 日本物理学会 編 B5判 600頁

現代物理学ハンドブック 鈴木増雄ほか 訳 A5判 448頁

物理学大事典 鈴木増雄ほか 編 B5判 896頁

統計物理学ハンドブック 鈴木増雄ほか 訳 A5判 608頁

素粒子物理学ハンドブック 山田作衛ほか 編 A5判 688頁

超伝導ハンドブック 福山秀敏ほか 編 A5判 328頁

化学測定の事典 梅澤喜夫 編 A5判 352頁

炭素の事典 伊与田正彦ほか 編 A5判 660頁

元素大百科事典 渡辺 正 監訳 B5判 712頁

ガラスの百科事典 作花済夫ほか 編 A5判 696頁

セラミックスの事典 山村 博ほか 監修 A5判 496頁

高分子分析ハンドブック 高分子分析研究懇談会 編 B5判 1268頁

エネルギーの事典 日本エネルギー学会 編 B5判 768頁

モータの事典 曽根 悟ほか 編 B5判 520頁

電子物性・材料の事典 森泉豊栄ほか 編 A5判 696頁

電子材料ハンドブック 木村忠正ほか 編 B5判 1012頁

計算力学ハンドブック 矢川元基ほか 編 B5判 680頁

コンクリート工学ハンドブック 小柳 洽ほか 編 B5判 1536頁

測量工学ハンドブック 村井俊治 編 B5判 544頁

建築設備ハンドブック 紀谷文樹ほか 編 B5判 948頁

建築大百科事典 長澤 泰ほか 編 B5判 720頁

価格・概要等は小社ホームページをご覧ください．